高职高专通信类专业系列教材

U1011549

通信线路施工与维护

主　编　夏贵进
副主编　谢晓刚　王小双
编　者　李红卫　张亚妮　饶学军
贺翥祯　党可征　秦　雷
王　锋　周正康　苏林柏
王宁燕　万靖珂
主　审　倪玉峰

西安电子科技大学出版社

内 容 简 介

本书遵循通信线路工程建设程序，提炼了22个实训任务，并针对这些任务，编写了有关任务资讯，内容涵盖了通信线路基础、施工前准备、敷设、防护、光(电)缆接续与成端、竣工测试与验收、日常维护、障碍处理等相关知识。

本书是一本专门面向通信线路工程岗位任职需求的职业教育教材，也适合从事通信线路工程设计、施工、维护和监理等工作的相关工程技术人员阅读参考。

图书在版编目(CIP)数据

通信线路施工与维护/夏贵进主编. —西安：西安电子科技大学出版社，2021.1
(2026.1 重印)
ISBN 978-7-5606-5895-7

Ⅰ.①通… Ⅱ.①夏… Ⅲ.①通信线路—工程施工—职业教育—教材 ②通信线路—维护—职业教育—教材 Ⅳ.①TN913.3

中国版本图书馆CIP数据核字(2020)第190432号

策　　划　秦志峰
责任编辑　秦志峰
出版发行　西安电子科技大学出版社(西安市太白南路2号)
电　　话　(029)88202421　88201467　　邮　　编　710071
网　　址　www.xduph.com　　电子邮箱　xdupfxb001@163.com
经　　销　新华书店
印刷单位　西安报业传媒集团(西安日报社)
版　　次　2021年1月第1版　2026年1月第7次印刷
开　　本　787毫米×1092毫米　1/16　印张　18.5
字　　数　437千字
定　　价　47.00元
ISBN 978-7-5606-5895-7

XDUP 6197001-7

前　言

通信线路是信息通信网络的重要组成部分，是保证信息传递的物理通道。通信线路的发展是一个不断演进的过程，从最初的架空明线，发展到对称电缆、同轴电缆，再发展到海底光缆。如今，我国光缆长途干线网和本地网的建设规模不断扩大，尤其在5G时代背景下，各运营商为提升自身的发展速度，需要构建大量的光缆线路来满足高速率、大容量的传输要求。另外，与光缆同时代并存的还有部分通信电缆，这些通信电缆仍是用于语音通信的一种主要传输媒质，而且目前仍有大量线路需要维护。因此，我国通信工程建设维护领域需要一大批具备通信线路专业理论知识，熟悉通信线路施工规范和维护规程，掌握线路施工与维护基本技能的人才，在工程施工、线路维护和障碍抢修等工作岗位上，促进我国信息化事业快速发展，保证通信业务的畅通无阻。

本书是一本专门面向岗位任职需求的职业教育教材，是在研究分析通信线路工程工作岗位任职能力，以及梳理汇总工作流程和保障任务的基础上，结合通信线路工程建设、施工技术及运行、维护管理的现状和发展趋势，依据国家颁布的现行相关行业技术标准规范编写而成的。教学内容编排严格遵循通信线路工程建设程序，共设置了通信线路基础、通信线路施工前准备、通信线路敷设、通信线路防护、光(电)缆接续与成端、通信线路竣工测试与验收、通信线路日常维护、通信线路障碍处理等8个专题和1个附录。在收集分析大量岗位工作任务的基础上，本书总结提炼了22个典型工作任务作为教材实训任务。针对每个教学专题，以实训任务为导向，依照“理论知识必需、够用”的原则，编写任务资讯内容。

专题1设置了识别光缆和通信电缆的结构与型号两个任务，介绍了通信线路的连接关系、光(电)缆类型、端别、纤(线)序和应用场合；专题2设置了识读光缆线路施工图、检验单盘光(电)缆和绘制中继段光缆配盘图等任务，介绍了通信线路施工流程、工程识图和路由复测等相关知识与操作方法；专题3设置了光缆的直埋敷设、架空敷设和管道敷设等任务，介绍了光缆的各种敷设方式；专题4设置了接地电阻测试典型任务，介绍了通信线路防雷、防强电、防洪、防腐蚀等特殊情况下的安全防护措施；专题5设置了光(电)缆接续与成端任务，介绍了光缆接续和电缆接续的规范知识，以及接续器具的操作使用方法等；专题6设置了光(电)缆工程验收测试和竣工文件编制等任务，介绍了竣工测试指标、验收程序以及竣工技术文档编制程序等；专题7设置了日常维护工作计划拟制、通信线路路由探测和光缆线路割接等任务，介绍了通信线路维护的任务标准、项目与周期、巡线与护线宣传，以及线路维护管理程序和割接的相关知识等；专题8设置了光缆线路障碍定位与修复，以及通信电缆线路障碍测试与分析等任务，介绍了常见光缆线路障碍的类型与原因、光缆线路障碍定位、处理程序、抢代通，以及通信电缆线路障碍处理的相关知识等；附录首先介绍了光纤熔接机，光时域反射仪，光源、光功率计和光万用表，绝缘电阻测试仪，线缆探测仪，接地电阻测试仪，市话电缆故障综合测试仪等10余种通信线路常用仪表、机具的基本原理、功能和操作使用，然后介绍了TRS－9702光缆应急抢修系统、光缆线路自动监测系统、北斗/GPS通信线路管理系统和智能光纤周界安全防范监测系统等4种线路运维管理系统。

本书主要有三个特点：一是内容的针对性和实用性强，坚持以“岗位典型工作任务”为中心，设置“专题、任务”两级内容结构，合理选择教学内容；二是注重操作性和规范性的统一，鉴于本书面向的主要对象是工程技术和技能操作人员，内容编写引用了大量工程标准规范，强调任务的实训操作步骤与要求等；三是尽量体现通信线路工程领域的全面性和先进性，编写时咨询了通信工程设计、施工、维护等单位相关技术人员，参考了相关资料，内容紧贴工程技术发展。

本书由夏贵进任主编，谢晓刚、王小双任副主编，倪玉峰高级工程师主审，李红卫和张亚妮参与编写专题1内容，饶学军参与编写专题6内容，贺翥祯和周正康参与编写通信电缆部分内容，党可征参与编写专题3和专题4内容，秦雷参与编写专题5内容，王锋参与编写专题2内容，苏林柏参与编写专题7内容，万靖珂和王宁燕参与本书格式的整理及内容校对。

本书在编写过程中，得到了相关单位和相关技术人员的支持与帮助，参考了有关作者的著述文献和网络相关资料，中电科仪器仪表有限公司、桂林聚联科技有限公司、南京及时码网络科技有限公司、陕西柯蓝电子有限公司、EXFO公司等设备仪表厂家提供了相关设备产品资料，在此一并表示感谢。

由于编者水平有限，加之时间仓促，书中难免存在疏漏和不妥之处，敬请读者批评指正。

编　者

2020年6月

目　　录

专题1　通信线路基础

光(电)缆结构与型号的识别是本专题的典型任务。通过对光(电)缆实物的认识和任务资讯的学习，学生能够初步认识通信线缆，了解端机设备与附属设备之间的连接关系，描述光(电)缆结构、类型、端别、纤(线)序和应用场合。

1.1　实训任务

1.1.1　识别光缆的结构与型号

本任务介绍了两种常用光缆的型号识别、端别判定及纤序排定，通过完成本任务，学生应能够描述光缆结构和纤序色谱，并能准确判断光缆端别及应用场合。完成本任务所需工具器材有不同型号的光缆、光缆护层开剥刀、松套管剥除钳、美工刀、剪刀等。

1. GYSTA53 36B1 光缆的识别

使用光缆护层开剥刀、松套管剥除钳等光缆开剥工具对GYSTA53 36B1光缆进行分层开剥，光缆的结构如图1-1所示。

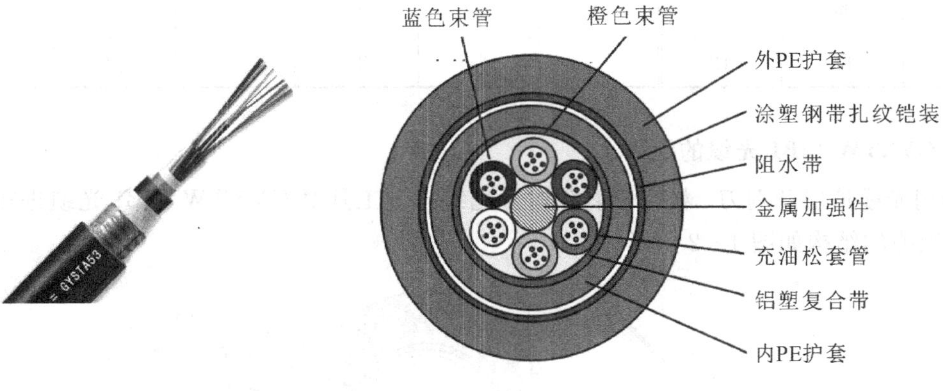

(a) 实物照片图　　(b) 横截面示意图

图1-1　GYSTA53 36B1 光缆的结构

(1) 型号识别。通过观察GYSTA53 36B1光缆的结构图，对光缆型号进行识别，可知该光缆是层绞式室外用光缆，采用松套管光纤束结构，金属加强构件，铝-聚乙烯黏结内护套，单铍纹钢带铠装，聚乙烯外护套，光缆内部填充油膏，内有36根非色散位移型光纤。该光缆通常适用于直埋敷设。

(2) 端别判定。该光缆采用全色谱束管，内有蓝、橙、绿、棕、灰、白6个全色谱束管。面对光缆端面，如果束管以蓝、橙、绿、棕、灰、白的顺序顺时针排列，说明本端为光缆的

A 端，则对端为光缆的 B 端。

(3) 纤序排定。GYSTA5336B1 光缆内有 6 个束管，每个束管内又有 6 芯全色谱光纤。蓝色束管中的 6 根纤(蓝、橙、绿、棕、灰、白)对应为 1～6 号光纤；橙色束管中的 6 根纤对应为 7～12 号光纤；绿色束管中的 6 根纤对应为 13～18 号光纤；棕色束管中的 6 根纤对应为19～24号光纤；灰色束管中的 6 根纤对应为 25～30 号光纤；白色束管中的 6 根纤对应为31～36号光纤。其光纤纤序与色谱的对应关系如表 1-1 所示。

表 1-1　GYSTA53 36B1 光缆纤序与色谱的对应关系

束管颜色	光纤颜色	光纤序号	束管颜色	光纤颜色	光纤序号	束管颜色	光纤颜色	光纤序号
蓝	蓝	1	绿	蓝	13	灰	蓝	25
	橙	2		橙	14		橙	26
	绿	3		绿	15		绿	27
	棕	4		棕	16		棕	28
	灰	5		灰	17		灰	29
	白	6		白	18		白	30
橙	蓝	7	棕	蓝	19	白	蓝	31
	橙	8		橙	20		橙	32
	绿	9		绿	21		绿	33
	棕	10		棕	22		棕	34
	灰	11		灰	23		灰	35
	白	12		白	24		白	36

2. GYXTW 12B1 光缆的识别

使用光缆护层开剥刀、松套管剥除钳等光缆开剥工具对 GYXTW 12B1 光缆进行分层开剥，光缆的结构如图 1-2 所示。

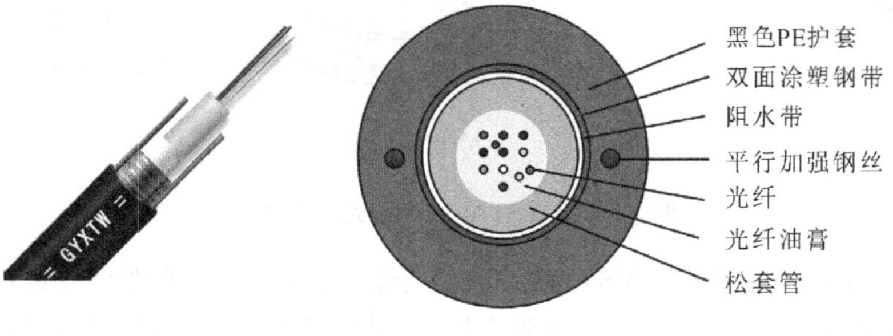

(a) 实物照片图　　(b) 横截面示意图

图 1-2　GYXTW 12B1 光缆的结构

(1) 型号识别。通过观察 GYXTW 12B1 光缆的结构图，对光缆型号进行识别，可知该光缆是中心束管式全填充通信用室外光缆，其护套是夹带平行钢丝的钢-聚乙烯黏结护套。该光缆通常适用于架空或管道敷设。

(2) 端别判定。由于中心束管式光缆缆芯只有一根松套管，因此端别可根据光缆外护套米标进行判定。

(3) 纤序排定。GYXTW12B1 光缆内有 12 根全色谱非色散位移型光纤，其光纤纤序与色谱的对应关系如表 1-2 所示。

表 1-2　GYXTW 12B1 光缆纤序与色谱的对应关系

光纤颜色	蓝	橙	绿	棕	灰	白	红	黑	黄	紫	粉红	青绿
光纤序号	1	2	3	4	5	6	7	8	9	10	11	12

任务完成后要按下面的要求进行检查：

(1) 光缆型号表述要求：根据光缆型号的相关规定，描述相应光缆的组成、型号及用途。

(2) 光缆端别判别要求：根据光缆端别的识别方法，正确判别光缆的 A、B 端。

(3) 光纤纤序排定要求：根据光纤纤序的识别方法，正确判别光缆的纤序。

1.1.2　识别通信电缆的结构与型号

本任务介绍了常用通信电缆的型号识别、端别判定及线序排定，通过完成本任务，学生应能够描述电缆结构及色谱，并能准确判断电缆端别及应用场合。完成本任务所需工具器材有 100 对电缆、开缆工具(电缆护层开剥刀、电工刀、剪刀)等。

使用电缆护层开剥刀、电工刀等电缆开剥工具对 HYA53-100×2×0.5 电缆进行分层开剥，电缆的结构如图 1-3 所示。

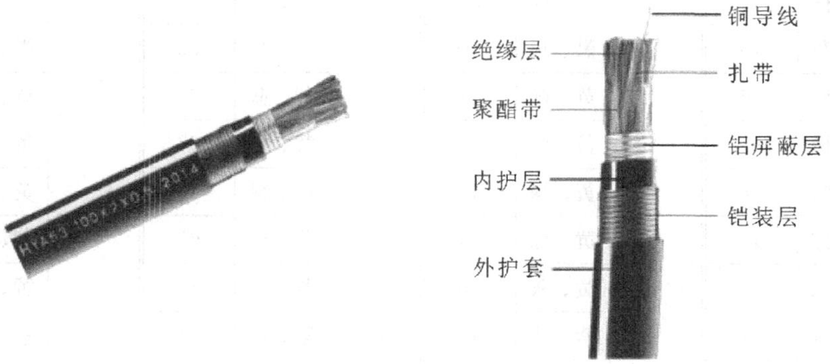

图 1-3　HYA53-100×2×0.5 电缆的结构

(1) 型号识别。通过观察 HYA53-100×2×0.5 电缆的结构图，对该电缆型号进行识别，可知该电缆是铜芯、实心聚烯烃绝缘，涂塑铝带黏结屏蔽，容量 100 对，对绞式线径为 0.5 mm，单层钢带皱纹纵包铠装聚乙烯外护层的市内通信全塑电缆。该光缆通常适用于直埋敷设。

(2) 端别判定。HYA53-100×2×0.5 通信电缆是由白蓝、白橙、白绿、白棕四种不同颜色的扎带标识线组成的。面向电缆端面，如果扎带以白蓝、白橙、白绿、白棕的顺序顺时针排列，说明本端为电缆的A端，则对端为电缆的B端。

(3) 线序排定。每组不同颜色的扎带内有25对导线，其中以白蓝为标识的扎带内对应的是第1～25对导线；以白橙为标识的扎带内对应的是第26～50对导线；以白绿为标识的扎带内对应的是第51～75对导线；以白棕为标识的扎带内对应的是第76～100对导线。其线序与色谱的对应关系如表1-3所示。

表1-3　HYA53-100×2×0.5通信电缆线序与色谱的对应关系

扎带颜色	线对颜色	线对序号	扎带颜色	线对颜色	线对序号	扎带颜色	线对颜色	线对序号	扎带颜色	线对颜色	线对序号
白蓝	白、蓝	1	白橙	白、蓝	26	白绿	白、蓝	51	白棕	白、蓝	76
	白、橙	2		白、橙	27		白、橙	52		白、橙	77
	白、绿	3		白、绿	28		白、绿	53		白、绿	78
	白、棕	4		白、棕	29		白、棕	54		白、棕	79
	白、灰	5		白、灰	30		白、灰	55		白、灰	80
	红、蓝	6		红、蓝	31		红、蓝	56		红、蓝	81
	红、橙	7		红、橙	32		红、橙	57		红、橙	82
	红、绿	8		红、绿	33		红、绿	58		红、绿	83
	红、棕	9		红、棕	34		红、棕	59		红、棕	84
	红、灰	10		红、灰	35		红、灰	60		红、灰	85
	黑、蓝	11		黑、蓝	36		黑、蓝	61		黑、蓝	86
	黑、橙	12		黑、橙	37		黑、橙	62		黑、橙	87
	黑、绿	13		黑、绿	38		黑、绿	63		黑、绿	88
	黑、棕	14		黑、棕	39		黑、棕	64		黑、棕	89
	黑、灰	15		黑、灰	40		黑、灰	65		黑、灰	90
	黄、蓝	16		黄、蓝	41		黄、蓝	66		黄、蓝	91
	黄、橙	17		黄、橙	42		黄、橙	67		黄、橙	92
	黄、绿	18		黄、绿	43		黄、绿	68		黄、绿	93
	黄、棕	19		黄、棕	44		黄、棕	69		黄、棕	94
	黄、灰	20		黄、灰	45		黄、灰	70		黄、灰	95
	紫、蓝	21		紫、蓝	46		紫、蓝	71		紫、蓝	96
	紫、橙	22		紫、橙	47		紫、橙	72		紫、橙	97
	紫、绿	23		紫、绿	48		紫、绿	73		紫、绿	98
	紫、棕	24		紫、棕	49		紫、棕	74		紫、棕	99
	紫、灰	25		紫、灰	50		紫、灰	75		紫、灰	100

备用线对：白红。

任务完成后要按以下要求进行检查：

(1) 电缆型号表述要求：根据电缆型号的相关规定，描述相应电缆的组成、型号及用途。

(2) 电缆端别判别要求：根据电缆端别的识别方法，正确判别电缆的A、B端。

(3) 电缆线序排定要求：根据电缆线序的识别方法，正确判别导线的线序。

1.2 任务资讯

1.2.1 通信线路介绍

1. 光缆线路

光缆线路是指以光缆为传输媒介的通信线路，由光缆、光纤连接器和局(站)端配线设备、光交节点设备、光配线接入设备、用户端接设备等组成。其中光缆包括室外光缆、室内光缆等；局(站)端配线设备主要有光纤配线架(ODF)、光纤配线单元(ODU)等；光交节点设备主要有光纤交接箱、光纤分路器等；光配线接入设备主要有光纤分路器、光纤分线盒、光纤终端盒等；用户端接设备主要有光纤信息面板、用户智能终端盒等。具体组成示意图如图1-4所示。图1-4中，ODF、ODU主要用于出局(站)光纤端接、分配和调度，可以安装在传输机房、数据机房内；光纤交接箱主要用于主干光缆和配线光缆的连接、分配和调度，可以安装在室内或室外；光纤分路器主要完成光缆的分路功能；用户智能终端盒的主要作用是保障光网络单元(ONU)免受用户损坏和减少室内光缆故障率。

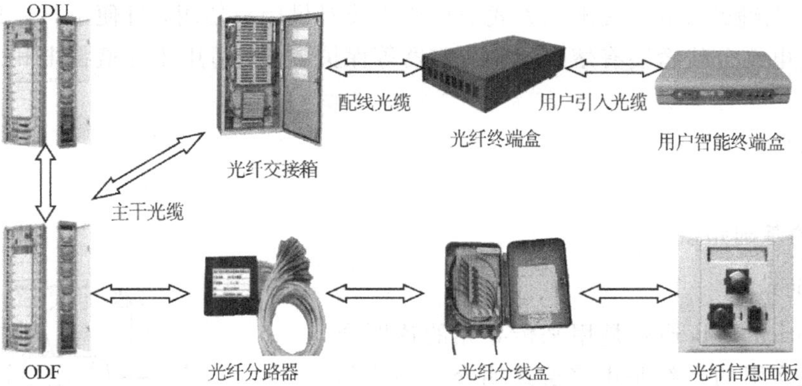

图1-4　光缆线路组成示意图

2. 通信电缆线路

通信电缆是一种统称，广义上讲凡承载电信号以达到通信目的的缆线均可称为通信电缆。而按照其作用的地域范围通常又将通信电缆划分为长途通信电缆和市内通信电缆两类。

随着现今各信息业务的不断发展，长途通信电缆已逐步被光缆所代替，而对于市内通信电缆而言，数据业务高带宽的要求也使得运营商不得不采用光纤入小区再转网线或同轴线缆的方式来接入网络用户，因而电缆所占比重也会减少。因此现在常说的通信电缆实际上大多特指市内承载语音的通信电缆，即市话电缆，这也是本书所介绍的通信电缆。

通信电缆线路组成如图 1-5 所示，除了传输媒介通信电缆外，还包括总配线架、电缆交接箱、电缆分线盒(分线箱)等附属设备。

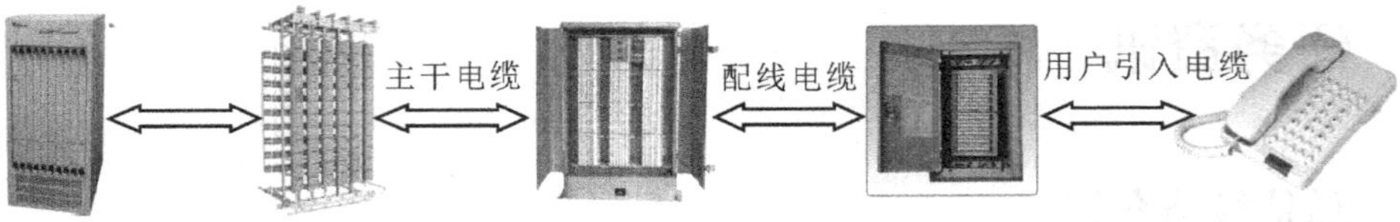

图 1-5　通信电缆线路组成示意图

通信电缆包括主干电缆、配线电缆、用户引入电缆等。主干电缆是指总配线架到电缆交接箱之间的连接线路，一般有数公里长，用于承担多个用户信息的复用传输；配线电缆是指电缆交接箱到电缆分线盒之间的连接线路，一般有数百米长，用于将各个用户信息分别接入分线盒；用户引入电缆是指电缆分线盒到用户终端之间的连接线路，一般有数十米长。

总配线架一般设置在配线间，用于程控交换机和用户引入电缆之间的连接、调度、保护和告警等，主要由保安接线排、保安单元、告警系统、测试接线排等组成。电缆交接箱可以安装在室内或室外，用于主干电缆和配线电缆的连接、调度和保护等，主要有模块卡接式和旋转卡接式两种形式。电缆分线盒(分线箱)设备是配线电缆的终端设备，用于配线电缆与用户引入电缆的连接，按配线方式引出所需线对供用户使用，且便于日后故障检修或装拆移机等。电缆分线盒装有熔断丝和避雷器等保护装置，适用于易遭雷击和强电入侵的地区。

1.2.2　光纤

1. 光纤的基础知识

1) 光纤的结构

光纤(Optical Fiber)就是用来传导光的透明介质纤维。一根实用的光纤是由多层透明介质构成的圆柱体，一般分为折射率较高的纤芯、折射率较低的包层及最外面的涂覆层三个部分，如图 1-6 所示。

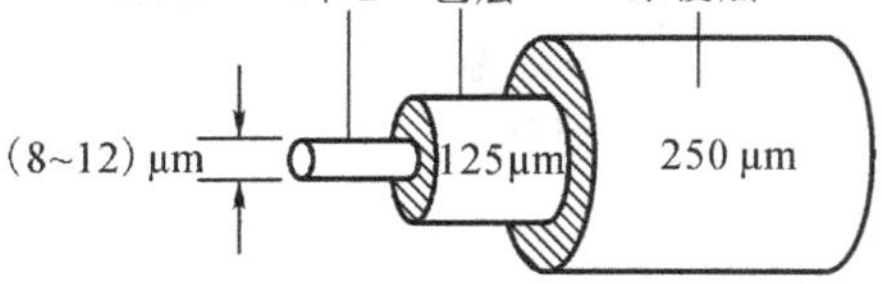

图 1-6　光纤的基本结构

纤芯是由高度透明的材料制成的，作用是传输光信号。包层的折射率略小于纤芯，作用是使光信号封闭在纤芯中传播。涂覆层的作用是保护光纤不受水汽等的侵蚀和机械擦伤，同时增加光纤的柔韧性。由于涂覆层不传导光，因此可染成各种颜色以便区分。

多模光纤纤芯的标称直径为 50 μm(或 62.5 μm)，单模光纤纤芯的标称直径通常为(8～12)μm，包层的标称外径为 125 μm。纤芯和包层通常称为裸纤。在光纤制造过程中，裸纤从高温炉拉丝完成后约 2 s 内要进行预涂覆(即一次涂覆)，经过一次涂覆后的光纤又称为素纤，其外径为 250 μm。

2）光纤的分类

光纤按照构成材料、折射率分布、传输模式、二次涂覆层结构等可被划分成多种类型。

(1) 按照光纤的构成材料分类，有石英光纤和塑料光纤。

石英光纤一般是由掺杂石英纤芯和掺杂石英包层组成的光纤，这种光纤具有很低的损耗。目前通信网络中所使用的光纤大多数是掺锗石英光纤，掺杂物是锗，目的是为了改变石英玻璃的折射率。

塑料光纤是由高透明聚合物比如聚苯乙烯等作为芯层材料，氟塑料等作为皮层材料组成的光纤。不同的材料具有不同的光衰减特性和温度应用范围。塑料光纤的纤芯较大，直径为 980 μm，它柔韧性好且防水，常用于汽车、飞机等各种运载工具上，是优质的短距离数据传输介质。

(2) 按照光纤剖面折射率分布分类，有阶跃型光纤、渐变型光纤。

光纤的折射率分布与光纤的性能密切相关，例如，多模光纤的折射率分布对其带宽具有决定性的影响，单模光纤的折射率分布决定其截止波长、横场直径和色散。光纤的折射率分布描述了光纤从纤芯到包层的折射率随纤芯半径的变化，如图 1-7 所示。

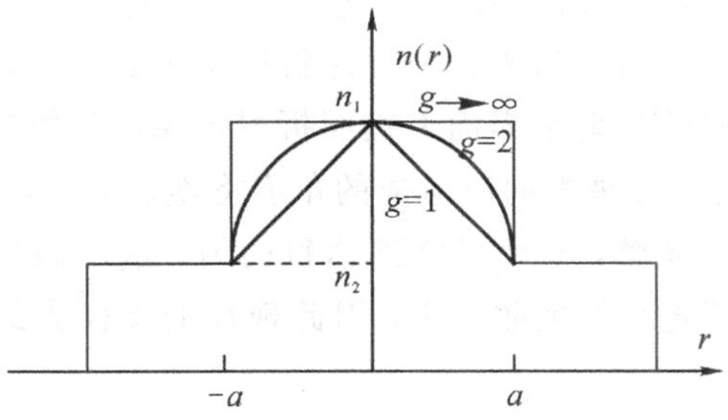

图 1-7　不同 g 值的折射率分布

光纤中模的传播依赖于折射率分布的形状，在实际应用中光纤折射率分布曲线可以用光纤半径的折射率分布指数函数来描述，如式(1-1)所示。

$$n(r)=\begin{cases} n_1\left[1-2\Delta\left(\dfrac{r}{a}\right)^g\right]^{1/2}, & r<a \\ n_2, & r\geqslant a \end{cases} \tag{1-1}$$

式中，n_1为纤芯折射率，n_2为包层折射率，g 为光纤折射率分布指数，a 为纤芯半径，r 为离开纤芯轴的距离，Δ 为相对折射率差，可用式(1-2)表示。

$$\Delta=\frac{n_1^2-n_2^2}{2n_1^2} \tag{1-2}$$

g 值不同，折射率分布也不同。$g=1$ 时为三角型折射率分布；$g=2$ 时为抛物线型(梯度)折射率分布；$g\to\infty$时为阶跃型折射率分布。

阶跃型光纤是指纤芯与包层区域内折射率的分布 $n(r)$是均匀的，分别为 n_1 和 n_2，在纤芯与包层的边界处，光纤纤芯的折射率高于包层折射率，光纤纤芯到包层的折射率是突变的，只有一个台阶，所以称为阶跃光纤。渐变型光纤是指纤芯折射率的分布 $n_1(r)$随横截面半径的增加而逐渐减小，在光纤轴心处的折射率最大为 $n_1(0)$，在纤芯与包层的边界处，光纤纤芯折射率正好等于包层区域的折射率 n_2。阶跃型光纤和渐变型光纤折射率的变化如图 1－8 所示。

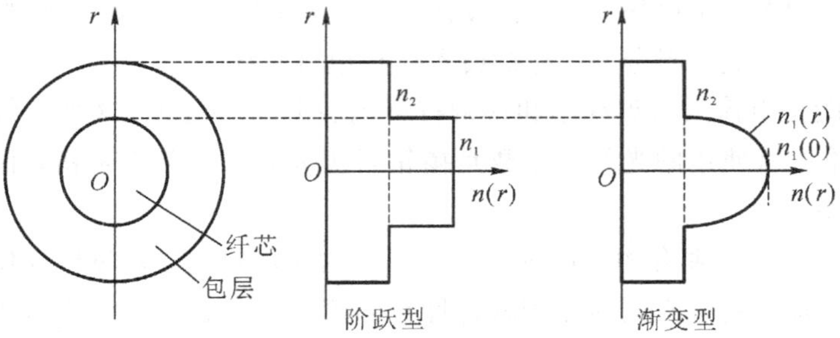

图 1－8　阶跃型光纤和渐变型光纤折射率变化图

(3) 按照光纤传输模式分类，有多模光纤、单模光纤。

多模光纤是指在一定的工作波长上有很多个模式同时在光纤中传输。按照多模光纤截面折射率的分布分类，又可分为多模阶跃型光纤和多模渐变型光纤。

当多模光纤采用阶跃型结构时，由于不同模式的光传播路径不一样，经传输后到达终点的时间也不相同，因而产生了时延差，使得光脉冲受到展宽，如图 1－9(a)所示。当多模光纤采用渐变型光纤时，由于渐变型光纤的纤芯折射率中心最大，沿纤芯半径方向逐渐减小，不同模式光分别在不同的折射率界面上按照折射定律产生折射，然后进入低折射率层中，因此，光的行进方向与光纤轴方向所形成的角度将逐渐变小，如图 1－9(b)所示。光在渐变光纤中会不自觉地进行调整，从而最终到达目的地，这叫做自聚焦作用。不同模式的光可形成自聚焦，减小多模光纤的色散效应，因此现在的多模光纤多为渐变型光纤，适用于中等容量中等距离的系统。

单模光纤只有一种传输模式，不存在模式间的色散效应，所以目前的单模光纤多采用阶跃型，广泛应用于大容量、长距离的通信系统，如图 1－9(c)所示。

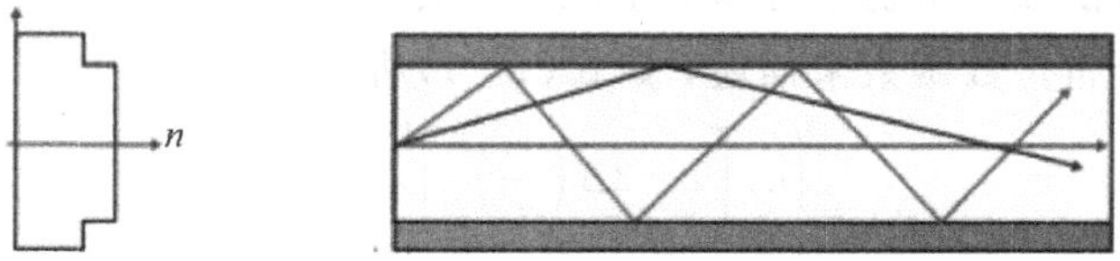

(a) 阶跃型多模光纤

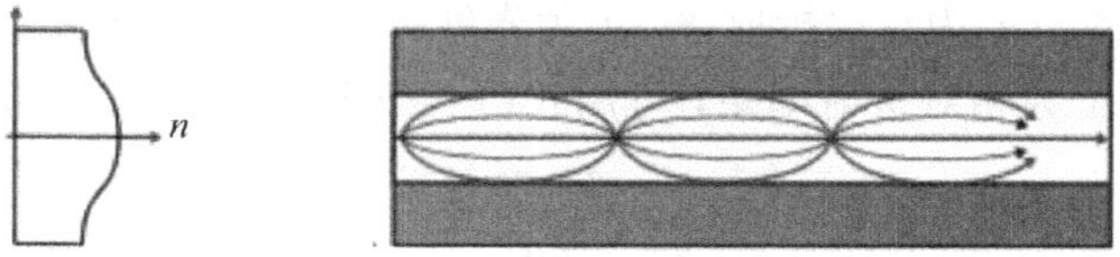

(b) 渐变型多模光纤

(c) 阶跃型单模光纤

图 1－9　多模光纤和单模光纤

(4) 按照二次涂覆层结构分类，有紧套结构光纤、松套结构光纤。

素纤由于比较脆弱，需要进一步的保护措施，根据措施的不同就出现了紧套结构光纤和松套结构光纤。紧套结构光纤是指光纤的二次涂覆层(塑料套管)与一次涂覆层紧密接触，光纤在套管中不能松动，如图1-10(a)所示。松套结构光纤是指光纤的一次涂覆层和二次涂覆层(松套管)留有一定的空间，一般填充油膏防水，同时光纤松散分布，如图1-10(b)所示。

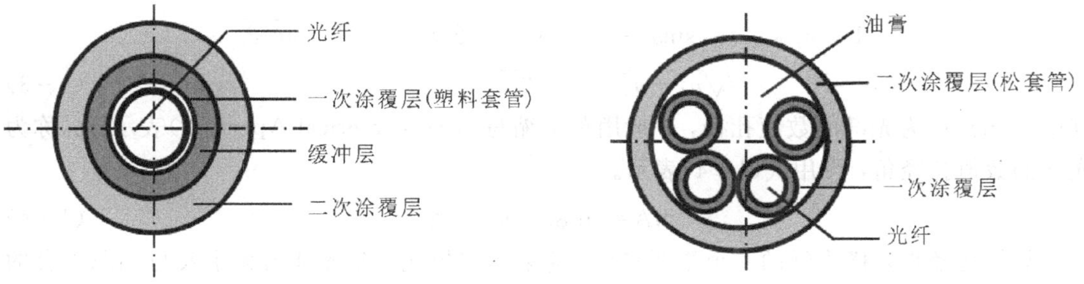

(a) 紧套光纤　(b) 松套光纤

图1-10　紧套结构光纤和松套结构光纤

3) 光纤的导光原理

本小节采用射线光学理论阐述光纤的导光原理，虽然用射线理论分析光纤中光的传输特性很粗糙，但这种理论对于光波长远远小于光波导尺寸的多模光纤来说，容易得到光传播的直观图像和一些有用的概念。

一束光线从光纤的入射端面耦合进光纤，光线的传播分两种情形：一种情形是光线始终在一个包含光纤中心轴线的固定平面内传播，并且在一个传播周期内与光纤轴线相交两次，这种光线称为子午射线，那个包含光纤轴线的固定平面称为子午面；另一种情形是光线在传播过程中不在一个固定的平面内，并且不与光纤的轴线相交，这种光线称为斜射线。下面主要对子午射线在阶跃型光纤中的传播情况进行分析。

阶跃型光纤是由半径为a、折射率为常数n_1的纤芯和折射率为常数n_2的包层组成的，并且$n_1>n_2$，如图1-11所示。

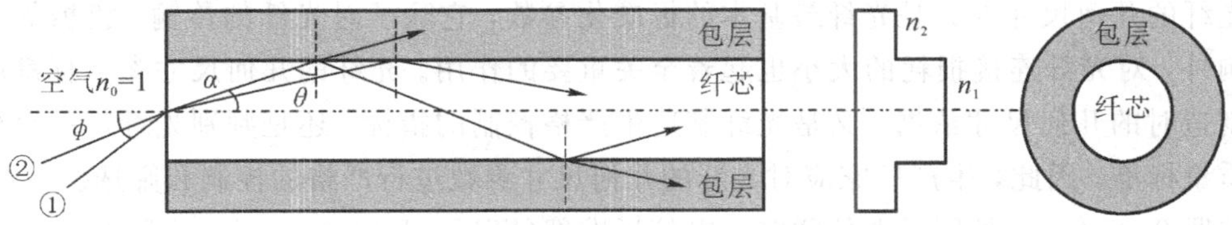

(a) 光纤纵截面　(b) 折射率分布　(c) 光纤横截面

图1-11　光线在阶跃型光纤中的传播情况

对于光线①，它是以ϕ角从空气($n_0=1$)中入射到光纤的端面，将有一部分光射入纤芯，此时$1\times\sin\phi=n_1\sin\alpha$，由于$n_1>1$，则折射角$\alpha<\phi$。光线继续以$\theta(90°-\alpha)$角入射到纤芯和包层的分界面上，如果$\theta$角小于纤芯和包层界面的临界角$\theta_c=\arcsin(n_2/n_1)$，则一

部分光线折射进包层而损耗掉，另一部分反射回纤芯。这条光线经如此几次反射和折射后，很快就损耗掉了。如果 ϕ 角减小，如光线②所示，则 α 也随之减小，$\theta(90°-\alpha)$角就相应增大。如果 θ 增大到略大于纤芯和包层界面的临界角 θ_c 时，则光线在纤芯和包层界面产生全反射，能量全部反射回纤芯，当它继续传播再次遇到纤芯和包层界面时，再次发生全反射。如此反复，光线就从一端沿着折线传输到另一端，这就是光纤之所以能导光的基本原理。下面来分析一下 ϕ 角小到多少时光纤才能将光线从光纤的一端传到另一端。

假设 $\phi=\phi_0$时，$\theta=\theta_c$，$\alpha=\alpha_0$，则有式(1-3)：

$$1\times\sin\phi_0=n_1\sin\alpha_0=n_1\sin(90°-\theta_c)=n_1\sqrt{1-\sin^2\theta_c}$$

$$=\sqrt{n_1^2-n_1^2}=n_1\sqrt{2\Delta} \tag{1-3}$$

其中，$\sin\phi_0$称为光纤的数值孔径，一般用英文缩写 NA(Numerical Aperture)表示，ϕ_0称为光纤的数值孔径角，可用式(1-4)表示。

$$\mathrm{NA}=\sin\phi_0=n_1\sqrt{2\Delta} \tag{1-4}$$

数值孔径是多模光纤的一个重要参数，它表示多模光纤集光能力大小及与光源耦合的难易程度，同时对连接损耗、微弯损耗、宏弯损耗、衰减温度特性和传输带宽等都有影响，它的大小取决于纤芯与包层的折射率差 Δ，而不是依赖于光纤纤芯和包层的直径。光纤的数值孔径越大，集光能力就越强。

标准多模光纤(50/125 μm)的 NA 标称值一般为 0.2，对应的数值孔径角约为 11.5°；标准单模光纤的 NA 标称值一般为 0.1～0.15，对应的数值孔径角约为 5.7°～8.6°，塑料光纤的数值孔径(NA=0.5)可以更大，可以接收更多的光功率。

渐变型光纤与阶跃型光纤的区别在于渐变型光纤的纤芯的折射率不是常数，而是随半径的增加递减，直到等于包层的折射率，另外其数值孔径在光纤横截面的不同入射点上也不相同。在渐变型光纤中，光线的传播分析常采用与数学中求解积分相同的方法。

2. 光纤的特性

各种类型的光纤既有共同的几何尺寸参数，又有各自特有的结构参数和传输性能参数。下面从工程的角度对光纤的几何特性、光学特性、机械特性、温度特性、传输特性分别进行介绍。

1) 光纤的几何特性

光纤的几何尺寸参数是光纤最基本的标准化参数，它除了对光纤的传输、机械等性能有影响外，对光纤连接损耗的大小也起着至关重要的作用。光纤的几何尺寸参数标准既是光纤制造时的几何尺寸依据，又是光纤制造中严格控制的指标，还是判别光纤产品合格与否的质量标准。因此，生产厂家应对光纤的几何尺寸参数进行严格的控制和筛选。

按照 2008 年 10 月国际电信联盟—电信标准部(ITU-T，International Telecommunication Union Telecommunication Standardization Sector)最新推荐的用来表征光纤几何尺寸的特征参数，多模光纤的几何尺寸参数包括纤芯直径、包层直径、纤芯不圆度、包层不圆度、纤芯与包层的同心度等，单模光纤的几何尺寸参数包括模场直径、包层直径、包层不圆度、纤芯与包层的同心度误差等。

(1) 模场直径。ITU-T 对模场直径的定义为：纤芯折射率与均匀包层的折射率之差达到后者的一定比例的区域叫做纤芯的模场直径。A1a 类多模光纤的模场直径为 50±

3 μm，单模光纤的模场直径约为(8～12)μm。

(2) 包层直径。包层直径是指裸纤的直径。ITU-T 规定 G.652 光纤直径为 125±1 μm，在光纤对外径接续的模式下，理论上能把熔接损耗控制在 0.5 dB 以内。

(3) 芯/包层同心度和不圆度。同心度是指纤芯中心与包层中心之间的距离除以芯径的值。该参数对光纤的接头损耗有很大影响，光纤连接损耗大致与模场同心度误差的平方成正比。ITU-T 在 G.655 建议中规定 1310 nm 处的芯/包层同心度误差不得大于 0.6 μm。

不圆度(包括纤芯的不圆度和包层的不圆度)可用式(1-5)表示，即

$$N_c=\frac{D_{max}-D_{min}}{D_{co}} \tag{1-5}$$

其中，D_{max}和D_{min}分别为纤芯(或包层)的最大和最小直径；D_{co}为纤芯(或包层)的标准直径。光纤的不圆度指标会影响到光纤连接时的对准效果，最终影响接头损耗。因此，ITU-T 规定 G.655 光纤包层不圆度最大不得超过 1%。

2) 光纤的光学特性

光纤的光学特性共有四个参数，前面提到的光纤折射率分布，光纤数值孔径均为光纤的光学特性参数，还包括模场直径和截止波长。

(1) 模场直径。模场直径(MFD)是单模光纤特有的一个重要参数。它的标称值和容差大小与光纤的连接损耗和抗弯特性有着密切的关系，而且可以从模场直径随波长的变化谱估算出单模光纤的色散值、连接损耗、弯曲损耗和有效面积等。

模场是指光纤中基模 LP_{01}的单模电场在空间的强度分布。单模光纤中的电场并不完全集中在纤芯，而有相当部分的能量在包层中传输，所以不用纤芯的几何尺寸作为单模光纤的特性参数，而是用模场直径作为描述单模光纤中光能量集中程度的度量。

(2) 截止波长。截止波长为单模光纤特有的结构参数，光纤是否工作于单模状态完全决定于光纤中传播光的波长。由于最临近基模 LP_{01}的高阶模是 LP_{11}，因此，定义使 LP_{11}截止(完全不能传输)的波长为单模光纤的截止波长(λ_c)。λ_c 定义为总功率(包括注入的高阶模)与基模光功率之比小于 0.1 dB 时所对应的更长波长。按照这个定义，当各次模基本上受到均匀激励时，二阶模 LP_{11}比基模 LP_{01}衰减大的波长就是截止波长。

只有当工作波长大于单模光纤截止波长时，才能保证光纤工作在单模状态，否则光纤将工作于双模或多模状态，将产生模式噪声和模式色散，导致传输性能劣化。单模光纤的单模工作截止波长仅次于光纤结构参数的截止波长，称之为理论截止波长(λ_{ct})。由于其未考虑光纤所处的实际状态，所以理论截止波长只有理论分析研究价值。

3) 光纤的机械特性

光纤的机械特性由表面存在的裂痕和材料中的杂质决定，涂覆层也起着至关重要的作用。涂覆层的黏附力越强，对微裂纹的保护作用就越明显，光纤的强度就越高。另一方面，在光纤的连接中，需要剥除涂覆层进行熔接，因此，光纤的涂覆层应具有可剥离性。ITU-T 建议 G.655 光纤涂覆层剥离力在(1.0～5.0)N 之间。

光纤在成缆、安装敷设和运行期间还会经受一定的机械应力，而石英光纤又是一种脆性材料，在残余的应力下经历持续的变形后会断裂，断裂的原因与石英光纤的两个机械特性即拉力强度和静态疲劳有关。

(1) 微裂纹与拉力强度。

光纤的拉力强度本来很大，拉丝时光纤的断裂强度约为(10～20)kg/mm²，拉丝后立即将塑料涂覆在裸光纤表面上，强度可以达到400 kg/mm²，相当于钢琴线的两倍。但是，一般光纤的表面都有微裂纹，而且微裂纹沿着光纤轴向分布。当在光纤上施加张力时，应力将集中到微裂纹处，示意图如图1-12所示。一旦应力超过微裂纹处的容许应力，微裂纹就会扩大，直到断裂。

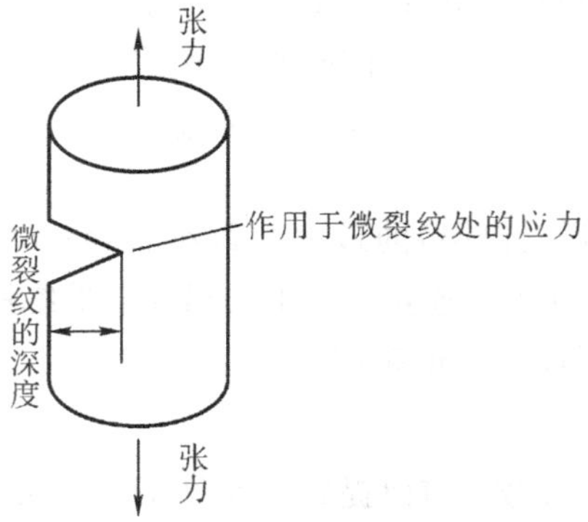

图1-12　光纤的微裂纹与应力示意图

加在微裂纹尖端的应力与拉力成正比，即微裂纹越深、越尖，光纤的容许应力就越小。这个现象说明不同的微裂纹深度对应不同的容许应力。因此，整条光纤的拉力强度由光纤表面最深的微裂纹决定。

光纤的拉力强度还随光纤的长度而变化，即光纤越长，微裂纹存在的概率就越大，对于同样拉力负载的断裂概率就越大。因此，在评价不同长度光纤的拉力强度时，要经过长度的换算。目前所用的光纤筛选拉力强度一般都大于0.69 GPa，这意味着光纤可多次连接而不易断。

(2) 静态疲劳与拉力强度。

即使施加于光纤上的应力小于断裂应力时，也会产生时效性破坏，即离子化的水分子与光纤表面产生反应生成弱耦合的氢氧根。这种耦合的氢氧根随着施加的应力而分离，于是就开始进行破坏。破坏首先使光纤微裂纹扩大，成为更深的微裂纹，最后施加于光纤微裂纹的应力超过断裂应力时就发生断裂，这种现象称为静态疲劳现象。

如图1-13所示的微裂纹尖端会随着光纤材料的应力腐蚀而在光纤中扩大下去。这种腐蚀的主要原因是光纤周围存在水分，水分与光纤中的SiO_2发生作用，光纤强度降低。腐蚀的速度随着受到的应力增大而增大，但是，根据实验研究表明，应力没有达到某一水平时，静态疲劳是不会发生的。这就是说静态疲劳的发生要有三个因素：微裂纹、水分和一定的应力。因此，在施工时尽量做到光缆没有残余应力，且在低湿度的环境中使用。

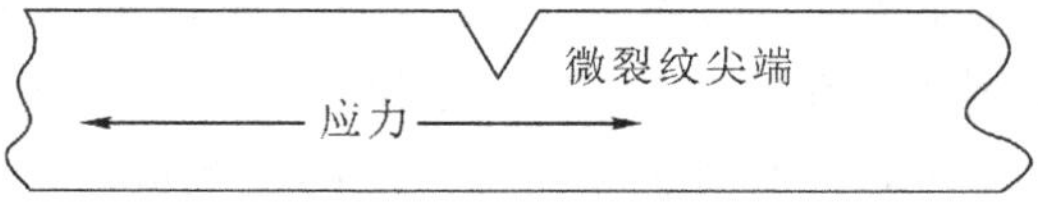

图1-13　光纤中微裂纹的静态疲劳假想模型

4）光纤的温度特性

石英光纤的线膨胀系数为 3.4×10^{-7} m/℃，其物理性能比金属材料稳定得多。但是，涂覆层和塑料套管所用的材料有树脂、塑料、硅橡胶和尼龙，其线膨胀系数为 1×10^{-4} m/℃。当温度变化1℃时，石英光纤和塑料涂覆层的长度变化量相差将近1000倍，也就是说，光纤长度变化1 μm时，涂覆层的长度要改变1 mm。当温度下降时，因为两者要保持同样长，光纤就要受到压缩力，涂覆层则要受到张力，在一定压力下，光纤就会产生微弯。

由图1-14所示的光纤损耗与温度变化的关系曲线可以看出：温度不太低时，光纤损耗增大很小；在−60℃时，损耗剧增；在温度继续下降时，损耗并不相应增大，而是稳定下来。从光纤受轴向压缩力的角度看，起初受力很小，还不至于使光纤产生微弯。当温度下降时，轴向压缩力达到某一限度时，光纤微弯使损耗猛增；温度再降低时，光纤形成一条螺旋线，尽管螺距还在发生变化，但半径保持不变，使损耗稳定下来。

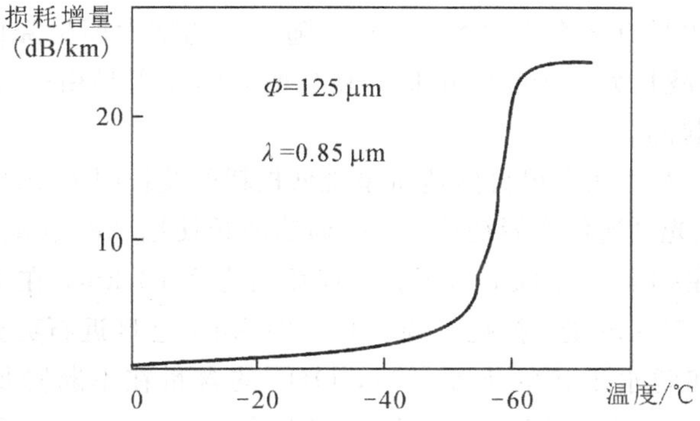

图1-14　光纤损耗与温度变化的关系曲线

改善光纤的温度特性的措施主要包括设计合理的光纤结构、选择适当的塑料套管材料及改进塑料套管条件。对用户来说，光纤的温度特性是相当重要的，但是，用户对成品光缆的温度特性是无法改变的。为了使光缆具有一定的温度特性，用户可在订购时提出具体要求，由生产厂家在设计光缆时考虑解决。表1-4给出了光缆温度特性的范围及允许光纤的附加衰减。

表1-4　光缆温度特性

分级代号	适用温度范围/℃		允许光纤附加衰减/(dB/km)		
	低限 TA	高限 TB	1级	2级	3级
A	−40	+40	不大于0.10	不大于0.15	不大于0.20
B	−30	+50			
C	−20	+60			

注：光缆温度附加衰减为适用温度下相对于20℃下的光纤衰减差。

5）光纤的传输特性

本节着重介绍制约光纤传输性能的光纤衰减、色散、非线性等主要参数。

（1）光纤通信的衰减谱、传输窗口和波段。

光波在光纤中传输时会带来一定的传输损耗，光纤每千米长度的损耗直接影响到光纤通信系统传输距离的长短。光纤对于不同波长的光波信号则呈现不同的衰减特征，如图 1 - 15 所示。通常将衰减系数随波长变化的曲线称为衰减谱，它能直观且形象地反映出在一定波长范围内整个光纤在长度上衰减的信息。

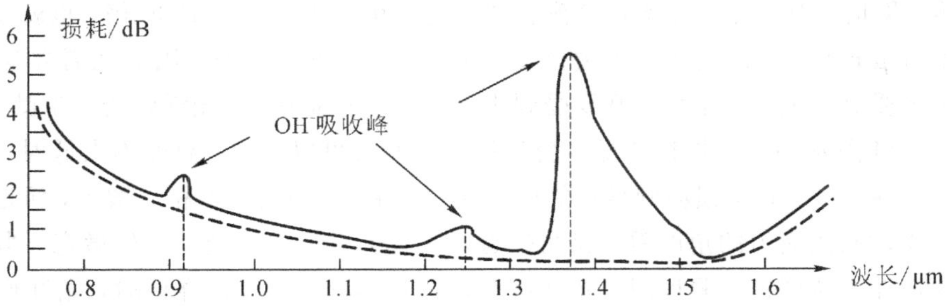

图 1 - 15　石英光纤衰减谱

石英光纤的衰减谱具有 3 个主要特征：衰减随波长的增大而呈降低趋势；衰减吸收峰与 OH^- 离子有关；在波长大于 1600 nm 时，衰减增大的原因是由微弯（或宏弯）曲损耗和石英玻璃吸收损耗引起的。

通过光纤衰减谱，人们就会很自然地将呈现低损耗的波长用于光纤通信，并将低损耗波长点称为传输窗口。在光纤通信发展初期，光纤通信波长使用 0.85 μm、1.31 μm 和 1.55 μm 三个窗口。光波波长在(0.8～0.9)μm 波段内，损耗约为 2 dB/km；在 1.31 μm 波长处损耗为 0.5 dB/km；而在 1.55 μm 处，损耗可降至 0.2 dB/km，已接近石英光纤的理论损耗极限值。随着科技的发展和脱水工艺的不断提高，OH^- 的含量在不断降低。当降到一定程度时，在整个(0.7～1.6)μm 波谱范围内，其吸收峰基本消失。1.31 μm 波长窗口和 1.55 μm 波长窗口不再被 OH^- 吸收峰隔开，因此得到了一个很宽的低损耗波长窗口。ITU - T 根据光纤的传输特性以及在不同波长处使用光纤放大器的性能，将(1260～1675)nm 的波长区域划分为 6 个频谱波段，如图 1 - 16 所示。

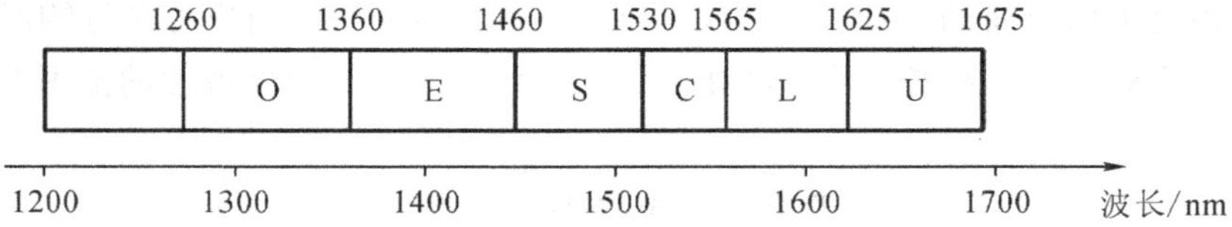

图 1 - 16　光纤通信波段划分

O 波段(Original band 原始波段)，其范围是(1260～1360)nm；

E 波段(Extended band 扩展波段)，其范围是(1360～1460)nm；

S 波段(Short band 短波段)，其范围是(1460～1530)nm；

C 波段(Conventional band 常规波段)，其范围是(1530～1565)nm；

L 波段(Long band 长波段)，其范围是(1565～1625)nm；

U 波段(Ultra-long band 超长波段)，其范围是(1625～1675)nm。

(2) 光纤的衰减。

① 衰减的定义。

衰减是光纤的一个重要传输参数，表示光纤对光能的传输损耗，对光纤的质量评定和确定光通信系统的中继距离起着决定性的作用。

光纤衰减是光纤中光功率减少量的一种量度，它取决于光纤的工作(波长)类型和长度，并受测量条件(剪断法、后向散射法、插入损耗法)的影响。

长度为L的光纤在波长λ处的衰减可定义为

$$A(\lambda)=10\lg\frac{P_1(\lambda)}{P_2(\lambda)}\ (\text{dB}) \tag{1-6}$$

式中：$P_1(\lambda)$和$P_2(\lambda)$是波长为λ时，光纤入端口和出端口的光功率。对于均匀损耗的光纤，可以用单位长度的衰减(即衰减系数)来反映光纤的衰减性能的好坏。衰减系数定义为

$$\alpha(\lambda)=\frac{A(\lambda)}{L}\ (\text{dB/km}) \tag{1-7}$$

衰减系数$\alpha(\lambda)$为波长λ处的衰减系数，单位为dB/km，它与选择的光纤长度无关。

② 衰减原因。

引起光纤传输损耗的原因很多，主要可从光纤材料本身和成纤后的使用两大方面考虑。光纤本身的损耗包括吸收损耗和散射损耗，成纤后使用相关的损耗包括辐射损耗和接续损耗。这里只介绍吸收损耗、散射损耗和辐射损耗。

• 吸收损耗。

吸收损耗是指光波在光纤中传输时，有部分光能转化为热能而造成的损耗，其原因主要为光能量被光纤材料(红外和紫外)、杂质及原子缺陷吸收所致。

红外吸收是指光通过光纤材料的构成分子二氧化硅形成分子共振而引起的光能吸收现象。紫外吸收是指通过光波照射激励原子中所约束的电子跃迁至高能级时吸收的能量。杂质吸收指的是光纤材料中含有的Fe^{2+}、Cu^{2+}、Cr^{2+}等一系列过渡金属离子和OH^-离子在光波激励下形成离子振动，产生电子跃迁吸收光能而产生的损耗。原子缺陷吸收指在光纤制造过程中，光纤材料受到某种热激励，或在某种情况下受到强辐射，光纤材料中的电子离开正常位置所损耗的能量，其中红外吸收及紫外吸收就属于材料吸收，可称为本征吸收。

• 散射损耗。

散射损耗指的是光能以散射的形式辐射到光纤外而造成的损耗。散射损耗是由于光纤的材料、形状、折射率指数等媒质不均匀使光散射而引起的，主要包括瑞利散射和结构缺陷散射。瑞利散射是光纤的本征散射损耗，光纤内部的密度不均匀以及光纤材料成分的变化都会产生瑞利散射；结构缺陷散射是由光纤材料不均匀引起的，在光纤的制造过程中，光纤中出现气泡、未溶解的粒子和杂质等，或纤芯和包层的界面粗糙，这些统称为结构缺陷，结构缺陷会引起光的散射，也被称为波导散射或波导不完善损耗。

• 辐射损耗。

光纤是柔软可弯曲的，但是，如果弯曲的半径太小，将使光的传播途径改变，使光从纤芯穿透到包层，甚至有可能穿过包层向外泄漏，这种现象如图1-17所示。光纤在弯曲时会造成模式转换，如低阶模变成高阶模时，传输路径增加，损耗增大。若传导模变成辐射模，则将造成辐射损耗。光纤的辐射损耗包括光纤的宏弯损耗和微弯损耗，它们分别对应于光纤的宏弯和微弯。这些弯曲常发生在成缆、现场布放、光缆接头等场

合下。

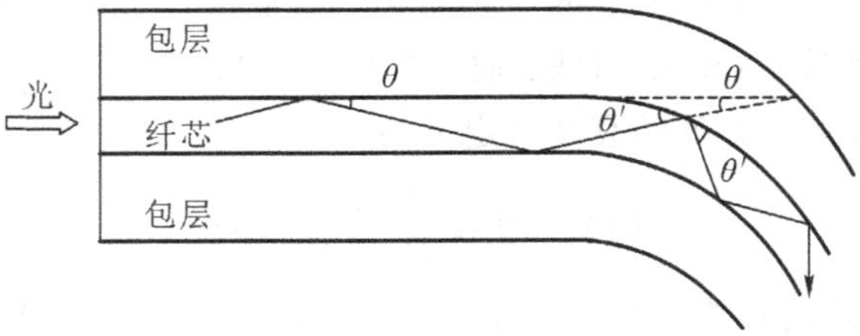

图 1-17　光纤弯曲传导模变成辐射模

微弯是指光纤一些随机的曲率半径与光纤横截面尺寸相比拟的畸变，常发生在套塑、成缆过程，光纤(或光缆)的周围温度发生变化的场合下。所以，微弯损耗是光纤随机畸变而产生的高次模与辐射模的耦合所引起的光功率损失。与之相比，光纤曲率半径比光纤直径大得多的弯曲，习惯上叫弯曲或宏弯。在施工中可通过严格规定光纤光缆允许的弯曲半径大小而使宏弯曲损耗忽略不计，因此微弯损耗是辐射损耗的主要来源。

微弯损耗与波长、弯曲半径和弯曲缠绕圈数等有关，标准中规定曲率半径为30 mm、缠绕圈数为 100 圈的光纤，在某一波长条件下其损耗的增加值应不超过某一规定值。例如：G.652 光纤在 1550 nm 波长的条件下，微弯损耗不大于 0.1 dB；G.653 和 G.654 光纤在 1550 mn 波长的条件下，微弯损耗不大于 0.5 dB；G.655A 光纤在 1550 nm 波长的条件下，微弯损耗不大于 0.5 dB；G.655B 和 G.655C 光纤在 1625 nm 波长的条件下，微弯损耗不大于 0.5 dB。

(3) 光纤的色散。

在物理光学中，色散是指由于某种物理原因使具有不同波长的光经过透明介质后被散开的现象。例如一束白光经三棱镜后被分为彩色光带，这是因为三棱镜对不同波长(或称不同频率)的光有不同的折射率，即三棱镜的折射率是光波长的函数，因此不同波长的光在三棱镜中的传播速度也不相同。

在光纤通信系统中，光纤中传输的光脉冲信号是由不同频率成分和不同模式成分的光组成的，这些不同频率成分和不同模式成分的光信号传播速率不同，经过一定距离的光纤传输后，不同成分之间出现时延差，使光脉冲发生展宽，这种现象称为色散。通常用时延差来表示色散，时延差越大，色散就越严重。

当光脉冲展宽到脉冲前后沿相互重叠时，就会形成码间串扰，导致通信系统产生误码。为避免误码的出现，就要拉宽脉冲间距，这又导致传输速率降低，从而限制了通信容量。另一方面，光脉冲的展宽程度随着传输距离的延长而越来越严重，因此，为了避免误码，光纤的传输距离就要缩短，这又限制了光纤通信的中继距离。光纤的色散对光纤通信极为不利。根据光纤色散产生的原因，光纤的色散分为模式色散、材料色散、波导色散和偏振模色散四种。

前三种色散与光波长(即不同的颜色)有关，又称波长色散或色度色散。表征色度色散的主要参数有色散系数、零色散波长、零色散斜率等。

色散系数是指单位光源谱宽和单位长度光纤的色度色散，单位为 ps/nm · km。当波导色散与材料色散在某个波长处互相抵消，使总的色度色散为零时，该波长为零色散波长

(λ_0)，单位为 nm。在零色散波长 λ_0 处色散系数随波长变化的斜率称为零色散斜率，单位为 ps/nm^2 · km。

① 模式色散。

在多模光纤中同时存在多个模式，不同模式的光在光纤中传输的轨迹不同，因此，每一种模式到达光纤终端的时间不同，会出现时延差，导致色散现象。在多模光纤中模式色散占主导地位，它限制了多模光纤的带宽。理想单模光纤中由于只传输一种模式，因而不存在模式色散。

② 材料色散。

材料色散是由光纤本身的折射率随所传输光的波长而变化引起的，含有不同波长的光通过光纤传输时，使模内各信号的传输速度不同而产生色散，它是单模光纤中色散的主要部分。

光纤通信中实际使用的光源，其发出的光并不是单一波长，而是具有一定的谱线宽度。由于光纤材料的折射率是波长的函数，光在其中的传播速度 $v(\lambda)=c/n(\lambda)$ 也是随波长的变化而变化的。当具有一定谱线宽度的光源所发出的光脉冲入射到光纤中传输时，不同波长的光脉冲将有不同的传播速度，在到达出射端面时将产生时延差，从而使光脉冲展宽。

另外还必须指出，一根光纤的色散系数可能是正数，也可能是负数。在光纤中，时延差随光波长的增加而增加，或者说波长较长的光比波长较短的光传播速度慢时，色散系数为正值，称为为正色散；反之，波长较长的光比波长较短的光传播速度快时，色散系数为负值，称为负色散。无论是正色散光纤还是负色散光纤，都会使光脉冲展宽，但是将两根色散系数相反的光纤熔接起来，光纤色散会得到改善。

③ 波导色散。

波导色散又称结构色散，它与光纤的几何结构、纤芯尺寸、剖面形状、相对折射率等因素相关。由于这些因素的不完善，使光波一部分在纤芯中传输，另一部分在包层中传输。由于纤芯和包层的折射率不同，导致传播速率不同，最终造成了光脉冲的展宽。这种色散是由光纤的几何结构决定的，其中光纤的横截面积尺寸沿光纤轴的波动情况起主要作用。

波导色散一般情况下为负值。在一定的光波长范围内，波导色散与材料色散具有相反的符号。改变光纤的折射率分布和剖面结构参数，可以改变波导色散的值，从而在所希望的波长上实现材料色散和波导色散的代数和为零。

④ 偏振模色散。

偏振模色散(PMD，Polarization Mode Dispersion)是指与光的振动方向有关的光特性。光纤中光波的基模(LP_{01})含有两个相互垂直的偏振态，如图 1－18 所示。在理想的圆柱形对称结构的光纤中，横截面的尺寸及折射率分布沿轴线处处均匀，两个偏振态具有相等的传播速率，因此它们在光纤中传输不存在时延差，并且极化状态保持不变。

由于实际的光纤几何尺寸不均匀(如 x 和 y 方向的折射率不同)，两个相互垂直的偏振模将以不同的速度传播，到达光纤另一端的时间不同，这个时间差即为偏振模色散，其单位为 ps/km$^{1/2}$。

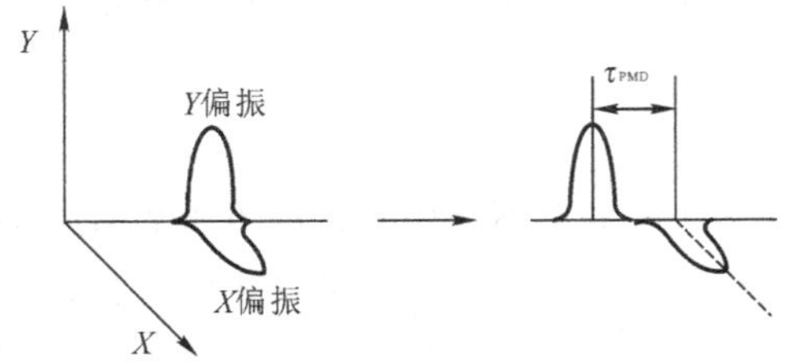

图 1-18 两个正交偏振态的分离

在光纤通信系统中，PMD 的主要影响是产生码间干扰。按照经验准则当总的瞬间差分群时延 DGD(Differential Group-Delay)等于(0.3～0.4)T 时(T 为比特周期)，会产生大约 1 dB 功率代价。随着传输比特率的增加和比特周期的缩短，可以容忍的 DGD 变小。然而，出现上述极端情况的概率是极低的，如果以上述极端情况作为最坏值，则最坏值通常以 3 倍的平均值来估计，那么对应的平均 DGD 所引起的色散值不会超过 0.1 T，相应的功率代价仅为(0.01～0.02)dB，完全可以忽略。

(4) 光纤的非线性。

在单信道的光纤通信系统中，对于光纤特性主要考虑的是衰耗和色散，它们限制着光纤通信系统的传输距离和传输容量。但在 EDFA＋DWDM 系统中，每一波长都携带着一定的光功率，注入光纤的光功率较大((14～17)dBm)，高的光功率会引起光纤的非线性效应。通常将非线性效应出现时的光功率大小称为阈值(或门限)。

光纤中典型的非线性效应有受激布里渊散射(SBS，Stimulated Brillouin Scattering)、受激拉曼散射(SRS，Stimulated Raman Scattering)、自相位调制效应(SPM，Self-Phase Modulation)、交叉相位调制效应(XPM，Cross-Phase Modulation)、四波混频(FWM，Four Wave Mixing)和光孤子形成等，其中，SBS 和 SRS 属于受激散射非线性效应，SPM、XPM、FWM 和光孤子形成属于折射率扰动非线性。这些非线性的存在对于传输信号会引起附加损耗、信道间串话、信号频率移动等不良后果，另一方面又可以利用它们开发新型器件，如激光器、放大器、调制器等。

① 四波混频(FWM，Four Wave Mixing)。

FWM 是指两个以上不同波长的光信号混合后产生的新光波，其产生原理如图 1-19 所示。FWM 的门限功率很低，在 0 dBm 左右。在波分复用系统中，某一波长的入射光会改变光纤的折射率，从而在不同的频率处产生相位调制，产生新的波长。新波长的数量随原始波长数量呈几何递增，N 个原始波长信号经 FWM 将产生 $N^2(N-1)/2$ 个额外的波长。

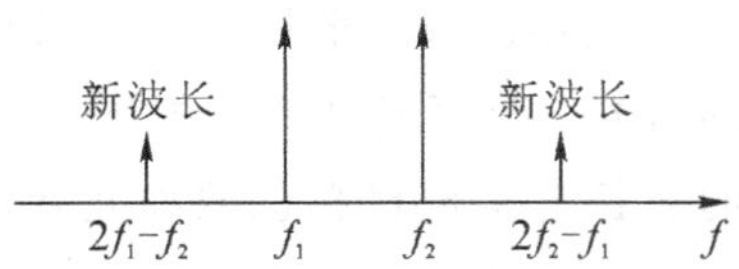

图 1-19 四波混频产生原理

假设所有信道具有相同的输入功率和相等的信道间隔，光纤的 FWM 效率 η 可以表示为 FWM 功率与每信道输入功率之比，而且与下述的参数方程成正比例。

式(1-8)中 n_2 为光纤非线性折射率；P 为信道输入功率；$\Delta\lambda$ 为信道间隔。

$$\eta \propto \left[\frac{n_2 P}{A_{\text{eff}} D\ (\Delta\lambda)^2}\right]^2 \tag{1-8}$$

可见，增大光纤的有效面积 A_{eff} 和色散系数 D 或者加大信道间隔，均可以有效地减小 FWM 效率。所以在色散位移光纤中由于色散值很低，FWM 效率要高得多。为了尽可能减少 FWM 的非线性效应的影响，开发了大有效面积非零色散位移单模光纤(LEAF)。

由于 FWM 新波长的产生会消耗部分信号功率，当 FWM 新波长直接落到相邻波长信号通道上时，则会产生严重的信道干扰，引起接收机输出信号眼图的闭合。随着 WDM(波分复用)系统波长数目的增加，FWM 的影响成为影响其性能的重要因素。

从式(1-8)中可知：光纤色散可以抑制 FWM 的影响；采用具有较大有效面积的光纤或较小非线性折射率的光纤，同样也可以减小 FWM 的影响。交替采用色散符号相反的光纤也是一种减轻 FWM 影响的措施，但这样会给工程的安装和运行维护带来困难。采用短段色散补偿光纤或者相关器件的方法是目前应用较多的比较有效的方法。

② 受激布里渊散射(SBS)。

SBS 是光纤中光信号与声波之间的一种相互作用，当一定强度的光入射到光纤中时，引起声光电子振动产生非线性现象。SBS 阈值随光纤类型而异，在采用外调制的窄谱线宽光源时，典型的阈值功率为(7～10)dBm；而采用直接调制光源时，阈值功率为(13～15)dBm。典型的 SBS 阈值只有几个毫瓦，且与信道数无关。

当输入光功率小于 SBS 阈值功率时，输出光功率随输入光功率线性增长，一旦输入光功率超过 SBS 阈值功率后，输出光功率开始饱和，并不增加，而后向散射功率却迅速增加，这样就限制了光纤传输的最大功率。

当光源的谱线宽度比布里渊带宽大得多或者信号功率低于 SBS 阈值功率时，SBS 对系统性能的影响可以忽略。目前，通常采用低频扰动技术，即将光源的谱线宽度展宽，从而将 SBS 阈值功率提高到 20 dBm 左右。

③ 受激拉曼散射(SRS)。

SRS 是指当一定强度的光信号入射到光纤中引起石英光纤中的分子振动相互作用而产生的非线性现象。SRS 主要表现为当光纤输入功率大于阈值时，会使光纤发生向前和向后的散射光，此时光纤就起到拉曼放大器的作用。

SRS 阈值与光纤特性、传输的信道数、信道间隔、每个信道的平均光功率和系统的中继距离有关。对于单波长系统而言，SRS 阈值约为 1 W，远远大于 SBS 阈值功率。因此，SRS 对于单波长系统基本没有什么影响。

然而对于多波长系统，由于后向散射的拉曼效应，在拉曼增益带宽内，高频(短波长)信道的能量通过受激拉曼散射向低频(长波长)信道转移，从而引起低频信号的放大和高频信号的衰减。由于拉曼增益带宽很宽，信道间距很宽的两个信道也会受到拉曼散射的影响，造成信噪比劣化，因此 SRS 限制了光纤通信容量，并产生信道串话。

④ 自相位调制(SPM)。

SPM 是光信号强度随着时间的变化对自身相位的作用而引起的，其主要作用是展宽光纤内传输的光脉冲频谱。如果这种作用十分强大，那么在 DWDM(密集型波分复用)系统中，光谱展宽会使光重叠进入邻近的信道，影响系统的性能。SPM 对系统性能的影响，可通过选用低色散或零色散的光纤来减小。

对于 G.652 光纤工作在 1550 nm 波长上时，由于色散较大，通常在传输线路上每隔一定距离插入色散补偿模块，以控制线路总色散，从而减少了 SPM 的影响。这种间接控制

SPM 影响的方法，对于传输距离小于 1000 km 的应用场合比较有效。

⑤ 交叉相位调制(XMP)。

XMP 是任一个波长信号的相位受其他波长信号强度起伏调制时产生的。一个脉冲对其他信道脉冲相位的作用与产生方式与 SPM 相同。所不同的是 SPM 可发生在单信道和多信道系统中，而 XPM 仅出现在多信道系统中。XPM 会使信号的脉冲展宽，再加上光纤色散的缘故，会使信号脉冲在经过光纤传输后产生较大的时域展宽，并在相邻波长通路上产生干扰。

由于 XPM 造成的系统影响随通路的间隔变小和通路数的增加而增加，通过合适的选择和控制通路间隔，就可以有效地控制 XPM 影响。研究结果表明，在 WDM 系统中，只有相邻通路产生的 XPM 才对其引入的信号畸变有较大的影响。因此，只要通路间隔保持一定，XPM 引入的系统影响可以忽略。

从光纤类型看，因为 XPM 的影响与光纤色散有关，所以采用 G.652 光纤的系统比采用 G.655 光纤的系统 XPM 影响要大。因此，在光纤链路中每隔一定距离引入色散补偿，可以减少 XPM 系统影响。当然，采用增大有效面积的光纤或采用减少非线性折射率的光纤，同样可以减少 XPM 的影响。

3. 光纤的型号

目前 ITU－T 规定的通信光纤的标准主要是 G.65X 系列。其中 G.651 光纤属于多模光纤，常用的通信单模光纤包括 G.652 光纤(常规单模光纤)、G.653 光纤(色散位移光纤)、G.654 光纤(截止波长位移单模光纤)、G.655 光纤(非零色散位移光纤)、G.656 光纤(宽带非零色散光纤)、G.657 光纤(弯曲损耗不敏感单模光纤)以及 DCF 光纤(色散补偿光纤)等。

(1) G.651 光纤。

1976 年美国贝尔实验室在华盛顿至亚特兰大之间建立的世界上第一个实用的光纤通信系统，采用的就是 ITU－T 1980 年定义的 G.651 建议的(50/125 μm)多模光纤，其传输速率为 45 Mb/s，光源是工作波长为 0.85 μm 的发光二极管。

G651 光纤建议是在公共交换网络光纤解决方案的初期制定的，在 1984 年以前，这种光纤被认为是 10 km 传输距离和高达 40 Mb/s 比特率的唯一实用解决方案。随着应用的变化，G.652 单模光纤在 G.651 建议发布后不久就上市，几乎完全取代了公共交换网络中的多模光纤。同时，对于多模光纤的定义、要求和测量等也偏离了最初的 ITU－T G.651 建议，2007 年出现了 G.651.1 光纤，旧的 G.651 光纤被认为是过时的，因此，2008 年 2 月被撤回。

(2) G.652 光纤。

G.652 光纤是目前应用最为广泛的单模光纤。在语音、数据、图像、传输和接入等场合得到了普遍的应用。G.652 光纤可以同时工作在 1310 nm 或者 1550 nm 两个波长的传输窗口。在 1310 nm 处损耗系数较大，但是由于其材料色散和波导色散一正一负，大小刚好相等，所以在 1310 nm 处具有零色散。在 1550 nm 处损耗最小，但是具有较高的色散。色散系数可高达 18.6 ps/nm · km。显然 G.652 光纤对于 1310 nm 和 1550 nm 两个二氧化硅光纤的低损耗工作波长传输窗口而言，都不具备最佳的传输特性。

ITU－T 又将 G.652 光纤分为 G.652A、G.652B、G.652C、G.652D4 个亚类。G.652A 仅能支持传输速率在 2.5 Gb/s 及其以下速率的系统；G.652B 可以支持传输速率在 10 Gb/s

的系统；G.652C 基本属性与 G.652A 相同，但在 1550 nm 的损耗系数更低，而且消除了 1380 nm 附近的水吸收峰，可以工作在整个(1360～1530)nm 波段；G.652D 属性与 G.652B 光纤基本相同，而损耗性能与 G.652C 光纤相同，即系统可以工作在(1260～1625)nm 波段。

(3) G.653 光纤。

G.653 光纤是针对 1550 nm 工作波长进行传输性能优化的光纤。通过将 G.652 光纤在 1330 nm 处的零色散点位移到 1550 nm 处，使得 G.653 光纤在 1550 nm 处的损耗系数和色散系数均为最小。G.653 光纤主要适合用于单信道长距离海底或者陆地光纤通信干线。但是需要指出的是，当 G.653 光纤应用于多信道传输系统时，由于非线性效应中的四波混频效应的影响，可能会产生对原始信号波长的干扰。因此 G.653 光纤不适合在波分复用系统中应用。

(4) G.654 光纤。

G.654 光纤是截止波长位移光纤，也是 1550 nm 处损耗最低的光纤，它针对 1550 nm 处的损耗进行了优化，最小的损耗系数可以小于 0.2 dB/km。主要用于超长距离的海底或者陆地的光缆系统，它的缺点是制造工艺比较复杂，价格较高。随着近年来超大容量相干光通信系统的商用，G.654 光纤也逐渐大规模开始部署。

(5) G.655 光纤。

G.655 光纤称为非零色散位移光纤，也是针对 1550 nm 波长进行性能优化的单模光纤。与 G.653 光纤相比，G.655 光纤在 1550 nm 处有一个较小的色散，但不为零，从而在降低色散对系统影响的同时有效地抑制了四波混频这样一个非线性效应。因此，G.655 光纤适合于传输速率高于 10 Gb/s 的使用光纤放大器的波分复用系统。ITU－T 针对 G.655 光纤也进行了性能指标的细化，包括 G.655A、G.655B、G.655C 三个亚类。G.655A 适合于信道间隔为 200 GHz 及其以上的波分系统，主要用于 C 波段；G.655B 支持传输速率在 10 Gb/s以上、信道间隔为 100 GHz 及其以下的波分系统，可以用于 C 波段和 L 波段；G.655C既能满足在信道间隔在 100 GHz 及其以下的波分系统，可以用于 C 波段和 L 波段，同时又能支持更高、更长的容量及传输系统，它对偏振膜色散系数有专门的要求，其他性能和 G.655B 相似。

(6) G.656 光纤。

为了充分开发和有效利用光纤的带宽，提供更高的传输容量，需要在整个光纤通信的波长段内都有一个较低的色散。G.656 光纤就是一个能在(1460～1625)nm 波长范围内总体色散都很低的一种光纤。这种光纤非常适合于 S、C、L 三个波段的粗波分复用和密集波分复用。与 G.652 光纤比较，G.656 光纤能支持更小的色散系数；与 G.655 光纤比较，G.656光纤能支持更宽的工作波长。G.656 光纤可保证通道间隔为 100 GHz、传输速率为 40 Gb/s 的系统至少传输 400 km。可以预测 G.656 光纤可能成为继 G.652 和 G.655 之后的又一个应用广泛的光纤。

(7) G.657 光纤。

G.657 光纤是为了实现光纤到户的目标，在 G.652 光纤的基础上开发的一种光纤。这类光纤最主要的特性是具有优异的耐弯曲特性，其弯曲半径可实现常规 G.652 光纤的弯曲半径的 1/4～1/2。G.657 光纤的弯曲半径可以达到(5～15)mm，可以像传统的铜缆一样沿着建筑物内很小的拐角进行安装，甚至于可以进行直角拐弯，有效降低了光缆布线难度和成本。G.657 光纤分 A、B 两个子类，其中 G.657A 型光纤的性能及其应用环境和 G.652D 型光纤相近，可以在(1260～1625)nm 的宽波长范围内(即 O、E、S、C、L 五个工作波段)工作；G.657B 型光纤主要工作在 1310 nm、1550 nm 和 1625 nm 三个波长窗口，其更适用于实现光纤到户(FTTH)的信息传送，可安装在室内或大楼等狭窄的场所。

(8) 色散补偿光纤(DCF)。

光脉冲经过长距离的光纤传输后，由于色散效应会产生光脉冲的展宽或者畸变，除了用一些电均衡器进行补偿以外，还可以使用与单模光纤传输波长区域内与色散特性相反，也就是具有负色散系数的特殊光纤来进行补偿。色散补偿光纤就是一种在单模光纤工作波长范围内有很大负色散系数的光纤。其在 1550 nm 处有很大的负色散系数，可以用来补偿或者抵消 G.652 光纤在 1550 nm 处的正色散，从而可以抵消或者减少色散造成的光脉冲的展宽，延长系统的中继距离。

1.2.3　光缆

虽然经过一、二次涂覆的光纤具有一定的抗拉强度，但还是较脆弱，经不起弯折、扭曲和侧压力的作用，而且由于光纤怕水，因此这种光纤只能用于实验室中。为了使光纤能够适用于各种恶劣环境，并顺利地完成施工敷设，必须把光纤和其他元器件组合起来构成一体，这种组合体就是光缆。

1. 光缆的结构

光缆是由一根或多根光纤或光纤束制成的，其结构符合化学、机械和环境特性。不论何种结构形式的光缆，基本上都是由缆芯、加强元件和护层三部分组成的，如图 1 - 20 所示。

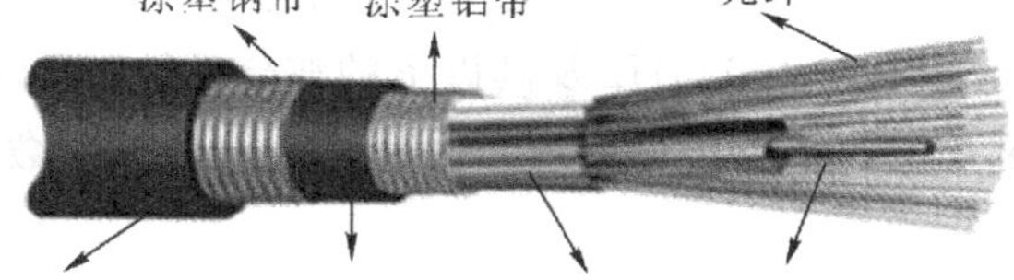

图 1 - 20　光缆结构示意图

(1) 缆芯。缆芯位于光缆的中心，是光缆的主体，其作用是妥善安置光纤，使光纤在一定外力的作用下仍然保持优良的传输性能。缆芯结构应满足以下基本要求：一是使光纤在缆内处于最佳位置和状态，保证光纤传输性能稳定，在光缆受到一定拉力、侧压力等外力时，光纤不应受外力影响；二是缆芯中的加强件应能经受一定的拉力；三是缆芯截面应尽可能小，以降低成本。由于缆芯内有光纤、套管(骨架)和加强元件，在缆芯内还需填充油膏，使光缆具有可靠的防潮性能，防止潮气在缆芯中扩散。常用的缆芯结构大体可分为层绞式、骨架式、束管式三种。

(2) 加强元件。加强元件的作用主要是承受敷设安装时所加的外力。光缆加强元件的配置方式一般分为“中心加强元件”方式和“外周加强元件”方式。一般层绞式和骨架式光缆的加强元件均处于缆芯中央，属于“中心加强元件”，常称为“加强芯”；中心束管式和带状式光缆的加强元件从缆芯移到了护层，属于“外周加强元件”。加强元件一般是金属钢线和非金属玻璃纤维增强塑料(FRP)，使用非金属加强元件的非金属光缆能有效地防止雷击。

(3) 护层。光缆的护层主要是对成缆的光纤芯线起保护作用，避免受外界机械力和环境损坏，使光纤能适应于各种敷设场合，因此要求护层具有耐压力、防潮、温度特性好、重量轻、耐化学侵蚀和阻燃等特点。光缆的护层可分为内护层和外护层。内护层一般采用聚乙烯(PE)、铝箔－聚乙烯粘接护层(PAP)或双面涂塑皱纹钢带等。外护层可根据敷设条件而定，包括铠装层和外被层，铠装层用于提高光缆的抗拉和抗压性能，主要采用钢带或钢丝；外被层用于保护铠装层不受外界环境影响，以延长铠装光缆的使用寿命，主要采用聚乙烯或尼龙等。

2. 几种典型结构的光缆

根据缆芯结构的不同，目前常用的光缆结构有层绞式、骨架式和中心束管式，典型结构示意图如图1－21所示。

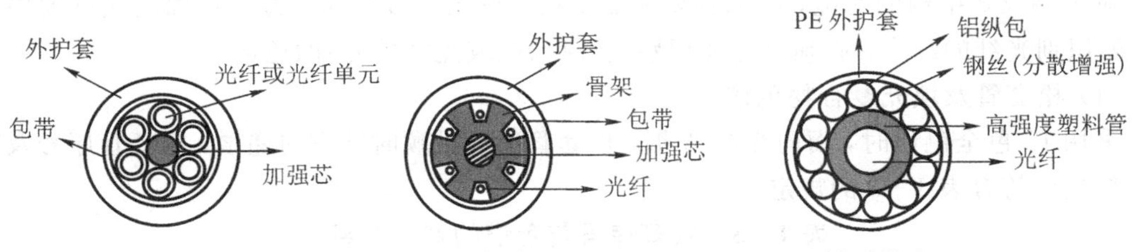

图1－21 光缆的典型结构示意图

(1) 层绞式光缆。层绞式光缆是经过套塑的光纤在加强芯周围绞合而成的一种结构。层绞式结构的光缆收容光纤数有限，多数为6～12芯，也有24芯的。随着光纤数的增多，出现了单元式绞合：一个松套管就是一个单元，其内可有多根光纤。层绞式光缆生产时先绞合成单元，再挤制松套管，然后再绞合成缆，这种结构应用非常广泛。

(2)骨架式光缆。骨架式光缆是将紧套光纤或一次涂覆光纤放入螺旋形塑料骨架凹槽内而构成的，骨架的中心是加强元件。在骨架式光缆的一个凹槽内，可放置一根或几根涂覆光纤，也可放置光纤带，从而构成大容量的光缆。骨架式光缆对光纤保护较好，耐压、抗弯性能较好，但制造工艺复杂。

(3)中心束管式光缆。中心束管式光缆是将多根一次涂覆光纤或光纤束放入一个大塑料套管中，并将加强元件配置在塑料套管周围而构成的。从对光纤的保护来说，中心束管式结构光缆最合理。它具有体积小、质量轻、制造容易、成本低的优点。

3. 光缆的端别与纤序

光缆一般要求要按端别顺序敷设，除特殊规定端别外，通常规定汇接局为A端，分局为B端，无特殊说明时，规定北(东)方向为A端，南(西)方向为B端。因此应掌握光缆端别的识别，同时，由于光缆内绞合组件较多，为便于光缆接续时一一对应，不出现错纤，也要求对光缆端别进行识别。各厂家所生产的光缆、光纤的线序与组(对)序均采用全色谱来识别，也可以采用领示色谱来识别。具体色谱排列及加标志颜色的部位一般由生产厂家在光缆产品说明中规定。

1）光缆端别的识别方法

由于中心束管式光缆缆芯只有一根松套管，因此不需要也没有端别标识色。对层绞式和骨架式光缆缆芯，根据多年来光缆线路工程和维护约定俗成的经验积累，按光缆新旧分以下两种情况进行识别。

（1）对于新光缆，红色端帽的一端为A端，绿色端帽的一端为B端；光缆外护套上的长度数字（或皮长、米标）相对较小的一端为A端，相对较大的一端为B端。

（2）对于旧光缆，其判断方法是：面对光缆端面，若同一层中的松套管颜色为全色谱或全色谱中的部分颜色按顺时针排列，则为光缆的A端，反之则为B端；若只有（填充绳或松套管）领示色，以红（或蓝）为领示色、绿（或黄）为方向色，则顺时针为A端，逆时针为B端。

如果厂方另有规定，光缆端别的识别以供货厂方提供的资料为准。

2）光纤纤序的识别方法

对于层绞式结构的光缆，按端别要求敷设后，在光缆接续时，为了正确地接续缆内光纤，要识别光纤的纤序，必须首先要识别光纤束管（或光纤单元）的色谱。

（1）松套管及填充复合物色谱。

采用12色全色谱时，面向光缆A端，松套管序号沿顺时针方向递增，松套管序号及对应的颜色应符合表1-5的规定。

表1-5　束管序号与色谱的对应关系

束管序号	1	2	3	4	5	6	7	8	9	10	11	12
束管色谱	蓝	橙	绿	棕	灰	白	红	黑	黄	紫	粉红	青绿

采用领示色谱时，面向光缆A端，松套管序号沿顺时针方向递增，先为第1束管，然后是第2、第3…束管。值得注意是：对于只有一根领示色谱红（或蓝）束管，其余皆为白色束管的情况时，面向光缆A端，以领示色谱为第1束管，松套管序号沿顺时针方向递增；若领示色谱为填充管，则以顺时针方向紧挨领示色谱的束管为第1束管，然后松套管序号沿顺时针方向递增。目前这种光缆已经很少，绝大部分的光缆是采用全色谱。

（2）光纤色谱。

光纤束管（或光纤单元）色谱确定之后，一般情况下，对于某一光缆而言，其中每一束管（或单元）内的光纤数和光纤色谱是一样的，每束管内通常有6或12根光纤（12根光纤为全色谱），光纤色谱编号如表1-6所示。

表1-6　光纤编号与光纤色谱对应表

光纤编号	1	2	3	4	5	6	7	8	9	10	11	12
6纤束色谱	蓝	橙	绿	棕	灰	白	—	—	—	—	—	—
12纤束色谱	蓝	橙	绿	棕	灰	白	红	黑	黄	紫	粉红	青绿

光缆芯线结构比较复杂，工程施工时不一定完全按照上述色谱顺序给光纤编号，但必须要求竣工文件中附有光缆截面结构图，并注明光纤色谱编号。对于不按上述色谱顺序编

号的光缆线路，在芯线障碍处理及光缆割接时，要特别注意不要弄错光纤纤序。

4. 光缆的分类与型号命名

1）光缆的分类

光缆的种类很多，其分类方法也很多，一般按照光缆的结构、敷设方式、成缆光纤的种类和使用范围等来划分。

(1) 按传输性能、距离和用途分类，可分为市话光缆、长途光缆和用户光缆。

(2) 按光纤的种类分类，可分为多模光缆和单模光缆。

(3) 按使用环境和场合分类，可分为室外光缆、室内光缆和特种光缆。

(4) 按光纤芯数多少分类，可分为单芯光缆和多芯光缆。多芯光缆有 8 芯、24 芯、48 芯、96 芯和 144 芯等。

(5) 按缆芯结构分类，可分为层绞式光缆、骨架式光缆、中心束管式光缆。

(6) 按敷设方式分类，可分为管道光缆、直埋光缆、架空光缆和水底光缆等。

(7) 按光缆的承载结构分类，可分为非自承式结构和自承式结构。

2）光缆的型号

光缆的种类较多，具体的光缆型号与规格要符合 YD/T908—2011《光缆型号命名方法》的相关规定，目前光缆型号由型式代号、规格代号和特殊性能标识（可缺省）三大部分组成，各部分之间应空一个格。

(1) 光缆的型式代号构成。

光缆的型式代号由 5 个部分构成，各部分定义如图 1-22 所示，其各部分的代号及含义如下所述。

(1) 分类	(2) 加强件	(3) 结构特征	(4) 护套	(5) 外护层

图 1-22　光缆型式代号构成

① 分类代号及含义。

光缆按适用场合分为室外、室内和室内外等几大类，每一大类还可细分成小类，具体如表 1-7 所示。

表 1-7　光缆分类代号及含义

分类	代号	含义	序号	代号	含义
室外光缆	GY	通信用室(野)外光缆	室内光缆	GJ	通信用室(局)内光缆
	GYW	通信用微型室外光缆		GJC	通信用气吹布放微型室内光缆
	GYC	通信用气吹布放微型室外光缆		GJX	通信用室内蝶形引入光缆
	GYL	通信用室外路面微槽敷设光缆	室内外光缆	GJY	通信用室内外光缆
	GYP	通信用室外防鼠啮排水管道光缆		GJYX	通信用室内外蝶形引入光缆
其他	GH	通信用海底光缆	其他	GS	通信用设备内光缆
	GM	通信用移动式光缆		GT	通信用特殊光缆

② 加强构件代号及含义。

加强构件指护套以内或嵌入护套中用于增强光缆抗拉力的构件，其代号及含义如表1－8所示。

表 1－8　加强构件代号及含义

代号	含义	代号	含义
无符号	金属加强构件	F	非金属加强构件

③ 结构特征代号及含义。

光缆的结构特征包括缆芯的主要结构类型和光缆的派生结构特征。当光缆型式有多个结构特征需要表达时，可用组合代号表示，其组合代号按下列相应的各代号自上而下、从左至右的顺序排列，如表 1－9 所示。

表 1－9　结构特征代号及含义

序号	结构特征	代号	含义	序号	结构特征	代号	含义
1	光纤结构	无符号	分立式光纤结构	5	阻水结构	无符号	干式阻水结构
		D	光纤带结构			T	填充式结构
2	二次被覆结构	无符号	光纤松套被覆结构	6	承载结构	无符号	非自承式结构
		J	光纤紧套被覆结构			C	自承式结构
		S	光纤束结构	7	吊线材料	无符号	金属加强吊线
3	松套管材料	无符号	塑料松套管			F	非金属加强吊线
		M	金属松套管	8	截面形状	无符号	圆形
4	缆芯结构	无符号	层绞结构			8	“8”字形状
		G	骨架槽结构			B	扁平形式
		X	中心管结构			E	椭圆形式

注：光纤束结构是指经固化形成一体的相对位置固定的束状光纤结构。

④ 护套代号及含义。

护套的代号可表示出护套的材料和结构。当护套有多个特征需要表达时，可用组合代号表示，其组合代号按下列相应的各代号从 1 到 12 的顺序排列，如表 1－10 所示。

表 1－10　护套代号及含义

序号	代号	含义	序号	代号	含义
1	无符号	非阻燃材料护套	7	A	铝-聚乙烯粘接护套（简称 A 护套）
2	Z	阻燃材料护套	8	S	钢-聚乙烯粘接护套（简称 S 护套）
3	Y	聚乙烯护套	9	F	非金属纤维增强-聚乙烯粘接护套（简称 F 护套）
4	V	聚氯乙烯护套	10	W	夹带钢丝的钢-聚乙烯粘接护套（简称 W 护套）
5	U	聚氨酯护套	11	L	铝护套
6	H	低烟无卤护套	12	G	钢护套

注：V、U 和 H 护套具有阻燃特性，不必在前面加 Z。

⑤ 外护层代号及含义。

当有外护层时，它包括垫层、铠装层和外被层的某些部分或全部，其代号用两组数字表示(垫层不需要表示)，第一组表示铠装层，它可以是一位或两位数字；第二组表示外被层，它是一位数字，如表 1-11 所示。

表 1-11　外护层代号及含义

铠装层		外被层	
代号	铠装层	代号	外被层
0 或(无符号)	无铠装层	(无符号)	无外被层
1	钢管	1	纤维外被
2	绕包双层钢带	2	聚氯乙烯套
3(33)	单(双)细圆钢丝	3	聚乙烯套
4(44)	单(双)粗圆钢丝	4	聚乙烯套加覆尼龙套
5	皱纹钢带	5	聚乙烯保护管
6	非金属丝	6	阻燃聚乙烯套
7	非金属带	7	尼龙套加覆聚乙烯套

注： ① 当光缆有外被层时，用代号“0”表示“无铠装层”；当光缆无外被层时，用代号“(无符号)”表示“无铠装层”。② 细圆钢丝的直径＜3.0 mm；粗圆钢丝的直径≥3.0 mm。

(2) 光缆的规格代号构成。

光缆的规格由光纤、通信线和馈电线的有关规格构成，各部分之间用“＋”号隔开。通信线和馈电线可以全部或部分缺省。

① 光纤规格的构成。

光纤的规格由光纤数和光纤类别构成。如果一根光缆中含有两种或两种以上规格(光纤数和类别)的光纤时，中间应用“＋”号连接。光纤数的代号用光缆中同类别光纤的实际有效数目的阿拉伯数字表示。光纤类别的代号采用光纤产品的分类代号表示，即用大写字母 A 表示多模光纤，大写字母 B 表示单模光纤，再以数字和小写字母表示不同类型的光纤，具体如表 1-12 所示。

表 1-12　光纤类别的代号

多模(梯度)光纤				单模光纤			
分类代号(IEC)	芯/包直径/μm	折射率特性	芯/包材料	分类代号(IEC)	光纤名称	ITU-T	芯/包材料
A1a(或 A1)	50/125	渐变		B1.1(或 B1)	非色散位移型	G.652A、G.652B	
A1b	62.5/125	渐变		B1.2	截止波长位移型	G.654	
A1c(取消)	85/125	渐变	SiO_2	B1.3	波长扩展的非色散位移型	G.652C、G.652D	
A1d	100/125	渐变		B2	色散位移型	G.653	
A2a	100/140	突变		B3(取消)	色散平坦型		SiO_2
A3a	200/300	突变	SiO_2/塑料	B4	非零色散位移型	G.655	
A4a	980～990/1000	突变	塑料	B5	非零色散宽带传送应用型	G.656	
A2、A3、A4 均有 a、b、c 三个子类，折射率特性、芯/包材料与对应的 Axa 相同。				B6	接入网用弯曲衰减不敏感型	G.657	

② 通信线的规格。

通信线的规格代号用通信线对的数量和线径表示。例如：2×2×0.4，表示 2 对标称直径为 0.4 mm 的通信线对。

③ 馈电线的规格。

馈电线的规格代号用馈电线的数量和横截面积表示。例如：2×1.5，表示 2 根标称横截面积为 1.5 mm^2的馈电线。

(3) 特殊性能标识。

对于光缆的某些特殊性能可加相应标识来识别。

3) 示例

例 1：GYFTA53 12B1.3+2×2×0.4+4×1.5 表示非金属加强构件、松套层绞填充式、铝-聚乙烯粘接护套、皱纹钢带铠装、聚乙烯护套通信用室外光缆，包含 12 根 B1.3 类单模光纤、2 对标称直径为 0.4 mm 的通信线和 4 根标称截面积为 1.5 mm^2馈电线。

例 2：GYFDGY63 144B1.3 表示非金属加强构件、光纤带骨架全干式、聚乙烯护套、非金属丝铠装、聚乙烯套通信用室外光缆，包含 144 根 B1.3 类单模光纤。

例 3：GYTA 12B1.3+6B4 表示金属加强构件、松套层绞填充式、铝-聚乙烯粘接护套通信用室外光缆，包含 12 根 B1.3 类单模光纤和 6 根 B4 类单模光纤。

1.2.4　通信电缆基础

在通信电缆工程设计、施工和维护工作中，工程技术人员需要对通信电缆的类型、结构有清晰、准确的认识。

1. 通信电缆的结构

全塑市内通信电缆的缆芯主要由芯线、电缆屏蔽层、电缆内护套和电缆外护层等组成。

1) 芯线

芯线由金属导线和绝缘层组成。导线是用来传输电信号的，要求具有良好的导电性能，以及足够的柔软性和机械强度，同时还要求便于加工、敷设和使用。导线的线质为电解软铜，铜线的线径通常有 0.32 mm、0.4 mm、0.52 mm、0.6 mm 等尺寸。芯线绝缘主要采用高密度的聚乙烯、聚丙烯或乙烯-丙烯共聚物等高分子聚合物，统称为聚烯烃塑料。

芯线扭绞有对绞和星绞两种方式，如图 1-23 所示，其中对绞是常用方式。

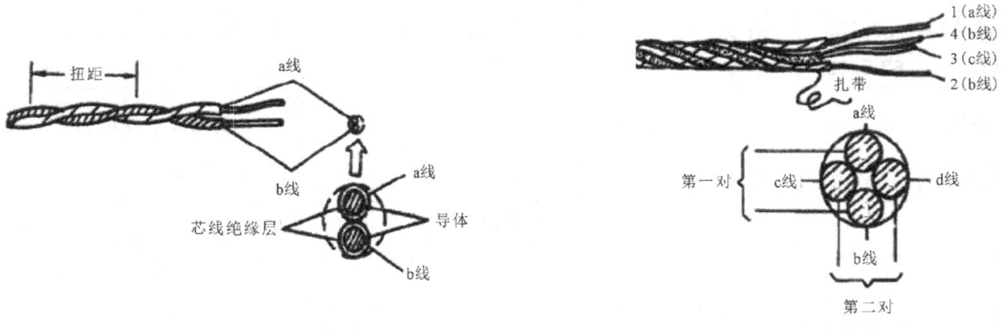

(a) 对绞式　　(b) 星绞式

图 1-23　芯线扭绞方式

2）电缆屏蔽层

为了减少外界电磁场对电缆线对的干扰，电缆芯线的外层（护套的里层）包覆有金属屏蔽层，用于将缆芯与外界隔离。全塑市内通信电缆的金属屏蔽层有绕包和纵包两种结构，其中纵包屏蔽层又有轧纹和不轧纹两种形式。根据使用场合与使用要求的不同，常用的屏蔽带类型有以下几种：裸铝带、双面涂塑铝带、铜带、铜包不锈钢带、高强度改性铜带、裸铝、裸钢双层金属带、双面涂塑铝和钢双层金属带。

3）电缆内护套

电缆内护套的作用主要是密封、保护绝缘层，同时也作为外屏蔽结构的组成部分。护套的种类有单层护套、双层护套、综合护套、粘接护套和特殊护套等。单层护套是由低密度聚乙烯树脂加炭黑及其他助剂或普通聚氯乙烯塑料挤制而成的。这类护套的特点是加工方便、质轻柔软、容易接续等。双层护套主要有聚乙烯-聚氯乙烯双层护套和聚乙烯-黑色聚乙烯双层护套两种。综合护套是把电缆金属屏蔽层与塑料护套组合在一起，有铝-聚乙烯（聚氯乙烯）护套和聚乙烯-铝-聚乙烯（聚氯乙烯）护套两种。另外，还有粘接护套和特殊护套等。

4）电缆外护层

全塑市内通信电缆的外护层主要包括铠装层和外护套两层结构。电缆外护层的型号编制中的数字应按铠装层和外护套的结构顺序用阿拉伯数字表示，每一位数字表示所采用的主要材料。在一般情况下，型号由两位数字组成，具体如表1-13所示。

表1-13　电缆外护层型号编制中数字的含义

标　记	铠装层	外护套
0	无	—
1	联锁钢带	纤维外被
2	双钢带	聚氯乙烯
3	细圆钢丝	聚乙烯或聚烯烃
4	粗圆钢丝	弹性体
5	皱纹钢带	交联聚烯烃
6	（双）非磁性金属带	—
7	非磁性金属丝	—
8	钢（或铜合金）丝编织	—
9	钢丝编织	—

（1）铠装层。

铠装层主要有钢带铠装、钢丝铠装两大类。

① 钢带铠装是指在塑料护套或内衬层外纵包一层钢带(厚(0.15～0.20)mm 的钢带或涂塑钢带)，并在纵包过程中浇注防腐混合物，或者在塑料护套或内衬层外绕包两层防腐钢带并浇注防腐混合物，这就是钢带铠装层。钢带铠装层增加了电缆的抗拉强度和抗侧压强度，提高了防侵蚀能力，可以起到防鼠咬的作用，一般用于直埋敷设，特别是岩石地区的直埋敷设。

② 钢丝铠装是指在塑料护套或内衬层外缠绕细圆镀锌钢丝或粗圆镀锌钢丝，并浇注防腐混合物。钢丝铠装电缆一般敷设在水下，有单钢丝和双钢丝之分。轻型单钢丝通常用于静止水域和有岩石的沟里，粗型单钢丝用于水流不急和不受船锚伤害的水域。双层钢丝通常用于流速较大，岩底河床和有可能带锚航行的水域，为防止钢丝受摩擦损伤，可对钢丝挤制一层氯丁橡胶。双层钢丝的绞向是相反的，而双层钢带的绞向则相同。

目前，随着技术的发展，通信电缆仅使用在接入网和用户网部分，通常使用无铠装通信电缆。

(2) 外护套。

在铠装层外面是对铠装层起防腐蚀作用的外护套，也称之为外被层。全塑市内通信电缆的外护套主要采用高分子聚合物材料，包括纤维外被、聚氯乙烯、聚乙烯或聚烯烃、弹性体、交联聚烯烃等。电缆外护套表面通常有识别标记，其内容有导线直径大小、线对数量、电缆型号、制造厂厂名代号及制造年份，长度标记以间隔不大于 1 m 的距离标记在电缆外表面上。

2. 通信电缆的分类与型号命名

1) 全塑电缆的分类

(1) 按电缆结构类型分：非填充型和填充型。

(2) 按导线材料分：铜导线和铝导线。

(3) 按芯线绝缘结构分：实心绝缘、泡沫绝缘、带皮泡沫绝缘。

(4) 按线对绞合方式分：对绞式和星绞式。

(5) 按芯线绝缘颜色分：全色谱和普通色谱。

(6) 按缆芯结构分：同心式(层绞式)、单位式、束绞式、SZ 绞式。

(7) 按屏蔽方式分：单层涂塑铝带屏蔽、多层铝及钢金属带复合屏蔽，而屏蔽带又分绕包和纵包。

(8) 按护套分：单层塑料护套、双层塑料护套、综合护套、粘接护套、密封金属/塑料护套和特种护套。

(9) 按敷设方式分：架空、管道、直埋、水底电缆等。

2) 通信电缆的型号

全塑市内通信电缆无论是芯线绝缘层还是成缆后的包层和护套，均采用聚烯烃塑料制成。电缆型号用来识别电缆规格程式和用途的代号，按照用途、芯线结构、导线材料、绝缘材料、护层材料、外护层材料等，可分别用不同的汉语拼音字母和数字来表示。按照原邮电部行业标准，全塑市内电缆型号的表示方法和意义为以下所述。

(1) 类别。

H —市内通信电缆；

HP—配线电缆；

HJ—局用电缆。

(2) 绝缘。

Y —实心聚烯烃绝缘；

YF—泡沫聚烯烃绝缘；

YP—泡沫/实心皮聚烯烃绝缘。

(3) 屏蔽护套。

A—涂塑铝带粘接屏蔽聚乙烯护套；

S—铝、钢双层金属带屏蔽聚乙烯护套；

V—聚氯乙烯护套。

(4) 特征(派生)。

T—石油膏填充；

G—高频隔离；

C—自承式。

电缆同时有多种特征存在时，型号字母顺序依次为 T、G、C。

(5) 外护层。

23—双层防腐钢带绕包铠装聚乙烯外护层；

32—单层细钢丝铠装聚乙烯外护层；

43—单层粗钢丝铠装聚乙烯外护层；

53—单层钢带皱纹纵包铠装聚乙烯外护层；

553—双层钢带皱纹纵包铠装聚乙烯外护层。

全塑市内通信电缆型号中各代号的排列次序如图 1-24 所示，各代号的意义如表 1-14所示。

(1) 类别、用途	(2) 导体	(3) 绝缘层	(4) 内护层	(5) 特征	(6) 外护层(数字表示)	(7) 传输频率和规格

图 1-24 电缆型号中各代号排列次序

表 1-14 电缆型号中各代号的含义

代号类别	代号缩写	具体含义	代号类别	代号缩写	具体含义
用途	H	市话电缆	内护层	L	铝管
	HJ	局用电缆		LW	皱纹铝管
	HE	长途通信电缆		Q	铅包(省略不标)
	HP	配线电缆		S	钢-铝-聚乙烯
导体	G	钢		V	聚氯乙烯
	L	铝		Y	聚乙烯
	T	铜(省略不标)		AG	表示铝塑综合粘接护层的复合铝带是轧纹的

续表

代号类别	代号缩写	具体含义	代号类别	代号缩写	具体含义
绝缘层	M	棉纱	特征	B	扁平行
	V	聚氯乙烯		C	自承式
	Y	聚乙烯		J	交换机用
	YF	泡沫聚乙烯		P	屏蔽
	YP	聚乙烯发泡带实心皮		T	填充石油膏
	Z	纸(省略不标)		Z	表示综合电缆兼有高、低频线对
内护层	A	铝-聚乙烯综合粘接护层	外护层	—	遵照表 1-13 的代号要求
	BM	棉纱编织	备注	252	传输频率为 252 kHz
	G	钢管		120	传输频率为 120 kHz
	GW	皱纹钢管	—	—	—

示例：HYA-100×2×0.5 表示铜芯、聚乙烯绝缘、铝-聚乙烯综合粘接护层、容量 100 对、对绞式线径为 0.5 mm 的市内通信全塑电缆。

3. 通信电缆的端别与色谱

为了保证通信电缆在布放、接续等过程中的质量，全塑全色谱市内通信电缆都相应规定了端别。

(1) 端别。

全色谱对绞单位式全塑市话电缆 A、B 端的区分方法为：面向电缆端面，按单位序号由小到大顺时针方向依次排列，则该端就为 A 端，另一端为 B 端。

(2) 选用原则。

全塑市内通信电缆 A 端用红色标志，又叫内端，伸出电缆盘外，常用红色端帽封合或用红色胶带包扎，规定 A 端面向局方。B 端用绿色标志，常用绿色端帽封合或绿色胶带包扎，一般又叫外端，紧固在电缆盘内，绞缆方向为逆时针，规定外端面向用户。

(3) 全色谱对绞单位式缆芯色谱。

全色谱对绞单位式缆芯色谱在全塑市话电缆中使用最多。所谓全色谱是指电缆中的任何一对芯线都可以通过各级单位的扎带颜色以及线对的颜色来识别，换句话说，给出线号就可以找出线对，拿出线对就可以说出线号。全色谱单位式缆芯的基本单位为 25 对，其中 25 对基本单位线对色谱是由白(W)、红(R)、黑(B)、黄(Y)、紫(V)作为领示色(代表 a 线)，蓝(Bl)、橙(O)、绿(G)、棕(Br)、灰(S)作为循环色(代表 b 线)。这 10 种颜色组成 25 对全色谱线对，称为 25 对基本单位，具体线对安排及色谱和全色谱与线对编号色谱对应关系分别如图 1-25 与表 1-15 所示。

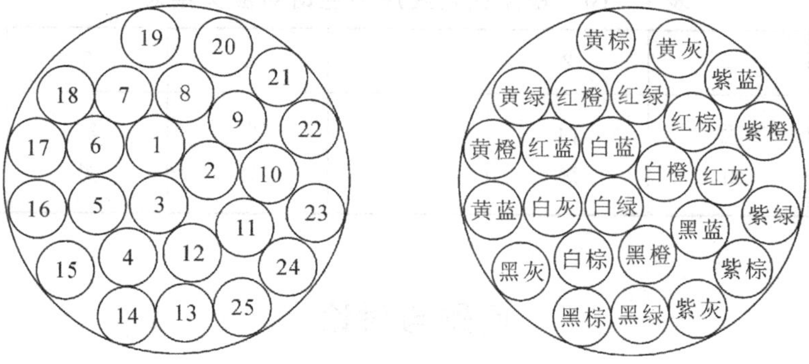

图 1-25　25 对基本单位线对安排及色谱

表 1-15　全色谱与线对编号色谱对应关系表

线对编号	1	2	3	4	5	6	7	8	9	10	11	12	13
a线 b线	白 蓝	白 橙	白 绿	白 棕	白 灰	红 蓝	红 橙	红 绿	红 棕	红 灰	黑 蓝	黑 橙	黑 绿
线对编号	14	15	16	17	18	19	20	21	22	23	24	25	—
a线 b线	黑 棕	黑 灰	黄 蓝	黄 橙	黄 绿	黄 棕	黄 灰	紫 蓝	紫 橙	紫 绿	紫 棕	紫 灰	—

基本单位的扎带色谱由白蓝～紫棕的 24 种颜色组合而成，循环周期为 25×24＝600 对。

全色谱单位式缆芯的单位束可根据单位束内线对的多少，将这些单位束分为子单位(12 对和 13 对)、基本单位(25 对)和超单位(50 对、100 对)。全色谱电缆是先把单位束分为基本单位或子单位，再由基本单位或子单位绞合成超单位。

50 对的超单位(代号为 S)，是由两个基本单位(拆分成两个 12 对的子单位和两个 13 对的子单位)构成。

100 对的超单位(代号为 SD)是由 4 个 25 对的基本单位(4×25 对)组成。

单位式缆芯是把 25(12＋13)、50、100 对线对采用编组方法分成单位束，然后再将若干个单位束分层绞合而成单位式缆芯。例如，基本单位采用 25 对，超单位为 100 对，由若干超单位组成的大对数市内通信电缆在接续、配线和安装电话时都较方便。超单位的线对序号是从中心层依次向外层排列，扎带色谱顺序为白、红、黑、黄、紫，但要在同色扎带的超单位中识别出先后顺序则要根据基本单位的扎带色谱来判断。

另外，在大对数电缆中一般都留有预备线对，100 对及以上电缆预备线对的数量应不超过电缆标称线对数的 1%，且最多不超过 6 对。预备线对的线序与色谱对应关系如表 1-16所示。

表 1-16　备用线对线序与色谱对应关系表

备用线对线序	1	2	3	4	5	6
色　谱	白 红	白 黑	白 黄	白 紫	红 黑	红 黄

问题与讨论

1. 实用光纤是由哪几部分组成的？各部分有何作用？
2. 简述光纤的导光原理。
3. 什么是色散？光纤主要有哪几种色散？
4. 简述光(电)缆通信线路的组成。
5. 光缆如何分类？按缆芯结构不同可分为哪几种？
6. 说明 GYTA53 36B1 光缆型号的含义和应用场合。
7. 为什么要规定光缆的端别？光缆的端别与纤序如何判别？
8. 工程实践中如何正确判别电缆的 A、B 端？
9. 如何依据扎带和芯线色谱识别电缆芯线线序？
10. 假定由 100 对超单位绞制成 2400 对缆芯的全塑市内通信电缆，说明 1111 对线在哪个超单位和基本单位。扎带和线对颜色分别是什么？

专题 2　通信线路施工前准备

光缆线路施工图的识读、单盘光(电)缆的检验和中继段光缆配盘图的绘制是本专题的典型任务。通过完成实训任务和学习任务资讯，学生能够简述通信线路施工流程，描述路由复测的主要任务与方法，正确识读线路工程施工图，使用光时域反射仪、直流电桥和兆欧表等仪表进行光(电)缆单盘检验，根据光缆路由图及现有的光缆情况编制配盘图。

2.1　实训任务

2.1.1　识读光缆线路施工图

本任务以光缆线路的施工图为例，对施工图的主体部分和辅助部分进行识读分析。完成本任务所需工具和器材有光缆线路施工图、铅笔等。

1. 新建光缆线路施工图识别

某架空光缆线路施工图如图 2-1 所示。

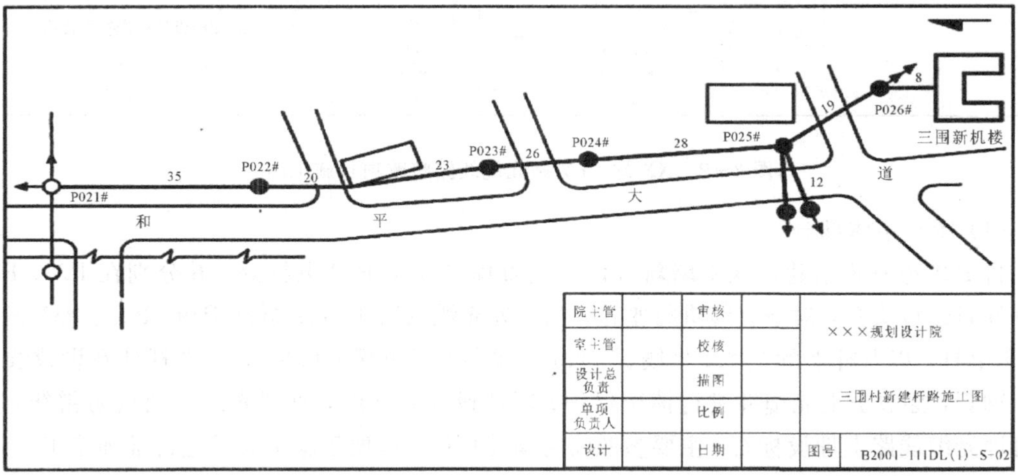

图 2-1　某架空光缆线路施工图

(1) 架空杆路和拉线：包括 P022＃、P023＃、P024＃、P025＃、P026＃电杆和入局的一小段(长度约 160 m)。在 P022＃至 P023＃电杆之间利用民房作为支撑省去了一根电杆。三次跨越马路，注意选择合适杆长，以保证光缆线路的净空高度。在角杆 P025＃处，新设两根高桩拉线，跨越马路，宽度为 12 m，高桩的高度应视净空的要求，并结合 P025＃电杆的高度来共同决定，一般不应与 P025＃电杆一样高，因为必须保证角杆 P025＃的拉线有适当的距离比。在 P026＃电杆处，设立了终端拉线。

（2）原有杆路：P021＃电杆是原有电杆，设有一根顺线拉线，再新做一根拉线，以稳固该电杆。

（3）新建机房：通信楼。

（4）主要参照物：××大道。

2. 整改光缆线路施工图识别

如图 2－2 所示是 XX 站－YY 站光缆线路整改项目施工图，项目要求拆除一条 8 芯架空光缆，然后直埋敷设一条光缆并铺管保护。

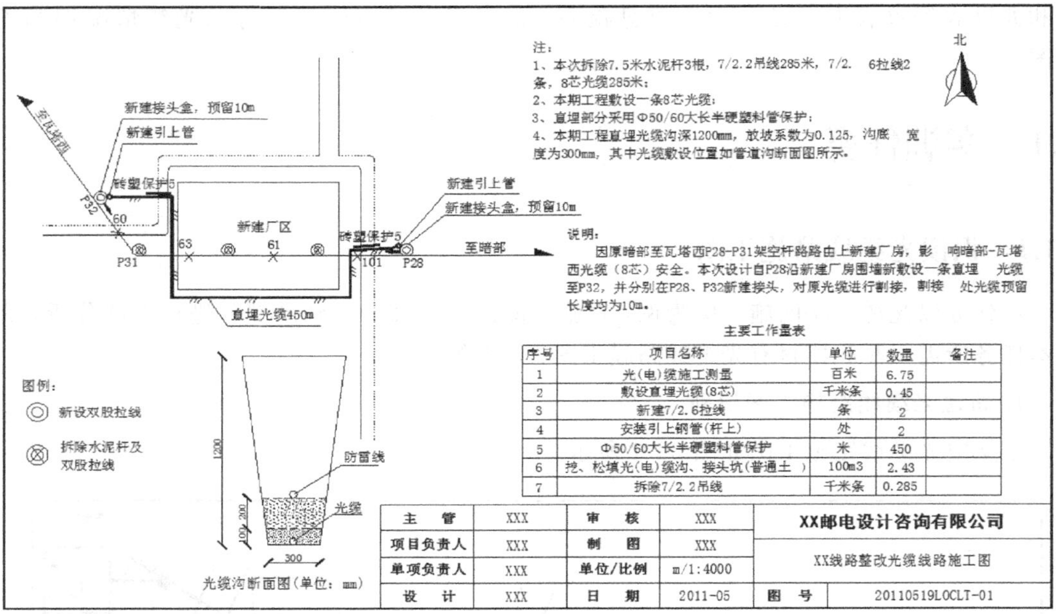

序号	项目名称	单位	数量	备注
1	光(电)缆施工测量	百米	6.75	
2	敷设直埋光缆(8芯)	千米条	0.45	
3	新建7/2.6拉线	条	2	
4	安装引上钢管(杆上)	处	2	
5	Φ50/60大长半硬塑料管保护	米	450	
6	挖、松填光(电)缆沟、接头坑(普通土)	100m3	2.43	
7	拆除7/2.2吊线	千米条	0.285	

图 2－2　XX 站－YY 站光缆线路整改项目施工图

（1）图纸主体部分。

自 P28 电杆沿新建厂区围墙新敷设一条直埋光缆至 P32 电杆处，并分别在 P28、P32 电杆处新建接头盒，对原光缆进行割接，割接处光缆预留 10 m；拆除 P29、P30、P31 三根 7.5 米电杆，以及杆上的 7/2.2 吊线、7/2.6 拉线和 8 芯光缆；P28、P32 电杆处新设拉线和引上钢管，穿放引上光缆并进行铺砖保护；新敷设 8 芯光缆，直埋光缆上铺设防雷线，并在直埋光缆线路上埋设标石。主要参照物为新建厂区，以便于施工人员进行准确施工。

（2）图纸辅助部分。

光缆沟断面图说明了具体的施工、埋设方法和技术要求。主要工程量表为施工图预算提供依据。注释和说明便于施工人员对工程有一些具体了解。图例及标题栏便于施工人员识读图及了解工程项目概况。

任务完成后需要按下面内容进行检查：

依据光缆线路施工图能分清是管道、架空还是直埋光缆线路施工图等；对于管道光缆，重点识读人（手）孔位置、类型、编号、间距和光缆交接箱位置，以及相关部分技术处理要求等；对于架空光缆，重点识读架空杆路位置、编号、间距和吊线，以及相关部分技术处理要求等；对于直埋光缆，重点识读路由具体位置、重要参照物以及相关部分技术处理要求。图纸辅助部分也要求全面识读。

2.1.2 检验单盘光(电)缆

本任务主要完成的工作有：检验给定的单盘光(电)缆；进行外观检查和光(电)缆主要特性的测量；确认光(电)缆是否达到设计文件或合同规定要求。完成本任务所需工具和器材有：

单盘光缆检验所需工具和器材：光时域反射仪、光纤熔接机、兆欧表、引导纤、光缆护层开剥刀、光纤切割刀、松套管剥除钳、一次涂敷层剥除钳、脱脂棉、酒精、热缩端帽、红油漆和毛笔等。

单盘电缆检验所需工具和器材：万用表、兆欧表、电桥、钢锯、电工刀、克丝钳、剥线钳、单面刀片、喷灯、红油漆、汽油和毛笔等。

1. 单盘光缆检验

单盘光缆实物如图 2-3 所示。

图 2-3 单盘光缆实物图

单盘光缆检验具体步骤为：

(1) 打开外包装，收集光缆出厂记录和合格证；核对光缆盘上标注的规格程式和制造长度，应符合订货合同要求。

(2) 检查光缆盘外观有无损伤、变形情况；检查光缆外皮有无破裂、老化现象，端头封装是否良好；对检查中存在的问题应做好记录。

(3) 用红色油漆在光缆盘上统一编号，要求一次性把囤放点的光缆编号编写完，防止重号和漏号。

(4) 开剥光缆(100～160)mm，对有 A、B 端识别要求的光缆进行端口识别，并用红油漆在光缆盘上标明“A 内”或“B 内”字样；对填充式光缆，应检查填充物是否饱满，其物理特性是否符合标准。

(5) 在测试记录表格上方写明本盘光缆自编号、厂编号、出厂长度、内层端别等。

(6) 用 OTDR 测试光纤的衰减系数、光纤长度，在测试时应加 1 km 左右的引导光纤，以消除 OTDR 的测试盲区。

(7) 在测试过程中，应仔细检查光缆沿长度方向有无裂纹和非均匀性；对同一光缆内几根光纤的测试长度应加以比较，如有较大差别应从另一端重新测试，以防有断纤。

(8) 每盘光缆单盘检验完毕后，测试人员应翔实、清楚记录表 2-1 所示内容，并签名。

(9) 测试完毕后，用热缩端帽封装光缆端头，并清理场地。

表 2-1　光缆单盘检验测试记录

<table>
<tr><td>光缆型号</td><td></td><td>出厂盘号</td><td colspan="2"></td><td colspan="2">新编盘号</td><td colspan="2"></td></tr>
<tr><td>光缆芯数</td><td></td><td>光缆长度</td><td colspan="2"></td><td colspan="2">出厂长度</td><td colspan="2"></td></tr>
<tr><td>尺码带</td><td></td><td colspan="2">测试仪表及型号</td><td colspan="2"></td><td colspan="2">外观</td><td></td></tr>
<tr><td>技术指标</td><td>1310 nm</td><td colspan="2"></td><td colspan="2">1550 nm</td><td colspan="3"></td></tr>
<tr><td rowspan="2">纤芯序号</td><td colspan="3">1310 nm(折射率：　　)</td><td colspan="5">1550 nm(折射率：　　)</td></tr>
<tr><td>测试衰耗值</td><td colspan="2">测试光纤长度</td><td colspan="2">测试衰耗值</td><td colspan="3">测试光纤长度</td></tr>
<tr><td>1</td><td></td><td colspan="2"></td><td colspan="2"></td><td colspan="3"></td></tr>
<tr><td>2</td><td></td><td colspan="2"></td><td colspan="2"></td><td colspan="3"></td></tr>
<tr><td>3</td><td></td><td colspan="2"></td><td colspan="2"></td><td colspan="3"></td></tr>
<tr><td>⋮</td><td>⋮</td><td colspan="2">⋮</td><td colspan="2">⋮</td><td colspan="3">⋮</td></tr>
<tr><td>12</td><td></td><td colspan="2"></td><td colspan="2"></td><td colspan="3"></td></tr>
<tr><td>结论</td><td colspan="8"></td></tr>
</table>

测试人员：×××　　　　　　　　　　监理人员：×××

日期：××××年××月××日　　　　　日期：××××年××月××日

2. 单盘电缆检验

单盘电缆实物如图 2-4 所示。

单盘电缆检验具体步骤为：

(1) 打开外包装，收集电缆出厂记录和合格证；核对电缆盘上标注的规格程式和制造长度，应符合订货合同要求。

(2) 检查电缆盘外观有无损伤、变形情况；检查电缆外皮有无破裂、老化现象，端头封装是否良好；对检查中存在的问题应做好记录。

图 2-4　单盘电缆实物图

(3) 用红色油漆在电缆盘上统一编号，要求一次性把囤放点的电缆编号编写完，防止重号和漏号。

(4) 开剥电缆(100～160)mm，识别电缆端别，并用红油漆在电缆盘上标明“A 内”或“B 内”字样；测试前，在测试记录表格上方写明本盘电缆自编号、厂编号、出厂长度、内层端别等。

(5) 用万用表校对所有的电缆芯线，检查是否有断线、混线、接地和电缆芯线排列位置错误等情况。

(6) 用 1000 V/1000 M 兆欧表测试电缆芯线间、芯线与护套间的绝缘电阻。

(7) 用直流电桥测试电缆线对的环阻。

(8) 在进行各项指标测试时，测试人员应翔实、清楚地记录表 2-2 所示内容，并签名。测试完毕后，锯掉电缆端头芯线，用热缩端帽封装电缆端头，并用红油漆把“A”端头涂上红色标记。

(9) 将各盘电缆恢复包装，整理现场和清理场地。

表 2-2　电缆单盘检验测试记录

电缆型号：____________　盘号：____________　标明盘长：____________ m

电气测试			
检查项目	标准	测试值	测试仪表
不良线对	芯线完好率 100%		万用表
环路直流电阻(20℃)	≤472 Ω/km(0.32 mm)		万用表
	≤296 Ω/km(0.4 mm)		
	≤190 Ω/km(0.52 mm)		
	≤131.6 Ω/km(0.6 mm)		
对地、线间绝缘电阻	≥1800 MΩ/km(聚乙烯绝缘填充式)		兆欧表
	≥6000 MΩ/km(聚乙烯绝缘非填充式)		
测试结论：			
测试人员(签字)：		测试时间：	
技术负责人(签字)：			
检查结论：		专业监理(签字)：	

任务完成后需要按下面内容进行检查：

单盘光(电)缆的检验依据“任务资讯”小节中“光缆的单盘检验”和“通信电缆的单盘检验”两部分内容；要求外观检查应做好记录和标识；相关测试项目应按相关要求完成，若有特殊需要，应增加专项检测；测试完成后，应恢复包装，整理现场和清理场地；在对单盘光(电)缆测试时发现型号、长度、电气指标等与要求不符等问题，应及时报上级有关部门。

2.1.3　绘制中继段光缆配盘图

本任务主要工作是根据中继段光缆配盘方法和步骤，绘制一个中继段光缆配盘图。完成本任务所需工具和器材有：铅笔、直尺等绘图工具。

根据提供的相关资料，按照光缆配盘步骤，按如图 2-5 所示格式和要求，绘制中继段光缆配盘图。

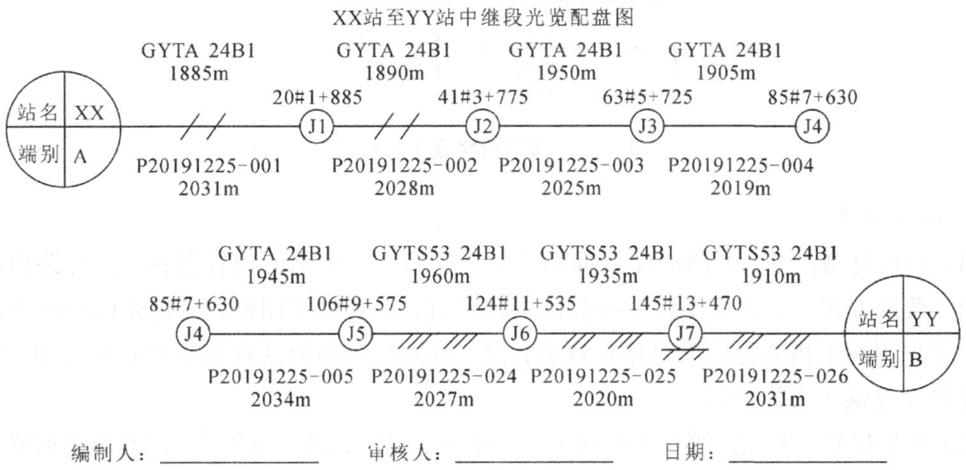

图 2-5　中继段光缆配盘图

任务完成后需要按下面内容进行检查

依据“任务资讯”小节中“光缆配盘”部分内容，按照光缆配盘步骤，将光缆配盘结果完整地填入中继段光缆配盘图。

2.2　任务资讯

2.2.1　通信线路的施工流程

1. 通信线路的施工流程

通信线路施工一般分成三个阶段：准备阶段、施工阶段和竣工阶段。其中准备阶段包括路由复测、单盘检验、光(电)缆配盘三个环节；施工阶段包括路由准备、光(电)缆敷设、接续成端和性能指标测试四个环节；竣工阶段包括竣工测试和竣工验收两个环节。光(电)缆线路工程施工的整个流程图如图 2-6 所示。

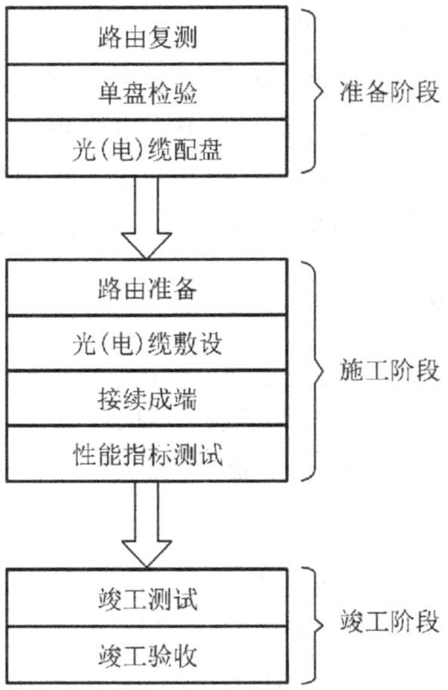

图 2-6　通信线路施工流程图

1) 准备阶段

(1) 路由复测。路由复测应以批准的施工图为依据。复测的内容包括：核对路由的具体走向、敷设方式、环境条件以及接头的具体位置；核对施工图纸；核定光(电)缆穿越障碍物时需采用防护措施地段的具体位置和处理措施；复测路由的地面距离；为光(电)缆配盘以及敷设提供必要的资料。

(2) 单盘检验。光(电)缆从出厂到工地，经过了运输、储存等环节，因此施工前必须进行检验测试。各项参数检验结果是光(电)缆配盘的重要依据，也是保证通信线路质量的第一关。

(3) 光(电)缆配盘。光(电)缆配盘就是根据复测路由计算出的光(电)缆敷设总长度，以及按照光(电)缆全程传输质量的要求合理地安排光(电)缆盘长的顺序。其目的是为了合理使用光(电)缆，尽量减少光(电)缆接头数目，并降低损耗，以提高光(电)缆通信工程的质量。

2) 施工阶段

(1) 路由准备。路由准备也称路由施工，光(电)缆敷设前必须按照施工图的要求完成路由准备，为顺利、安全布放光(电)缆提供条件。采用不同敷设方式则有不同的路由准备工作：采用管道敷设方式时有管道清理、预放牵引绳索或预放塑料子管等路由准备工作；采用架空敷设方式时有杆路准备、预挂吊线、挂钩等路由准备工作；采用直埋敷设方式时有光(电)缆沟、接头坑的开挖，光(电)缆穿越铁道、公路的顶管埋设，过河、渠、塘的塑料管预埋，跨过河堤以及一般公路的预埋钢管等路由准备工作。

(2) 光(电)缆敷设。光(电)缆敷设就是根据拟定的敷设方式，将单盘光(电)缆架挂到电杆上，或敷设到管道内以及布放入光(电)缆沟中。

(3) 接续成端。单盘光(电)缆因受制造、运输和施工等条件的限制，单盘光缆的长度一般为(2～4)km，而单盘电缆根据芯数的不同，长度一般在(300～500)m。为了获得足够的光(电)缆长度，就必须进行光(电)缆接续。光缆的接续工作主要包括光纤接续、金属防潮层连接、加强芯的连接、接头损耗的监测、接头盒的封装、固定及保护等。电缆的接续主要工作包括纽扣式接线子接续、模块式接线子接续和热可缩套管封合等。另外，为了在中继站、终端站以及交接箱等处便于与传输设备进行连接，需要进行光(电)缆成端工作。成端是将光(电)缆布放到中继站、终端站以及交接箱等处时，光(电)缆内的金属构件、光纤或芯线与这些地方的相关构件相连，其操作方法与接续基本相似。

(4) 性能指标测试。在光缆线路敷设施工中以及中继段链路完成后，必须通过性能指标测试来检验工程质量，它主要包括光纤特性测试和光缆电气性能测试。电缆线路的质量检查包括对电缆电气特性测量和绝缘特性测量等。

3) 竣工阶段

竣工阶段的主要工作就是竣工测试和竣工验收。竣工测试是指建设单位或建设单位委托机构从光电特性方面全面地测量、检查线路的传输指标。竣工验收包括检查工程是否完成了设计要求的全部工程量，质量是否符合设计要求，竣工资料是否齐全等。在实际施工过程中，建设单位会委托监理公司或派出相关人员采取巡视、旁站等方式进行检验，称之为随工验收，它与竣工验收一样是保证工程质量的一种监督手段。

总之，高质量地完成以上各道工序，是保证光(电)缆线路通信质量的先决条件，必须严肃、认真地对待光(电)缆施工的每一个环节。

2. 光缆线路工程范围

光缆线路工程是光缆通信工程的一个重要组成部分，它与传输设备安装工程的划分是以线路终端光纤分配架(ODF)或线路终端光纤分配盘(ODP)为分界点，即本局ODF(或ODP)连接器至对端局的ODF(或ODP)之间的工程部分就为光缆线路工程范围，如图2-7所示。光缆线路工程施工主要包括以下内容。

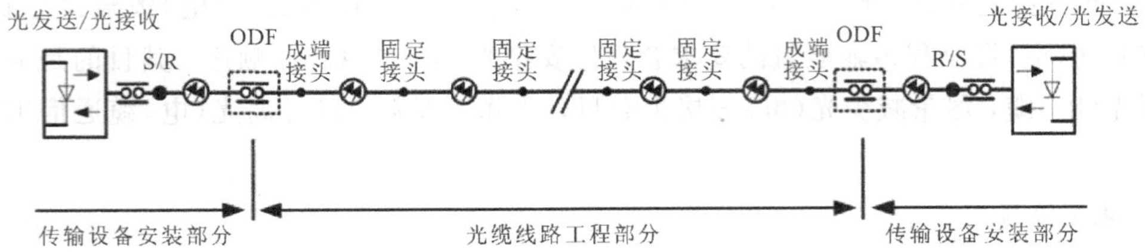

图 2-7　光缆线路工程范围

(1) 外线部分。光缆线路外线部分的施工内容主要包括光缆的敷设、光缆的防护以及光缆的接续与成端。其中光缆的敷设包括与光缆敷设有关的全部要素的准备、施工和光缆的布放等。光缆的接续与成端包括光纤的接续、光缆加强件连接、金属防潮层连接、钢带的连接以及光缆接头盒的安装等。

(2) 局内部分。局内部分的施工内容主要包括：局内光缆的预留、布放、固定；光纤分配架的安装与固定；局内光缆的成端、成端尾纤的盘绕；中继段光、电指标的竣工测试。

2.2.2　通信线路的工程识图

通信工程图纸是根据通信线路、通信设备安装等不同的通信专业要求，通过一定的图形符号、文字符号、标注、文字说明等要素对通信工程的规模、建设施工内容、施工技术要求等相关内容的一种图纸化表达。阅读图纸、按照图纸含义表达展开工程作业活动的过程就称为工程识图。专业人员可通过工程图纸了解工程规模和工程内容，计算出工程量，安排施工工序，开展施工作业，编制出工程概算、预算和完工结算等相关活动。

1. 通信工程图纸的基本构成

通信工程图纸的绘制要求按照国家通信行业标准 YD/T 5015－2015《通信工程制图与图形符号规定》来执行。通信工程图纸一般由图体和图框组成；图框是必需的要素；图体由图样区、说明区、表格区组成，其中的图样、文字、表格是可选要素，但三者必具其一，图体的布局主要有纵向排列、横向排列两种模式，如图 2-8 所示。在通信工程识图过程中，必须要根据通信工程制图标准来掌握图纸中图线型式、尺寸标注、图衔以及图例等图体要素所代表的具体含义。

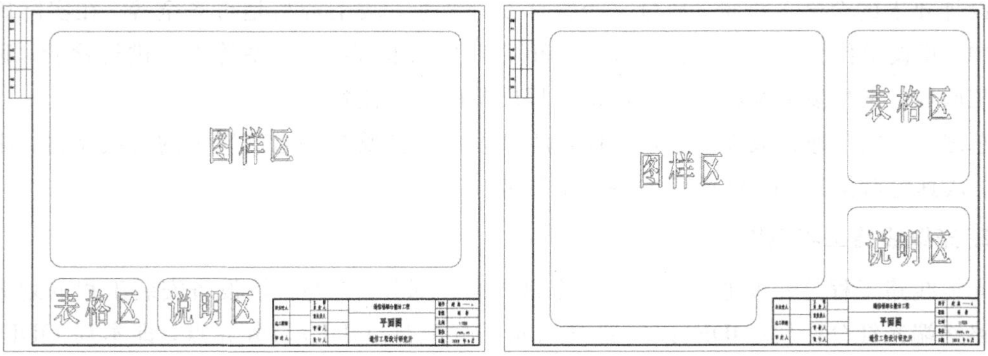

图 2-8　通信工程图纸构成及布局(左图纵向排列，右图横向排列)

1）图线型式

在实际工程中使用的图线型式主要有实线、虚线、点画线、双点画线，各线型用途如表 2－3 所示内容规定。

表 2－3　图线型式及用途

图线名称	图线型式	用　途
实线	————————	基本线条：图纸主要内容用线、可见轮廓线
虚线	－－－－－－－－－－	辅助线条：屏蔽线、机械连接线、不可见轮廓线、计划扩展内容用线
点画线	－·－·－·－·－·－	图框线：分界线、结构图框线、功能图框线、分级图框线
双点画线	－··－··－··－··－	辅助图框线：更多的功能组合或从某种图框中区分不属于它的功能部件

（1）图线通常采用两种宽度，粗线的宽度一般为细线宽度的两倍，主要图线采用粗线，次要图线采用细线。图线宽度规格有 0.25 mm、0.35 mm、0.5 mm、0.7 mm、1.0 mm、1.4 mm。

（2）一般细实线作为最常用的线条。在以细实线为主的图纸上，粗实线主要用于图纸的图框及需要突出的部分，指引线、尺寸标注线则使用细实线。

（3）在区分新旧设备时，用粗线表示新建，细线表示原有设施，虚线表示规划预留部分，原机架内扩容部分用粗线表示。

2）尺寸标注

一个完整的尺寸标注由尺寸数字、尺寸界线、尺寸线及尺寸起止符号等组成，如图 2－9所示。

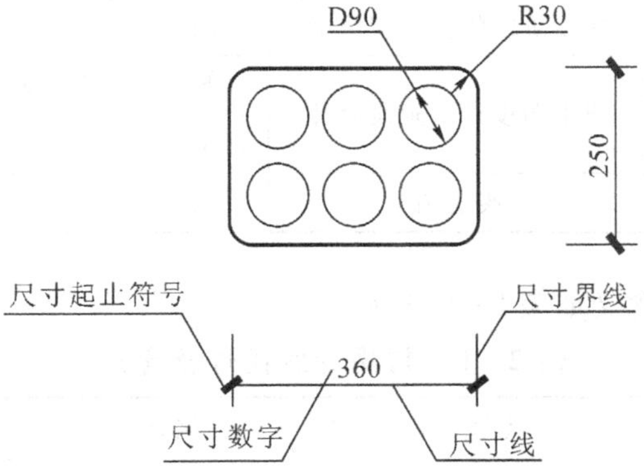

图 2－9　图纸尺寸标注组成

（1）图中的尺寸数字一般标注在尺寸线的上方或左侧，也可标注在尺寸线的中断处，但同一张图纸上标注方法一般保持一致。

（2）尺寸界线用细实线绘制，且由图形的轮廓线、轴线或对称中心线引出，也可利用轮廓线、轴线或对称中心线作尺寸界线，尺寸界线与尺寸线垂直。

(3) 尺寸线的起止符号，采用箭头或斜线两种形式，同一张图纸中一般采用同一种尺寸线起止符号。

3) 图衔

通信工程图纸的图衔一般位于图面的右下角，一般样式如表 2-4 所示。

表 2-4 图衔一般样式

<table>
<tr><td>单位主管</td><td></td><td></td><td>审核</td><td></td><td colspan="2" rowspan="2">(单位名称)</td></tr>
<tr><td>部门主管</td><td></td><td></td><td>校核</td><td></td></tr>
<tr><td>总负责人</td><td></td><td></td><td>制(描)图</td><td></td><td colspan="2" rowspan="2">(图纸名称)</td></tr>
<tr><td>单项负责人</td><td></td><td></td><td>单位、比例</td><td></td></tr>
<tr><td>设计人</td><td></td><td></td><td>日期</td><td></td><td>图纸编号</td><td></td></tr>
</table>

(1) 通信工程图纸常用标准图衔为长方形，大小为 30 mm×180 mm(高×长)。图衔一般包括图纸名称、图纸编号、单位名称、单位主管、部门主管、总负责人、单项负责人、设计人、审核人、校核人、制图日期等内容。

(2) 设计图或施工图编号的编排组成。

① 设计图或施工图的编号组成包括工程项目编号、设计阶段代号、专业代号、图纸编号。

② 工程项目编号由工程建设方或设计单位根据工程建设方的任务委托，统一给定。

③ 设计阶段代号及含义如表 2-5 所示。

表 2-5 设计阶段代号及含义

<table>
<tr><td>项目阶段</td><td>代号</td><td>工程阶段</td><td>代号</td><td>工程阶段</td><td>代号</td></tr>
<tr><td>可行性研究</td><td>K</td><td>初步设计</td><td>C</td><td>技术设计</td><td>J</td></tr>
<tr><td>规划设计</td><td>G</td><td>方案设计</td><td>F</td><td>设计投标书</td><td>T</td></tr>
<tr><td>勘察报告</td><td>KC</td><td>初设阶段的技术规范书</td><td>CJ</td><td rowspan="3">修改设计</td><td rowspan="3">原代号后加 X</td></tr>
<tr><td rowspan="2">咨询</td><td rowspan="2">ZX</td><td rowspan="2">施工图设计一阶段设计</td><td>S</td></tr>
<tr><td>Y</td></tr>
<tr><td>—</td><td>—</td><td>竣工图</td><td>JG</td><td>—</td><td>—</td></tr>
</table>

④ 常用专业代号及含义如表 2-6 所示。

表 2-6 常用专业代号及含义

名称	代号	名称	代号
光缆线路	GL	电缆线路	DL
海底光缆	HGL	通信管道	GD
传输系统	CS	通信电源	DY
有线接入	YJ	无线接入	WJ
核心网络	HX	业务网络	YW

⑤ 图纸编号为工程项目编号、设计阶段代号、专业代号相同的图纸间的区分编号，采用阿拉伯数字简单顺序编制，同一图纸编号的系列图纸用括号内加分数表示。

4）图例符号

通信线路工程图纸中常见的图例符号如表 2-7 所示，更多通信工程相关的图例符号请参考通信行业标准 YD/T 5015-2015《通信工程制图与图形符号规定》的图形符号章节。

表 2-7 常见的图例符号

类别	名称	图例	类别	名称	图例
特殊图标	指北针		特殊图标	图纸衔接	—<A>——<A>—
地形地物	山地	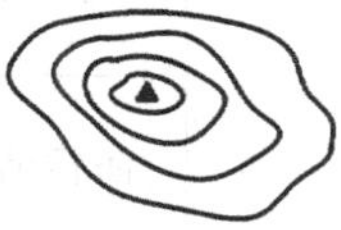	地形地物	房屋	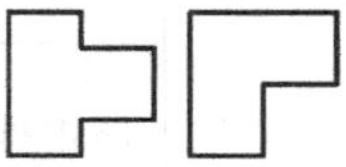
	河流			街道	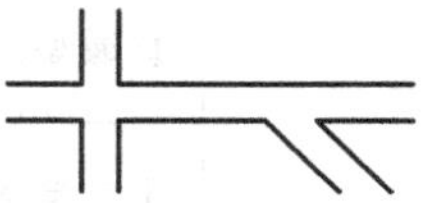
	铁路及车站			公路	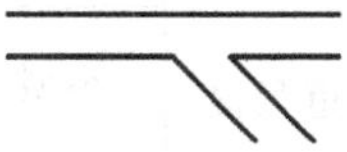
	树木			湖(塘)	
	电力电缆			高压输电线	
	煤气管道			自来水管路	
架空敷设	普通电杆		架空敷设	电力电杆	
	单方拉线杆			双方拉线杆	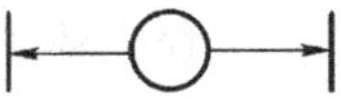
	引上杆			撑杆	
	高桩拉线	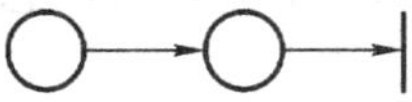		分线杆	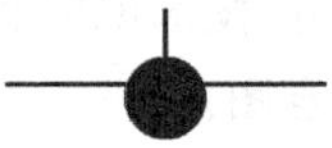
	铁地锚拉线			横木拉线	

续表

类别	名称	图例	类别	名称	图例
直埋敷设	普通直埋缆线		直埋敷设	盖砖保护直埋缆线	
	缆线预留			缆线S弯预留	
	水底光缆			梅花桩式S弯固定	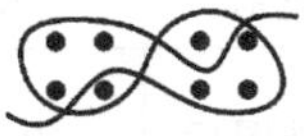
	路由标石			监测标石	
	防雷排流线	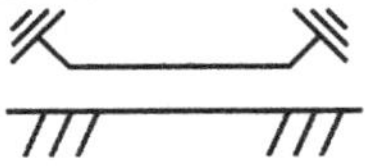		防雷消弧线	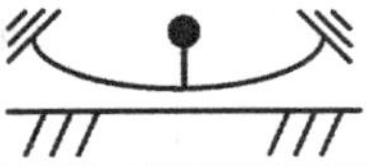
管道敷设	直通型人孔		管道敷设	拐弯型人孔	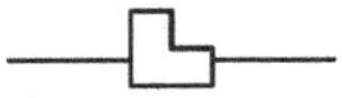
	十字型人孔			手孔	
	小型人孔			大型人孔	
	人孔占用率示意图	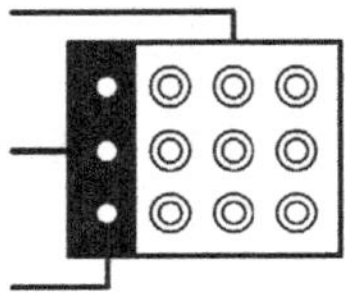		人孔展开示意图	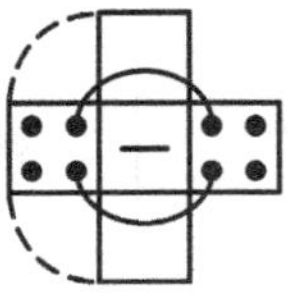

2. 通信工程图纸识读的一般识读流程

通信线路工程图纸的一般识读流程包括以下内容：

(1) 收集工程建设资料，了解工程相关背景。

(2) 了解通信线路工程的施工过程和基本的施工工艺。

(3) 总体查看图纸各要素是否齐全，具体为：

① 图衔：便于施工人员初步了解工程梗概。

② 工程主体图：描述工程设计核心内容。

③ 指北针图标：帮助施工人员辨明施工方位并快速找到施工位置。

④ 图纸主要参照物：为施工提供便利的距离和方位参考。

⑤ 工程图例：为施工人员准确识读工程图纸提供相关参考。

⑥ 技术说明和工程量列表：为编制施工图预算提供有用信息，同时也使施工人员领会设计意图。

⑦ 标注说明和特殊场景说明：使施工人员准确理解设计细节。

(4) 再细读施工图，根据图例和标注说明来具体分析工程主体图的设计细节，直接指导通信线路工程施工。

2.2.3 通信线路的路由复测

通信线路路由复测是通信线路工程开工后的首要任务。路由复测是指以施工图设计方案为依据，对沿线通信线路进行测量、复核，以确定光(电)缆敷设的具体路由。通信线路路由复测的主要目的是丈量地面的实际距离，探究地形、地物和交通状况，为制定具体的施工计划、光(电)缆的配盘、分屯、敷设和确定保护地段等提供必要的数据资料，为工程进行进度控制、质量控制、成本控制、安全管控以及协调等提供可靠保障。

1. 路由复测的主要任务

光缆线路路由复测的主要任务包括：

(1) 根据设计方案核定光缆路由的具体走向、敷设方式、环境条件以及接头、中继站的具体位置，即按照施工图核对光缆的路由走向、敷设位置及接续地点的可靠性和准确性，同时还应复查接续地点周围是否安全、可靠，是否便于施工和维护。

(2) 核对施工图纸，做到施工图纸与实际环境相符。当施工环境发生变化，需要对原施工图纸进行修改或变更时，必须按规定要求补充或重绘施工图纸，为提交申请、变更报批提供依据资料。

(3) 核定光缆穿越障碍物及需要采取防护措施地段的具体位置和处理措施。例如穿越铁路、公路、河流、湖泊及大型水渠、地下管线等障碍物和应采取光缆防护措施的地段长度，以及防护措施实施的可能性，都应仔细核对；核定青苗、园林等赔补地段、范围以及对困难地段"绕行"的可能性。

(4) 核定防机械损伤、防雷、防强电、防鼠、防白蚁、防腐蚀等地段的长度，以及防护措施及其实施的可能性。

(5) 复测、丈量路由的地面距离，核定中继段距离。中继段距离包括直埋、管道、架空、水线等段落和进局距离。复测中继段距离时，应根据地形起伏丈量，核算包括接头重叠长度、各种敷设方式光缆布放的预留长度；管道路由复测应测量各人孔中心之间的距离；确定直埋接头位置、架空杆基和角杆精准位置，拉线洞位置，拉线类别、程式，管道井的规格、程式和具体位置。施工中规定的陆地光缆布放预留长度如表2-8所示，水底光缆布放预留长度如表2-9所示。

表2-8 陆地光缆布放预留长度表

敷设方式	自然弯曲增加长度率/(m/km)	人孔内自然弯曲增加长度/(m/人孔)	杆上预留增加长度/(m/杆)	接头每侧预留长度/m	设备每侧预留长度/m	备注
直埋	7	—	—	10～15	—	其他预留长度按设计要求。管道或直埋光缆做架空引上时，其地上部分每处增加(6～8)m
管道	10	0.5～1	—	10～15	10～20	
架空	5	—	轻负荷区为0.03～0.04，中负荷区及以上为0.1～0.12	15～18	—	

表 2-9　水底光缆布放预留长度表

<table>
<tr><td>终端固定、过堤、“S”形敷设、岸滩接头等增加的长度/m</td><td colspan="6">按设计要求</td></tr>
<tr><td>两终端间各种预留增加的长度/m</td><td colspan="6">按设计要求</td></tr>
<tr><td rowspan="2">布放平面弧度增加的长度/m</td><td>F/L</td><td>6/100</td><td>8/100</td><td>10/100</td><td>13/100</td><td>15/100</td></tr>
<tr><td>增加</td><td>0.01L</td><td>0.017L</td><td>0.027L</td><td>0.045L</td><td>0.06L</td></tr>
<tr><td>水线平面弧度增加的长度/m</td><td colspan="6">应根据河床和光缆布放的断面计算确定</td></tr>
<tr><td>施工余量/m</td><td colspan="6">采用拖轮人工布放可为水面宽度的 8%～10%；抛锚布放可为水面宽度的 3%～5%；人工抬放一般不留余量</td></tr>
<tr><td>自然弯曲增长率/%</td><td colspan="6">根据地形起伏情况取 1～1.5</td></tr>
<tr><td colspan="7">注：L 为布放平面弧度的弦长(m)；F 为弧线的顶点至弦的垂直高度(m)；F/L 为高弦比</td></tr>
</table>

光缆敷设总长度应按式(2-1)计算：

$$L = L_{管} + L_{埋} + L_{架} + L_{水} \tag{2-1}$$

式中：L 为中继段光缆敷设总长度；$L_{管}$ 为管道光缆敷设长度(实际长度加上预留长度)；$L_{埋}$ 为直埋光缆敷设长度(地面丈量长度加上预留长度)；$L_{架}$ 为架空光缆敷设长度(架空路由地面丈量长度加上预留长度)；$L_{水}$ 为水底光缆敷设长度。

2. 路由复测的基本原则

(1) 光缆路由复测应以工程施工图为复测依据。

(2) 按施工图核对路由走向、光缆敷设位置及接头点环境是否安全，并便于施工、维护。若施工环境发生变化必须对原施工图进行小范围修改时，应由施工单位提出具体意见，经建设单位同意后确定；变动范围较大时，如改变敷设方式、改变路由等，则应实地勘察，做出比较方案，并经设计单位同意，方能报请原批准单位批准。

(3) 光缆穿越障碍物需要采取的防护措施及地段长度，应在路由复测时仔细核对，做到施工图与实际路由相符。

(4) 复测中继段距离时，应根据地形起伏变化的实际现状进行丈量。

(5) 路由复测时，光缆与其他设施、树木、建筑物的间隔必须符合相应标准规定。

3. 路由复测的一般方法

1) 定线

根据施工图，在起始点、三角定标桩或转角桩位置竖立大标旗，指示出光缆路由的走向。大标旗间隔一般为(1～2)km，大标旗中间用 3 根以上的标杆具体定位，测量人员通过调整各标杆使之成直线，以此线来丈量距离。复测中需改变路由时，若新路由比原路由增加长度超过 100 m，连接变更路由超过 2 km 或改变水线路由等情况时，应报上级主管部门审批后方可修改。

2) 测距

测距是路由复测中的关键环节。测距的一般方法是：采用经皮尺校验的 100 m 地链(山区采用 50 m 地链)，由两个人拉地链并负责丈量，后链人员持地链始端，前链人员持地链末端，前后链人员一直保持在始标点至大标旗构成的直线上，大标旗中间的标杆插在地链的始末端，沿前面大标旗方向不断推进。一般复测距离由三根标杆配合进行：当 A、B 两杆间测完第一个 100 m 后，B 杆不动取代 A 杆位置，C 杆取代 B 杆位置，然后测第二个 100 m；接着使原有 A 杆往前移动，变为第三个 100 m 的 B 杆位置，原 C 杆变为第三个 100 m 的 A 杆）；这样不断地变换标杆位置，不断向前测量。标杆与大标旗间应不断调整，使之在一条直线状态下完成测距工作。

当测量转弯路由时，应根据实际路由走向测量；对于地形起伏的路由，测量时也应随地形变化布放地链，测出实际距离，而不能将地链拉成直线。

为了节省时间和人力成本，目前在测距过程中经常会用手推式测距轮来代替地链进行测量。手推式测距轮是专为户外距离测量而设计制造的，能适用于各种地面条件，包括山坡、草地、崎岖不平的施工场地等场景。该仪器轻巧便携，测距精度较高，可通过数字显示屏幕或机械表盘来快捷、简便地进行读数。以某型号的数字显示式测距轮（如图 2－10 所示）为例，一般的操作使用方法如下：

图 2－10　手推式测距轮

(1) 先将伸缩杆拉升至合适长度，以人员操作舒适方便为准，并卡紧伸缩杆卡扣，使手推杆保持紧固伸长状态；

(2) 按下电源键，打开电源，通过公英制键选取测量距离的显示单位是米或英尺；

(3) 按下数据清零键，使数字显示屏计数清零，重新开始计数；

(4) 收起支撑架，将轮子正下方对准起始测量位置，推动手推杆，使轮子沿着要测量的线路的地形起伏向前旋转，计数器开始计数，直到轮子正下方位于测量的终点，读取数字显示屏的计数值；

(5) 在测量墙到墙之间的距离时，可先让后轮贴紧墙面，再直线移动滚轮使前轮贴紧另一墙面，最后测量结果应为数字显示屏计数值加上轮子直径值；

(6) 测量过程中，可利用数据存储键和数据读取键来实时保存和读取 5 组中间计数结果。

3) 定标

光缆路由确定并测量后，应在测量路由上定标（即打标桩）。对于架空方式，定标点可以是具体的杆位点，但应定出拉线地锚点（或撑杆杆位）；对于直埋方式，应每间隔 100 m 打一个计数桩，每间隔 1 km 打一个重点桩；穿越障碍物、拐角点时也应打上标记桩，以方便划线、挖沟和敷设光缆；对于改变光缆敷设方式、光缆程式的起止点等重要标桩应进行三角定标。

为了便于复查和核对光缆敷设长度，标桩上应标有标桩号和长度。如从中继站至某一标桩的距离为 6.156 km，标桩号为第 88 个，则标桩上应标注字样为：上“88＃”和下“6＋156”。标桩上标注数字的一侧底面应平整并朝向公路一侧，或标注在标桩前进方向的背面。

4) 划线（一般用于直埋敷设方式）

当路由复测确定后即可划线。用白灰粉或石灰顺地链（或用绳子拉紧）在前后桩间划直线。划线工作一般与路由复测工作同时进行。

划线可以采用单线或双线方式：一般地形采用单线划法，要求白灰均匀清晰，线条位于路由的中心线；对于地形复杂地段，可用双线划法，双线间隔一般为沟的地面宽度，一般为 60 cm 间隔，即为光缆沟上沿的两个边线。对于拐角点应划成弧线，并要求弧形半径大于光缆的允许弯曲半径，弧形半径值大会使光缆的转弯缓和，对稳定光纤的传输性能有利；对于光缆穿越河流、跨度较大的公路以及大坡度等地段，光缆要求作“S”弯敷设，“S”弯大小视光缆余留量的设计而定。一般河流两侧的“S”弯大小余留 5 m，“S”弯的弯曲半径亦应考虑光缆允许弯曲半径的要求。

5）绘图

绘图要求核定复测的路由、中继站位置与设计图纸有无变动。光缆路由变动不大时，可利用施工图做部分修改；变动较大时，应重新绘图。要求绘制出中继站站址及光缆路由两侧 50 m 内的地形、地物和主要建筑物，以及绘出防护设施的位置、保护措施、具体长度等。市区要求按 1∶500(或 1∶1000)比例，郊外按 1∶2000 的比例绘制。对于某些有特殊要求的地段，应按规定的比例绘制。水底光缆应标明光缆位置、长度、埋深度、两岸登陆点、“S”弯余留点、岸滩固定、保护的方法、水线标志牌位置等。同时还应标明河水流向、河床断面和土质。平面图一般按 1∶(500～5000)绘制，断面图按 1∶(50～100)比例绘制。

6）登记

登记工作主要包括：沿路由统计各测定点累计长度、无人站位置、沿线土质、河流、渠塘、公路、铁路、树林、经济作物、通信设施，以及沟坎加固范围、长度和累计数量等。

登记人员应每天与绘图人员核对，发现差错及时补测、复查，以确保统计数据的正确性。这些数据是施工中进行工作量统计、材料筹供、青苗赔补等工作的重要依据。

7）对外联系

对外联系就是核对在工程设计阶段与沿线路各单位所签订的相关协议书的有效性、工程施工的可行性，为工程正式施工扫清障碍。

2.2.4　光缆的单盘检验

光缆在敷设之前，必须进行单盘检验和配盘工作。单盘检验包括对运到现场的光缆及连接器材的规格、程式、型号、数量、质量进行核对、清点，以及对外观检查和光电主要特性的测量。通过光缆的单盘检验以确认光缆和器材的各项指标是否达到设计文件或合同规定的有关要求。

光缆的单盘检验是一项复杂、细致、技术性较强的工作，它对确保工程的工期、施工质量，以及对于保证今后的通信质量、工程经济效益、维护使用及线路寿命有着重大影响。同时，光缆单盘检验工作对分清光缆、器材质量的责任方，维护施工企业的信誉都有不可低估的影响。因此，必须按规范要求和设计文件或合同规定的指标进行严格的光缆单盘检验。检验前，做好技术准备工作，包括 OTDR、光纤熔接机等检测设备仪表的准备，以及测试记录等表格的印制。

1. 检验内容

光缆的单盘检验包括器材点验、外观检查、传输性能检测等。

(1) 器材点验。

光缆出厂时应附有出厂测试记录，器材点验时应对光缆规格、程式、数量进行清点，查看是否符合订货合同规定、设计要求及验货交接单内容。

(2) 外观检查。

外观检查时，首先应检查光缆盘的包装是否完好，光缆盘有无变形，以及光缆的端头是否良好，同时充气光缆必须检查缆内气压；如有破损或变形，应做好记录，并请供货单位人员一起开盘检查。然后开盘检查光缆外护层有无损伤，如有损伤也应做好记录，并按出厂说明书进行重点测试检查。最后剥开光缆端头，核对光缆的端别和种类，并在光缆盘上用红漆标上新编盘号及光缆的端别，在外端应标注出光缆的种类。填充油膏光缆应检查填充物是否饱满，以及在高温和低温下是否存在滴漏和凝固现象。光缆质量不过关将会影响光缆性能的长期稳定性。

(3) 传输性能检测。

传输性能检测的目的在于确保光缆传输质量的可靠性，主要工作包括光纤衰减系数测试和光纤长度测量，在必要情况下，还应测试光纤的色散特性。各种测试方法都应符合ITU－T建议的有关规定。测试结果如超过标准或与出厂测试值相差较大，还应该用光功率计采用剪断法重新进行测试，以判定是测试误差还是光纤本身的质量问题。测试光纤长度时，测试的结果应与同一光缆内其他光纤的测量长度比较，如差别较大，应从另一端重新测试或通光检测，以防存在断纤问题。

用于业务通信的光缆中的供电铜导线的电特性(如直流电阻、绝缘电阻、绝缘强度等)和金属护层对地的绝缘特性也必须进行测试。测量方法与通信电缆的直流电特性测量方法相同，测得的各项指标应符合国家规定的通信电缆铜导线电气特性标准。

2. 检验步骤

光缆的单盘检验一般是先外观后光电特性，由外至内逐项检验。其具体步骤为：

(1) 将光缆验货交接单与订货合同(或设计文件)进行对照，查看是否相符，如有不符，应及时通知建设单位和供货厂家。

(2) 检查光缆盘包装是否完好。主要是看光缆盘外包装在运输过程中有无较大的损伤，对于有损伤的地方应仔细查看其是否危及到内部的光缆。

(3) 打开光缆盘外包装，检查内部光缆情况。主要检查光缆外护层是否有凹陷、折痕和孔洞，对于光缆盘损伤处，应仔细检查盘内光缆是否损伤。

(4) 检查光缆端头是否密封、端帽是否脱落和收缩牢固。对于未密封或收缩不牢固的端头，应检查光缆是否进水。

(5) 打开光缆端头，检查光缆端别。根据光缆端别判定方法，判定光缆端别，并标注于光缆盘上，同时也应做好相应记录。

(6) 开剥光缆进行光纤传输特性、长度及金属构件电特性测试。

(7) 光缆封装。光缆单盘检验完毕后，应恢复光缆端头的密封和光缆盘的包装，并对光缆盘统一编号和标注，以及注意光缆外端的端别和光缆长度。将测试合格和不合格的光缆分别放置，测试记录也要分开，对于测试不合格的光缆，上报建设单位。

3. 纤缆换算

检查光缆长度是为了复核光缆的实际长度，确保满足布放要求。检查光缆长度的具体方法为：首先利用OTDR对每盘光缆1～2根光纤长度进行测量，再按光缆制造厂家提供的光缆绞缩率将测得的光纤长度换算成光缆长度，如下式：

$$L=\frac{l}{1+p} \tag{2-2}$$

式中：L 为光缆长度；l 为仪表测试的光纤长度；p 为纤/缆长度换算系数或绞缩率。

不同制造商生产的不同结构的光缆，其直径和光纤扭绞的节距不尽相同，这些因素将导致不同制造商生产的不同结构的光缆绞缩率不同。已知光缆绞缩率 p，则可直接利用式(2－2)进行换算。当不知光缆绞缩率时可通过下列方法求出近似 p 值，再带入公式计算。

绞缩率 p 的求取方法为：取一段自然长度的光缆，测量其准确的光缆皮长；然后去除光缆外护套，小心取出光缆内光纤，再准确测量光纤长度，则 p 为

$$p=\frac{\text{光纤长度}-\text{光缆皮长}}{\text{光缆皮长}} \tag{2-3}$$

需要注意的是，绞缩率反映的是纤/缆之间的长度换算关系，不同的厂家其定义是不一致的，为避免歧义，有时也需要推算光纤长度与光缆长度的比值。

4. 注意事项

(1) 光缆单盘检验抽样率应为 100%。

(2) 用 OTDR 进行测量时，应按制造商标明的光纤折射率设定 OTDR 的折射率。

(3) 按制造商标明的纤/缆的长度换算系数计算出单盘光缆长度。

(4) 要求厂家出厂的光缆长度只允许正偏差。当发现负偏差时应进行重点测量，以得出光缆的实际长度；当发现复测长度比厂家标称长度长时，应重新核对，为了不浪费光缆和避免差错，应进行必要的长度测量和实际试放。

(5) 光缆盘上标注的长度一般为光缆的长度。光缆外护套上打印的长度尺码一般是以零为起点，中间连续打印，但也不排除中间断码或非零起点情况的出现。这样可能造成光缆标称长度与实际长度不完全一致，因此在单盘检验时应以仪表测试的长度为准。

2.2.5　通信电缆的单盘检验

单盘电缆检验的主要项目有不良线对检验、线对环路电阻的测试、绝缘电阻的测量、耐压测试等。

1. 不良线对及其检验

1) 电缆中常见的不良线对

电缆中常见的不良线对如表 2－10 所示。

表 2－10　常见的不良线对

障碍种类	符号	图　示
断线	D	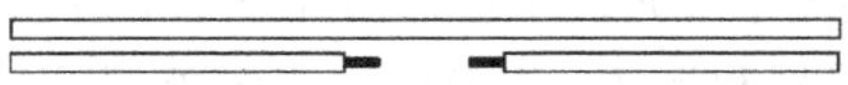
自混	C	
他混	MC	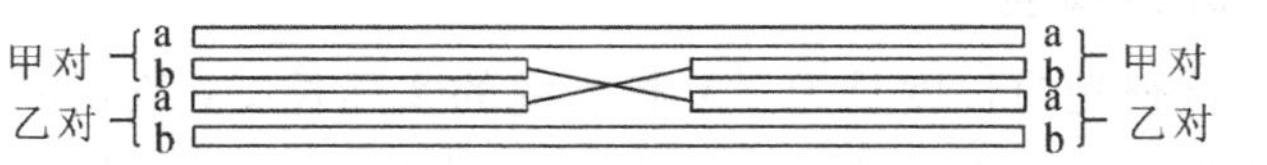

续表

障碍种类	符号	图　示
地气	E	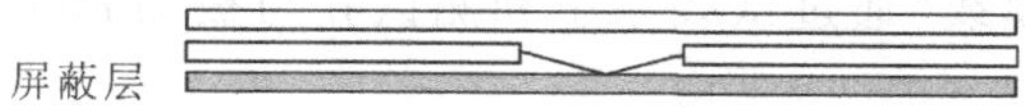
反接	反	
差接	差	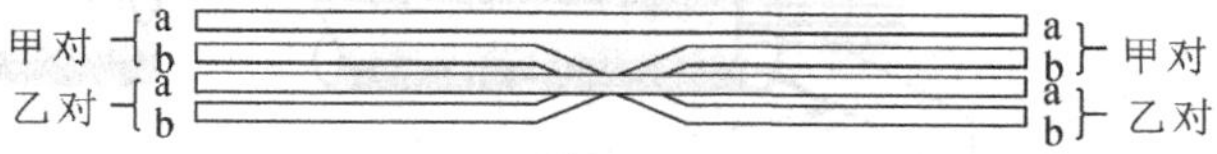
交接(跳对)	交	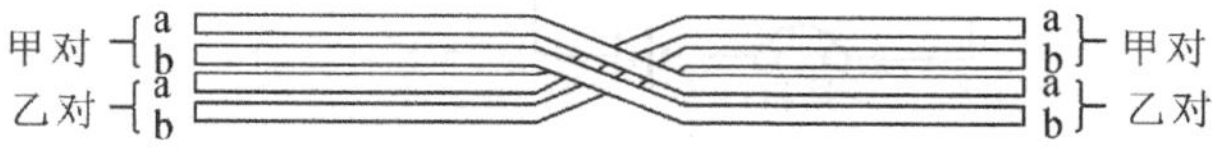

(1) 断线：电缆芯线断开。

(2) 混线：芯线相碰触(又名短路)。本对线间相碰为自混；不同线对间芯线相碰为他混。

(3) 地气：芯线与金属屏蔽层(地)相碰，又称接地。

(4) 反接：本对芯线的 a、b 线在电缆中间或接头处错接。

(5) 差接：本对芯线的 a(或 b)线与另一对芯线的 a (或 b)线相接，又称鸳鸯对。

(6) 交接：本对线在电缆中间或接头中间错接到另一对芯线上，产生错号，又称跳对。

单盘电缆检验工作一般只做断线、混线和地气检验。全塑电缆不能剥除芯线绝缘层进行检验，一般可利用模块型接线子卡破绝缘层(或打开电缆护套后，将芯线端头绝缘去掉)，通过试线孔和试线塞子进行检验，或采用交流信号电源利用电磁感应原理进行检验。由于不良线对检验手续繁杂，费工费时，对于有信誉的厂商，可查阅电缆出厂检验记录，一般在工程上可不再进行线对检验，否则一定要进行不良线对检验。

2) 不良线对检验

(1) 断线检验。

断线检验方法如图 2 - 11 所示。通过模块型接线子将测试端短路，另一端用模块也短路。在调试端接出一根引线与耳机及干电池(3～6 V)串联后再接出一根“摸线”连接试线塞子，通过模块型接线子的测试孔与抽出的单根芯线接触，如耳机听到“咯”声，说明是好线，如无声则是断线。

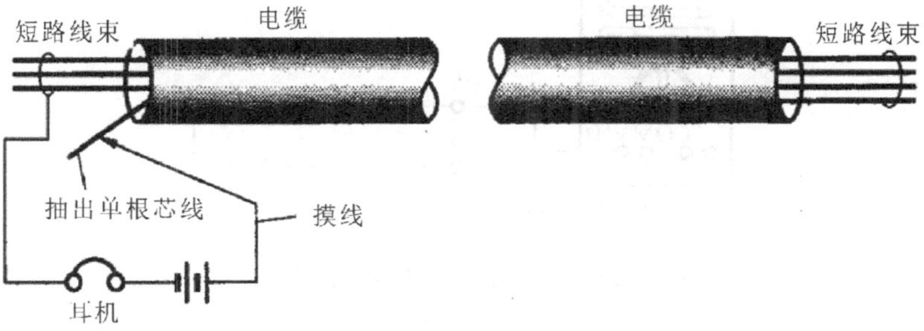

图 2 - 11　断线检验方法

(2) 混线检验。

混线检验方法如图 2-12 所示，测试端的接法与断线检验相同，另一端全部芯线需腾空，当“摸线”通过试线塞子和测试孔与被测芯线接触时耳机内听到“咯”声，即表明有混线。

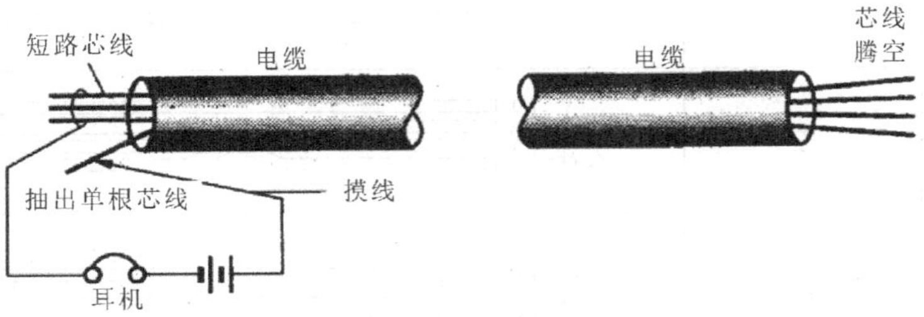

图 2-12　混线检验方法

(3) 地气检验。

地气检验方法如图 2-13 所示。电缆的末端芯线全部腾空，测试端的耳机一端与金属屏蔽层连接，其他接法与断线检验相同，“摸线”通过试线塞子和模块型接线子的测试孔与芯线逐一碰触，当听到“咯”声时，即表示有地气。

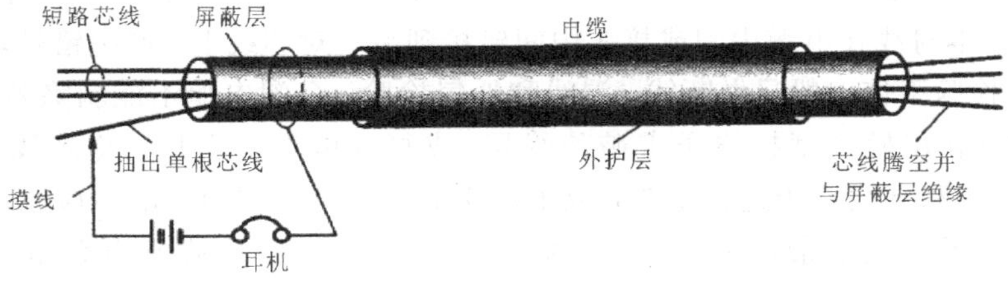

图 2-13　地气检验方法

2. 线对环路电阻的测试

环路电阻的测试方法如图 2-14 所示，在单盘电缆中选取一对待测芯线，将被测电缆末端的两根芯线短路，芯线测试端连接万用表。

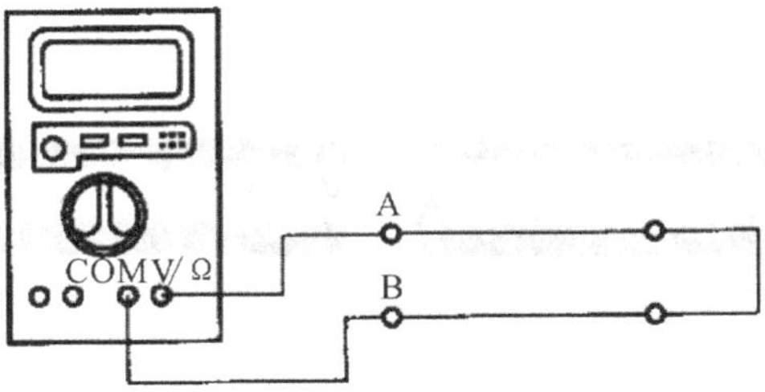

图 2-14　万用表测芯线环路电阻方法

根据电缆程式和长度将数字式万用表的挡位量程选择钮转到“Ω”挡，并选择适当的量程范围挡位；按下开关按钮，把短表笔分别插入 COM 表笔插孔和 V/Ω/Hz 或 V/Ω 表笔插孔，长表笔连接被测电缆芯线(如图 2－14 中的 A 线和 B 线)；读取液晶显示屏上的数值，如在显示屏左侧出现“1”，说明所测的数值超出现有量程，应将量程开关向高位拨一挡，反复调整、测试直至出现较精确的数值，万用表上测得的读数就是导线的环路电阻值。如果测量中出现负值，这可能是线路上有电源存在，应及时查清情况，否则将造成误差。

铜芯全塑电缆环路电阻应当满足表 2－11 所示的要求。

表 2－11　铜芯全塑电缆的环阻要求

线径/mm	0.32	0.4	0.52	0.6
环路电阻/Ω/km	472	296	190	131.6

注：表列数值为 20℃条件下测试值。

3. 绝缘电阻的测量

绝缘电阻测量包括线间和单线对地(金属屏蔽层)绝缘电阻的测量。

在温度为 20℃，相对湿度为 80％时，一般填充型全塑市内通信电缆绝缘电阻每公里不小于 3000 MΩ；非填充型每公里不小于 10 000 MΩ(500 V 高阻计)；聚氯乙烯绝缘电缆绝缘电阻每公里不小于 200 MΩ。测试电缆芯线绝缘电阻一般使用 500 V 高阻计；500 V、量程 1000 MΩ 的兆欧表只能用来测量局内电缆绝缘电阻(施工现场也可代用)。用高阻计或兆欧计测试电缆绝缘电阻时，首先需将电缆两端护套各剥开(10～20)cm 左右，然后，用高阻计或兆欧计测试。用兆欧表测试芯线间绝缘电阻的接线方法如图 2－15 所示。

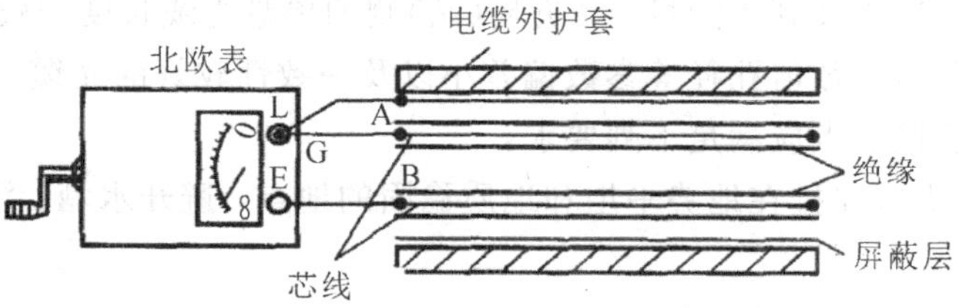

图 2－15　测试芯线间绝缘电阻接线方法

用兆欧表测试芯线间绝缘电阻时，将兆欧表的 L 接线柱接一根芯线，E 接线柱接另一根芯线，G 保护环接地。测试时要把仪表放平，然后摇动手摇发电机，转速由慢逐渐加快，兆欧表的表针稳定后，即可直接读出绝缘电阻值。

用兆欧表测试芯线对地绝缘电阻接线方法如图 2－16 所示。测试时应将芯线与金属屏蔽层之间保持开路，L 接线柱接被测芯线，E 接线柱接金属屏蔽层，G 保护环接芯线绝缘层表面。通过模块型接线子和测试塞子，可测试芯线与地之间的绝缘电阻，测试方法与测试芯线间的绝缘电阻相似。

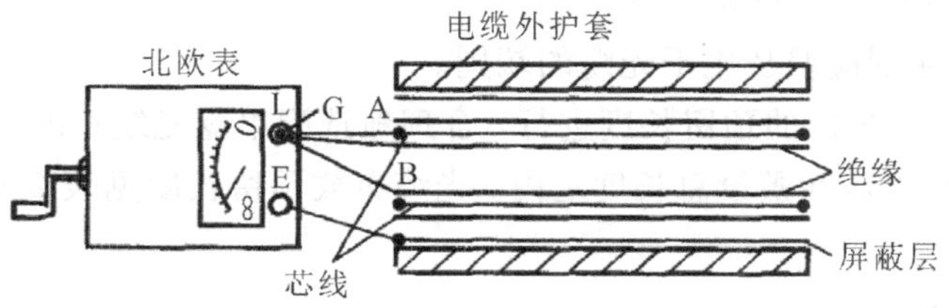

图 2－16　测试芯线对地绝缘电阻接线方法

4. 耐压测试

所有电缆的芯线原则上都应进行耐压测试，但在电缆质量比较稳定、绝缘电阻良好的情况下，也可以只对传输远供电源或在野外敷设的电缆进行测试。测试时可用输出电压相当的耐压测试器根据通信行业标准规定的电压及时间标准要求进行。

另外还要注意成盘电缆的盘号、型号及长度等，应与电缆出厂时的产品合格证一致；无屏蔽层的全塑电缆严禁在线路上使用；全塑电缆的端别应符合标准要求。

2.2.6　光缆的配盘

光缆配盘就是依据设计图纸，以一个中继段长度为配盘单位，根据光纤全程传输质量要求及路由复测数据计算出的光缆敷设总长度，同时根据地形变化，分类、按序选择单盘光缆配盘。光缆配盘是为了合理使用光缆，减少光缆接头数量和降低接头损耗，以达到节省光缆和提高光缆通信质量的目的。

1. 光缆配盘的要求

(1) 光缆配盘时，应根据路由条件选配满足设计规定的不同程式、规格的光缆，配盘总衰减及总带宽(色散)等传输指标应满足系统设计的要求。

(2) 光缆配盘时，尽量做到整盘配置。在同一个中继段内，尽量选用同一个厂家、同一批次的光缆。

(3) 为提高耦合效率及利于测量，靠近局(站)侧的单盘光缆长度一般不小于1 km，并应选择光纤的几何尺寸、数值孔径等参数偏差小以及一致性较好的光缆。

(4) 光缆配盘后接头点应满足下列要求：

① 直埋光缆接头应安排在地势平坦和地质稳固的地点，避开水塘、河流、沟渠和道路等地段。

② 管道光缆的接头应避开交通要道口。

③ 直埋式光缆与管道交界处的接头应安排在人孔内，如果受客观环境条件限制，一定要安排在直埋路由处时，对非铠装管道光缆伸出管道部位应采取保护措施。

④ 架空光缆接头一般应安装在杆上或杆旁1 m左右。

(5) 光缆端别的配置应满足下列要求：

① 为了便于连接、维护，必须按光缆的端别顺序配置。

② 长途光缆路由应以局(站)所处地理位置规定，北(东)为A端，南(西)为B端。

③ 在采用汇接中继方式的城市，市内局间光缆线路以汇接局为A端，分局为B端；两个汇接局间以局号小的局为A端，局号大的局为B端；没有汇接局的城市，以容量较大的中心局为A端，对方局(分局)为B端。

④ 分支光缆的端别应服从主干光缆的端别。

(6) 光缆配置应按规定的预留长度进行，合理地选配单盘光缆长度，尽量节约光缆，

光缆预留长度核算应在敷设总长度之内。光缆布放预留长度见表2-8和表2-9所示内容。

2. 光缆配盘的方法

光缆的配盘以一个中继段为单元，配盘时应按下列五个步骤进行。

1）列出光缆路由长度总表

根据路由复测资料列出各中继段地面长度，包括直埋、管道、架空、水底或丘陵山区爬坡等布放的总长度及局(站)内的长度(局前人孔至机房 ODF 架的地面长度)。光缆路由长度总表如表 2-12 所示。

表 2-12　光缆路由长度总表

中继段名称					
设计总长度/km					
复测地面长度/km	直埋				
	管道				
	架空				
	水线				
	爬坡				
	局(站)内				
	合计				

2）列出光缆总表

将单盘检验合格的不同光缆列成总表，包括盘号、规格、型号及盘长等，如表 2-13 所示。

表 2-13　光缆总表

序号	盘号	规格、型号	盘长	备注

3）初步配盘

(1) 根据光缆路由长度总表中不同敷设方式路由地面长度，加余量(1%)算出各个中继段的光缆总用量。

(2) 根据算出的各中继段光缆用量，由光缆总表选择不同规格、型号的光缆，使光缆累计长度满足中继段总长度要求。

(3) 列出初配结果，即中继段光缆分配表，如表 2-14 所示。

表 2-14　各中继段光缆分配表

中继段名称	光缆	数量/km		出厂盘号	备注
	类别、规格、型号	计划量	实配量		

4）正式配盘

完成中继段光缆的初步配盘后，便可按照配盘的一般要求进行正式配盘，从而确定光缆接头点的位置和指定各盘光缆的布放位置。

光缆配盘的具体步骤如下：首先确定系统配置的方向，一般工程均由 A 端局(站)向 B 端局(站)方向配置，然后按表 2-13 中内容分配中继段的光缆，并计算出光缆的布放长度(即敷设长度)，最后进行光缆的配盘。

(1) 管道光缆的配盘方法。

由于管道人孔位置已经确定，且人孔间距各不相等，使管道路由的配盘计算较为复杂。要求路由的地面距离必须测量准确，并选配单盘长度和人孔间距合适的单盘光缆。管道光缆的配盘方法有试凑法和调整盘法。

① 试凑法。抽取 A 盘光缆，由路由起点开始按配盘规定和计算公式计算光缆的敷设长度，至接近 A 盘光缆长度时，使接头点落在人孔内。最短预留一般除接头重叠预留外，有 5 m 的长度就可以保证路由长度偏差。当 A 盘不合适，即光缆配至对端终点时不在人孔处，退后一个人孔又太浪费，此时应算出 A 盘增减长度，选 B 或 C 盘试配，直至合适。按类似方法配第二盘、第三盘……直至配完。

② 调整盘法。对于较长管道路由配盘，如大于 5 km 时，所配光缆不可能正好或接近单盘长度，很可能一盘只用了一部分，因此在配盘时应将此盘作为调整盘。当光缆配盘中某一盘因地面距离偏差或其他原因延长或缩短距离时，此调整盘就可相应调整布放距离。在配置调整盘时应考虑该盘布放长度一般不应小于 500 m，以便 OTDR 仪表测量方便。

当调整盘使用长度超过 1 km 时可以安排在靠局(站)的一侧，若安排在中间地段，要看布放的需要或因地形等条件对盘长的限制。配盘时对调整盘必须注明，布放时要求放在最后敷设。此外，当光缆从两头向中间同时敷设时，该调整盘应作为中间的合拢盘。

在配盘时，要注意光缆的端别应由 A 端局(站)向 B 端局(站)方向配置。在布放时则要根据地形和出厂时单盘光缆端别决定。在配盘时，应视出厂时单盘光缆端别的多数情况确定敷设的方向。对于少数不同端别的光缆盘因布放时要先倒盘后布放，故对特殊地段应尽量考虑选择与布放方向端别一致的光缆。

(2) 直埋光缆的配盘方法。

在长途光缆线路中，直埋敷设方式占大多数，往往一个中继段直埋部分长度不小于 30 km，中继段长度则为(50～70)km。由于其中个别地段为水底敷设或管道敷设，使直埋光缆形成了几个自然段，配盘时要以一个自然段为配盘连接段。直埋光缆配算时应按下列方法进行：

① 对于一般的中继段，如一个 25 km 光缆段可配 12 盘光缆，其总长度应符合光缆的敷设长度计算要求。各盘可按盘号顺序排放。对于这种方式，施工作业组在具体布放时要看接头位置是否合适，布放端别是否受环境地形限制。如有问题可以自行选择后面的单盘，调整后在配盘资料上进行修改即可。

② 对于光缆计划用量紧张的中继段，必须采取“定缆、定位”配置。即按上述方法排列出配盘顺序后，逐条核实光缆接头位置是否合适，若不合适则应更换为单盘光缆，并将每盘光缆布放长度的具体位置确定好，标好起始、终点的标号，这种方法称“定桩配盘法”。虽然这种方法要多花一些时间，工作复杂一些，但较为科学，放缆时不会因不合适而重新选缆。同时，这种方法使施工作业组在布放光缆时心中有数，并且可以减少浪费，节省光缆。

③ 直埋光缆在配盘时，应根据光缆敷设情况配好调整盘。有些工程上得快、工期紧，通常由一个方向向对端敷设的方法跟不上进度，需要有两三个布放作业组同时进行布放。针对这种工程必须安排好调整盘，施工作业组就能由两侧向调整盘方向布缆。调整盘以一个自然段安排一盘为宜。调整盘选择非整盘敷设的一个单盘，如 2 km 盘长只需敷设 1.6 km 的这一盘作为调整盘。调整盘安排的位置一般放在自然布放段的中间或两侧，且与其他敷设方式光缆的接洽位置。

5）编制中继段光缆配盘图

按上述方法、步骤计算、配置结束后，将光缆配盘结果填入中继段光缆配盘图，同时应按配盘图在选用的光缆盘上标明该盘光缆所在的中继段段别及配盘编号。中继段光缆配盘图的示例如图 2-17 所示。

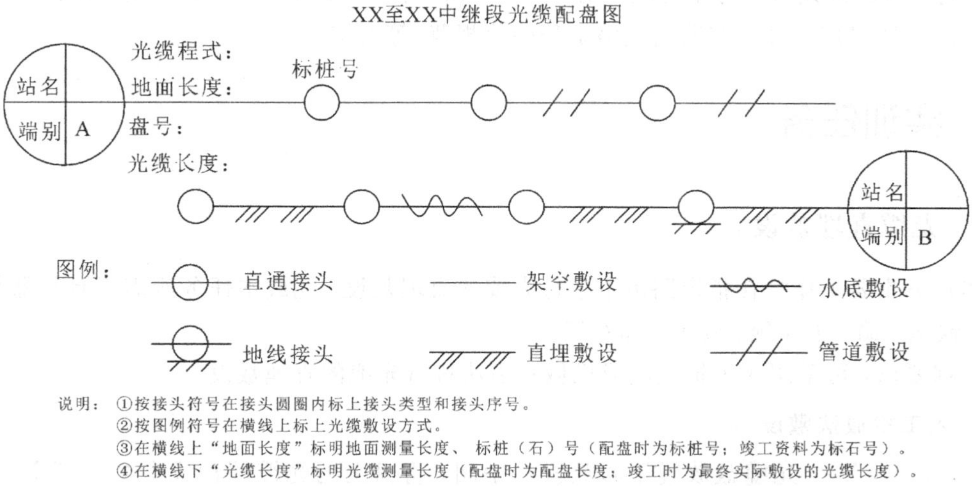

图 2-17 中继段光缆配盘图示例

问题与讨论

1. 简述通信线路施工流程。
2. 路由复测的主要任务是什么？
3. 简述路由复测的一般方法。
4. 光（电）缆单盘检验的内容有哪些？需要使用哪些仪表进行测试？
5. 什么是光（电）缆配盘？
6. 光（电）缆配盘的目的是什么？
7. 光缆配盘的基本步骤是什么？
8. 光缆配盘时对接头有什么要求？

专题 3　通信线路敷设

光缆的直埋敷设、架空敷设和管道敷设是本专题的典型任务。通过完成实训任务和学习任务资讯，学生能够熟悉光缆直埋敷设、架空敷设和管道敷设施工的规范与注意事项，学会施工工具、器材的操作使用方法，了解光缆线路敷设施工程序等。

鉴于电缆线路敷设和光缆线路敷设内容重合度较高，本专题以光缆线路敷设为主进行介绍，电缆线路敷设可参考本专题内容及相关标准规范 GB 51158—2015《通信线路工程设计规范》、GB 51171—2016《通信线路工程验收规范》等实施。

3.1　实训任务

3.1.1　光缆直埋敷设

本任务主要工作是在指定路由上进行光缆的直埋敷设。完成本任务所需工具和器材有光缆、铁锹、镐、千斤顶、卷尺、标石等。

根据要求，可采用人工抬放法或机械牵引法进行光缆的直埋敷设。

1. 人工抬放法敷设

(1) 盘"∞"字：光缆盘放置于布放段的中间，将盘上的光缆倒盘成多个"∞"字形状，每个倒的"∞"字形状的光缆盘重量以 2～4 人能抬起为宜。将整盘光缆全部放完，并分为两个方向(A、B 方向各一半)。

(2) 光缆抬放：按倒的"∞"字形状光缆盘的数量安排人员，从光缆盘放置点向一端(或两个方向同时)布放。向一个方向布放光缆的具体方法是将多个倒的"∞"字形状光缆盘同时抬起，向布放方向前进；两个方向同时布放光缆的方法则是将靠近中间点的倒的"∞"字形状光缆盘开始沿着准备好的路由布放，再逐次布放其他倒的"∞"字形状光缆盘，直至全部放完，然后开始对另一方向的光缆进行布放。人工抬放法敷设光缆，在倒"∞"字形状光缆盘时应根据路由情况及布放长度，认真计算两个方向的光缆长度，以防止光缆过长和连接不上现象的发生。

(3) 光缆回填：将光缆布放于 10 cm 厚的细土(严禁将石块、砖头、冻土等填入沟底)垫底的光缆沟中后，再进行回填。

(4) 埋设标石：标石可以标记出光缆的路由走向，对维护员的路由维护、故障查找及避免损害光缆有相当大的帮助，不同地点设置的光缆标石类型应不同。

2. 机械牵引法敷设

机械牵引法敷设是指采用端头机械牵引和中间辅助牵引相结合的方法，根据辅助牵引方法不同又可分为人工辅助牵引和机械辅助牵引。

(1) 机械牵引法敷设准备工作：了解路由状况；估计牵引力；准备机具、材料；确定牵引点和辅助牵引点；组织劳力，确定指挥系统。

(2) 固定光缆盘：将光缆盘固定在布放段落的中间，支架好光缆盘，并制作牵引头和连接牵引绳，做好敷设准备。

(3) 光缆布放：牵引机械开始牵引，光缆盘开始放缆。沿路由各点按敷设要求查看好各关键点，以防止损伤光缆，直至敷设完成。机械牵引法示意图如图3-1所示。

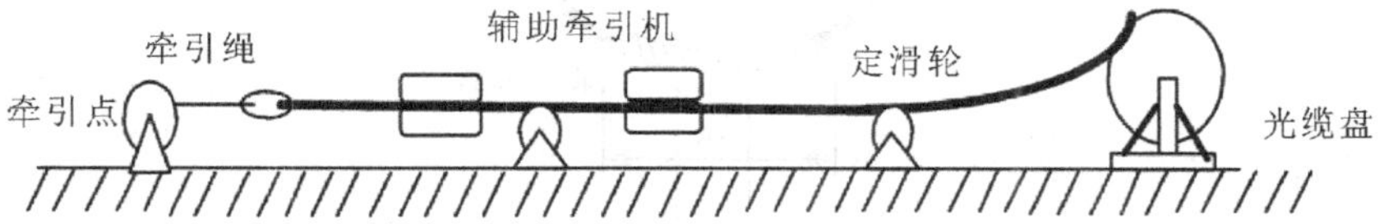

图3-1 机械牵引法示意图

任务完成后需要对下面内容进行检查。

(1) 回填时光缆上方30 cm内应回填细土，并人工踏平。经测试各项指标达到设计要求后，再回填其余部分，且每回填间隔30 cm应人工踏平或夯实一次，直至回填部分超出地面10 cm。

(2) 普通标石、巡检标石一般应埋设在光缆路由的正上方；接头标石应埋在光缆接头上方；光缆路由转弯角度大于30°时应埋设转弯标石，转弯标石应埋设在光缆线路转弯交点上，转弯标石编号面向内角。

(3) 标石埋设应当全程(段)统一，其中地下部分不少于60 cm，外露部分不少于30 cm，全程高度偏差不超过5 cm，标石周围土壤夯实，埋设正直，倾斜不超过2 cm，标石周围30 cm内杂草不高于10 cm。无法埋设标石处，可利用特殊地理、地物标志作为标石标志。

3.1.2 光缆架空敷设

本任务主要工作是在指定路由上进行光缆的架空敷设。完成本任务所需工具和器材有：光缆、千斤顶、滑车、电工挎包、安全帽、安全带、脚扣、挂钩、紧线器、镀锌铁丝、夹板、扳手、老虎钳、拉线衬环、梯子等。

1. 制作光缆牵引头

通常采用预制式、夹具式、网套式和简易式等方法制作光缆牵引头。牵引时钢丝绳扭转，转环的前半部也随着旋转，而后半部连接的光缆网套则不扭转。一般要求采用机械牵引法时牵引索采用钢丝绳，当采用人工方式牵引时，可用尼龙绳或铁丝作牵引索。

2. 吊挂式光缆敷设

通常采用预挂挂钩法、动滑轮边放边挂法、定滑轮牵引法和汽车牵引动滑轮托挂法等方法架设吊挂式光缆线路。

3. 光缆挂固

光缆牵引完毕，应及时用挂钩(或缠绕法)将光缆固定在吊线上。用挂钩固定光缆时，应根据光缆外径选取相应挂钩，挂钩的搭扣方向应一致，挂钩托板也应俱全，不得有机械损伤。

4. 预留和引上保护

布放吊挂式架空线缆时，每隔1～3根杆上应做一处伸缩预留，且布放时光缆不能拉得太紧，注意自然垂度。光缆在杆上的伸缩预留及保护示意图如图3－2所示。

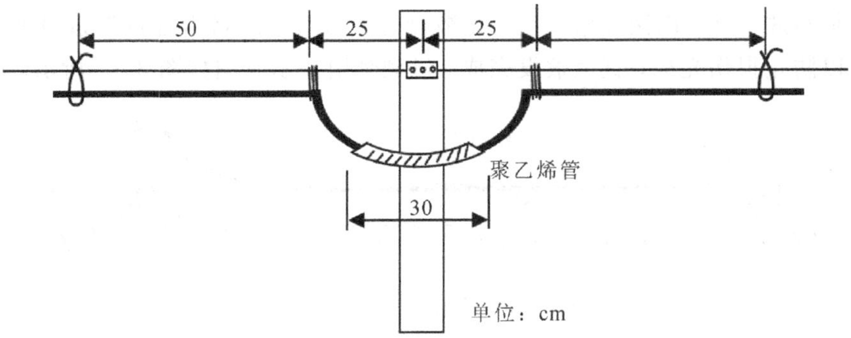

图3－2　光缆在杆上的伸缩预留及保护示意图

除了在电杆上做伸缩弯以保证光缆在气温变化时的收缩外，为了便于架空光缆的维护和变更，设计时应考虑光缆的盘留。光缆留盘的具体实施方法就是隔一定距离进行光缆盘留，将光缆盘在收容架上，并将收容架安装在杆子附近。在接头位置，必须要有盘留光缆。

架空光缆在电杆处、十字吊转弯点和引上、引入机房等点应做引上保护处理。引上光缆安装及保护示意图如图3－3所示。

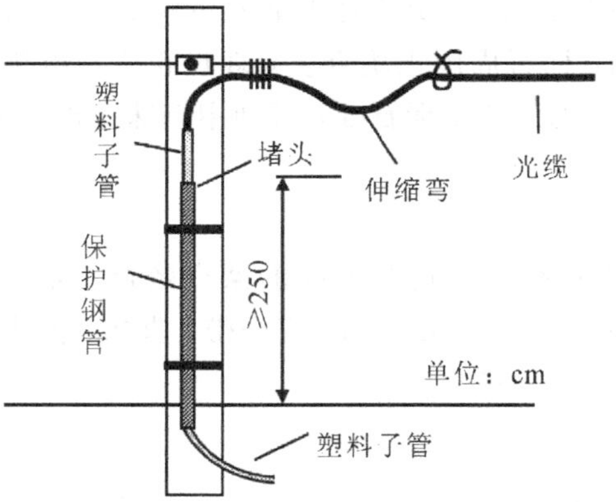

图3－3　引上光缆安装及保护示意图

5. 警示管、保护管的加装

(1) 过路警示管可根据不同型号光缆采取不同的装设形式。特殊地段可根据需要装设，以达到警示过往车辆的目的。

(2) 在架空光缆线路穿越城区、乡村、厂矿、公路等易被行人及车辆碰撞的拉线下部，应装设拉线警示管，以达到警示过往行人及车辆的目的。

(3) 电力线保护管装设在架空光缆与10 kV以下电力线以及其他缆线交越的光缆最上层吊线上；保护管封口应在吊线正下方，中间应避免接口，必须接口时应避免出现间隙，装设长度可根据交越电力线宽度和间距进行计算，装设保护管应与电力线两侧边线延续部分相等，以避免电力线与光缆吊线相接触。

任务完成后需要按下面内容进行检查。

(1) 挂钩的卡挂间距为 50 cm，允许偏差为±3 cm。在电杆两侧的第一个挂钩距吊线夹板中心的距离应为 25 cm，允许偏差为±2 cm。挂钩选择应符合表 3-1 所示的要求。

表 3-1　架空光缆挂钩规格

挂钩规格/mm	光缆外径/mm	挂钩规格/mm	光缆外径/mm
25	<12	55	24～32
35	12～17	65	>33
45	18～32	—	—

(2) 伸缩预留在电杆两侧的扎带间应下垂 20 cm，且在过杆处应安装聚乙烯管对光缆进行保护，保护管长度不小于 30 cm。

(3) 过路警示管应装设在主干道路正上方的光缆吊线上；公路、城区道路应根据主干道路宽度考虑过路警示管装设长度，一般乡村道路装设长度(4～6)m 为宜。

3.1.3　光缆管道敷设

本任务主要工作是对已建好的通信光缆管道进行检查，并进行管道光缆敷设。完成本任务所需工具和器材有：光缆、穿管器、管道清洗工具、鼓风机、安全矿灯、塑料子管、塑料支架、网套、转环、扎线、开剥刀、铁丝、光缆支架、防水胶带、小红旗等。

1. 人孔上方的安全措施和人孔内有害气体的检查与通风

打开人孔盖，应立即在人孔上方周围围上铁栅栏，铁栅栏上插上小红旗(夜间安装红灯)作为警示信号。如果人孔位于繁忙的车行道上，打开人孔盖时应指派专人维护交通或增加警示信号，防止发生事故。在人孔附近屯放或移动光缆时，应尽量避免妨碍交通，以及防止工具掉入人孔或放在道路上，工具车应放在街道旁或人行道旁，以免影响交通。

市内人孔特别是建筑多年又不经常打开的人孔，可能存在有害气体，在下井作业前必须对人孔内的气体进行检查。检查时可采用安全矿灯法。人孔盖打开后，把矿灯悬入人孔底部，如灯焰正常点燃，则说明人孔内无有害气体。如灯焰减弱、伸长或熄灭，说明人孔内存在有害气体，必须进行人孔通风工作。通风的方法有两种，一是自然通风法，如图 3-4 所示。另一种通风方法是强迫通风法，这种方法适用于有害气体较浓的情况，通风时用鼓风机把新鲜空气吹入人孔内，以驱出有害气体，鼓风机管口应靠近人孔底部，同时将相邻人孔盖打开，一起进行通风。

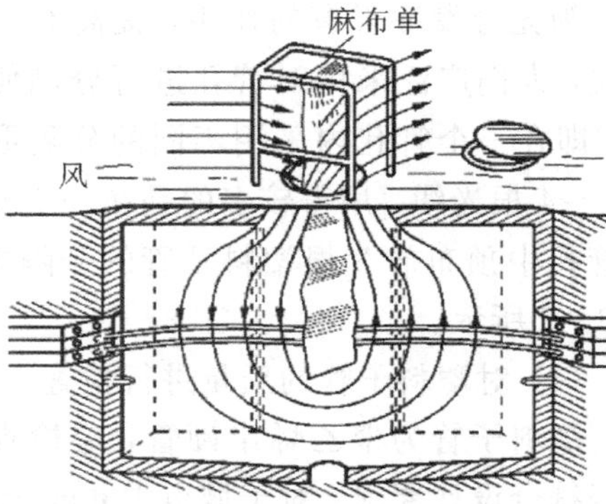

图 3-4　人孔自然通风法示意图

2. 清洗管道

光缆敷设之前应对所有管孔进行清洗，清洗的目的是减小敷设时的牵引阻力和防止对光缆的污染、腐蚀。

(1) 核实管孔资料。

首先按照设计规定的管道路由和占用管孔检查管孔是否空闲和畅通；其次按光缆配盘图核对接头位置所处地貌和接头安装位置，检查是否合理和可行。

(2) 准备穿管器。

穿管器一般采用低聚乙烯塑料材质，具有携带方便、连接简单、外径细等优点。穿管器的结构如图 3－5 所示。

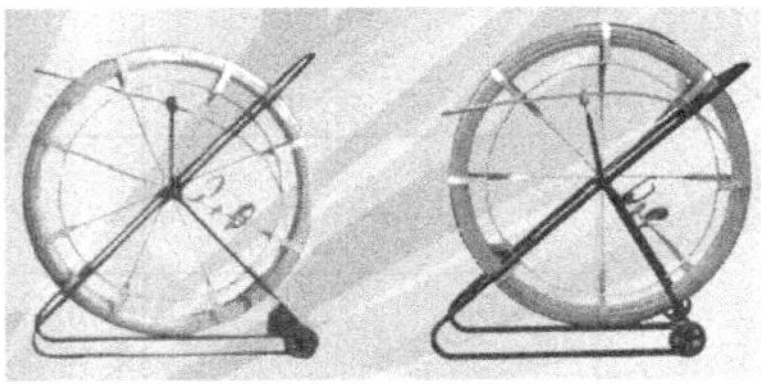

图 3－5　穿管器的结构

(3) 制作管道清洗工具。

对于新管道以及淤泥较多的陈旧管道，采用传统的管孔清洗工具更为有效，其制作方法如图 3－6 所示。其中转环(铁制)对于新管道可把管道接缝处水泥残余、硬块除去，起到“打磨”作用；钢丝刷可清除淤泥、污物；杂布、麻片起清扫作用，将淤泥、杂物带出管孔。

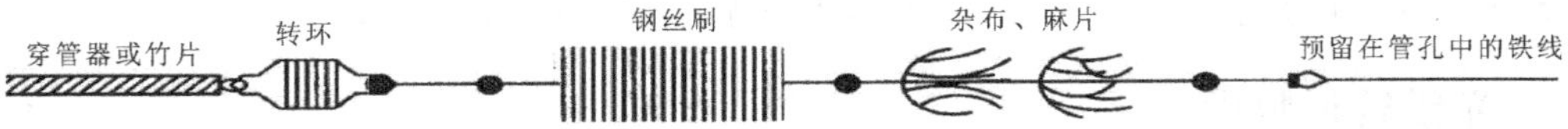

图 3－6　管孔清洗工具制作示意图

(4) 清洗管道。

若人孔内有积水时应排出积水；其次将穿管器从管孔的一端穿至另一端，注意穿管器末端应连接清洗工具。清洗管道时穿管器可从下一个人孔抽出，也可以直接穿入下一段管孔中。管道内淤泥较多时，可将水管引入管孔内进行冲刷，也可用高压水枪反复冲洗直至疏通为止。对于陈旧管道，道路旁的树根长入管孔缝隙造成管孔不通、管孔错位、破损以及严重淤积无法疏通时，应确定好具体位置由建设单位组织修复或更换其他管孔。

3. 预放塑料子管

为充分发挥管道的作用，提高经济和社会效益，人们广泛采用对管孔进行分割使用的方法，即在一个管孔内采用不同的分隔形式可布放 3～4 根光缆。用得较多的是在一个 Φ90 mm 的管孔中预布放 3 根塑料子管的分隔方法，如图 3－7 所示。

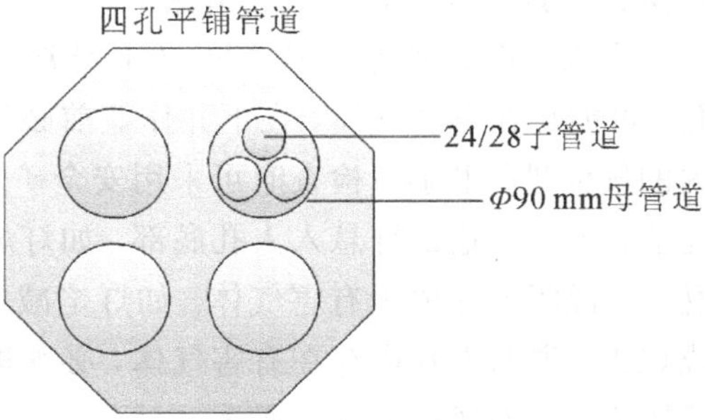

图 3－7　管孔分隔方法示意图

(1) 对塑料子管的质量进行检查。

塑料子管为聚乙烯半硬管，应检查其质量是否符合设计要求。对于城市中 Φ90 mm 标准的管孔，可容纳 3/4 英寸(1.9 cm)塑料子管 3 根，2 英寸(5 cm)塑料子管 1 根或 1 英寸(2.5 cm)塑料子管 3 根。3/4 英寸子管用于布放直径为不大于 15 mm 的光缆；1 英寸子管适合于布放直径小于 20 mm 的光缆。特殊情况下对于铠装直埋光缆进管道布放时，应选用合适的大直径子管。

(2) 塑料子管的穿放。

塑料子管在管道内敷设以一个或几个人孔间隔长度为敷设单元，其最大敷设长度取决于允许的最大张力。根据理论计算，一般水泥管道敷设子管的最大长度可达 300 m，目前市话管道人孔间距多数在 120 m 左右，一般可将子管整盘敷设。塑料子管的敷设步骤如下：一是塑料子管布放时，先把子管在地面上放开并量好距离，注意不允许子管有接头。二是用穿管器做穿引线，首先穿入管孔内，穿管器一端固定在子管端头上(子管端头进行处理后，同时将多根子管固定在一起)，另一端用人工，或用光缆拖车，或用绞盘车拖拽；为了防止塑料子管在管孔内扭绞，应每隔(2～5)m 将塑料子管捆扎一次，使其相对位置保持不变。三是在子管敷设过程中若产生扭曲，将给光缆的敷设带来困难，当扭绞节距在 10 m 以内时，光缆与子管内壁的摩擦力增大，牵引张力将增加几倍；因此，敷设塑料子管应避免扭曲，其方法是在子管前边加上转环，最好在子管进入管孔处用塑料三孔支架将三根子管隔开。

4. 制作牵引端头

将穿管器穿放好后，应制作一个牵引端头，将穿管器的一端和光缆的一端进行连接。光缆牵引端头制作是非常重要的工序，光缆牵引端头制作方法是否得当，将直接影响光纤的传输特性。牵引端头的制作方法及要求见“3.1.2 光缆架空敷设”一节内容。

5. 牵引光缆

一般采用人工牵引的方式完成光缆的管道敷设。人工牵引布放长度不宜过长，一般以 1～2 个人孔段为宜。常用的办法是“∞”字敷设法，即牵引布放几个人孔段后，将光缆引出倒成“∞”字形状临时光缆盘留，然后再向前敷设。如距离长还可继续将光缆引出倒成“∞”字形状临时光缆盘留，直到整盘光缆布放完毕。光缆分段牵引示意图如图 3-8 所示，图中(a)为单向牵引，(b)为双向牵引。

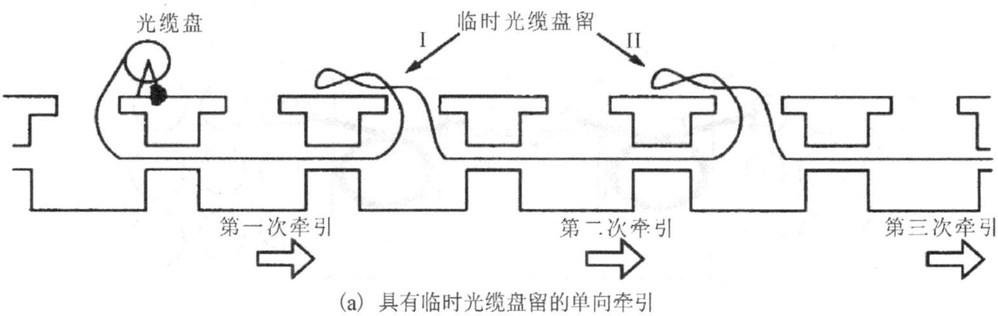

(a) 具有临时光缆盘留的单向牵引

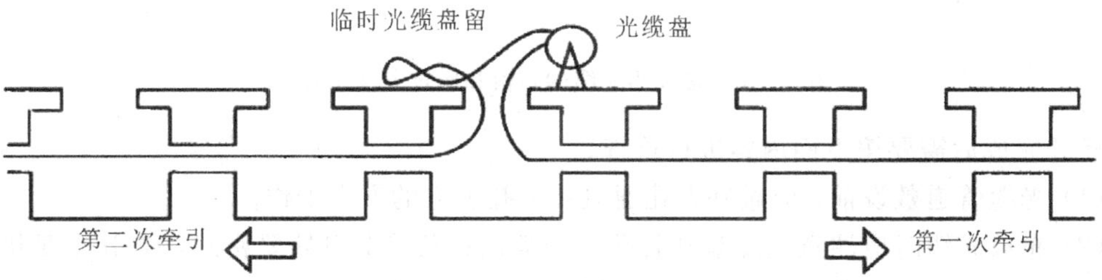

(b) 具有临时光缆盘留的双向牵引

图 3-8　分段牵引示意图

6. 人孔内光缆的安装

(1) 直通人孔内光缆的余留和固定。

直通人孔内光缆余留长度一般为(4～6)m。光缆牵引完毕后，由人工将每个人孔中的余缆沿人孔壁安放到规定的托架上，一般尽量置于上层。为了光缆今后的安全，一般采用蛇皮软管对光缆进行保护，并用扎线绑扎使之固定。光缆的固定和保护方法示意图如图3-9所示。

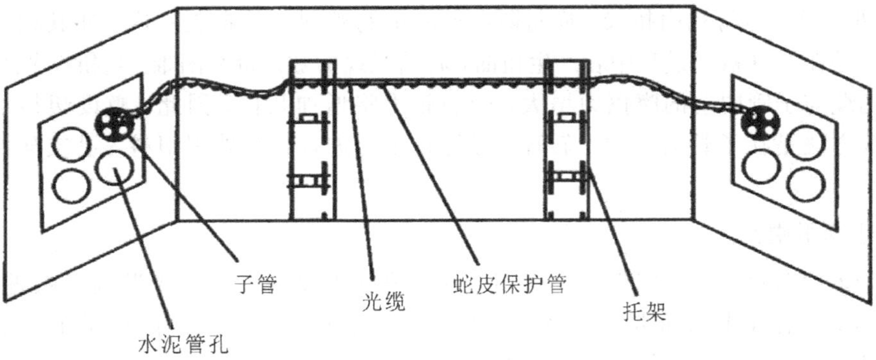

图 3-9　直通人孔内光缆的固定与保护方法示意图

(2) 接续用光缆的余留和固定。

在人孔内，供接续用光缆余留长度一般不少于 7 m，由于接续工作往往要过几天或更长的时间，因此余留光缆应妥善盘留于人孔内。为防止光缆端头进水，应对端头采用热缩密封处理。余留光缆应按弯曲半径的要求盘圈后挂在人孔壁上或系在人孔内盖上，注意端头不要浸泡于水中。其接续用光缆的余留和固定方法示意图如图 3-10 所示。

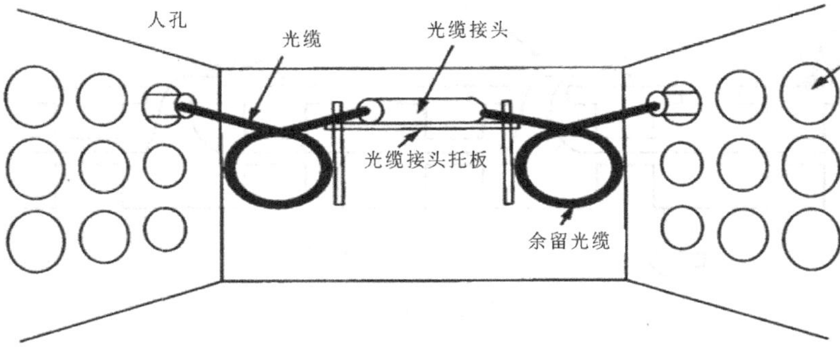

图 3-10　接续用光缆的余留和固定方法示意图

任务完成后需要按下面内容进行检查。

(1) 光缆管道敷设前，应做好人孔通风和人孔上方的安全工作。

(2) 布放光缆时应注意光缆盘到管孔口的弧度；光缆牵引处要密封，牵引速度和力度要均匀平稳，要防止擦伤和拖拉；还需要预留好各种光缆余长。

(3) 要注意选择合理的布放方法(可连续布放两个人孔段)，尽量减少接头数量；光缆在人孔里应按规定排列和绑扎，做到整齐有序、不交错、不相压。

3.2　任务资讯

3.2.1　光缆的直埋敷设方式

1. 光缆沟的结构与要求

开挖光缆沟前，应先检查路由复测时划线白灰是否清晰，如不清晰时应仔细与路由复测图进行核对。挖沟的方法一般有人工挖沟法和机械挖沟法两种，前者应用于障碍较多的地段，后者主要应用于穿越障碍物较少的地带。不论采用哪种挖沟方法，光缆沟埋深应符合表 3-2 所示内容要求，断面应符合图 3-11 要求。

表 3-2　直埋光缆埋深表

敷设地段及土质		埋深/m	备　注
普通土、硬土		≥1.2	有冰冻层时，光缆应在冰冻层下敷设
砂砾土、半石质、风化石		≥1.0	—
全石质		≥0.8	从沟底加垫 10 cm 或从砂土表面算起
流砂		≥0.8	应有加固措施保证深度
市郊、村镇		≥1.2	—
市区人行道		≥1.0	—
公路边沟	石质	设计深度以下 0.4	公路边沟
	其他土质	设计深度以下 0.8	
公路路肩		≥0.8	—
穿越铁路		≥1.2	距铁路路基面
穿越公路		≥1.2	距公路路基底面
沟渠、水塘		≥1.2	—

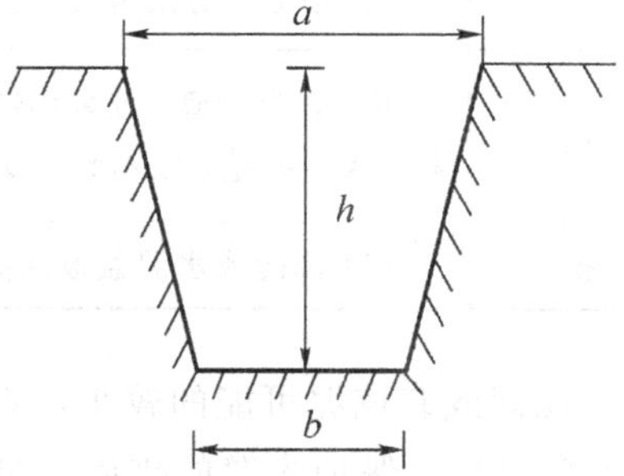

图 3-11　光缆沟断面示意图

光缆直埋敷设时，可能会受到耕地、排水、地面、地下设施、鼠害等诸多因素的影响。

为避免这些因素对直埋光缆的影响，直埋敷设方式一般要比管道敷设方式埋得深，开挖尺寸应满足表 3－3 所示内容要求，同时还应符合以下要求：

(1) 光缆可同其他通信光缆或电缆同沟敷设，但不得重叠或交叉，缆间的平行净距应不小于 10 cm。

(2) 光缆沟沟底应平整、无坎，在石质、半石质地段应在沟底和光缆上方各铺 10 cm 厚的细土或沙土，以免损坏光缆外护层。

(3) 光缆沟应平直，拐弯处应符合光缆最小曲率半径的规定。

表 3－3　直埋光缆沟尺寸表　　　　**单位：** m

光缆条数	不采用护土板加固措施时				采用护土板加固措施时			
	沟底宽度 (*b*)	沟顶宽度(*a*)/沟深为(*h*)时			沟底宽度 (*b*)	沟顶宽度(*a*)/沟深为(*h*)时		
		0.8	1.0	1.2～1.5		0.8	1.0	1.2～1.5
1～2	0.40	0.50	0.55	0.60	0.50	0.60	0.65	0.70
3	0.50	0.60	0.65	0.70	0.60	0.70	0.75	0.80
4	0.60	0.70	0.75	0.80	0.70	0.80	0.85	0.85

2. 穿越障碍物时路由的施工方法和要求

穿越障碍物时路由的施工方法是指直埋光缆线路穿越铁路、公路、涵洞及其他建筑物时路由的施工方法。直埋光缆线路穿越铁路、公路和城市道路时施工方法可参照表 3－4 所示内容。

表 3－4　直埋光缆线路穿越铁路、公路和城市道路时施工方法

交越的段落	施工条件	路由材料及施工方法	备　注
交通繁忙的铁路、公路和城市主干道	路基不允许开挖	采用钢管和钢箍螺纹连接；用千斤顶或电动顶管方式	应先与相关部门取得联系后，再进行施工
交通不繁忙的铁路、公路和城市主干道	路基允许开挖	采用硬聚氯乙烯管、石棉水泥管、陶管、混凝土管和钢管；轮换开挖路面或掏洞方式，回填必须分层夯实达到紧密	
简易公路	路基允许开挖	可不设保护管，或采用铺砖或水泥盖板保护；人工开挖，以不影响交通为原则	
城市一般分支道路	路基允许开挖	采用铺砖或水泥盖板保护；人工开挖	

直埋光缆穿越有疏浚和拓宽规划或有挖泥可能的较小沟渠、水塘时，应在光缆上方覆盖水泥盖板或水泥砂浆袋，也可采取其他保护光缆的措施。如果采用架空方式过河，可参照光缆架空敷设方式；如果采用从桥上通过，可采用预埋管道和桥侧附挂方式，桥侧附挂方式又可分为架空方式和管道方式。

直埋光缆与其他建筑设施间的最小净距应符合表 3－5 的规定。

表 3－5　直埋光缆与其他建筑设施间的最小净距　　单位：m

名　称		平行时	交越时
通信管道边线(不包括人手孔)		0.75	0.25
非同沟的直埋通信光(电)缆		0.5	0.25
埋式电力电缆	交流 35 kV 以下	0.5	0.5
	交流 35 kV 及以上	2.0	0.5
给水管	管径小于 300 mm	0.5	0.5
	管径(300～500)mm	1.0	0.5
	管径大于 500 mm	1.5	0.5
高压油管、天然气管		10.0	0.5
热力、排水管		1.0	0.5
燃气管	压力小于 300 kPa	1.0	0.5
	压力 300 kPa 及以上	2.0	0.5
排水沟		0.8	0.5
其他通信线路		0.5	—
架空杆路及拉线		1.5	—
房屋建筑红线或基础		1.0	—
树　木	市内、村镇大树、果树、行道树	0.75	—
	市外大树	2.0	—
水井、坟墓		3.0	—
粪坑、积肥池、沼气池、氨水池等		3.0	—
备注	①当光缆采用钢管保护且用水泥墙防护时，与水管、燃气管、输油管线交越的净距可降至 0.15 m ②大树指直径 30 cm 及以上的树木		

除了符合与其他建筑设施间的最小净距，直埋敷设光缆还应同时满足以下要求：

① 对于杆路、拉线、孤立大树和高耸建筑，还应考虑防雷要求。

② 穿越埋深与光缆相近的各种地下管线时，光缆宜在管线下方通过并采取保护措施。

③ 与其他建筑设施间的最小净距达不到表 3－5 所示要求时，需要与有关部门协商，并采取行之有效的保护措施。

3. 光缆标石的设置

光缆标石用于标定光缆线路的走向、线路设施的具体位置，以供维护部门用于日常维护和故障检修等。光缆标石一般可分为普通标石、监测标石、地线标石和巡检标石。各类标石一般采用钢筋混凝土制作，有长短标石之分，高度分别为 1 m 和 1.5 m。一般地方使用短标石，土质松软及斜坡处使用长标石，其规格如图 3－12 所示。

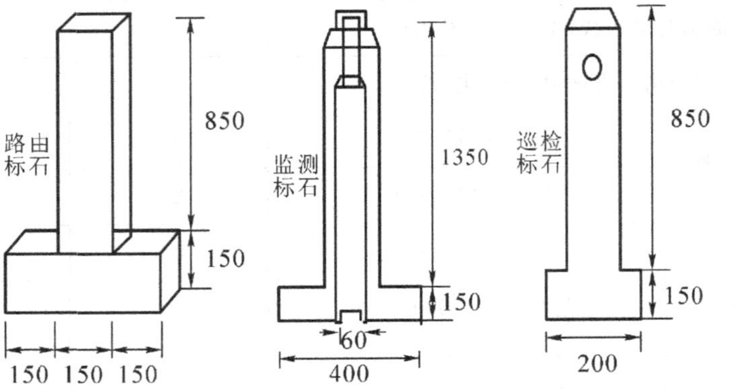

图 3－12　光缆标石规格图(单位：mm)

光缆标石的埋设应符合下列规定：

(1) 标石设置地点要求。

① 标石应埋设在不易变迁、不影响交通与耕作的位置；如受地形或交通的限制，可增设辅助标记，以三角定标方式标定光缆位置，并标注在竣工图上。

② 必须设置标石的部位：在光缆接头、线路拐弯点、防雷排流线起止点、同沟敷设光缆的起止点、按规定预留光缆的地点、与其他重要管线的交越点、穿越障碍物寻找光缆困难的地点、直线距离大于 100 m 的线路以及其他寻找光缆困难的地点均应设置相应类型的标石。

③ 当需要检测光缆内金属护层对地绝缘或电位的接头时，在相应接头处应设置监测标石。

④ 若有可以利用的固定标志时，利用这些标志代替标石。

(2) 标石埋设要求。

① 标石埋设应当全程(段)统一，埋设深度应符合要求，保持标石竖直，不得倾斜，周围土壤夯实。一般标石埋深为 60 cm、出土部分为 40 cm，全程高度偏差不超过 5 cm，倾斜不超过 2 cm，标石周围 30 cm 内杂草不高于 10 cm；在植被较高的地带应采用长标石，埋深为 80 cm，出土为 70 cm。

② 普通标石、巡检标石一般应埋设在光缆路由的正上方；接头标石和监测标石应埋设在正对接头盒的光缆路由上；光缆路由转弯角度大于 30°时应埋设转弯标石，转弯标石应埋设在光缆线路转弯处两直线段延长线的交叉点上，转弯标石编号面向内角；长途通信管道的埋式手孔标石应埋在手孔 B 方向距手孔外壁 1 m 处。

(3) 标石符号及编号。

① 标石应统一刷成白色，文字应为红(或黑)色正楷字，字体端正清晰。

② 标石通常由标石符号和标石编号两部分组成，标石编号应以一个中继段为独立编号单位，按传输方向从 A 端至 B 端编排。

③ 标石符号和编号按上下顺序书写，中间用长横线分隔，具体按图 3－13 所示的要求执行。不同类型标石用不同的符号表示：直线标石用“—”表示；转弯标石用“<”表示；接

头标石用“XX”两位数字表示(数字代表接头编号)；监测标石用“XX(J)”表示；障碍标石用“×”表示；特殊预留标石用“Ω”表示；硅芯管接头标石用“H(颜色)”表示；对于硅芯管人孔或手孔标石分别在标石编号后增加“(RK_l)”或“(SK_l)”表示。

④ 增补标石的编号应与前一标石编号相同，只在标石编号或接头编号后按增补顺序添加“+1”“+2”等增补号。

⑤ 标石除编号外，还应有光缆路由方向标志。

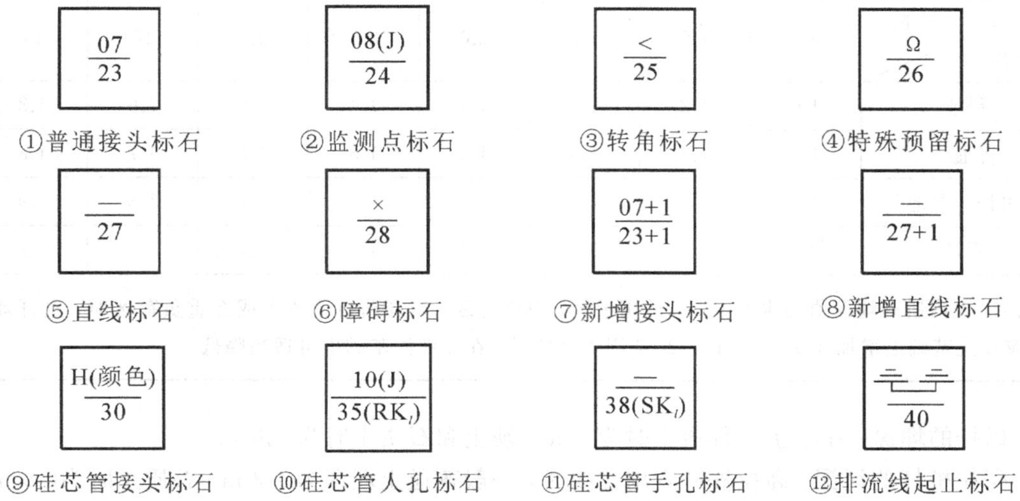

图3-13 标石编写格式示意图

3.2.2 光缆的架空敷设方式

1. 架空杆路准备

杆路准备一般包括电杆选择，电杆距离和埋深确定，电杆加固和立杆。

1) 电杆选择

常用的电杆有木电杆(常称为木杆)和钢筋混凝土电杆(常称为水泥杆)两种。木杆具有杆身轻、施工方便、抗弯性能好等优点，但存在维护工作量大、浪费木材和造价高的缺点。水泥杆与木杆比较具有使用寿命长、强度高、维护费用低、整齐美观，能成批工厂化生产的优点，同时也具有质量重、弹性和绝缘性能差以及施工难度大等缺点。

选用电杆时应遵循少用或不用木杆的原则，尽量采用水泥杆，一是可以降低工程造价，二是杆路整齐美观，三是选用杆上器材时方便统一。

2) 电杆距离确定

电杆距离为两根电杆间的直线距离。架空光缆线路建筑在室外，要求杆路具有一定的机械强度，并能抵抗恶劣的自然环境。一般情况下长途架空光缆线路采用的杆距为50 m，但在人烟稀少或荒漠地带可根据当地气象条件和架挂光缆的条数多少，通过计算，在保证安全的情况下，采用的杆间距离也可以适当放宽。

在本地光缆线路设计中，应考虑是否可能有光/电缆同杆架挂的实际问题。如果有可能存在光/电缆同杆架挂的话，一般情况下，市区的杆间距离可为(35～40)m，郊区的杆间距离可为(45～50)m。同时杆距还随负荷区和吊线程式的不同而有所变化。

3) 电杆埋深确定

电杆埋深包括电杆的埋深、撑杆的埋深和高拉桩杆的埋深。一般电杆的埋深要根据线路负荷、土壤性质、电杆品种和长度等情况来确定，除设计有规定外，电杆埋深可参照表3－6规定的数值。

表 3－6　电杆的埋深　　**单位：** m

土质＼杆长	6.5	7.0	7.5	8.0	8.5	9.0	10	11
硬土	1.0	1.2	1.2	1.4	1.4	1.5	1.6	1.8
普通土	1.2	1.3	1.3	1.5	1.5	1.6	1.7	1.8
水田、湿地	1.3	1.4	1.4	1.6	1.6	1.7	1.8	1.9
石质	0.8	1.0	1.0	1.2	1.2	1.4	1.6	1.8
注：① 表内所列埋深值为水泥电杆，适用于轻、中负荷区，当杆路负荷较大或在重负荷区时，电杆埋深应在此基础上增加(0.1～0.2)m；② 选用木电杆时，在此埋深基础上可适当降低								

撑杆的埋深：在松土及普通土时为 1 m；硬土和石质土时为 0.6 m。

高拉桩杆的埋深：高拉桩杆有副拉线时，一般普通土埋深为 1.2 m，石质土时为0.8 m；高拉桩杆无副拉线时，高拉桩杆与被拉电杆埋深相同。

4) 立杆

(1) 立杆杆位、规格程式和杆距应符合设计要求。

(2) 电杆树立后应达到下列要求：

① 直线线路的电杆位置应在线路的中心线上，电杆中心线与杆路中心线的左右偏差不大于 50 mm。杆身上下要垂直杆面，不得错位。

② 用拉线加固的角杆为木杆时根部应向转角内移约一个根径，为水泥杆时根部应向转角内移约半个根径。拉线收紧后，杆梢应向外角倾斜，木杆为(200～300)mm，水泥杆为(100～150)mm。使角杆梢位移于两侧直线杆路杆梢连线的交叉处。

③ 终端杆杆梢应向拉线侧倾斜(100～200)mm，以便在吊线收紧后接近垂直，但不得有向内倾斜现象。

④ 电杆的周围培土应坚实牢固成馒头型，高(10～15)cm，宽(15～25)cm(从杆边算起)，周围无杂草。

5) 电杆加固

电杆在有以下情况之一时，应采取加固措施，以保证杆路的稳固与安全。

(1) 作为转角杆、终端杆或引上杆时。

(2) 跨越铁路、公路、河流、广场及其他障碍物时的电杆。

(3) 穿越输电线路的两端电杆。

(4) 前后方向受力不平衡，以及前后缆线数量不等或不同线径的导线连接处的电杆。

(5) 电杆上有较多的电缆或分支时。

(6) 电杆前后杆距相差较大时。

(7) 地形急剧变化和土质松软地带的电杆。

(8) 对较长距离的直线路由杆路中的适当中间杆上安装防风、防凌拉线等装置时。

电杆加固可采取以下几种基本措施，具体操作及技术工艺要求参照通信行业标准YD 5148－2007《架空光(电)缆通信杆路工程设计规范》实施。

(1) 装设各种拉线或撑杆。

(2) 在电杆根部装设加固装置，如木杆采用固根横木，水泥杆采用卡盘、底盘等。

(3) 采用特种型电杆，如A型杆、H型杆等，并对电杆进行防腐处理。

2. 拉线的安装

电杆拉线的作用是平衡电杆各方面的作用力，防止电杆倾倒。一般拉线装置是拉线上部捆扎在电杆上部，拉线下部连接拉线地锚并埋入地下。拉距是拉线出土点到电杆中心线之间的水平距离，用L表示；拉高是拉线在电杆上部的固定点到拉线入土点之间的垂直距离，用H表示。拉线、拉高和拉距构成了一个直角三角形，如图3－14所示。拉线的拉距与拉高之比，叫拉线的距高比。拉线距高比的大小可以判断拉线的长短和受力的情况。在现有的杆路上角深已定的情况下，当距高比增大时，拉线受力小，但拉线的长度增加；当距高比减少时，拉线长度缩短，但拉线受力大。

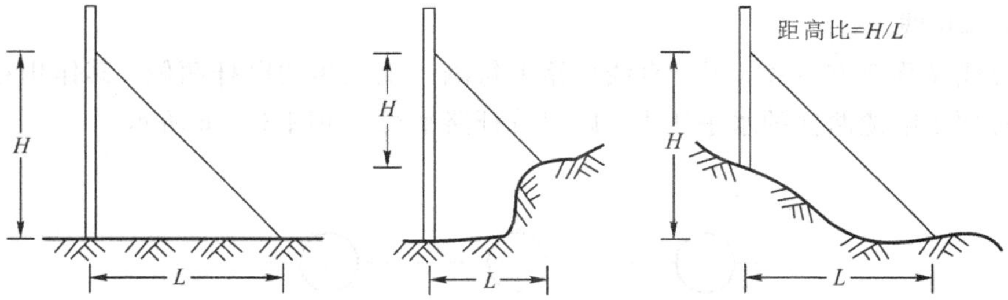

图3－14　拉线、拉高和拉距的示意图

一般规定，拉线的距高比为1(即$L=H$)。因此，在施工测量中，尽量应使拉线的距高比接近于1，如因地形限制，应控制在0.75～1.25的范围内。当距高比小于0.75或大于2时，应按设计规定调整拉线程式。

1) 拉线的类型及使用条件

电杆拉线根据其作用不同，可分角杆拉线、顶头拉线、防风拉线、防凌拉线、跨越杆拉线、平衡拉线等。

(1) 角杆拉线。

角杆拉线用于线路转弯处的电杆，其作用在于抵消转弯杆内角两边线条或电缆吊线的水平拉力。电杆所受张力与所架挂缆线的程式、数量和角深大小有关。角深较小、线路负荷不是很大的角杆，在其内角平分线反侧装一条拉线即可，如图3－15(a)所示；角深较大、负荷也较大的角杆，需在其内角反侧装设两条拉线，两拉线出土需内移60 cm，如图3－15(b)所示。

(2) 顶头拉线。

顶头拉线又称终端拉线，顺向拉线也可归入此类，可用于以下场合：

① 用于线路终端杆上，其作用是抵消终结缆线或吊线加在终端杆上的水平张力。

② 用于直线杆路前后两杆挡杆距离差别较大的电杆上，其作用是抵消相邻两杆挡杆距相差较大时的不平衡张力。

③ 用于直线杆路前后杆路缆线负荷相差较大，或电缆递减点的电杆上，其作用是抵消直线杆路前后电杆因此而产生的不平衡力。

④ 用于十字转弯电杆土，其作用是抵消十字转弯终端、分支电杆所承受的不平衡张力。

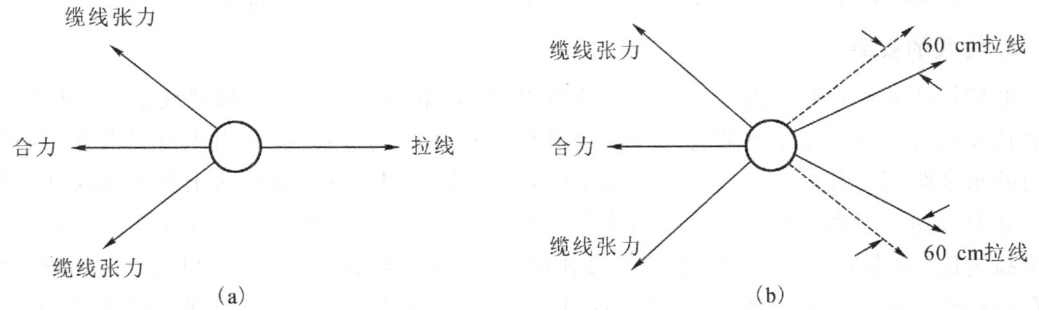

图 3-15　角杆拉线示意图

(3) 抗风拉线。

抗风拉线又称双方拉线，用于直线杆路上每隔一定距离的电杆两侧。其作用在于抵御风暴袭击时加于电缆两侧的水平压力，以保持杆路平稳，如图 3-16 所示。

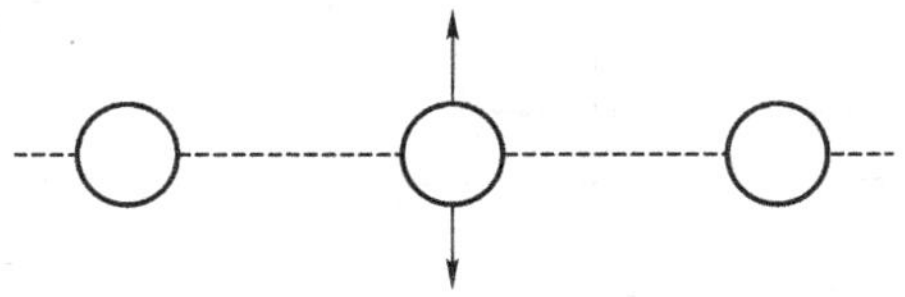

图 3-16　抗风拉线示意图

(4) 防凌拉线。

防凌拉线又称四方拉线，用于直线杆路上每隔一定距离(非直线杆路上每隔 1 km 距离)的电杆两侧除装设双方拉线外，又在电杆前后方向各装设一条顺线拉线(注：吊线在装设有四方拉线的电杆要做假终结)，组成四方拉线。其作用除起双方拉线作用外，还用于防止由于冰凌或风暴引起的断线而倒杆，如图 3-17 所示。

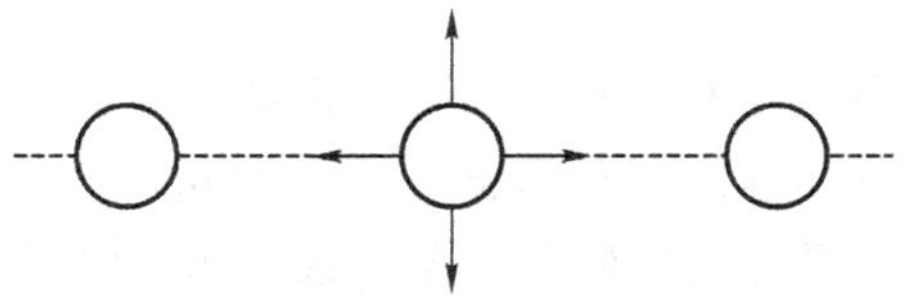

图 3-17　防凌拉线示意图

(5) 跨越杆拉线。

跨越杆拉线又称三方拉线，用于跨越铁路、河流等处的跨越杆上。其作用主要是为抵消跨越挡的不平衡张力，并保持电杆两侧平稳。跨越杆拉线如受地形限制时，采用小跨越杆挡，顶头拉线与侧面拉线呈90°角，如图3-18(a)所示，称“T”形拉线；如不受地形限制时，采用大跨越杆挡，顶头拉线与侧面拉线呈120°角，又称“Y”形拉线，如图3-18(b)所示。

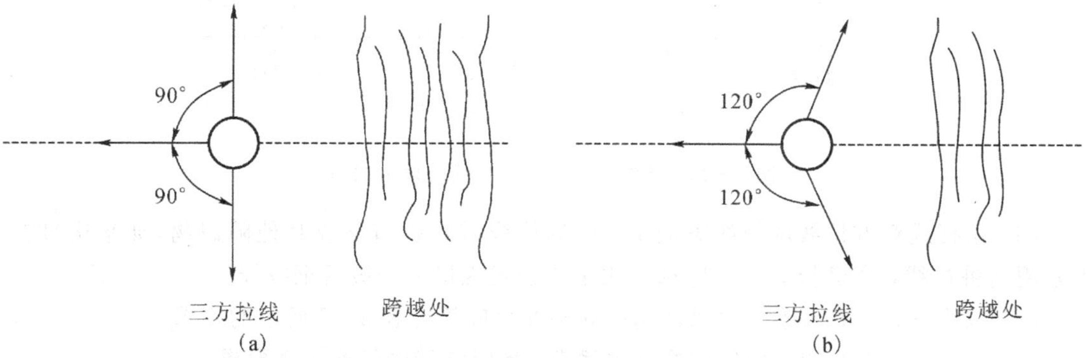

图3-18 跨越杆拉线示意图

(6) 平衡拉线。

平衡拉线用于建筑在坡度变化较大的杆路上，呈仰角的电杆所采用的拉线叫平衡拉线，其作用是抵消仰角电杆上缆线向上的张力；呈俯角的电杆则采用撑杆，其作用是抵消俯角电杆上缆线向下的压力，如图3-19所示。

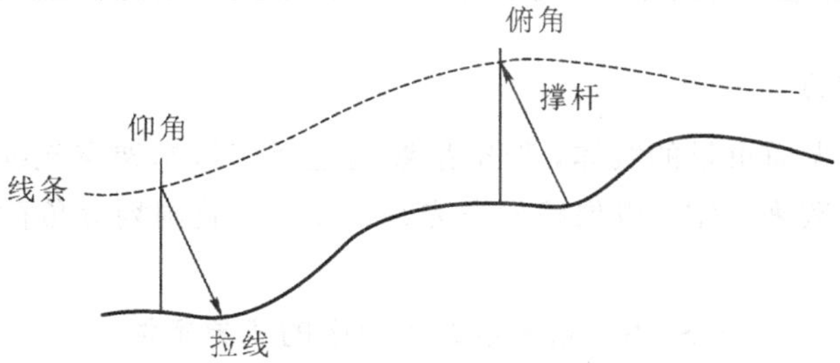

图3-19 平衡拉线示意图

2) 拉线程式的选择

(1) 终端杆拉线应选择比吊线大一级的程式。

(2) 角杆拉线程式选择：线路偏转角小于30°(角深小于13 m)时，角杆拉线程式与吊线的程式规格相同；线路偏转角在30°～60°(角深在(13～25)m)时，角杆拉线程式采用比吊线程式规格大一号的钢绞线；线路偏转角大于60°(角深大于25 m)时，应装设顶头拉线，顶头拉线程式应选择比吊线程式规格大一级的钢绞线。

(3) 中间杆拉线程式选择：当两侧线路负荷不同时，应装设顶头拉线，顶头拉线程式应与拉力较大一侧的吊线程式相同；长杆挡应装设顶头拉线，顶头拉线程式应选择比吊线程式规格大一级的钢绞线。

(4) 抗风杆和防凌杆的侧面拉线程式可选用与吊线程式相同的镀锌钢绞线，防凌杆的顺线拉线程式应与吊线程式相同。

(5) 跨越杆一般采用三方拉线，三方拉线装设方向一般为双方拉线加一个顺线拉线(装设在跨越挡反侧)。飞线引接杆应设置泄力结，泄力拉线装设方向如图 3-20 所示，拉线程式同吊线程式。

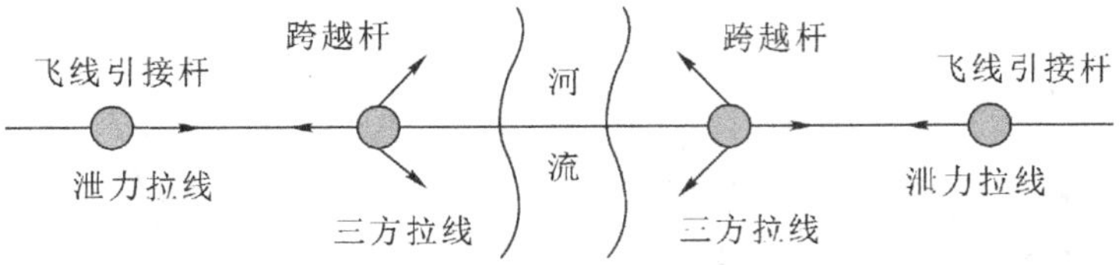

图 3-20　飞线引接杆泄力拉线装设示意图

(6) 角杆或双方拉线的拉线方向上，如遇拉线需跨越道路或其他障碍物(如平房)时，需采用高桩拉线，高桩拉线程式应选择比吊线程式规格大一级的钢绞线。

(7) 拉线程式与拉线盘、地锚铁柄的规格配套应符合表 3-7 所示的要求。

表 3-7　拉线程式与拉线盘、地锚铁柄的规格配套要求

拉线程式	拉线盘程式/mm	地锚铁柄程式/mm
7/2.2	500×300×150	Φ16×2100
7/2.6	500×300×150	Φ20×2100
7/3.0	600×400×150	Φ20×2100

3. 架空吊线的架设

架空吊线是承受光缆重量的载体，架空吊线的选择应依据架空光缆所处负荷区、吊线物理特性和杆距等参数来确定，以保障架空光缆的安全。我国划分负荷区的气象条件如表 3-8 所示。

表 3-8　划分线路负荷区的气象条件

负荷区别 / 气象条件	轻负荷区	中负荷区	重负荷区	超重负荷区
导线上冰凌等效厚度/mm	≤5	≤10	≤15	≤20
结冰时温度/℃	−5	−5	−5	−5
结冰时最大风速/(m/s)	10	10	10	10
无冰时最大风速/(m/s)	25	—	—	—
注：冰凌的密度为 0.9 g/cm^3，如果是冰霜混合体，可按其厚度的二分之一折算为冰厚；最大风速应以气象台自动记录 10 min 的平均最大风速为计算依据				

1) 吊线的选择

对于承挂光缆的钢绞线，由于光缆本身较轻，在选择光缆吊线时一般从两个方面考虑。

一是光缆的安全。架空光缆线路长期暴露在自然环境中，易受外界因素的影响，架空吊线必须为光缆提供一个安全可靠的工作环境，故架空吊线的安全是决定架空光缆线路安全的重要因素。

二是施工、维护人员的安全。架空光缆线路施工和维护绝大部分是在空中(有时是高空)作业，在选择光缆吊线时，应考虑施工和维护人员的安全。一般情况下，选择规格为7/2.2钢绞线。对于某些重(或超重)负荷区可采用缩短杆距或采用规格为7/3.0吊线。吊线规格选用参见表3-9所示内容。

表3-9　吊线规格选用表

吊线规格(股/线径/mm)	负荷区别	杆距/m
7/2.2	轻负荷区	≤150
7/2.2	中负荷区	≤100
7/2.2	重负荷区	≤65
7/2.2	超重负荷区	≤45
7/3.0	中负荷区	101～150
7/3.0	重负荷区	66～100
7/3.0	超重负荷区	45～80

2) 杆上器材准备

电杆上用于固定光缆吊线的器材主要有穿钉、吊线钢担、吊线钢箍、接续箱固定钢箍、吊线夹板和地线夹板等。

穿钉、吊线钢担和吊线钢箍是用于固定吊线夹板的器材，其安装位置为：木杆时距杆顶不小于50 cm，特殊情况下可适当缩小，但最小不得小于25 cm；水泥杆时距杆顶为60 cm，以保证吊线架设后的电杆强度。吊线夹板分为三眼单槽夹板和三眼双槽夹板两种，三眼单槽夹板多用于固定光缆吊线，吊线夹板的位置应满足所挂光缆在上下左右位置与其他建筑物的间隔距离要求。普通杆上吊线夹板的线槽应在穿钉上方，唇口应面向电杆。在角杆上，吊线夹板的唇口应背向吊线合力的方向(同时也适用于吊挡杆和顶挡杆吊线夹板)。地线夹板(又称单眼地线夹板)主要用于吊线与接地体之间的连接。

3) 吊线安装

吊线一般安装在吊线夹板内，安装位置应保证电杆架挂光缆后，在最高温度或最大负荷(包括风雪负荷)时，光缆至地面的最小净距应符合与其他线路和建筑物的间隔距离要求。具体安装方法为：

(1) 中间杆吊线安装。

中间杆为木杆和有预留孔的水泥杆时，采用穿钉和单槽夹板固定方法，如图3-21所示，或采用无头穿钉装两副吊线夹板方法，如图3-22所示。中间杆为无预留孔的水泥杆时，可采用二线吊线钢担或吊线抱箍方法，如图3-23所示。吊线一般在穿钉的上方，单槽夹板的唇口面向电杆。

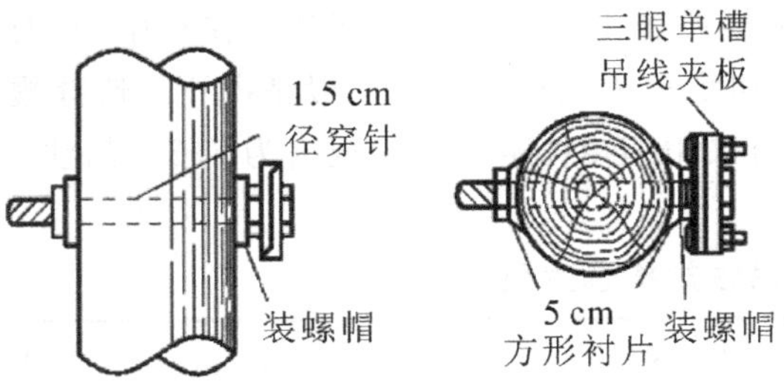

图 3-21　采用穿钉装一副吊线夹板

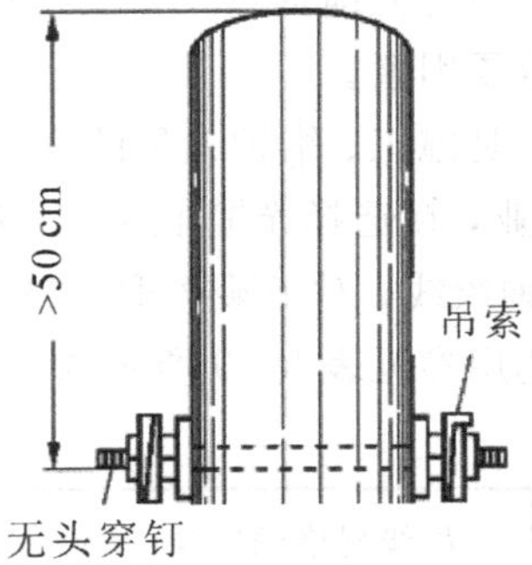

图 3-22　采用无头穿钉装两副吊线夹板

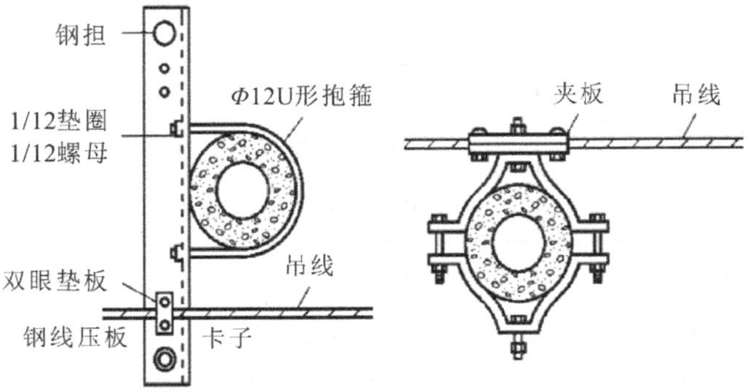

图 3-23　水泥杆采用吊线抱箍或吊线钢担

(2) 角杆吊线安装。

角杆吊线夹板的唇口应背向吊线的合力方向。当电杆为内角杆时，其唇口背向电杆；当电杆为外角杆时，其唇口则面向电杆。具体如图 3-24 所示。当角深较大时可采用直角吊线加固方法。

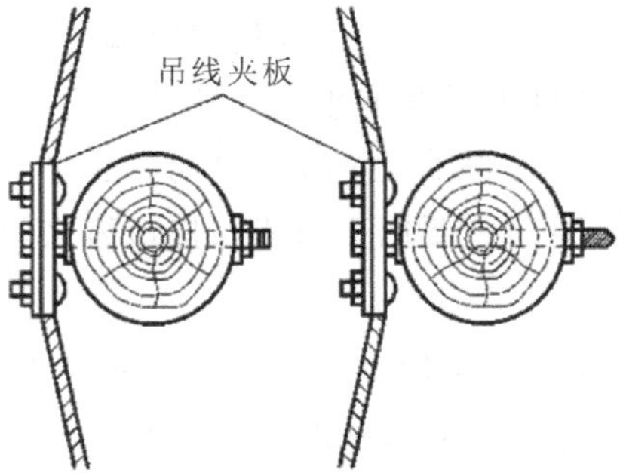

(a) 内角杆　　(b) 外角杆

图 3-24　角杆上吊线夹板装置办法

(3) 吊挡杆吊线安装。

吊挡杆吊线应安装于穿钉的下方，吊线夹板的唇口应面向电杆。

(4) 顶挡杆吊线安装。

顶挡杆吊线应安装于穿钉的上方，吊线夹板的唇口应面向电杆，吊线必须放入夹板槽口内。

4) 吊线接续

吊线接续有铁线另缠法，双槽夹板法和“U”形钢线卡法三种方法。

铁线另缠法使用3.0 mm镀锌钢线进行另缠，要求缠扎均匀紧密，缠线不得有伤痕或锈蚀，缠线总长度的偏差不得超过2 cm，如图3-25所示。

图3-25　吊线接续铁线另缠法

双槽夹板法采用三眼双槽夹板接续吊线，如图3-26所示。夹板程式应与吊线相适应，规格为7/2.6及以下的吊线用一副三眼双槽夹板，其夹板线槽的直径应为7 mm；规格为7/3.0吊线应采用两副三眼双槽夹板，夹板线槽的直径为9 mm，夹板的螺帽必须拧紧，无滑丝现象。

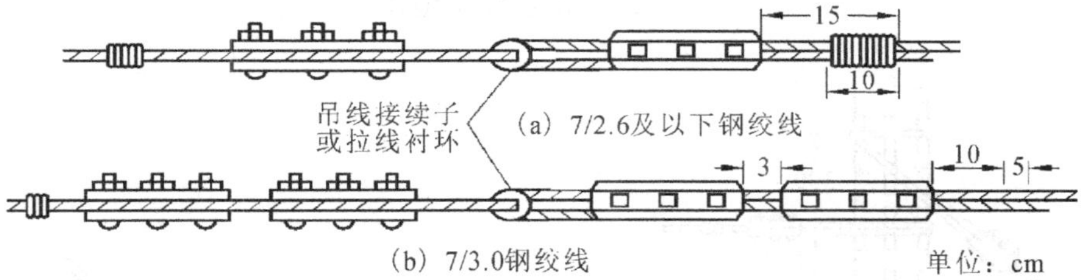

图3-26　吊线接续双槽夹板法

“U”形钢线卡法采用10 mm的“U”形钢线卡(必须附弹簧垫圈)代替三眼双槽夹板，将钢绞线夹住，如图3-27所示。

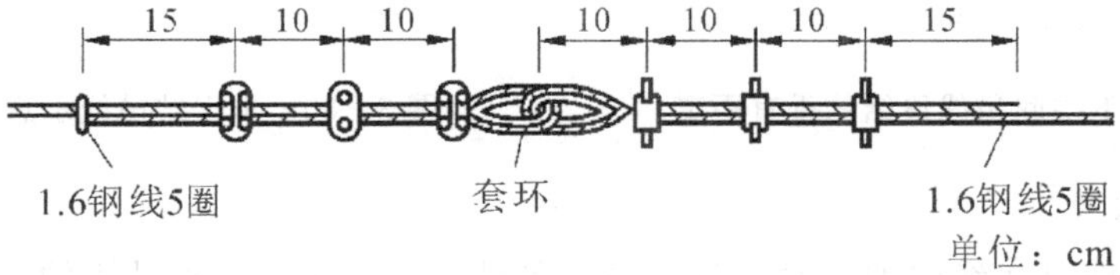

图3-27　吊线接续“U”形钢线卡法

5) 吊线终结

在敷设吊线的终端杆以及角深15 m以上的角杆时，按要求均应做终结。如果终端杆和角杆因地形限制无法终结时，应将光缆吊线向前延伸一挡或数挡，再做吊线终结，如图3-28所示。当电杆上挂有多层吊线时，应分层装设吊线终结，其上下层间吊线终结的垂直距离应为 40 cm，如图 3-29 所示。当两条同一高度的吊线交叉组成十字吊线时，应在交叉点做十字结，较细的吊线放在上面，如图 3-30 所示。

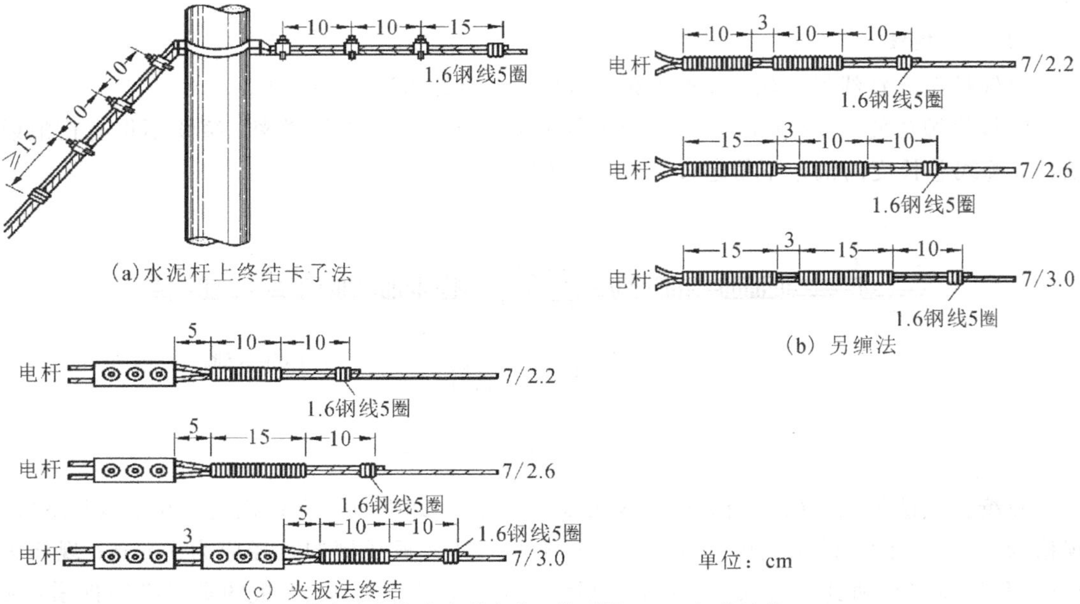

注：所有缠扎线除注明者外，均采用3.0 mm钢线缠扎

图 3-28　吊线终结示意图

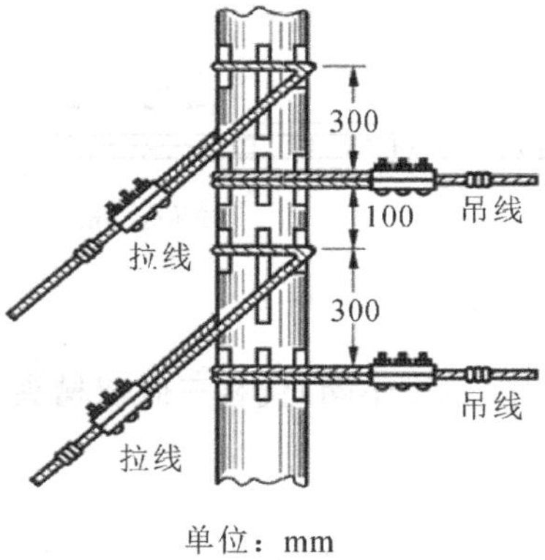

图 3-29　上下层间吊线终结的垂直距离

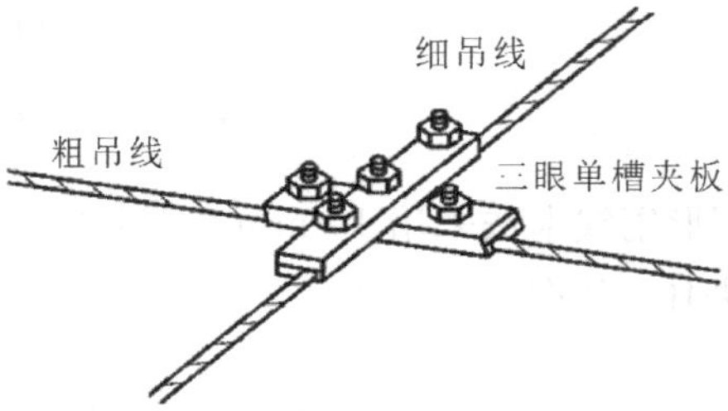

图 3-30　十字结吊线示意图

6）吊线的收紧

吊线布放后即可在线路的一端作好终结，在另一端收紧。收紧吊线的方法可根据吊线张力、工作地点和工具配备等情况而定，一般可采用紧线钳、手拉葫芦等来收紧。具体方法是先将吊线夹板全部螺帽松开，吊线一律放在吊线夹板线槽内，然后用紧线钳将吊线初步收紧，再用手拉葫芦或手搬葫芦收紧至规定垂度后，将全部吊线夹板螺帽收紧。如果布放的吊线距离不长，可直接用紧线钳将吊线收紧到规定垂度。

收紧吊线时，一般要求每段不超过 20 杆挡，如杆路上角杆较多或吊线夹板高低变化较大时，应适当减少紧线挡数。在收紧吊线的过程中，应检查终端杆、角杆拉线的收紧情况，以确保施工安全。另外还要防止吊线收紧过程中碰到电力线或其他建筑物，以及各挡吊线垂度应一致。不同程式的吊线，在同温度、同杆距下收紧的垂度也不同。这里所指的垂度为架挂光缆前的原始垂度。测量原始垂度时，可在吊线全程的最远端、最近端和中间处分别用垂度规并配以温度计进行测量。

7）吊线安装和加固的相关规定

(1) 架空光缆宜采用附加吊线架挂方式，每条吊线一般只宜架挂一条光缆。根据工程要求也可采用自承式。光缆在吊线上既可采用光缆挂钩安装，也可采用螺旋线绑扎。

(2) 当架空杆路上只装设一条光缆吊线时，吊线夹板应装设在电杆背向街道的一面。如原有架空杆路上已有一条光缆吊线，一般新装设的光缆吊线应在电杆的另一侧架设，而不应在其下面增设。如在同一架空杆路上装设上下两层光缆吊线时，吊线夹板位置间的垂直距离一般不小于 40 cm，以保证上下光缆之间隔距满足 30 cm 的要求。

(3) 与架空明线同杆架设时，光缆吊线的夹板位置与末层线担穿钉的距离一般不少于 45 cm。

(4) 吊线的终结、假终结、泄力结应采用比吊线规格高一级的钢绞线做拉线，每条吊线相应装设 1 根拉线，或采用与吊线同一程式的两根钢绞线做拉线。

(5) 角杆吊线的终结：角杆拉线装设在角杆内角平分线的反侧，如图 3-31 所示。角深 D（定义如图 3-32 所示）不大于 13 m 的角杆可用与光缆吊线同一程式的钢绞线做拉线。每条吊线相应装设 1 根拉线，也可以两条规格为 7/2.2 吊线共用 1 根规格为 7/3.0 拉线。角深 D 大于 13 m 的角杆，应采用比吊线高一级的钢绞线做拉线或与吊线同一程式的两根钢绞线做拉线。拉线距高比（拉距/拉高，即如图 3-14 所示 L/H 定义）小于 3/4 且角深大于 10 m 或距高比小于 1/2 且角深大于 5 m 的电杆，应采用比吊线高一级程式的钢绞线，做拉线或与吊线同一程式的两根钢绞线做拉线。

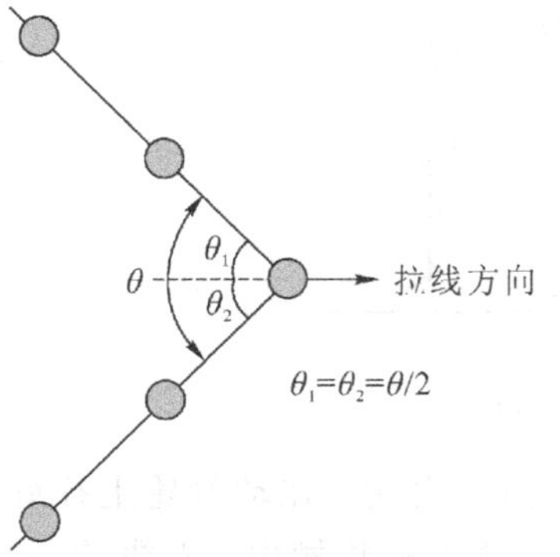

图 3-31　角杆拉线装设方向

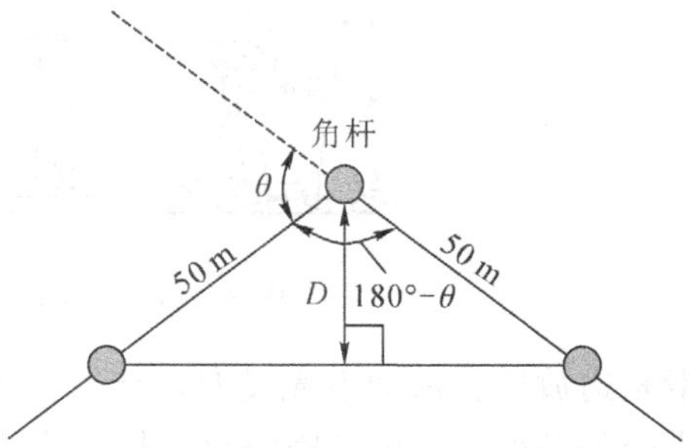

图 3-32　角深定义

4. 架设吊挂式光缆线路的方法

1）预挂挂钩法

预挂挂钩法适用于架空地段复杂和施工难度大的地点，通常用于架设距离为 200 m 左右并有障碍物的地方，示意图如图 3-33 所示。

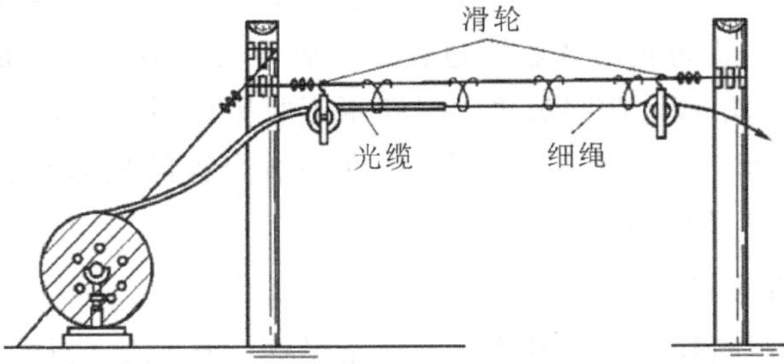

图 3－33　预挂挂钩法示意图

采用预挂挂钩法架设光缆时，首先在架设段落的两端电杆上各装设一个滑轮，然后在吊线上每隔 50 cm 预挂一只挂钩，挂钩的死钩应逆向牵引方向，以免光缆牵引时挂钩被拉跑或脱落。线路转弯处应在角杆上装设滑轮并在杆上有人用手带动光缆，以免光缆损伤。在挂挂钩的同时，应将一根细绳穿过所有的挂钩和角杆滑轮，细绳的末端绑扎一根抗张力大于 1400 kg 的棕绳或铁丝，利用细绳把棕绳或铁丝带进挂钩里，在棕绳或铁丝的末端利用网套与光缆相接，连接处绑扎必须平滑，以免经过光缆挂钩时发生阻滞。

架设光缆时，用千斤顶托起光缆盘，并用人力转动。用人力或机械牵引连接光缆一端的棕绳或铁丝，引导棕绳或铁丝穿过所有挂钩，将光缆架设到挂钩中。布放后应做沿线检查，根据需要补挂钩或更换部分挂钩。

2）*动滑轮边放边挂法*

动滑轮边放边挂法适用于杆下无障碍物，虽不能通行卡车但可以把光缆放在地面上，且架设的光缆距离又较短的情况。动滑轮边放边挂法示意图如图 3－34 所示。

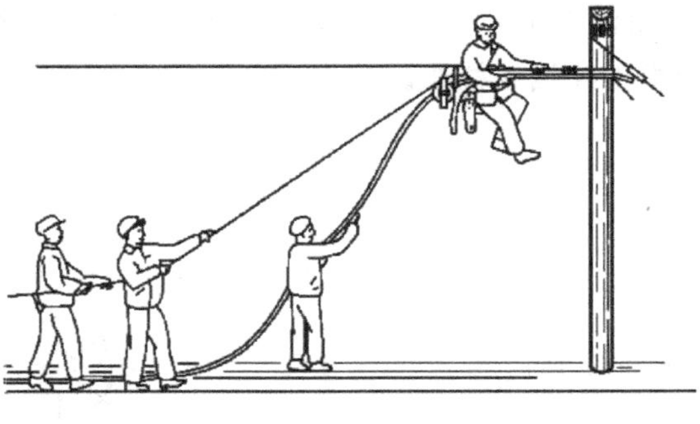

图 3－34　动滑轮边放边挂法示意图

动滑轮边放边挂法架设光缆时，首先在吊线上挂一只动滑轮，在动滑轮上拴好拉绳，在确保安全的条件下，将吊椅(滑车)与滑轮连接，把光缆放入滑轮槽内，光缆的一端扎牢在电杆上。然后一人坐在吊椅上挂挂钩，两人缓慢拉绳，另一人往上托送光缆，使光缆不出现急弯，4 人互相密切配合，边走边拉绳，同时往上送光缆，按规定距离挂好挂钩。光缆放完，挂钩随即也要挂好。

3）*定滑轮牵引法*

定滑轮牵引法架设光缆时，定滑轮牵引法适用于杆下有障碍物不能通行卡车的情况。定滑轮牵引法示意图如图 3－35 所示。

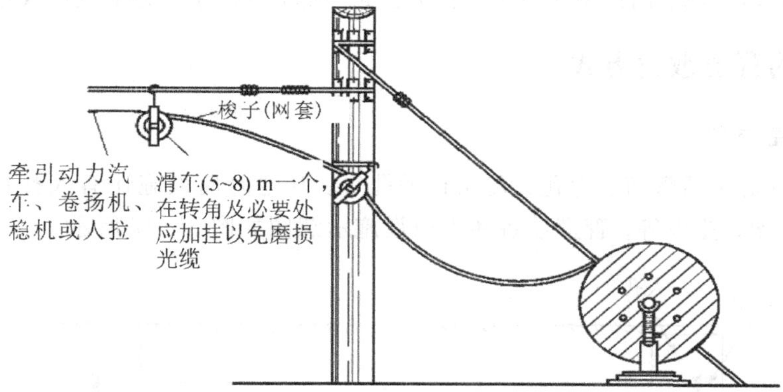

图 3-35　定滑轮牵引法示意图

首先将光缆盘支好，并把光缆放出端与牵引绳连接好。然后在吊线上每隔(5～8)m 挂上一只定滑轮，并在转角及必要处加挂滑轮，以免磨损光缆。定滑轮的滑槽应与光缆外径相适应。再将牵引绳穿过所有的定滑轮，牵引绳一端连接光缆，另一端由人力或机械牵引，牵引时速度要均匀，稳起稳停，动作协调，防止发生事故。放好光缆后及时派人上杆挂好挂钩，同时取下滑轮，完成架挂。

4）机动车牵引动滑轮托挂法

机动车牵引动滑轮托挂法适用于杆下无障碍物且又能通行卡车，架设距离较大和电缆对数较大(或光缆较重)的情况。机动车牵引动滑轮托挂法示意图如图 3-36 所示。

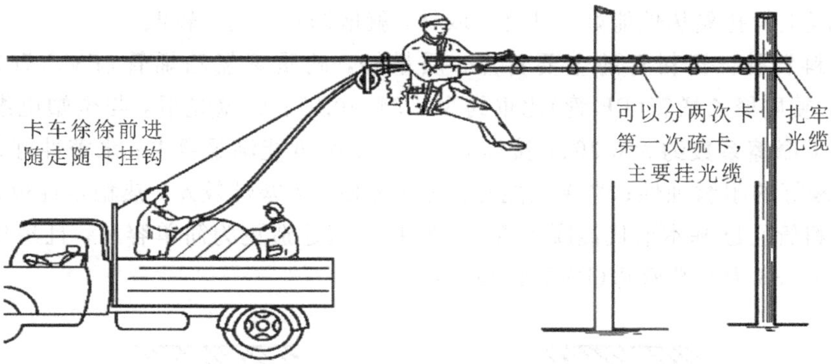

图 3-36　机动车牵引动滑轮托挂法示意图

机动车牵引动滑轮托挂法架设光缆时，先将千斤顶(又称架机)固定在卡车上，顶起缆盘，使之能自由转动，并将缆盘盘轴固定在汽车上。然后将光缆拖出适当长度穿过吊线上的一个动滑轮，并固定在电杆吊线上。再将牵引绳一端与动滑轮连接，另一端固定在卡车上。在确保安全的条件下，把吊椅与动滑轮用牵引绳连接起来。卡车徐徐向前开动，人力转动缆盘放出光缆，吊椅上的线务员，一面随牵引绳滑动，一面及时每隔 50 cm 挂一只挂钩，直到光缆放完，挂钩卡完为止。

这种方法操作简单，但使用卡车架设光缆要受到条件限制。使用这种方法时，一般应符合以下条件：一是道路的宽度能允许卡车行驶；二是架空杆路离路边距离不大于 3 m；

三是架空段内无障碍物；四是吊线位于线杆靠公路一侧，且位于杆路上其他线路的最下层。

3.2.3 光缆的管道敷设方式

1. 管道设备类型

管道设备主要包括管道、管孔、人孔和手孔等。其他附属设施还有人孔口圈、人孔铁盖、接水罐、托架、托板等。管道设备和附属设施示意图如图 3－37 所示。

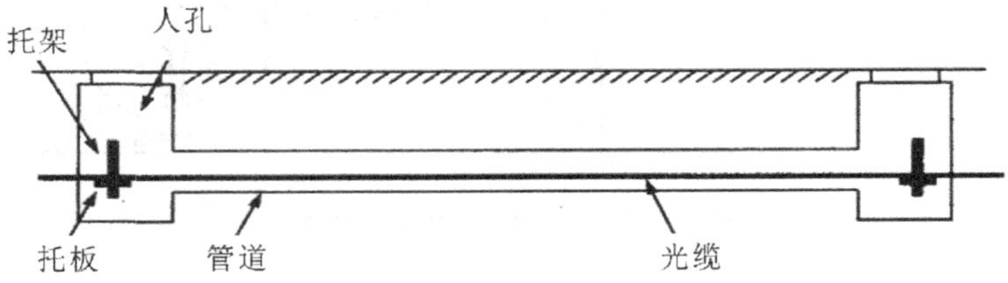

图 3－37 管道设备和附属设施示意图

1）管孔

管道由若干管孔连接而成，为了便于施工和维护，管孔中间应有若干人孔或手孔。管孔种类有混凝土管孔、陶瓷管孔、石棉水泥管孔、塑料管孔等。混凝土和塑料管孔目前应用最为广泛。

(1) 混凝土管孔。混凝土管孔的主要特点为：重量大，长 60 cm 的六孔管孔重约 60 kg；即使精心制作，管壁也很粗糙，摩擦系数较大；精度不高，容易出现孔心不正，孔径不一，喇叭口边缘有尖刺等现象；光缆接续时需熟练工人进行操作；接口多，水密性差，注意防水处理；混凝土管孔隔热性能好；可就地取材，就地制管，成本较低。

(2) 塑料管孔。塑料管的主要特点：质量轻，硬质聚氯乙烯管(PVC 管)比重约为 1.40～1.60，硬质聚乙烯管(PE 管)比重约为 0.94～0.97；管壁光滑，与全塑电缆间在无润滑剂的情况下摩擦系数约为 0.363；接续方法简单；强度能满足要求；水密性好；化学稳定性好，具有较好的耐腐蚀性；绝缘性能好；运输方便；耐寒性较差，热稳定性也差。

目前塑料管孔已基本取代混凝土管孔，塑料管道建造更为简单容易，且易建造多孔数管道。如图 3－38 为 9 孔管道(PVC 管)断面图。

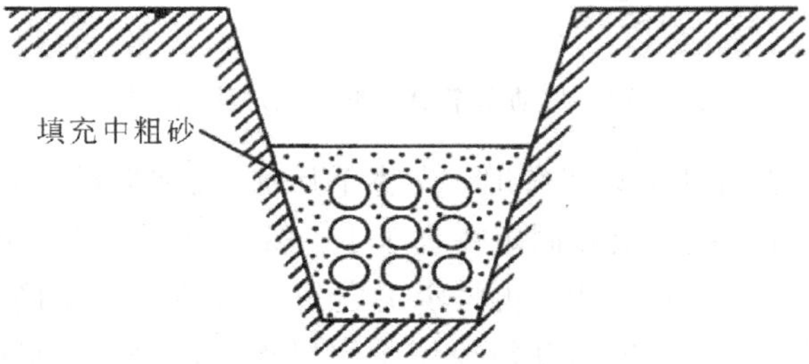

图 3－38 塑料 9 孔管道(PVC 管)断面图

2）人孔

人孔是一种连接管道的地下井，施工人员可以在井里作业。按照人孔中通信管道的通向可分为直通人孔、三通人孔、四通人孔和斜通人孔。直通人孔就是在直线管道中间设置的有两个管道走向的人孔；三通人孔就是在直线管道上有其他方向的分歧通信管道，在其分歧点上设置有三个管道走向的人孔，常作为局前人孔；四通人孔就是在两条通信管道的交叉点上设置有四个管道走向的人孔，常作为局前人孔；斜通人孔适合在非直线(弧形、弯道)管道的折点上设置，斜通人孔分为 15°、30°、45°、60°、75°五种。另外，在人孔侧壁需要安装铁架(托架)，并在铁架上插放托板，以便托置光缆。车行道下的人孔应能承受总重量为 30 000 kg 的载重车辆通过。

3) 手孔

手孔的功能和用途与人孔相同，只是尺寸比人孔小得多。一般情况下，施工人员不能站在手孔中作业，只有大型手孔的底部才留有 50 cm×40 cm×50 cm 的长方形坑。手孔按用途可分为直通型、交接箱型和引入型三种。直通型手孔用于 1～2 孔的支管道；交接箱型手孔用来安装交接箱；引入型手孔用于把管道中的光缆引至机房或用户。

2. 管道光缆的敷设方法

光缆的管道敷设可采用机械牵引、人工牵引和机械与人工相结合的方式。

(1) 机械牵引法。

机械牵引法是采用牵引机将光缆牵引至目的地的一种方法，示意图如图 3－39 所示。

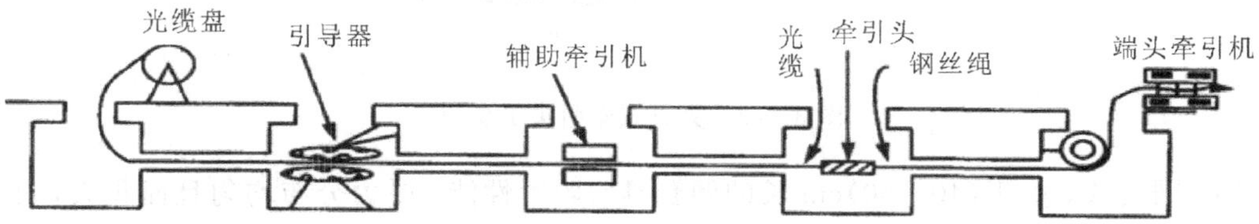

图 3－39　管道光缆机械牵引法示意图

采用机械牵引法敷设光缆时，可利用辅助牵引机在整个敷设段内分散牵引点，使光缆一次敷设完毕。这种施工方法已被各国广泛采用。从理论上讲，分散牵引可敷设无限长的光缆，但多台牵引机同时工作将受到多机同步和路由等问题的约束。

(2) 人工牵引法。

在没有牵引机的情况下，也可采用人工牵引方式来完成光缆的敷设。人工牵引法具有简便、实用、节省机械的特点。人工牵引法示意图如图 3－40 所示。在图 3－40 中，一部分人在前面拉牵引索(穿管器)，另一部分人则在人孔中协助传送光缆，从而完成光缆的敷设。

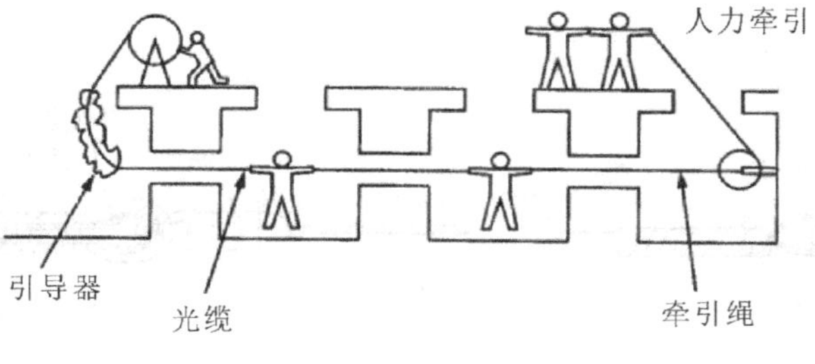

图 3－40　管道光缆人工牵引法示意图

3. 牵引头制作方法

(1) 预制式。预制式牵引头示意图如图 3-41 所示，这种牵引头是由工厂或施工队在施工前预先制作的一次性牵引头。这种方式的优点是可预先制作好，安全可靠，方便省时，同时具有防水性能良好的特点。

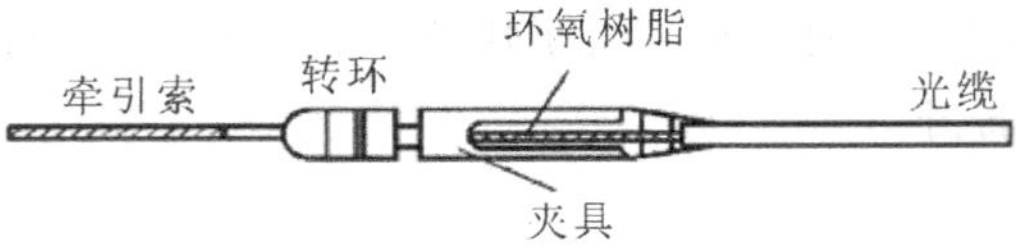

图 3-41　预制式牵引头示意图

(2) 夹具式。夹具式一般有压接套筒式、弹簧夹头式和抓式夹具，其示意图如图 3-42 所示。制作时，先将光缆剖开，除去护套和芯线约 10 cm，加强芯用夹具夹紧，护套由套筒收紧。夹具本身带转环，为了提高防水性能，在套筒与护套间用防水胶带包扎好。这种方式方便，牵引头较小，但必须用专用器材安装。

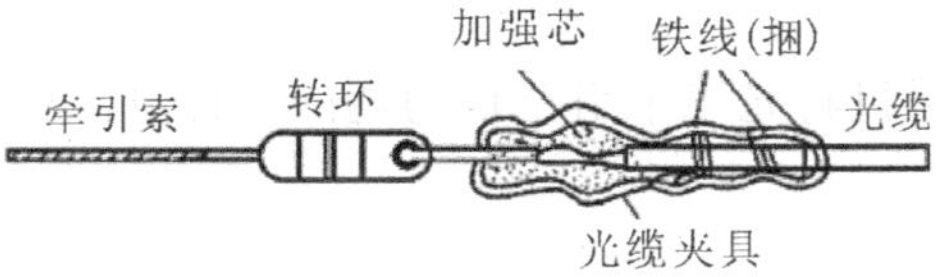

图 3-42　夹具式牵引头示意图

(3) 网套式。由于(40～50)cm 长的网套具有收紧性能，受力分布均匀且面积大，故网套式牵引头非常适用于钢丝铠装的光缆或直径较粗的电缆，其示意图如图 3-43 所示。当用于非钢丝铠装的光缆时，应把加强芯引出做一扣环，将其与网套扣环一同连至转环。当管道内有水时，在套网套时，光缆端头应预先用树脂或防水胶带等材料做防水处理。这种牵引头制作方法简单，适用性强。

(4) 简易式。简易式牵引头示意图如图 3-44 所示，这是较常用的一种牵引头，适用于直径较小的管道光缆。制作方法有两种。一种是利用光缆加强芯制作：将光缆开剥(30～40)cm，留下加强芯做一扣环，并用 1.6 mm 或 2.0 mm 的铁丝两根与加强芯一样扣环，然后用铁丝在光缆上捆扎 3～5 道，最后用防水胶带包扎。外护套开口处要用防水胶带包紧，避免水的浸入。另一种是将带有加强芯的光缆直接做扣环，再将回折的光缆用铁丝绑扎 2～3道。

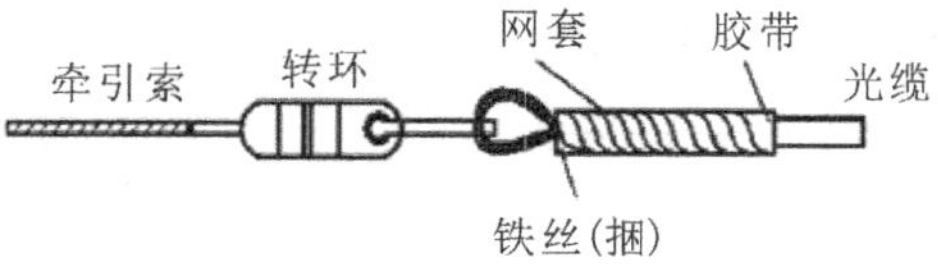

图 3-43　网套式牵引头示意图

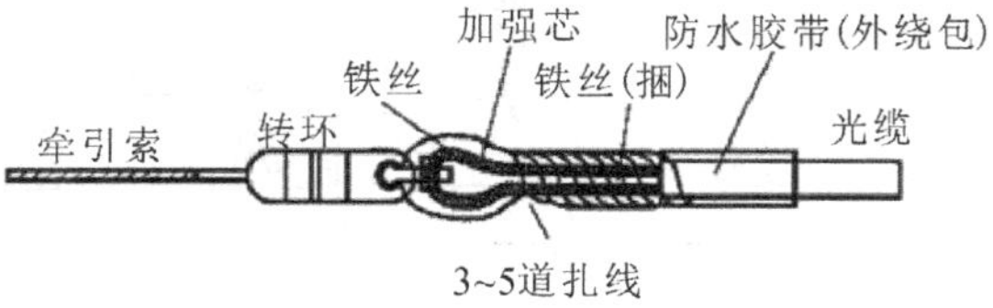

图 3-44　简易式牵引头示意图

3.2.4　光缆的其他敷设方式

1. 局内敷设

局内敷设是指光缆从进线室到ODF架间的敷设方式。

1) 路由准备

局内敷设路由准备比较简单，主要是因为在局内有相应走线槽或走线架，但其安装及成端有以下要求。

(1) 局内光缆一般应采用非延燃材料外护套。对于中继站和中小型局端也可以直接将室外光缆引入机房，但是必须做好严格的防火措施。

(2) 将室外光缆直接引入局内安装时，光缆的防火措施通常可采用喷涂或刷涂线缆防火涂料，或采用非延燃或不燃烧材料带缠绕包扎光缆。

(3) 为防止室外光缆的金属构件感应雷电引入机房，当具有金属护层的光缆进入机楼时，应将光缆的金属护层做接地处理。无金属护套的光缆应穿钢管埋地引入，钢管的两端也要做好接地处理。

(4) 局内光缆的预留长度应满足规定要求，建设单位有具体要求的应按建设单位的要求执行。

(5) 局内光缆在机楼内布放，应注意拐弯点的弯曲半径，对于空间窄小的地点应采用适当的防护措施，保证光缆的弯曲半径在允许的最小弯曲半径范围内。

(6) 在有防震缝的大型机楼内布放室内光缆，穿越防震缝时，应留有适当余量。

(7) 光缆终端的光纤和尾纤预留在线路光分配架盘纤盒中安装，应保证有足够的盘绕半径，并且确保盘留光纤的稳固性。

(8) 线路光分配架的高压防护接地装置与机架间的绝缘电阻应不小于1000 MΩ/500V(直流)，光缆的金属构件用截面大于6 mm^2的连接线与高压防护接地装置相连，然后用截面不小于35 mm^2的多股铜芯电力电缆引接到局/站的联合接地装置的总接地汇接排(线)。假设该局/站的接地系统已经采用等电位设计，如果机房的接地采用星型结构，应引接到本机房内第一级接地汇接排上，距离较短的可采用截面不小于16 mm^2的多股铜芯电力电缆引接，距离较长的宜采用截面不小于35 mm^2的多股铜芯电力电缆引接；如果机房的接地采用格型结构，可采用截面不小于16 mm^2的多股铜芯电力电缆引到就近的接地排。

2) 局内光缆

局内光缆是指进线室至光端机房光配线架之间的光缆。局内光缆有普通光缆和阻燃光缆两种程式。

(1) 普通光缆。由管道、架空或直埋式光缆直接进局(即采用室外光缆直接进局)，在进线室布放10 m左右后直接引至机房到光配线架上成端。这种方式的优点是利用原程式光缆进局直接引至光配线架上成端，施工方便。安装方法示意图如图3-45所示。

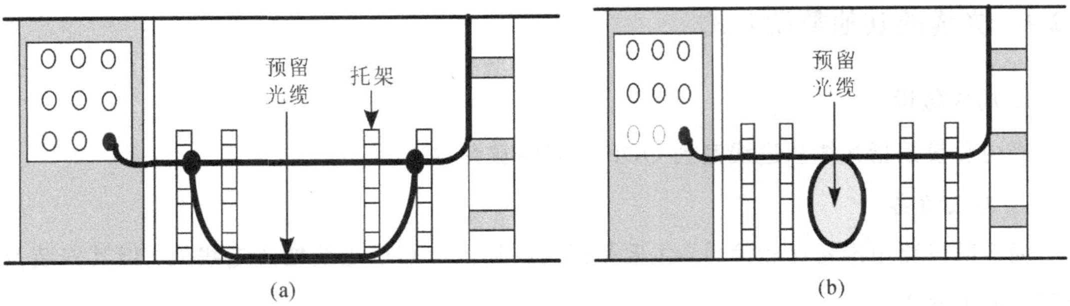

图 3-45 光缆直接进局安装方法示意图

(2) 阻燃光缆。在进线室，通过光缆接头盒将阻燃光缆与室外进局光缆连接，再引至光端机或配线架上成端。其优点是一旦发生火灾可以使室内达到无毒、低烟的阻燃效果，但增加了接头数和减小了与设备连接光缆的长度，并增加了损耗测量难度，故它仅限于部分大中城市的枢纽楼机房。阻燃光缆进局安装方法示意图如图 3-46 所示。

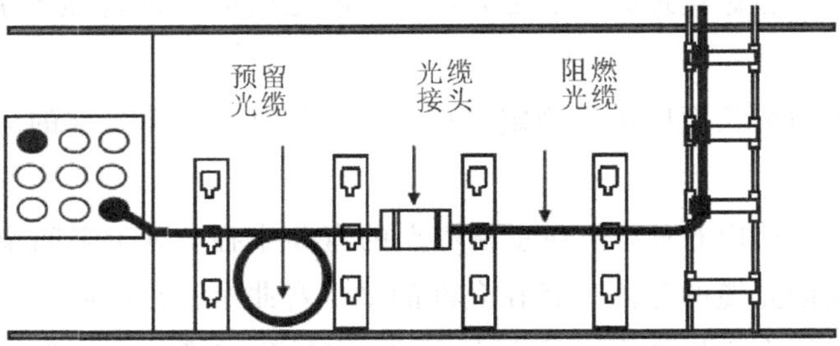

图 3-46 阻燃光缆进局安装方法示意图

3) 光缆布放

局内光缆一般沿走线架(或走线槽)布放，布放方法如下：

(1) 将进局光缆由局前人孔牵引至进线室。

(2) 上下楼层间，一般采用人工传递(或绳索上下牵引)光缆，传递时应防止缆线间交叉。

(3) 同层布放光缆时应由人工接力牵引。

(4) 拐弯处应由专人传递，避免死弯，确保光缆的弯曲半径符合施工要求。

(5) 布放中严防硬物或毛刺损伤缆线，如缆线护层受损应及时修复。

(6) 缆线固定。布放完毕，应将缆线用尼龙绳(或塑料扎带)固定在走线架相应位置。对于无铠装的光缆，固定时应在光缆与走线架间加垫胶皮，在转弯处应加保护塑料套管。

4) 敷设要求

(1) 布放方向。局内光缆一般由光缆进线室向光端机房方向布放。

(2) 光缆端别。局内光缆端别应严格按要求布放。两根以上光缆进局或出局都要作出区分标记。

(3) 光缆余留。光缆在光缆机房内应作适当余留，对有走线槽的机房，光缆余留(5～10)m 置于槽中，以便安装方便。

(4) 缆线标识。布放完毕的缆线应有醒目、明显标识以便识别。光缆标识应标明光缆的走向、端别、程式、芯数。

2. 水下敷设

水下敷设包括光缆通过河流(或湖泊)和通过海洋两种敷设方式，一般情况下水下方式是指通过河流的敷设方式。

水下敷设路由准备与河床土质、河宽、水深、流速等条件有关，对于小型河流和大型河流应区别对待。

(1) 对于小型河流：由于河面较窄，水深较浅，采用水下方式敷设光缆时，可部分截流或完全截流，再开挖河床，埋设塑料软管或直接敷设光缆；也可采用顶管、预埋管道和其他敷设方式。

(2) 对于大型和特大型河流：由于水深流急，路由准备一般采用机械施工法、水泵冲槽、自动吸泥和爆破等方法敷设光缆。

光缆过河方式主要有河底穿放塑料管，或者直接敷设水底光缆或普通直埋光缆，水底光缆的布放和埋设应同时进行。在岸滩位置敷设时为了保护光缆，应按设计要求做岸滩保护和"S"形预留后进入直埋地段。

水底光缆的布放方法应根据河流的宽度、水深、流速、河床土质以及所采用的光缆程式，并结合目前施工技术水平综合考虑，选择采用人工布放、浮具布放、抛锚慢放、拖轮快放、冲放器敷设和挖冲机敷设等不同的方法。

1) 布放方法

(1) 人工布放。对于水面不宽、水浅可涉渡河流采用人工抬放方法。该布放方法与直埋光缆敷设方法相同。

(2) 浮具布放。浮具布放水底光缆一般适用于流速不大，可以封航的河流和浅海区。浮具可采用浮球、浮桶或其他具有一定浮力的物体。浮具数量、设置间隔一般以河流水面宽度、光缆自重和浮具浮力确定，浮桶法示意图如图 3－47 所示。具体敷设方法如下：

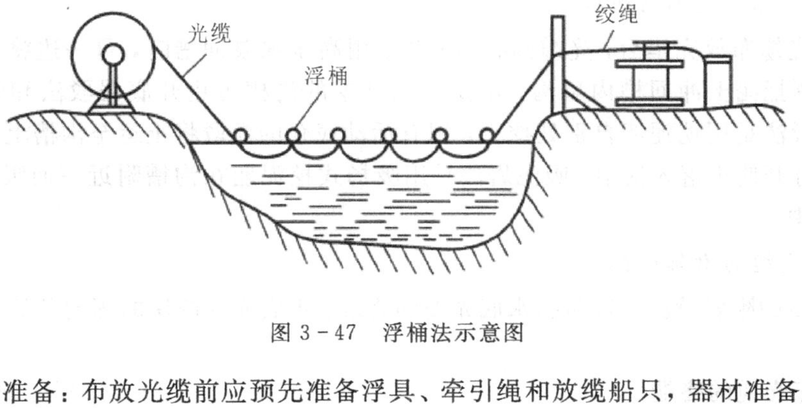

图 3－47　浮桶法示意图

① 器材准备：布放光缆前应预先准备浮具、牵引绳和放缆船只，器材准备应以河面宽度和布放要求为依据。

② 光缆布放。光缆布放船按设计路由航行，行进的同时按一定间隔将浮具安装到光缆上并放入水中，使放出的光缆浮于水面。弧线顶点及一些调整点应系上调整绳，以便于路由调整。船到达对岸后，用牵引绳(或抬放)将光缆布放至陆地接续点，并预留一定数量的

光缆。

③ 路由调整。观察水面上漂浮的光缆与路由准备时的路由是否一致，如有偏差应及时通过调整绳调整到已设计好的路由上。

④ 光缆入底。光缆入底是由施工人员驾驶小船沿漂浮的光缆由河岸一侧向另一侧行驶，同时逐个拆除光缆上的浮具，河水较深时应由潜水员配合作业。拆除浮具时应防止漏拆，沉入水底的光缆应放入挖好的光缆沟内，按规定掩埋光缆。

⑤ 标志定位。在需要设置光缆标志的地方设置水下光缆警示牌，防止其他原因导致的光缆中断，以保护光缆能正常运行。

(3) 抛锚慢放。抛锚慢放又称船锚布放。其主要是利用收前锚、放尾锚的办法，使放缆船慢慢向前移动，同时由施工人员将光缆沿设计好的路由布放到河床的光缆沟内。该方法适用于水面较宽、流速较大，且通航不频繁的河流以及直接沉放而不用挖沟掩埋的深水区域。

(4) 拖轮快放。拖轮快放是由拖轮顶推光缆布放船，沿布放路由前进，放缆船上的施工人员迅速将光缆放入水底的方法。该方法适用于河流水深、流急且交通繁忙的河流。此方法布放速度快，对交通影响小，但它同时动用多条船只协同作业，故敷设偏差较大。

(5) 冲放器敷设法。冲放器敷设法是指将水底光缆布放、挖沟(冲槽)、掩埋同时完成的敷设方法。此方法适用于水面较宽，流速较大，河床为砂砾土、粗细砂或不十分坚硬的黏土。其具体方法是在抛锚慢放法的基础上，另增设一台高压水泵和牵引绞车，当河面较宽时，将绞车装设在船上牵引高压水泵，当河面较窄时，可在河对岸安放绞车。利用高压水泵输出的高压水流，将河床冲出符合埋深要求的水底光缆沟，并缓慢向前移动，同时将光缆敷设于槽内，并及时掩埋(水下流沙随水流自动掩埋)。此方法敷设速度较慢，一般每小时只能完成(50～80)m，但挖沟、敷设和掩埋可同时完成。

(6) 挖冲机敷设法。挖冲机敷设类似于冲放器法，只是由挖冲机来取代冲放器。挖冲机是一种以机器切削为主，以水力冲击为辅，边挖、边冲、边布放三者合一的水下敷设机器。这种方法适用于冲放器不能完成的硬土河床。

2) 水底河床光缆沟的回填

当水底光缆布放完毕后，光缆沟必须回填。用高压水泵冲槽时，可一边将光缆放入沟内，一边冲刷把泥土冲回槽内填沟。用挖泥船开挖的沟槽可用开底泥驳法和吸泥岩法回填。开底泥驳法是用挖泥船自别处挖土，用有活动底仓的泥驳将土运至沟槽上方稍偏上游处，将仓底打开使土落入沟中。吸泥岩法是用吸扬式挖泥船在沟槽附近一面吸泥，一面将泥排入沟槽中。

3) 水底光缆的附属设施

水底光缆的附属设施一般包括水底光缆的终端、水底光缆两岸的固定装置和水底光缆的标志等。

(1) 水底光缆的终端。

水底光缆的终端方式有 3 种：直接终端法、人井终端法和水线房终端法。

① 河面宽度较小、河床稳定、水深不超过 9 m 的河流中，水底光缆采用直接终端法。水底光缆和陆上光缆用普通套管直接连通，水陆线间不设气闭。

② 河面较宽、水深流急的江河中，水底光缆一般采用人井终端法。这种方法有利于随

时维修。

③ 大江、大河或通航频繁的江河中，水底光缆常用水线房终端法。水线房设在江河两岸，与维护人员的住房和人井建立在一起，故又称人井房。水线的终端和转接仍在人井内进行，方法与人井终端法相同。

(2) 水底光缆两岸的固定装置。

水底光缆岸滩位置埋深应不小于1.5 m；石质、半石质区域，其沟底需先填(10～20) cm的细土或沙土然后在光缆上方回填细土或沙土；夯实易受洪水冲刷的岸滩、不稳定地段以及船只靠岸地段，应在光缆上方填细土或沙土后，上面覆盖水泥板或水泥沙袋保护；冲刷特别严重的地段，应使用毛石、水泥砂浆封沟后，再填埋至高出地面并延伸到岸滩外。

水底光缆岸滩部位的固定，应根据河岸土质、地形不同，按设计并结合岸滩情况设置。

① 对于一般河流，光缆上岸后，如堤岸稳固时，可集中于近水侧作1～2个“S”弯，这种方法兼有挖沟埋缆、预留、固定三种作用，并且简易实用，因而得到广泛采用，如图3-48所示；如堤岸不稳固，可分散作小“S”弯，并进行梅花桩固定，如图3-49所示。

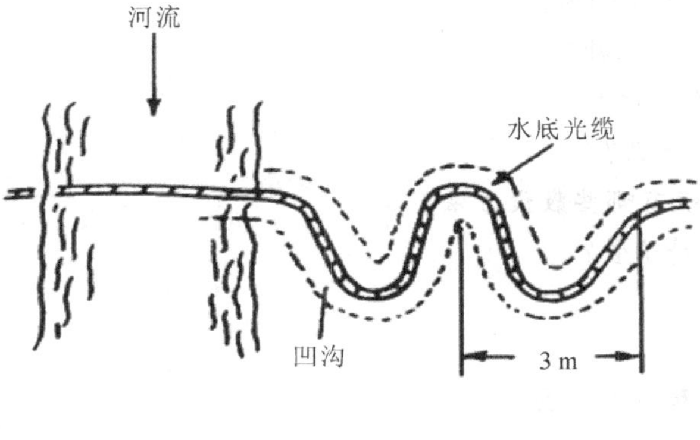

图3-48 “S”弯固定法

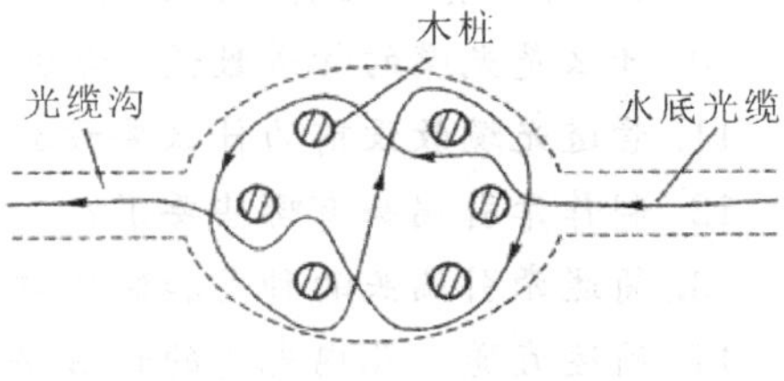

图3-49 光缆梅花桩固定法

② 对于岸滩有冲刷和岸滩坡度大于30°的较大河流，除“S”弯固定法、梅花桩固定法外，还可用光缆横木网套固定光缆，其方法如图3-50所示。

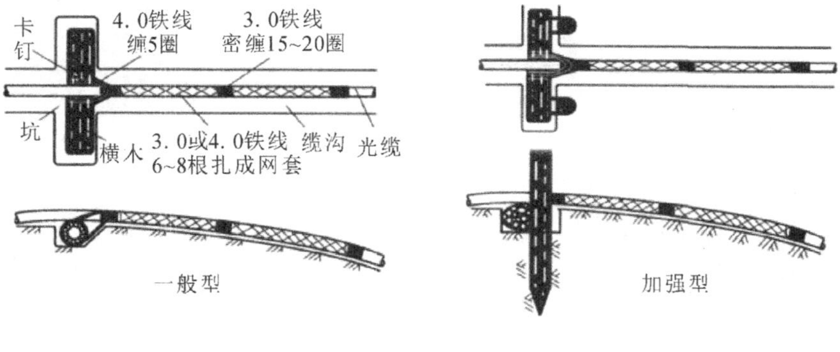

图3-50 光缆横木网套固定法

(3) 水底光缆的标志。

在敷设了水底光缆的通航水域内，应划定禁止抛锚区域，在水底光缆过河段的河堤或河岸上应设置标志，以警告过往船只。

(4) 警示牌。

警示牌制作应全程统一，原则上尺寸不小于 80 cm×100 cm。警示牌应设置在光缆通信线路经过的城镇、乡村及公路旁等人员出入频繁的地方。警示牌内容主要应包括保护通信线路的有关要求、标语，通信地址及联系电话等，具体内容由各大单位拟定，警示内容应相对统一。

问题与讨论

1. 架空光缆的支撑方式有哪两种？试分析比较架空光缆的架挂方法。
2. 光缆的架空敷设包括哪三部分？
3. 架空光缆线路伸缩弯的安装要求是什么？
4. 吊线接续方式有哪三种？光缆吊线终结方法有哪些？
5. 简述光缆架空敷设的基本流程。
6. 光缆牵引端头有哪几种？具体制作方法如何？
7. 直埋光缆敷设时光缆的布放方法有哪几种？
8. 直埋光缆在特殊地段的处理方法有哪些？
9. 光缆标石有哪几类？各自的作用是什么？
10. 什么是光缆的管道敷设？管道光缆有哪些敷设方法？
11. 管道光缆敷设前为什么要预放塑料子管？
12. 制作牵引端头有哪些要求？
13. 简述牵引端头的种类和制作方法。
14. 简述直通人孔内光缆的预留要求和固定方法。
15. 简述接续用光缆的预留要求和固定方法。

专题 4　通信线路防护

通信线路防护中的接地电阻测试是本专题的典型任务。通过完成实训任务和学习任务资讯，学生在线路施工中能够正确应对光缆线路的常用安全防护措施，包括线路的防雷电、防强电、防腐蚀、防洪、防鼠蚁及特殊条件下的防护措施等。

鉴于电缆线路防护和光缆线路防护内容基本相同，本专题以光缆线路防护为主进行介绍，电缆线路防护可参考本专题内容及相关标准规范 GB 51158—2015《通信线路工程设计规范》、GB51171—2016《通信线路工程验收规范》等实施。

4.1　实训任务

本专题只有通信线路接地体的接地电阻测量一项实训任务。

任务主要工作是对通信线路上接地体的接地电阻进行测量。完成本任务所需工作和器材有：地阻仪、导线、地钉、铁锤、卷尺等。

通信线路施工和维护过程中，中继站接地电阻、设有接地体的接头盒处接地电阻和防雷防强电接地电阻等的测量可以选用 ZC－8 或 SGT－10B 型地阻仪进行。具体测量方法为：

(1) 沿被测接地体(棒或板)按表 4－1 所示的距离，依直线方式埋设辅助探棒。表中：L 表示接地体长度；Y 表示接地体与电位极的直线距离；Z 表示电位极与电流极的直线距离。其测试连接如图 4－1 所示。

表 4－1　直线方式埋设辅助探棒的距离

接地体形状	L/m	Y/m	Z/m
棒　或　板	≤4 m	≥20	棒　或　板
	>4 m	≥5L	—
沿地面成带状或网状	>4 m	≥5L	沿地面成带状或网状

(2) 连接测试导线。用导线将 E 端子与接地极相连，同时应断开被保护设备，电位探棒接至 P 端子，电流探棒接至 C 端子。

(3) 将表放平，检查表针是否指“0”位或中心线上，若不为零应调节到“0”位或中心线上。

(4) 调倍率盘到某倍数位置，如×0.1，×1，×10。

(5) 以每分钟 120 转的速度摇动发电机，同时转动测量盘使表针稳定在“零”位上不动。此时测量盘指示的刻度读数乘以倍率读数即为被测电阻值，即

被测电阻值(Ω)＝测量盘指数×倍率盘指数

(6) 当检流表的灵敏度过高时，可将电位探棒(与 P 相连)插入土壤浅一些；当检流表的灵敏度过低时，可在电位探棒和电流探棒周围浇上一点水，使土壤湿润；但应注意，绝不能浇水太多，使土壤湿度过大，这样会造成测量误差。

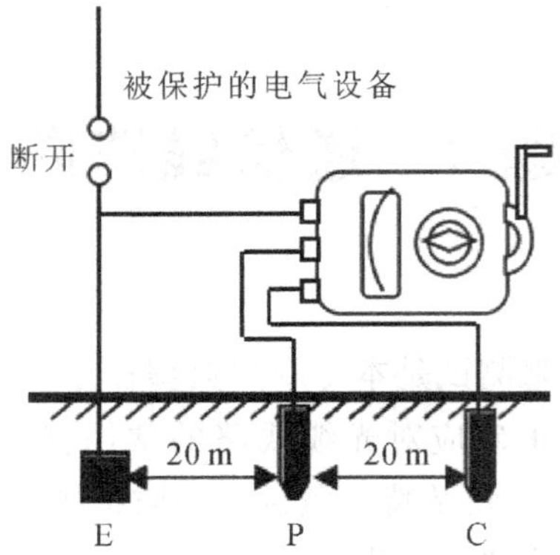

图 4-1　接地电阻测量连接图

任务完成后需要按下面内容进行检查：

(1) 对仪表进行详细讲解，并操作演示；组织安排任务，要求对一段光缆线路进行测试和数据分析。

(2) 正确连线，注意安全。

(3) 记录每次测试的结果，并检查测试数据是否正确。

4.2　任务资讯

4.2.1　通信线路防雷

光缆中的光纤是非金属材料，传输的光信号不受外界电磁场的干扰，所以在光纤部分可以不考虑雷电、强电的影响。但由于绝大多数在用光缆并不是无金属光缆，而是光缆中包含有金属加强芯、金属护套/层、金属铠装层等，少数光缆中还包含有用于远供、遥控、遥测、公务联络的铜线。因此有金属构件的光缆(简称金属光缆)线路仍会受到雷电、强电的影响。从近几年光纤通信系统的运行情况来看，光缆遭受雷击是通信光缆线路产生故障的主要原因之一。因此，工程建设和维护中必须考虑光缆线路的防雷问题。

1. 雷击规律

雷击大地指的是云对大地(包括对树木和其他建筑物等)放电。通过人们长期的观察和分析积累的资料，总结后得到以下一些规律。

1) 雷击大地的一般规律

(1) 大地电阻系数普遍都比较大的情况下，电阻系数小的地方容易落雷。当雷击大地后，则又在大地电阻系数大的地方，电缆容易产生故障。

(2) 地形突变(或大地电阻系数突变)的地区，容易遭受雷击。

(3) 矿泉、沼泽地、河流岸滩地区，以及地下水出口处容易落雷。

(4) 海边、大湖旁边落雷机会较小，但如果海(湖)滨有山岳的话，则邻海(湖)一面的山坡上落雷机会较多。

(5) 地下矿藏较多的地区落雷机会多，且矿石可为雷电提供阻力较小的放电通路。

(6) 地层结构变化较大的地区落雷机会较多。

2) 山区落雷的规律

(1) 山的阳坡比山的阴坡落雷机会多，也与附近是否有水库、河流、沼泽地等潮湿地带有很大关系。

(2) 山中盆地(尤其是水田)落雷机会较多，并且盆地的落雷机会多于狭谷。

(3) 石山(或大地电阻系数较大的山)地区雷击大部分发生在山腰和山脚部分。

(4) 土山(或大地电阻系数较大的山)地区雷击大部分发生在山顶和山腰部分。

(5) 风口或顺风的河谷落雷机会多。

值得注意的是，如果山顶部的大地电阻系数比山脚部分的大地电阻系数还小，山的顶部最容易落雷，因为在这种情况下其可以为雷电提供又近又好的通电通路。

3) 雷击地下光缆线路的规律

(1) 经常落雷的地区，光缆也容易遭到雷击。

(2) 光缆线路附近大树和电杆多的地段容易产生雷击故障。

(3) 光缆制造质量不好，金属构件对地绝缘较低的光缆易遭到雷击。

(4) 耐压绝缘低的光缆比耐压绝缘高的光缆易发生雷击故障，而且损坏程度也较严重。

(5) 光缆线路上的雷击故障大多数一次发生在好几处，彼此相距几米甚至几千米，光缆直径越小，大地电阻系数越大，故障地段越长，损坏程度越严重。

(6) 施工质量不好，如覆土不实，出现深沟、孔洞或光缆因扭伤、拖伤等护套损坏后会增加故障的次数和损坏的严重程度。

2. 防雷地段的确定

(1) 雷电活动区。根据年平均雷暴日的多少，雷电活动区分为少雷区、中雷区、多雷区和强雷区。一天中可听到一次以上的雷声称为一个雷暴日，年平均雷暴日数不超过25天的地区为少雷区：一年平均雷暴日数在26～40天以内的地区为中雷区；一年平均雷暴日数在41～90天以内的地区为多雷区；一年平均雷暴日数超过90天的地区为强雷区。

(2) 有金属加强芯、金属外护套和铜线的光缆应按标准采取有效的防雷措施。

(3) 光缆线路应采取防雷措施的地段如表4-2所示。

(4) 光缆线路采取防雷措施时与树木、建筑物的间距要求如表4-3所示。

表4-2 光缆线路应采取防雷措施的地段

年平均雷暴日数	需要采取防雷措施地段
>20天	纵向或横向大地电阻率突变(相差5倍以上)的山岭阳坡
	土山阳坡的顶部
	大地电阻率普遍很大，而出现个别小(相差5倍以上)的地段
	进出森林时，其边缘外不小于50 m的地段
	离矿泉、地下水出口不到10 m或地下有金属矿藏的地段
≤20天	有雷击历史的地段
	光缆与各种地物间距小于规范的要求

表 4-3 光缆线路采取防雷措施时与树木、建筑物的最小间距

土壤电阻率 $\rho/(\Omega \cdot m)$	$\rho \leq 100$	$100 < \rho \leq 500$	$\rho > 500$
光缆与独立大树间距/m	15	20	25
光缆与电杆、高大建筑物及其接地装置间距/m	10	15	20

3. 防雷方法

光缆线路的防雷要求从光缆线路路由勘察设计到工程施工安装的全过程中都应充分考虑。首先要求合理地选择光缆线路敷设位置，尽量避开雷击地段及曾经遭受过雷击的地点；其次，在光缆结构选型时，特殊地段可以考虑采用无金属光缆或采用加厚 PE 层的光缆；最后，从全局考虑光缆线路的敷设位置必须经过雷击地段时，在设计中应采用有效的防雷措施。

1) 光缆线路路由位置选择

选择光缆线路路由位置应尽可能满足下列要求。

(1) 不论光缆线路是敷设在平原地区或山区，在条件许可的情况下尽量避开雷击区和容易雷击点，以及尽量避开有引雷危险的突出点，如单棵大树、枯树、电杆、高塔、矿泉、地下出水口处。在取得有关单位同意后，可以采取伐树、迁移电杆等做好光缆线路路由两侧的清理工作。平原地区的雷暴一般来说少于山区，且雷暴活动分布比较均匀，故敷设于平原地区的地下光缆线路遭受雷击，较多的是由于雷击大树等，由树根引来的雷电流使光缆损坏。

(2) 光缆线路应敷设在山岭的阴面坡(北坡或西北坡)。我国东面、南面是海洋，潮湿空气吹到陆地后，经太阳暴晒使空气潮热，遇山阻挡加速抬升，即可出现雷电；或从西北方向吹来的冷而重的气流遇山被抬升，翻山后又下降与地面较热空气产生对流，即可出现雷电。山区的东面、南面比较暖，当雨季到来时，东面、南面吹来的海洋潮湿气流易受热和遇山抬升，所以山区的向阳坡雷电相对比阴面坡多些。因此，光缆线路的敷设位置应尽量选取山的阴面坡。

(3) 光缆线路应敷设在两山之间的峡谷中。两山之间的峡谷地势狭窄，受地形的影响不易受太阳充分暴晒，因而不利空气对流，形成雷电的条件不充分，落雷的概率就比较少。但两山峡谷底部往往是夏季山洪冲刷的地方，因此光缆线路敷设的位置也应尽量避开山洪冲刷的地方。所以光缆线路敷设位置选择要恰当，既要考虑满足防雷要求又要满足防洪的要求。

(4) 光缆线路通过土山的最好选择在山脚部分；光缆线路通过石山(或大地电阻系数很大的地方)最好选择在山腰部分。

土山的山顶、山脚部分大地电阻系数一般相差不多，在其上空出现雷云时，山顶、山脚部分产生的异性感应电荷相差不多，但雷暴有选择相对导电较好的突出地方而击的特点，因此土山山顶容易落雷。石山山顶虽然较突出，但比山脚的大地电阻系数大得多，石山的山脚部分较潮湿，易于雷云感应电荷的大量积聚，使其附近的电场强度增强，雷电的先驱放电电场就较容易被吸引过来，因此石山山脚容易落雷。虽然石山山顶较山脚不易落雷，但石山山顶比较高，光缆线路敷设在山顶不便维护，因此，光缆线路通过石山时，最好敷设在山腰部分较适当。

(5) 光缆线路路由选择尽可能少穿越地形突变和大地电阻系数突变之处。

雷电对地放电将选择地面积聚异性感应电荷较多、电场强度较大的地方。当某一地区地形突变，地形结构变化较大时，相应的大地电阻系数变化也较大。当空中出现雷云时，在大地电阻系数突变处及低电阻率一侧，容易积聚更多的自由电荷，使电场强度增强，因此，雷电容易击在大地电阻系数突变处。

(6) 光缆路由选择时，还应避开下列雷害事件高发地带：

① 10 m 深处的土壤电阻率 ρ 发生突变的地方。

② 石山与水田、河流的交界处，矿藏边界处，进山森林的边界处，地质断层地带。

③ 面对广阔水面的山岳向阳坡或迎风坡。

④ 较高或孤立的山顶。

⑤ 以往曾屡次发生雷害的地点。

⑥ 孤立杆塔及拉线、高耸建筑物及其接地保护装置附近。

2) 直埋光缆的防雷措施

当直埋光缆的线路位于中雷区以上的地区，以及有雷击历史的地段时，应采取防雷保护措施，光缆线路工程设计中采用比较多的是敷设防雷地线、消弧线、避雷针、避雷线等措施。各种防雷地线电阻指标如表 4-4 所示，设计中应根据具体的敷设方式和敷设实际环境，采用适当的防护措施。

表 4-4 各种防雷地线电阻指标

名称	$\rho\leqslant100$	$100<\rho\leqslant500$	$\rho>500$
线路保护地线	≤5 Ω	≤10 Ω	≤20 Ω
地下防雷线	≤5 Ω	≤10 Ω	≤20 Ω
避雷针地线	≤5 Ω	≤10 Ω	≤20 Ω

(1) 防雷地线(地下防雷线、排流线)。

根据光缆线路所处地段的雷暴日天数和大地电阻率参数，直埋光缆防雷地线可采取单或双两种方式布放引流。年平均雷暴日为中雷区以上、有金属构件的直埋光缆线路应采取防雷保护措施。直埋光缆防雷线的设置应符合下列要求：

① $\rho<100\ \Omega\cdot m$ 的地段，可不设防雷线。

② ρ 为 $100\ \Omega\cdot m\sim500\ \Omega\cdot m$ 的地段，需设一条防雷线。

③ $\rho>500\ \Omega\cdot m$ 的地段，需设两条防雷线。

当光缆在野外长途塑料管道中敷设时，防雷线的设置应符合下列要求：

① $\rho<100\ \Omega\cdot m$ 的地段，需可不设防雷线；

② $\rho\geqslant100\ \Omega\cdot m$ 的地段，需设一条防雷线。

直埋光缆线路的防雷线最好采用有色金属线。有色金属线做地下防雷线使用时具有阻抗小、耐腐蚀、使用寿命长及防雷效果好的优点。但是，有色金属线做防雷线成本较高，所以国内较少采用。地下防雷线宜采用 7/2.2 镀锌钢绞线或直径为 6 mm 的镀锌钢筋。传统的敷设方法是：在光缆上方 30 cm 处，平行敷设两条相距 40 cm 的防雷线，其敷设长度一般要求每处不少于 2 km，并将两端引伸到土壤电阻率较小的地方；一般防雷线敷设 5000 m 长度左右时要做一次引流，且接地装置距离光缆要达到 15 m 以上。遇特殊情况时要适时引流，引流接地体宜采用热镀锌角钢(40 mm×40 mm×4 mm×600 mm)、扁钢(40 mm×4 mm×600 mm)或圆钢(Φ14)，且引流线与接地桩要焊接在一起。也可采用在排雷线两端及中间每隔 200 m 用同样材料、直径大小的导线设置接地装置将排雷线通过接地装置入地的方法。

防雷地线有时也采用如图 4-2 所示的方法敷设：两条屏蔽线平行埋设在光/电缆上方(或一侧)，埋深为 1/2～1/3 沟深(或沟深)，只需将埋设处的覆土夯实，使之全部密贴接地，中间不能有交叉，敷设时注意分开，将两条钢绞线尽量贴近沟边将其分隔开，防止打扭，两端用钢绞线引至土壤电阻率较小的地方。为保证防雷效果和防雷地线的使用寿命，建议采用 4.0 铜包钢线来代替 7/2.2 钢绞线，虽然造价相对高了些，但寿命长。

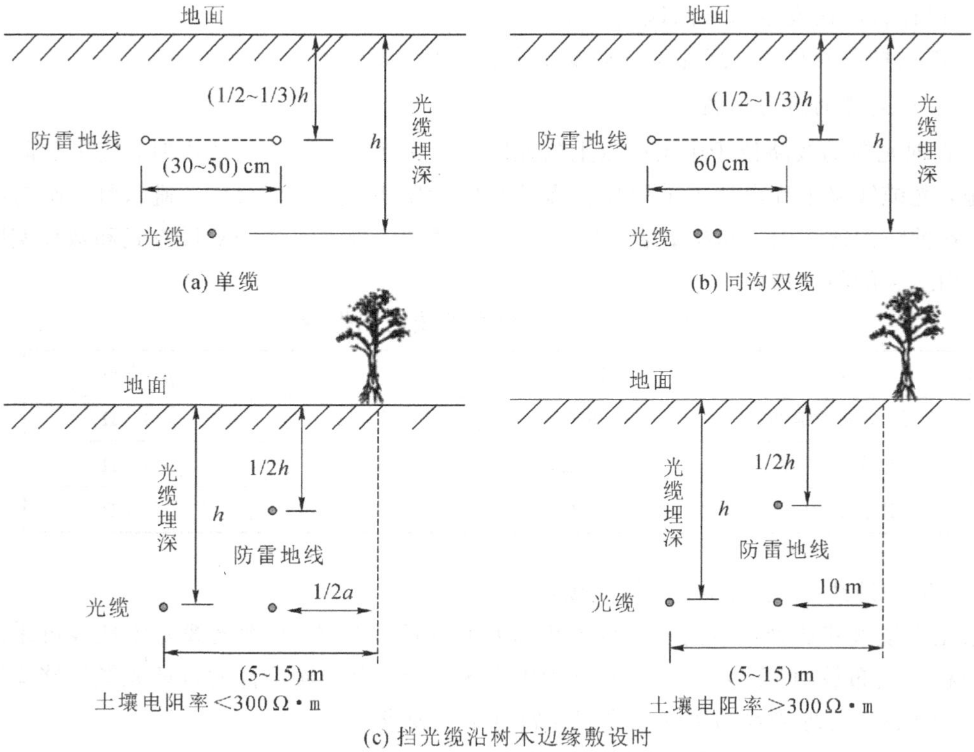

图 4-2　防雷地线敷设方法示意图

(2) 消弧线。

当光缆线路无法避绕开孤树、杆塔、高耸建筑、树林等，以及间隔距离不能满足表 4-4 所示要求时，可使用消弧线来保护光缆。消弧线是一种弯曲的防雷地线。具体采用如图 4-3所示的方法敷设：在防雷目标与光缆之间用两根金属线做成半圆弧形围上突出物，其中一根金属线埋深与光缆埋深相同，另一根的埋深为光缆埋深的一半；两根金属线的两端头都焊接在接地装置上；接地装置应在远离光缆的一侧，一般距离不小于 15 m，接地电阻不大于 5 Ω，当土壤电阻率大于 100 Ω·m 时，接地电阻不大于 10 Ω。受地形、地物限制，消弧线与光缆间隔距离不足 5 m 时，消弧线对光缆起不到保护作用。例如遇到独立大树，应砍伐掉大树，但如果大树属保护之列，不允许砍伐时，那么只能改变光/电缆路由以避开独立大树。

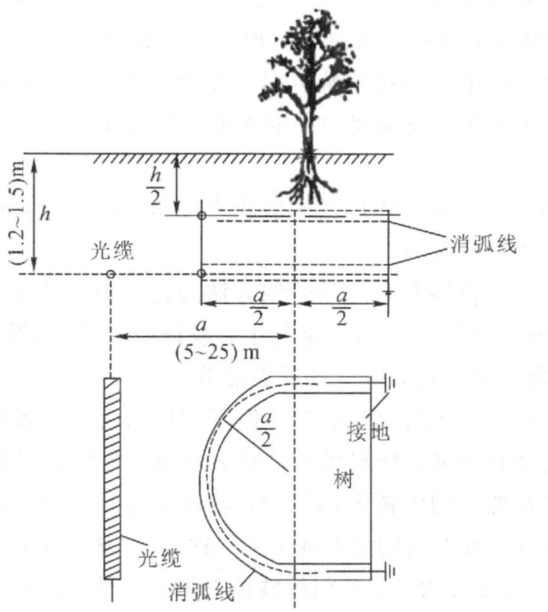

图 4 - 3　消弧线敷设示意图

(3) 架空防雷地线。

架设架空防雷地线也是地下光缆防雷击的一种措施，它适用于需要防雷地段较长的地方，其架设示意图如图 4 - 4 所示。优点是防直击雷的效果较好；缺点是对空暴露，影响环境。

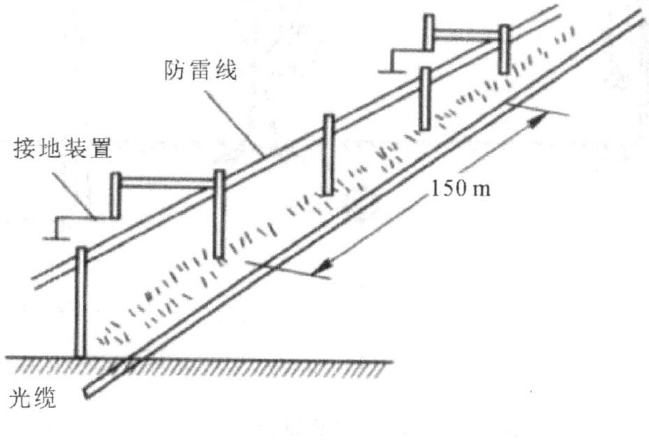

图 4 - 4　架空防雷地线架设示意图

其具体方法是：距光缆(3～5) m 远处，用木杆平行架设两条型号 4.0 mm 镀锌铁线，中间每隔(150～200) m 且两端均接地，接地装置应离开光缆 15 m 以上。接地装置的接地电阻要求：当土壤电阻率在 100 Ω · m 以下时，中间的接地电阻不大于 20 Ω，两端的接地电阻不大于 10 Ω；当土壤电阻率在 100 Ω · m 以上时，中间的接地电阻不大于 40 Ω，两端的接地电阻不大于 20 Ω。

（4）系统对地电位悬浮式接续。

系统对地电位悬浮式接续可使光缆接头处两端的金属护套与金属加强芯在接头盒内电气断开，在电气上互相绝缘，且都不接地，对地均呈绝缘状态，即可避免光缆中感应雷电电流的积累，也可避免雷电电流由接地装置引入光缆。这种对地电位悬浮式处理方法适合于无铜芯线，但具有金属加强件及金属护套的光缆不能采用。

（5）避雷针。

避雷针是人们较熟悉的一种应用广泛的防止直接雷击的装置，它可以把雷电放电引向自身，防止被保护物受到直接雷击。

采用避雷针防雷的适用范围和采用消弧线方法防雷的地点相同，有时也将避雷针设置在光/电缆与雷云发源地之间雷云活动的路径上，或设置在光/电缆附近的高处拦截雷电，使雷电未到达光/电缆附近就入地，防雷效果更显著。

避雷针可以利用木杆或树木等做支持物，但不宜用水泥杆，因为水泥杆内的钢筋对地绝缘很低。避雷针的装设方法应根据现场的情况来确定，具体如图 4－5 所示。当防雷点有可利用的电杆、突出物及孤立的大树等物体时，就可充分利用这些物体作为避雷针的支撑物。在支持物的顶端伸出 1 m 左右的尖形或帚形的铁棒(一般可用直径(6～8)mm、长 1.5 m 左右的铁棒)做引雷针，用型号为 7/2.0 钢绞线或两股直径为 4.0 mm 铁线引接入地，入地点必须距光缆 15 m 以上，接地电阻的要求与消弧线相同。当保护的线路较长时，也可沿线路方向装设双支避雷针。

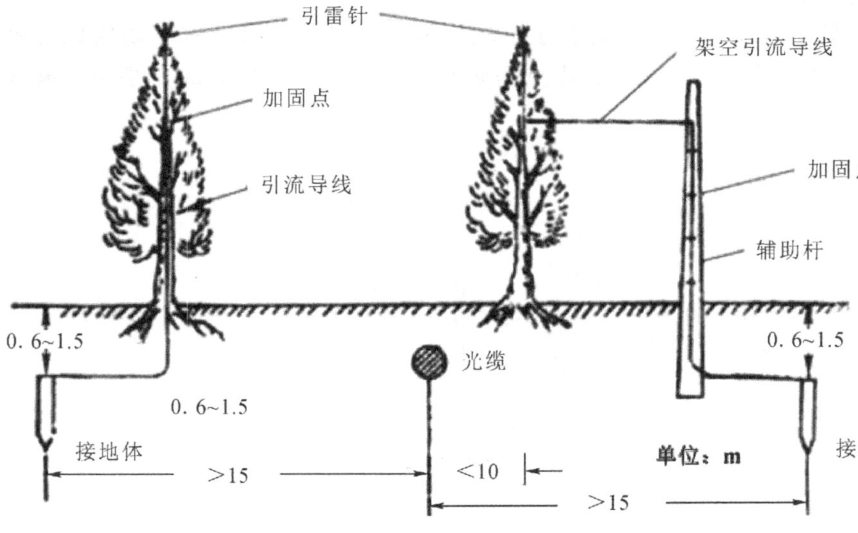

图 4－5　避雷针装设方法示意图

如果用树木做支持物，其导流引线可以适当预留一定的长度用来适应随树木生长升高而加升。

引雷针和引流导线在支持物上每隔(0.5～1)m 加固一次。如果以木杆做支持物，木杆与光/电缆间距小于 3 m 时，或者以树木做支持物，树木与光/电缆间距离小于 10 m 时，应先将引流导线改为架空敷设适当距离后再入地，达到避雷针接地点与光/电缆间距离为 15 m

以上。

避雷针的防雷作用要比消弧线方法好，效能较高，装设比较简单，但它有对空暴露的缺点，采用时要注意利用地形、地物加以伪装后使用。

3）架空光缆的防雷措施

架空光缆一般采用型号为 7/2.2 mm 镀锌钢绞线做吊线，只需对吊线做适当的接地处理，就可为一条很好的架空防雷地线。根据 YD 5098—2005《通信局(站)防雷与接地工程规范》3.8.6 条规定：光缆吊线应每间隔 300 m 利用电杆避雷线或拉线接地，每隔 1 km 加装绝缘子进行电气断开，雷害特别严重地段的架空光缆上方应装设架空地线。

（1）电杆装设避雷线要求。

① 水泥电杆有预留避雷线穿钉的，应从穿钉螺母向上引出一根规格为 4.0 mm 的钢线并高出杆顶 100 mm，再在杆根部的地线穿钉螺母处接出规格为 4.0 mm 的钢线入地，安装示意图如图 4-6 所示。

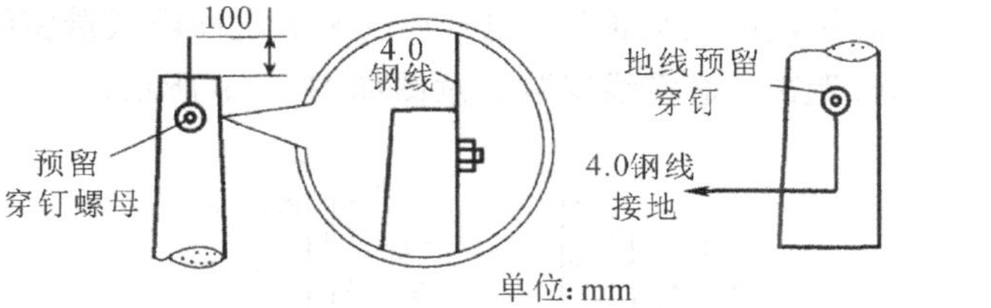

（a）杆梢部分避雷线接法　（b）杆根部分引线接法

图 4-6　有预留避雷线穿钉的水泥电杆避雷线安装示意图

② 水泥电杆无预留避雷线穿钉的，应在水泥杆顶部凿孔沿水泥杆内孔壁穿放 4.0 mm 钢线至杆根，并按要求延伸，4.0 mm 钢线应高出杆顶 100 mm，并用 3.0 mm 钢线捆扎，顶部凿孔在地线安装后用水泥封堵，安装示意图如图 4-7 所示。

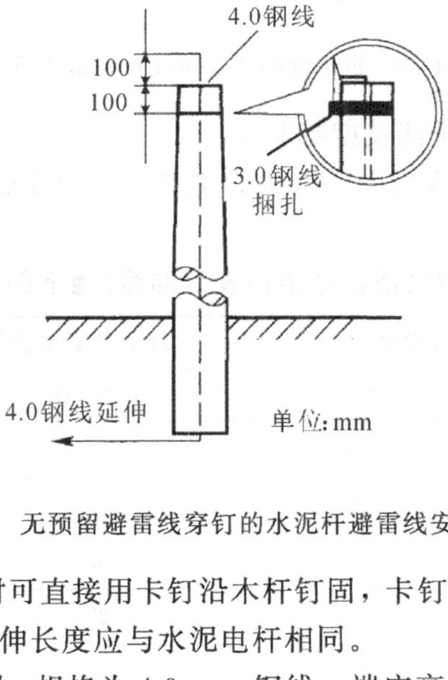

图 4-7　无预留避雷线穿钉的水泥杆避雷线安装示意图

③ 木杆上装设避雷线时可直接用卡钉沿木杆钉固，卡钉间距离为 500 mm。避雷线在木杆顶部伸出长度及底部延伸长度应与水泥电杆相同。

④ 利用拉线做避雷线时，规格为 4.0 mm 钢线一端应高出电杆 100 mm，在距离杆顶

100 mm 处用 3.0 mm 钢线捆扎，并且每间隔 500 mm 捆扎一次，规格为 4.0 mm 钢线另一端压入拉线抱箍内并与其良好接触，安装示意图如图 4-8 所示。规格为 4.0 mm 钢线在木杆上固定时，宜直接用卡钉钉固。

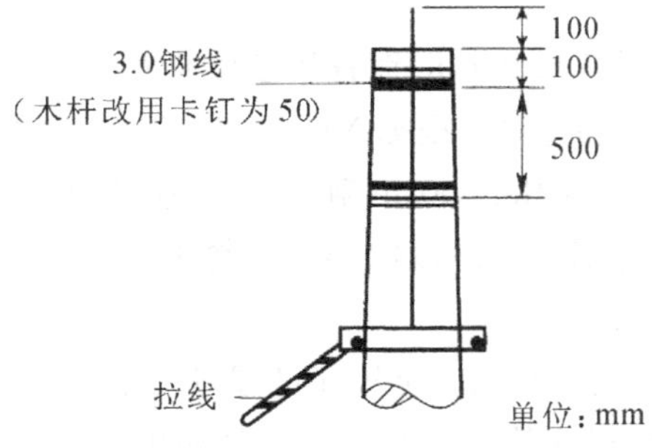

图 4-8　利用电杆拉线做避雷线安装示意图

⑤ 在与 10 kV 以上高压输电线交越处，电杆应安装放电间隙式避雷线，两侧电杆上的避雷线安装应间隔 50 mm 距离，避雷线安装示意图如图 4-9 所示。

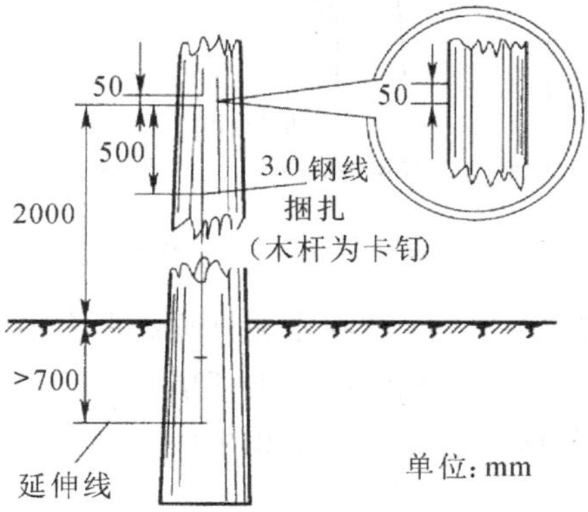

图 4-9　放电间隙式避雷线安装示意图

（2）避雷线接地电阻及延伸线长度要求。

避雷线的地下延伸部分埋深应大于 70 cm，延伸线采用规格为 4.0 mm 钢线，延伸长度及接地电阻要求如表 4-5 所示。

表 4-5　避雷线接地电阻及延伸线(地下部分)长度

土质	一般电杆避雷线要求		与 10 kV 电力线交越杆避雷线要求	
	电阻/Ω	延伸/m	电阻/Ω	延伸/m
沼泽地	80	1.0	25	2
黑土地	80	1.0	25	3
黏土地	100	1.5	25	4
砂砾土	150	2	25	5
砂　土	200	5	25	9

(3) 架空光缆线路的吊线接地要求。

架空光缆线路的吊线应按设计要求间隔接地，吊线接地应符合下列规定：

吊线利用预留地线穿钉做地线时，应将光缆屏蔽层用规格为 4.0 mm 钢线与安装在吊线上的地线夹板连接，并将规格为 4.0 mm 钢线沿电杆引至电杆的预留孔处，然后与预留地线穿钉连接入地。在杆根部的地线穿钉螺母处应接出规格为 4.0 mm 钢线入地，安装示意图如图 4 - 10 所示。

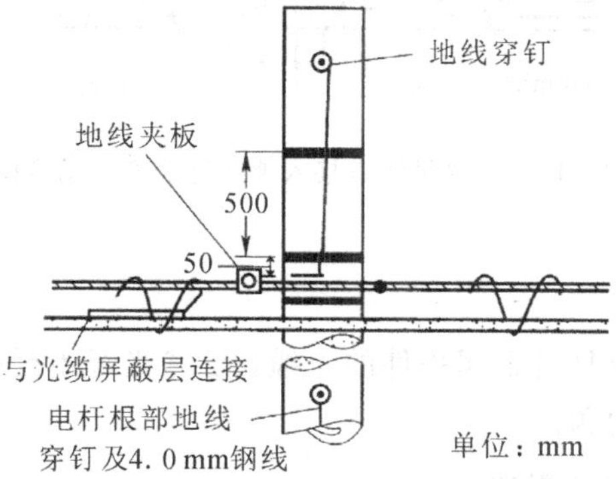

图 4 - 10　光缆吊线利用预留地线穿钉做地线安装示意图

吊线利用拉线做接地线时，吊线应经地线夹板用规格为 4.0 mm 钢线与拉线抱箍连接，通过拉线入地。光缆金属屏蔽层应通过地线夹板用规格为 4.0 mm 钢线与吊线连接，安装示意图如图 4 - 11 所示。

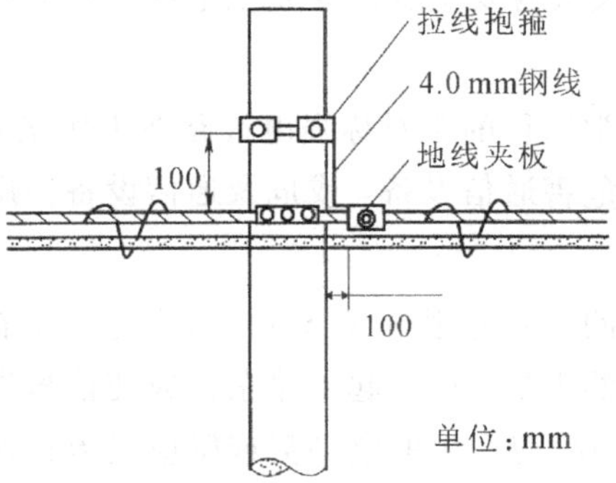

图 4 - 11　光缆吊线利用拉线做地线安装示意图

吊线直接入地式地线其吊线应通过地线夹板与规格为 4.0 mm 钢线地线连接，并垂直沿电杆每间隔 500 mm 用规格为 3.0 mm 钢线捆扎，木杆用卡钉卡固，直接入地，安装示意图如图 4 - 12 所示。

4) 光缆在局(站)终端的防雷接地

光缆进入局(站)的防雷接地总的思路为：首先是要把光缆受雷电感应所产生的雷电感应电压拦截在局外；其次是做好局内的接地。根据 YD5098—2005《通信局(站)防雷与接地工程规范》3.7 节的规定，各类缆线入局应埋地引入，避免架空方式入局。具有金属护套/层的光缆入局时，应将金护套/层接地；无金属护外护套的光缆宜穿过钢管埋地引入，钢管两端要做好接地处理。

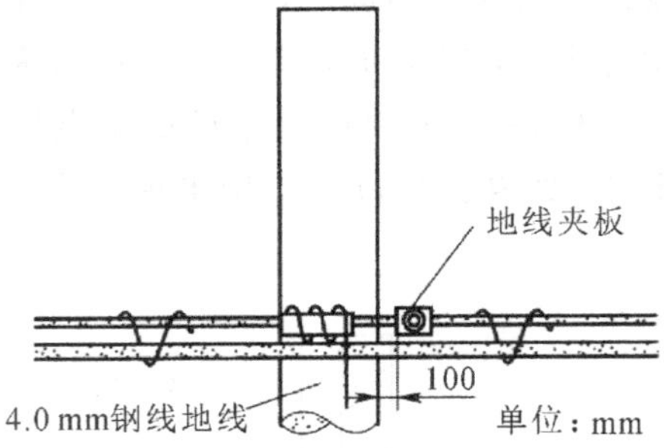

图 4－12　光缆吊线直接入地式地线安装示意图

4.2.2　通信线路防强电

目前的通信光缆大部分是有金属构件的光缆，虽然光纤不受强电线路的影响，但金属光缆必须考虑强电防护的问题。

1. 强电线路对光缆线路的影响

对于有金属构件的光缆线路，强电影响主要有如下三个方面：瞬间危险影响、经常性危险影响、干扰影响。

1）瞬间危险影响

瞬间危险影响是指对称式强电线路发生接地短路故障时，光缆中的金属构件上感应产生的纵电动势很大，达到危及人身安全及击穿光缆绝缘介质的程度。

2）经常性危险影响

经常性危险影响是指正常运行的不对称强电线路在工作状态下，光缆中的金属构件上感应产生的纵向电动势足以危害通信设备，或危及通信设备使用人员的生命安全。

3）干扰影响

干扰影响是指正常运行的不对称强电线路在工作状态下，在通信回路中，感应产生出足以影响通信设备正常工作的干扰，可引起电路杂音或使信号失真。

对于有铜线的光缆，纵向感应产生的电动势或感应电流在铜线回路(包括远供回路)产生的干扰超过有关的规定值。

2. 光缆对强电影响的防护措施

光缆线路对强电影响的防护，关键是看光缆内有无金属构件。当强电线路对有金属构件的光缆产生的危险影响电压超过允许值时，应根据具体情况，采取必要的防护措施，以保证人身和电信设备的安全，可选用的防护措施如下：

(1) 在选择光缆路由时，应与现有强电线路保持一定的间隔距离，尽量避开强电影响区域，并尽量避免光缆线路与强电线路、电气化铁路或地下电气设备平行接近。不可避免需要平行敷设时，应考虑采用无金属光缆，或增加光缆绝缘外护层的介质强度。

(2) 当光缆线路与强电线路、电气化铁路或地下电气设备交叉跨越时，宜垂直通过；不能垂直交越时，其交越角度应不小于 45°。

(3) 施工中应注意不要磨损光缆护套，并确保光缆内金属护层的对地绝缘符合要求。

(4) 在光缆接头处，光缆两端的金属加强芯、金属护套不能作为电气连通使用，以缩短磁感应纵电动势的积累段长度，金属构件也不能作为接地使用。

(5) 在强电线路接地装置与直埋光缆之间应增设消弧线。

(6) 在与强电线路平行地段进行光缆施工或检修作业时，应将光缆中的金属构件作为临时接地使用，以保证人身安全。

(7) 在接近发电厂、变电站的地网地段进行光缆施工或检修作业时，不能将光缆的金属构件接地，避免将高电位引入光缆，引发新的危害。

(8) 对于含有铜线的光缆线路与高压输电线平行接近时，可将光缆穿放在具有良好接地的金属管道内，并安装电磁感应抑制管。

(9) 架空光缆与架空电力线交越时，光缆线路应架设在电力线路的下方位置，交越处应采用胶管、塑管将钢绞线做绝缘处理。架空光缆交越其他电气设施的最小垂直净距离应符合表 4-6 所示规定要求。

表 4-6　架空光缆交越其他电气设施的最小垂直净距

其他电气设备名称	最小垂直净距/m		备　注
	电力线路有防雷保护设备	电力线路无防雷保护设备	
10 kV 以下电力线	2.0	4.0	最高缆线到电力线
(35～110) kV(含)电力线	3.0	5.0	最高缆线到电力线
(110～220) kV(含)电力线	4.0	6.0	最高缆线到电力线
(220～330) kV(含)电力线	5.0	—	最高缆线到电力线
(330～500) kV(含)电力线	8.5	—	最高缆线到电力线
供电线接户线	0.6		供电线为被覆线时，光缆也可从供电线上方交越
霓虹灯及其铁架	1.6		
电气铁道及电车滑接线	1.25		跨越档两侧电杆及吊线安装应做加强保护装置

4.2.3　通信线路防洪

光缆线路不可避免要翻山过河，因此，在雷雨季节敷设在山区及通过河流的光缆线路将面临着来自洪水的威胁。当洪水直接冲断光缆线路或由于水土的大量流失发生塌陷而毁坏光缆线路时，受害地段的光缆线路抢修将十分困难，可能使通信长时间阻断，其后果是十分严重的，所以必须认识到光缆线路防洪工作的重要性。光缆线路的防洪主要是针对直埋式光缆线路而言的，重点地段是山区和河流。光缆线路防洪的主要任务在于预防和保护。

通信光缆线路对洪水的预防工作主要是在设计及施工阶段进行，比如要选取比较合理、安全的路由，减小来自于洪水方面的威胁。除此之外，在一些特殊地段还必须考虑增加一些必要的保护措施。

1. 合理选择通信线路的路由

1）光缆通过河流时路由的选择

光缆在通过河流时，要避开水流较急、河岸不稳固的区域，如河渠、矶、汇流点、深槽、浅滩、干支流河口及沙洲等，示意图如图 4－13 所示。当通过水库附近时，光缆线路路由应选择在水库上游，以免水坝决口时冲毁光缆线路。

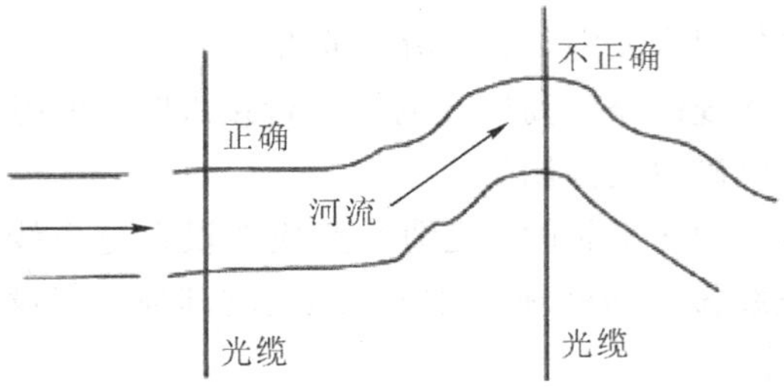

图 4－13　光缆线路通过河流时路由选择示意图

2）光缆通过山区时路由的选择

光缆通过山区时，选择光缆路由的总原则是：尽量走平川，少走山区，避免连续翻山。光缆通过山区时必须避开容易滑坡、坍塌及产生泥石流的山区路由。在山区选择光缆翻山路由时，应选择从山的鞍部通过，示意图如图 4－14 所示，上、下山时应选择在坡度较缓的小山梁或合水线一侧，避免从山沟、合水线、流水沟上、下山，以防止流水的冲刷。选择石质山区、顺山走的光缆路由时，一般应走山腰。过黄土高原时，光缆路由应走塬上、梁上或较宽的川边，不能走半山腰，避免横跨雨裂沟。光缆路由过梯田时，应尽量避开靠山边的梯田；无法避免时，应选择梯田中地形突出的部位走，不走凹陷部位，并进行认真加固，防止流水冲刷。

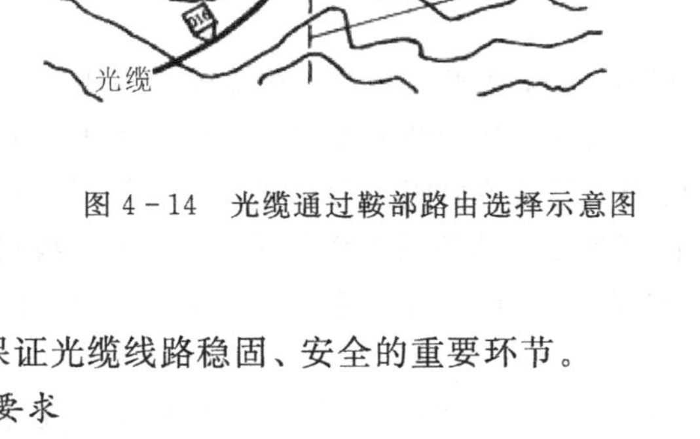

图 4－14　光缆通过鞍部路由选择示意图

2. 防洪具体措施

做好防洪工作是保证光缆线路稳固、安全的重要环节。

1）线路加固防护要求

光缆穿越高 0.8 m(含)以上的沟坎、梯田时，应做护坡(挡土墙)；沟坎、梯田高低差在

1 m 以上，一般采用石砌护坡，并用水泥砂浆勾缝；沟坎、梯田高低差为(0.8～1)m 时，可用三七土加固；沟坎、梯田高低差为 0.8 m 以下时，一般不做护坡，但必须分层夯实并恢复地形原状。

光缆敷设在易受洪水冲刷的山坡时，应做堵塞。堵塞的上下宽度，应比光缆沟的上下宽度每侧增加(0.2～0.4)m，比沟底增深 0.3 m。砌筑时，下部比上部纵向略许加宽，以加强稳固性。堵塞间距一般为 20 m 左右，在坡度大于 30°的地段，视冲刷情况减至(5～10)m。

禁止距光缆线路 20 m 内进行爆破，50 m 内进行工程测量和施工。禁止在距光缆线路路由上游 100 m、下游 150 m 季节河、流沙河内挖沙、堆石。

2) 建筑保护坝

光缆在穿越小河、水沟、小溪时，应在光缆线路下游(2～4)m 处建筑保护坝，以稳固河床，保护光缆线路，保护坝断面如图 4-15 所示。建筑保护坝时，应注意以下几个问题：

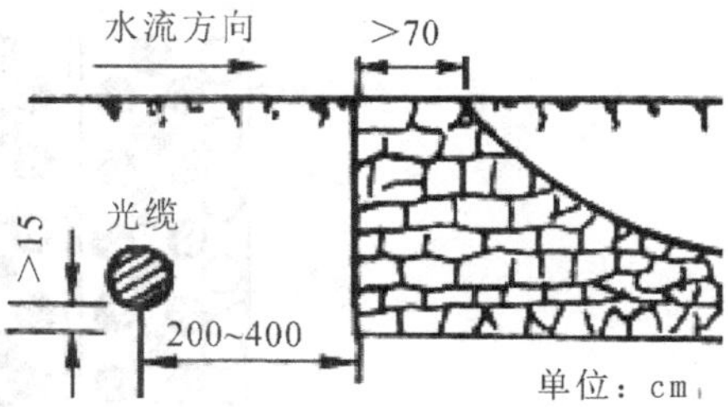

图 4-15　保护坝断面图

(1) 保护坝长度应超过河床宽度，并延伸至河岸稳固的地方。保护坝应深于光缆埋深 15 cm 以上，坝宽应视洪水的冲刷情况而定。

(2) 保护坝必须建筑在光缆线路下游，并远离光缆线路一段距离。保护坝不能与光缆同沟，或直接将光缆灌注在保护坝内，否则会造成坝倒缆断的事故。

(3) 要求保护坝建筑在河床的稳固层上，以确保保护坝本身的安全。当确实无法建筑在稳固层上时，必须加大保护坝底基宽度，并用大型块石铺底，错缝压接，严密灌注。

(4) 坝顶不得高出河床面，防止在保护坝处形成回旋水。否则，则坝顶挡水，坝基易被掏空，使坝倾倒损毁。

3) 建筑堤坝和护岸

在光缆过河地点及光缆沿河边敷设地段、易被冲塌的河岸上应做堤坝或护岸，其断面图如图 4-16 所示。护岸和堤坝的地基应建筑在连山石或稳固层上，其高度和长度视实际情况而定。

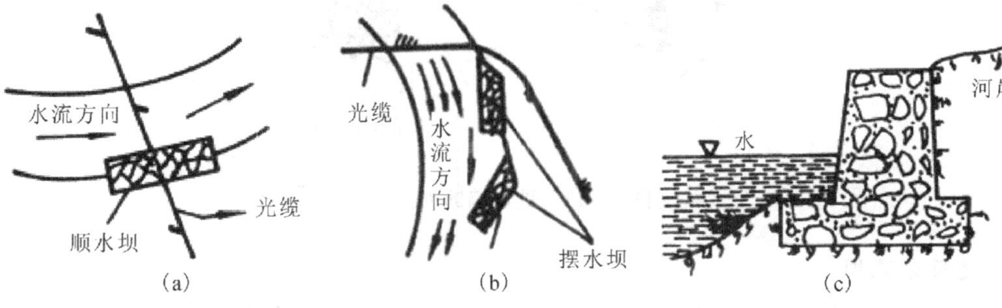

图 4-16　各种堤坝及护岸断面图

4) 石板凿槽

光缆线路在通过石质河床时，可采用凿槽放缆的方法保护光缆简称石板凿槽。此方法施工较复杂，但建成后稳固可靠，断面图如图 4－17 所示。具体方法为：

在光缆通过的河床上，用凿眼放炮的方法凿开一个上宽为(0.8～1.2)m、下宽为(40～60)cm、深度为 1 m 左右的石槽。为防止爆炸力太大，应控制药量放小炮。也可先在石槽的边缘相隔 30 cm 左右凿两行空眼(不装药)以稳固石槽两岸，使之不被震坏。然后在空眼中部凿成梅花形的炮眼，装药，放炮开槽。大石槽开成后，可在大石槽的底部中央用人工凿成一小石槽(宽(15～30)cm、深(20～30)cm)，凿平底部，铺细沙 10 cm 厚度，放入光缆，用砂土填满小槽，再盖石板保护。然后砌石灌注，填满大石槽，表面勾缝抹光，与原河床齐平。

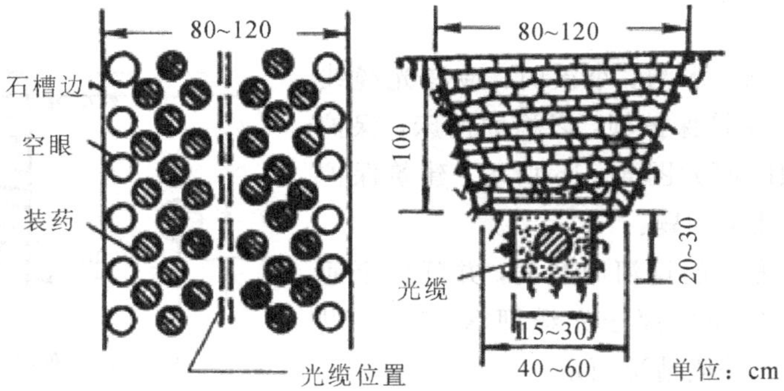

图 4－17　石板凿槽断面图

5）建筑坡度墙

光缆通过 30°以上土质坡度地段时，要砌坡度墙用于挡土，以保护光缆其断面图如图 4－18所示，坡度墙两侧应超出光缆沟宽各 20 cm，墙基一般不要深于光缆埋深。这样，即使坡度墙被破坏，光缆也不会立即受损。另外坡度墙的高度不要高出地面。

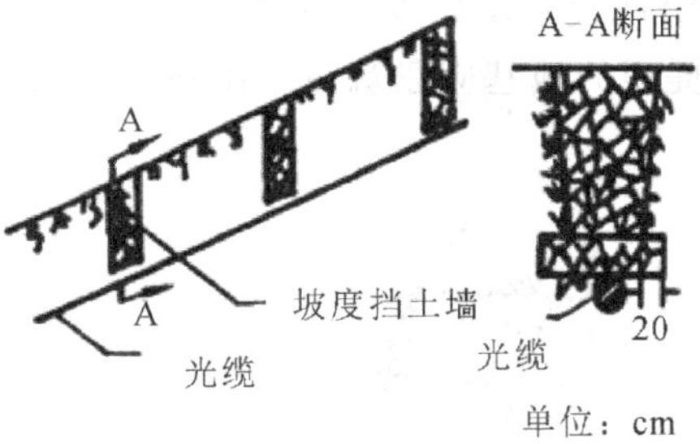

图 4－18　坡度墙断面图

6）建筑分流坝

当光缆敷设坡度超过 45°时，除砌坡度墙及光缆加钢丝铠装保护外，在雨季容易冲刷的地段还应用石块或土建筑分流坝，使水分散流走，以保护光缆。分流坝高度一般为(20～30)cm，呈鱼背形。坝宽、坝长和坝的条数可根据洪水的冲刷力和流水面积确定。分流坝断面图如图 4－19 所示。

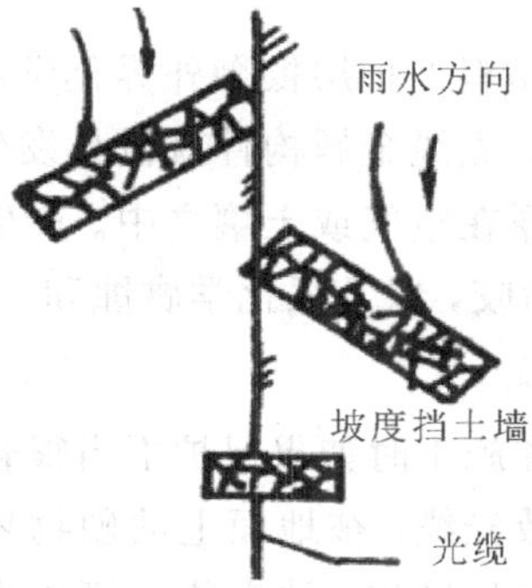

图 4－19　分流坝断面图

7) 建筑护坎(坡)

光缆通过梯田、沟坎时，要因地制宜筑砌护坎(坡)进行加固，护坎(坡)断面图如图 4－20所示。护坎(坡)应高出地面(20～30)cm。坎边要塞碎石保土，沟坎附近 3 m 以内回填土要分层夯实。

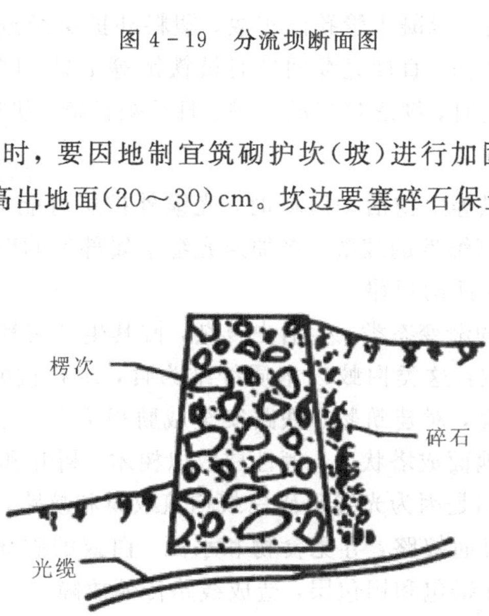

图 4－20　护坎(坡)断面图

8) 挖排水沟

光缆通过容易积水或顺沟流水的地方，应在远离光缆的地方挖排水沟把水引开，以防止雨水冲刷光缆路由。

9) 深埋光缆

光缆通过流沙河河床时，因不能建筑防洪设施，可用深埋光缆的方法保护光缆，其深度根据实际情况决定(光缆沟一般应挖在稳固层上)。

4.2.4　通信线路防腐蚀

光缆线路所经过的地方由于环境复杂，温差变化大，易使光缆的塑料外护层老化、破损、穿孔，使光缆的金属护层受周围介质化学或电化学的作用发生腐蚀，最终导致缆芯受潮、进水，影响光缆的使用寿命，甚至在较短的时间内损坏光缆。所以，光缆线路防腐蚀应在线路的工程设计时就必须考虑到，在光缆线路施工和维护中更要落实。

1. 腐蚀产生的分类

室外光缆在设计时已考虑到塑料外护层抵御外界化学和电化学腐蚀的能力。但是，当光缆外护层的完整性受到破坏时，光缆金属构件就极易发生腐蚀，腐蚀主要为化学和电化学腐蚀，究其原因是金属构件暴露在空气或土壤之中。产生光缆塑料外护层损坏的主要原因有机械损伤，白蚁、老鼠等的啃咬，以及强化学腐蚀和外护层老化。

1）机械损伤

光缆外护层材料多为塑料，在施工时如果保护不当很容易造成损伤。如：光缆布放时，不按操作规程作业，在地面上拖放光缆，被地面上的硬物划伤或磨伤外护层；光缆布放时在通过道路等处时，未采取有效保护措施，被来往车辆压伤或挂伤外护层；管道光缆布放时，未预设塑料子管，直接在混凝土管孔内布放，塑料外护层经过长距离的磨损或被管道内的毛刺、接口处的茬缝磨伤；直埋光缆回填时被铁铲等工具、回填土中的砖石等尖硬物损伤外护层；直埋光缆敷设时，缺乏良好的保护，日后被挖锄、机耕损伤等。

2）白蚁、老鼠啃咬

当光缆处于白蚁、老鼠等生物活动区域时，光缆外护层可能会被咬伤。同时，白蚁在啃咬过程中又会分泌出强腐蚀性的蚁酸，将加速光缆金属部件的腐蚀。

（1）白蚁的生活习性和活动规律。

白蚁属于不完全变态的渐变态类，生活史复杂，按其生活习性又可分为木栖性白蚁和土栖性白蚁。一木栖性白蚁：这类白蚁以木质纤维为食，木材被蛀变空后房屋容易倒塌，铁路枕木被蛀影响使用寿命，对建筑物、铁路安全威胁极大。二土栖性白蚁：这类白蚁在地面下土中筑巢或巢高出地面成塔状，土栖性白蚁以树木、树叶和菌类等为食。

白蚁破坏光缆主要原因是因为光缆阻碍白蚁构筑蚁巢和蚁路，白蚁遇到障碍物不会避让，所以白蚁蛀穿光缆来打通蚁路，寻觅食物和水源。白蚁的破坏能力较强，不但能破坏光缆的外护层，甚至能破坏铅包和铝包层，造成线路传输故障。

（2）老鼠的生活习性和活动规律。

老鼠属于啮齿性动物，有人的地方就有老鼠存在。特别是褐家鼠是最常见的和危害最大的一种家鼠，属于世界性分布的鼠类，凡是有人类居住的场所几乎都有它的踪迹。

对于老鼠破坏光缆的原因现有两种解释：一是为了磨利尖齿，而光电缆塑料护套的塑料硬度正好合适，因而咬坏电缆；二是老鼠打洞觅食过程中要扫除前进障碍而咬坏电缆。但最有说服力的为第一种。

根据有关研究部门的长期研究，发现虽然光缆大多采用塑料护套材料，易受鼠类咬坏造成故障。但对于外径大于 40 mm 的塑料护套光缆，老鼠却难以损坏，主要是因为外径已超出鼠口张开的大小。

（3）强化学腐蚀和老化

当光缆路由附近存在腐蚀性物质（垃圾、粪池、化工排污地、坟墓等）时，外护层就会遭到腐蚀或加速老化，从而损伤外护层，进而腐蚀金属铠装层和金属防潮层。

2. 防腐蚀措施

室外光缆外护层材料多为 PE、PVC、PA 材料，在土壤中老化速度较慢，耐土壤腐蚀性能良好，其中 PE 材料防护层在土壤中防蚀性能最好。光缆塑料外护层不受到外力破坏时，它的防蚀保护作用良好，一旦被破坏，仅需埋藏一年金属护套就会发生腐蚀穿孔，因此在光缆的生产、运输、敷设过程中必须确保外护层的完好无损。在光缆结构的选型上，特殊地段可采用防蚁、防鼠光缆。

（1）在工程设计及施工路由选择时，尽量避开白蚁、老鼠等生物活动地区以及易发生外界机械损伤光缆的地段。例如：取土场、挖沙地段、有疏浚计划和挖泥取肥的沟渠、植藕的湖塘、机耕路、农村大道、市区、易动土地段、汛期山洪冲刷严重的地段等，这些地段容易出现光缆的机械损伤；森林、村庄、草坪、木桥、坟场和堆有垃圾的潮湿地方，这些地方是白蚁可能滋生的地方；石砌桥头和涵洞、农田田埂、河溪和水田附近无水泥封缝的石料建筑及外露老根的树下等地方，这些地方属于老鼠活动可能频繁的地方。

光缆线路在穿过农田、河堤、水沟、荒土丘、草木丛及经济作物坡地时，应选最短距离通过，减少在其边缘埋设的长度。光缆通信线路两侧各 2 m(市区内光缆线路两侧各 75 cm)范围内禁止植树、栽竹等。

（2）在光缆敷设施工时，应严格执行标准和施工规范，确保光缆外护层的完好无损。

① 严格按照光缆的埋深设计要求进行施工。光缆埋深标准的制定是考虑了我们国家基本地域的情况，例如我国冻土层的最大深度、老鼠在耕作层的一般活动范围、机械耕作的一般深度等因素。因此，只要埋深达到设计要求，光缆线路一般就不会遭受鼠、蚁和机耕的损害。沿山坡公路埋设时，光缆应埋在靠近山坡的一侧。

② 光缆施放时，不管是机械施放或人工抬放，都应防止光缆与地摩擦造成破坏光缆外护套，严禁不预放子管就直接布放光缆，严禁压伤、铲伤、碰伤光缆外护层。

③ 下层回填土应为细土，并应注意防止发生尖利的石块刺伤光缆外护套；在施工中，应检测光缆外护层的完整性，发现破损应及时修补。

④ 确保光缆金属构件在光缆敷设后对地绝缘符合设计要求及验收标准，施工单位在施工过程中就应重视这些要求和标准。

（3）当光缆线路不得不经过鼠、蚁频繁活动地区时，以及又不选用特殊光缆时，可以采用穿管保护等方法防鼠、防蚁。

当光缆线路必须经过鼠、蚁活动地段时，可以将光缆穿放在硬塑料管或钢管(外径不小于 40 mm)中，以防鼠、蚁咬伤。穿管保护的具体施工方法可以参见 3.1.3 光缆管道敷设一节内容。注意在埋设光缆时应将填土夯实，不宜用石块等硬物填塞光缆沟，做到沟内不留缝隙。光缆敷设时一般建议采用这种“环保物理法”。

（4）在管道光缆敷设完后，应及时将管孔及子管两端用油麻或热缩管封闭，以防老鼠进入管孔。这种方法不但可以防鼠，还可起到防蚁的作用。

（5）防止并及时治理、清除光缆路由上的腐蚀源(如垃圾、污水、粪池、化工排污地、坟墓等)。线路两侧 2 m 范围内禁止建屋搭棚，以及在 3 m 范围内挖沙取土、开沟修渠和设置厕所、粪池、牲畜圈、沼气池等。

（6）当光缆线路已经发生了腐蚀时，应分析腐蚀发生的原因，以便采取相应的防护措施。当发生电化学腐蚀时，可采用阴极防护法进行防腐蚀处理。阴极防护法有以下两种传统做法：

① 外加电流法：把被保护光缆的金属构件与直流电源负极连接，连接示意图如图 4－21所示。

② 牺牲阳极法：用活泼的金属（如 Zn、Al）与被保护光缆的金属构件就连接，被保护光缆的金属构件就成为阴极，连接示意图如图 4－22 所示。阳极棒还可采用镁合金、铝合金、锌合金，这种防护不仅可起到防腐作用，还可以起到防雷、防强电等综合保护作用。

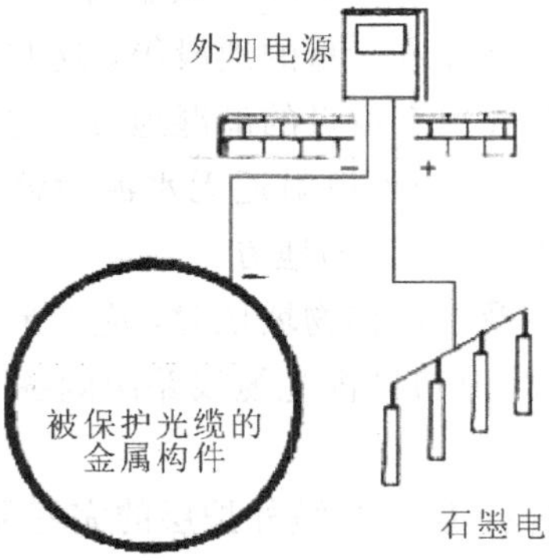

图 4－21　外加电流法连接示意图

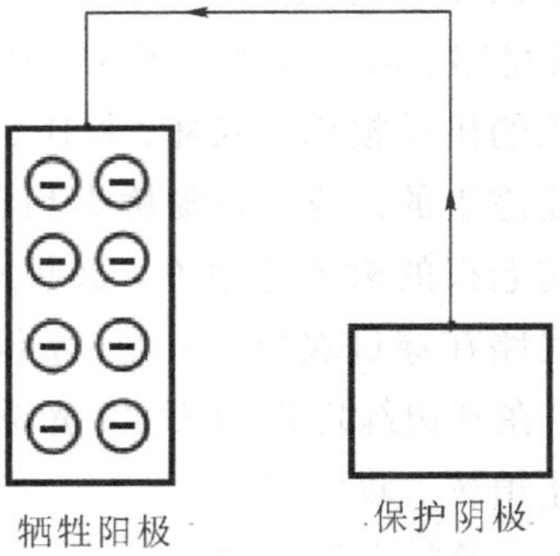

图 4－22　牺牲阳极法连接示意图

（7）光缆线路的防冻害措施。

光缆线路遭受冻害后会加速光缆的老化或产生季节性的光缆线路故障，老化使光缆外护层的防御能力下降，最终破损。

在寒冷地区由于气候条件的差异和季节性的气候变化，会造成寒冷地区出现永久冻土层或季节性冻土层。在这些地区敷设光缆，如果埋设的深度选择不当或选用光缆不当，都有可能发生季节性的光缆线路故障，因此，在寒冷地区应针对不同气候特点和冻土状况需采取不同的防冻措施。

① 在寒冷地区使用的光缆应选用适用温度范围为 A 级（低限为－40℃）的光缆。

② 在季节冻土层（冬天是冻土，其他季节非冻土）中敷设光缆时可采用增加埋深的措施来防冻害，增加埋深是为了避开不稳定的冻土。例如：东北的北部地区是属于季节冻土层地区，工程中可将光缆埋深保持在 1.5 m（针对除黏土的其他土质）。

③ 在有永久冻土层的地区敷设光缆时应注意不扰动永久冻土。一般采取降低光缆埋深的方法，这种方法主要是为了保持永冻层的稳定。例如在青藏高原等永久冻土层地区敷设光缆时就采取减小光缆埋深措施来防冻害。

3. 腐蚀性指标的测试

当光缆线路处于可能发生或已经发生腐蚀的危险状态时，光缆的金属构件上会有一些电气特性的变化。通过一些腐蚀性指标测试，就可知道腐蚀是否会发生或者已经发生，进而可以判断出腐蚀发生的地段。

1）金属护套对地绝缘电阻测试

光缆金属护套发生腐蚀，光缆金属护层就暴露在土壤中，于是金属护套对地绝缘必然降低。因此，通过测试金属护套对地绝缘电阻的变化，就可判断出光缆线路上是否有腐蚀发生。金属护套对地绝缘电阻测试是判断腐蚀发生与否的最简单和最常用的方法，使用缆线探测仪就可以方便地找到光缆路由绝缘故障具体地点。

2）金属护套对地电位测试

当光缆线路的金属构件对地电位达到一定程度时，说明光缆金属护套和金属防潮层可能要出现腐蚀或腐蚀已经发生，这种腐蚀一般多为电化学腐蚀。电化学腐蚀的速度取决于光缆所处的环境、金属护套对地电位的高低及护套的材料等。光缆对地的防护电位值应介于表4-7、表4-8所列范围内。

表4-7　光缆对地容许防护电位上限值

光缆护套材料	按氢电极计算/V	按硫酸铜电极计算/V	介质性质
钢	−0.55	−0.87	酸性或碱性

表4-8　光缆对地容许防护电位下限值

<table>
<tr><th>光缆护套材料</th><th>防腐覆盖层</th><th>按氢电极计算/V</th><th>按硫酸铜电极计算/V</th><th>介质性质</th></tr>
<tr><td rowspan="3">钢</td><td>有</td><td>−0.9</td><td>−1.22</td><td rowspan="3">在所有介质中</td></tr>
<tr><td>部分损坏</td><td>−1.2</td><td>−1.52</td></tr>
<tr><td>无</td><td colspan="2">由相邻金属设备的有害影响来确定</td></tr>
</table>

问题与讨论

1. 光缆线路的防护包括哪些内容？
2. 光缆中光纤是非金属材料，为什么还要考虑防雷？
3. 雷电是通过哪些途径对光缆线路形成危害的？
4. 哪些地方容易遭受雷击？防雷地段如何确定？
5. 光缆线路（直埋、架空）采取外加防雷设施的方法有哪些？排流线如何安装？
6. 消弧线的有效保护范围有多大？如何安装消弧线？
7. 光缆线路接头处两端的金属构件在电气上是否连通与防雷有何关系？
8. 光缆线路受强电影响应从哪几方面着手解决？
9. 直埋式光缆塑料外护层损坏的主要原因有哪些？
10. 直埋式光缆线路的防腐蚀措施应从哪几方面进行考虑？
11. 直埋式光缆线路的防鼠措施应从哪几方面进行考虑？
12. 直埋式光缆线路的防蚁措施应从哪几方面进行考虑？
13. 为什么说光缆线路防洪的主要任务在于防范？
14. 光缆路由选择时（特别是过河、山区）应注意哪些问题？
15. 地下光缆的防洪措施有哪些？

专题5　光(电)缆接续与成端

光(电)缆接续与成端是本专题的典型任务。通过完成实训任务和学习任务资讯，学生应能阐述光(电)缆接续与成端规范，学会光纤熔接、光缆接续与封装，掌握电缆扣式接线子、模块式接线子接续与电缆封合，学会安装光(电)缆交接箱和电缆分线设备，完成光(电)缆入局成端。

5.1　实训任务

5.1.1　光缆接续

本任务主要工作是利用光缆接续工具及光缆接头盒进行指定光缆的接续。完成本任务所需工具和器材有光时域反射仪、光缆接头盒、光纤熔接机、光纤切割刀、光缆护套开剥刀、松套管剥除钳(束管钳)、一次涂覆层剥除钳(米勒钳)、钳子、螺丝刀、美工刀、剪刀、热缩套管、酒精、脱脂棉等。

1. 接续前准备

光缆接续前的准备工作包括技术准备、仪表器材准备和光缆准备。其中，技术准备是指施工人员必须熟悉所使用的光缆接头盒的性能、操作方法和质量要求；仪表器材准备是指要准备好接续用熔接机、OTDR光时域反射仪、光缆开剥工具和封装接头盒工具等，以及接头盒、热缩套管、扎带等器材；光缆准备指的是敷设的光缆在接续前必须完成光缆电气特性及光纤特性检查。如图5-1所示为部分光缆接续工具。

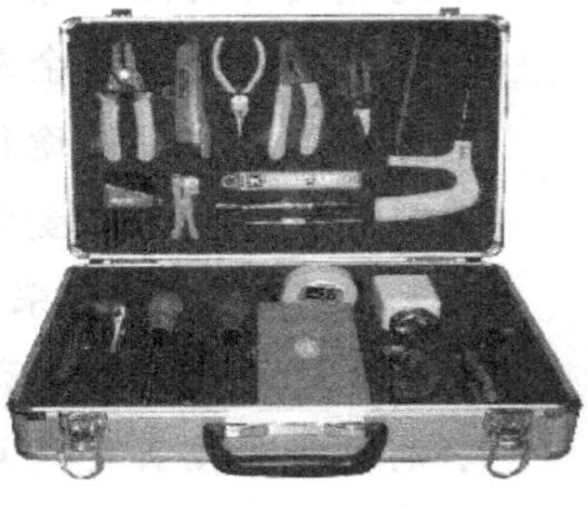

图5-1　部分光缆接续工具

2. 光缆接续位置确定

根据光缆接续位置的选择原则，架空线路的接头应设置在电杆旁1 m以内，抢修时则需特殊情况特殊处理；埋式光缆的接头应避开水源、障碍物以及坚石地段；管道光缆的接头应避开交通要道，尤其是交通繁忙的路口。

3. 光缆外护套开剥

光缆接续的开剥长度单侧一般为(1.2～1.5)m或按相关工艺要求确定。正式接续前可截断光缆端头约0.3 m，以防光缆进水进潮影响光纤性能。开剥时，用横向开剥刀等专用工具开剥，光缆切口应平齐无毛刺，并避免损伤光纤。

4. 加强芯和外护层固定和连接

(1) 加强芯的固定和连接。

加强芯必须固定牢固，并在始端做一个回弯，长度约为1 cm。按照光缆线路设计要求把加强芯做电气连通或电气断开。

(2) 外护套的固定和连接。

外护套在固定前要把固定的部分和粘密封胶的部分用砂纸横向打磨，然后固定牢固。金属护层部分根据设计要求做电气连通或电气断开。

5. 光纤熔接

光纤熔接主要分为制备光纤端面、熔接光纤、测量熔接损耗和补强光纤四个环节。具体涉及用束管钳剥除松套管和用米勒钳去除一次涂覆层，以及清洁光纤上残余的涂覆层碎屑和用光纤切割刀制备光纤端面；将光纤放入光纤熔接机的V形槽内，由熔接机完成光纤的对准和熔接；评估接头损耗；光纤补强保护。

(1) 制备光纤端面。

制备光纤端面可分为四步：套光纤热缩套管；剥除光纤涂覆层；清洁光纤；切割光纤。如图5-2所示为制备光纤断面的主要操作步骤。

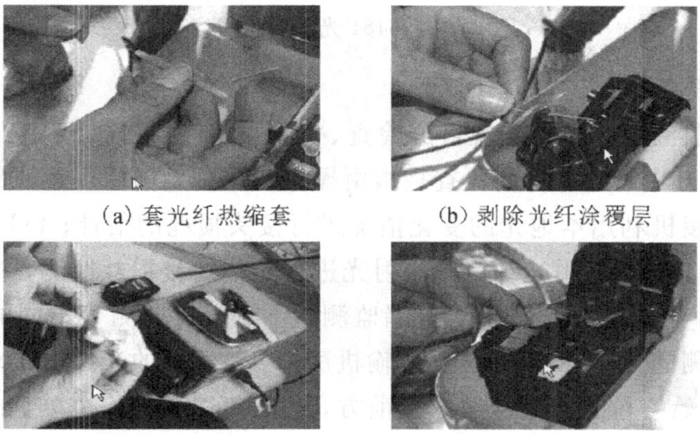

(a) 套光纤热缩套　(b) 剥除光纤涂覆层

(c) 清洁光纤　(d) 切割光纤

图5-2　制备光纤端面的主要步骤

① 套光纤热缩套管：制备光纤端面前，首先应在光纤两端选其一端套上热缩套管，以便于后续对光纤接头进行补强。

② 剥除光纤涂覆层：先用束管钳剥除松套管，对于紧套光纤可用剥线钳或米勒钳剥除光纤紧套，再用米勒钳剥除素纤上的一次涂覆层，露出裸纤，裸纤的长度约为35 mm。束管钳有多种齿孔，应根据松套管直径选用相应齿孔。应当注意束管钳和米勒钳的使用技巧，用力要适度、均匀，用力过大会损坏光纤或切断光纤，用力过小则难以剥除光纤的一次涂覆层。

③ 清洁光纤：一般采用蘸有无水酒精的脱脂棉擦洗光纤表面，直到擦洗时发出“吱吱”的响声为止。

④ 切割光纤：使用光纤切割刀制备光纤端面，要求端面平整、无缺损、无毛刺且与光纤轴垂直。应严格按照光纤切割刀的操作程序和要求进行操作，光纤一次涂覆层起点应对准切割刀(13～15)mm刻度，以取得理想的光纤端面。

(2) 熔接光纤。

熔接光纤采用熔接机进行熔接，在操作过程中，需要打开熔接机防风罩，将光纤放置于蓝色V型槽中，光纤端面距离电极棒1 mm以内，盖上压纤板，关闭防风罩，熔接机开始对准光纤自动熔接。光纤熔接机如图5-3所示。

图5-3　6481光纤熔接机

(3) 光纤熔接损耗监测。

光纤熔接损耗监测主要包括外观目测检查、熔接机的损耗估计和OTDR(光时域反射仪)接续损耗测试。其中，外观目测检查是指由操作人员利用肉眼观察光纤熔接损耗；熔接机损耗估计是指熔接机利用本地光的变化情况进行接头损耗的估计；OTDR接续损耗测试是指OTDR发出光脉冲，运用光纤后向散射光进行光纤熔接损耗监测，根据仪表测试位置及测试的不同要求，可采用远端监测、近端监测、环回双向监测等不同的测试方式。远端监测法就是用于监测的OTDR始终位于传输机房内，对远处的光纤熔接点进行测试；近端监测法就是OTDR始终位于光缆接续点的前方，一般离熔接机一个单盘的长度，目前长途干线施工多数采用这种方式；环回双向监测是在光纤的终端点把同一光缆内的所有光纤进行环回。OTDR接续损耗测试示意图如图5-4所示。

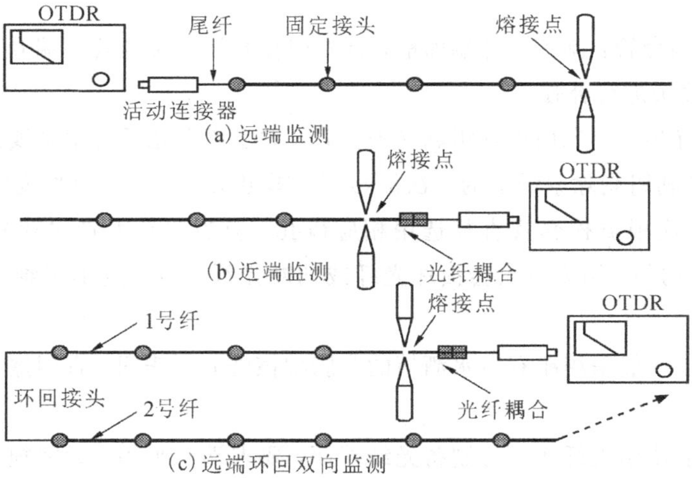

图5-4　OTDR接续损耗测试示意图

(4) 补强光纤。

光纤熔接的最后一步是对光纤接头的增强保护。在操作过程中，需要打开熔接机加热器，将光纤接头放置在热缩套管正中心，再将热缩套管放置在加热器中，关闭加热器盖并进行自动补强。补强光纤收缩前后的示意图如图5-5所示。

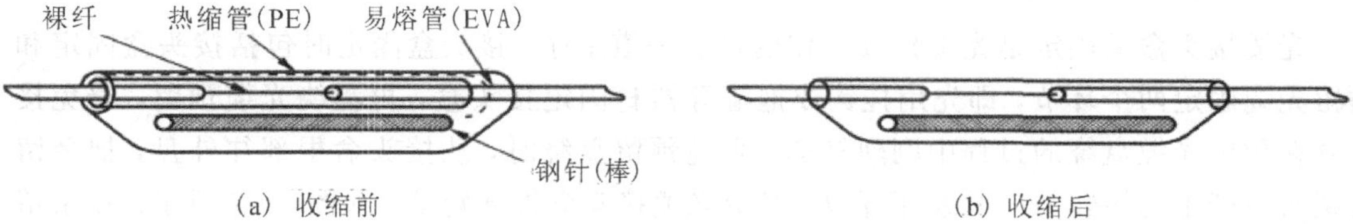

图5-5　补强光纤收缩前后的示意图

6. 余纤收容处理

余纤收容处理工作要求动作谨慎，不要伤及光纤或接头，保证光纤的弯曲半径大于规定尺寸(一般要求光纤的弯曲半径大于4 cm)。同时应避免余纤挤压受力和固定热熔管时裸纤受伤。虽然余纤收容的方式较多，但一般可归纳为如图5-6所示的几种收容方式。通常采用平板式盘绕法进行盘纤处理，在收容平面上以最大的弯曲半径，采用单一圆圈或"∞"字双圈盘绕方法。一般一个盘纤盒可收容12根光纤，应根据接头盒型号而定。

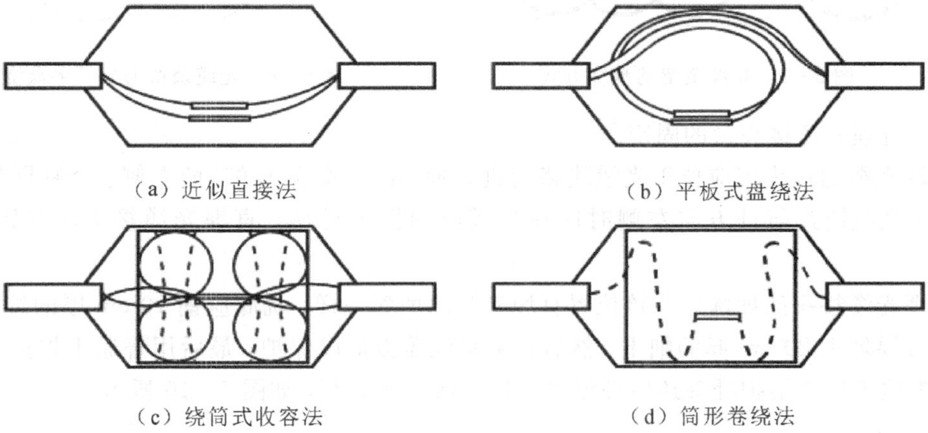

图5-6　余纤收容方式

7. 光缆接头盒封装

处理完缆内光纤后，便可封装接头盒。接头盒封装后要具备良好的密封效果，以保证光缆接头的可靠性。要做到这一点，就要注意接头盒密封胶条和光缆缠绕密封胶带的安装工艺。

(1) 加装密封胶条。沿光缆接续盒内预留好的槽道将密封胶条放入槽道内，特别要注意光缆密封胶带与接续盒密封胶条的连接处的密封性，以防止连接点出现密封不良导致接头盒进水进潮。帽式光缆接续盒采用外加密封塑料件方式，无密封胶条。

(2) 紧固光缆接续盒。将光缆接续盒盖按要求盖好，并将固定螺丝沿对角位置逐个紧固，直至全部固定螺丝紧固完毕。在紧固固定螺丝时，不能一次到位，应逐步紧固，以使光缆接续盒内的密封胶条和胶带更好地充满密封槽，起到较好的密封效果。套筒式光缆接续盒利用外加塑料件紧固，方法比较简便，拧紧固定螺丝时，要逐步用力，以防止损坏密封件。

8. 光缆接头盒的固定

光缆接头盒的固定是光缆接续工作的最后一道工序。接头盒固定时包括接头盒固定和预留光缆固定两个环节，即先用挂钩或抱箍等器材固定接头盒，再盘绕光缆预留，避免接头盒在预留光缆盘绕的过程中剧烈晃动。光缆预留盘绕时，从接头盒根部往外盘，把余留盘绕时所产生的扭转力向光缆侧释放，避免光缆接头盒根部转动，如图 5－7 所示。在余留盘绕过程中一般采取正一圈、反一圈的盘绕方法，以避免产生扭转力，其原理和盘"∞"字形状一样，正反圈所产生的扭转力可相互抵消。光缆余留的"∞"字盘绕方式如图 5－8 所示，先盘个"∞"字，B 点保持不动，然后将 A、C 两点重合即可。

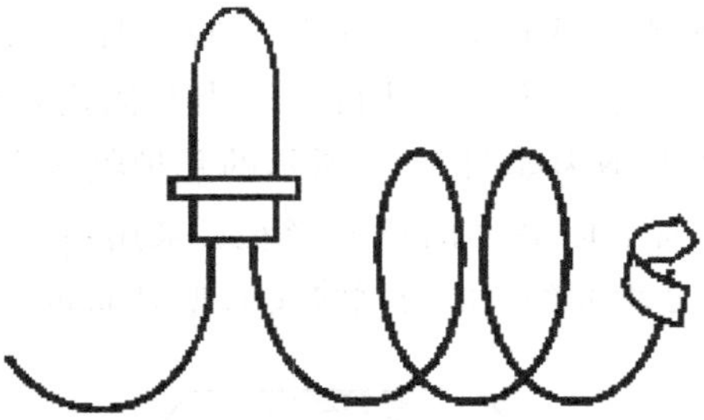

图 5－7　光缆余留的盘绕方式

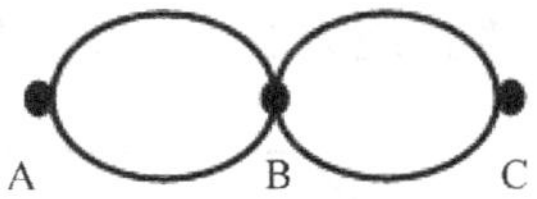

图 5－8　光缆余留的"∞"字盘绕方式

(1) 直埋光缆接头盒的固定。

直埋光缆的接头坑应位于光缆线路前进方向(由 A 端至 B 端)的右侧，个别因地形限制，位于光缆线路前进方向左侧时应在光缆路由图上标明。直埋光缆接头坑如图 5－9 所示。

直埋光缆接头的埋深应与该位置直埋光缆的埋深一样，坑底应铺 10 cm 厚的细土，接头盒上方要埋上 20 cm 厚的细土，然后盖上水泥盖板加以保护，最后用普通土将接头坑回填平，为便于后期维护处理还应埋设接头标石或监测标石，如图 5－10 所示。

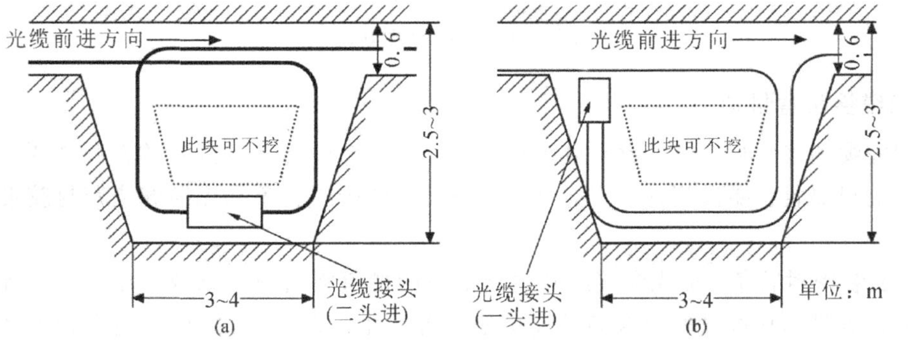

图 5－9　直埋光缆接头坑

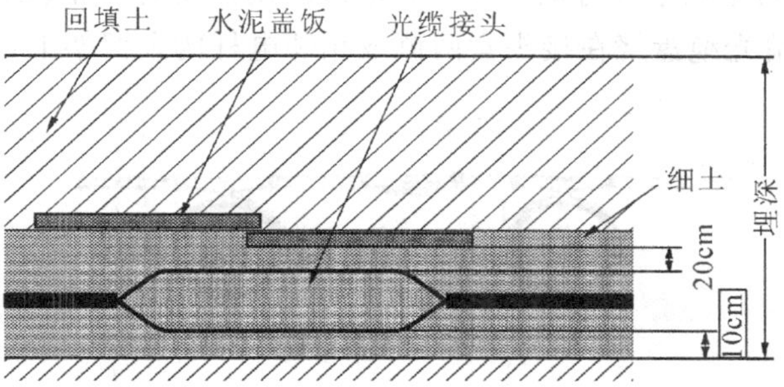

图 5-10　直埋光缆接头盒保护措施示意图

(2) 管道光缆接头盒的固定。

管道光缆接头盒应尽量安装在人孔内较高(贴近人孔上覆)的位置，可减少人孔内积水的浸泡，并防止施工人员的踩踏；安装时尽量不影响其他线路接头的放置和光(电)缆的走向；光缆应有明显标志，对于两根光缆走向不明显时应做方向标记；对人孔内光缆进行保护，并放置光缆安全标志牌。

根据接头盒进缆的方式不同，可以分别采取不同的固定方式。图 5-11 为管道光缆接头盒以及余留光缆的一种安装方式示意图。

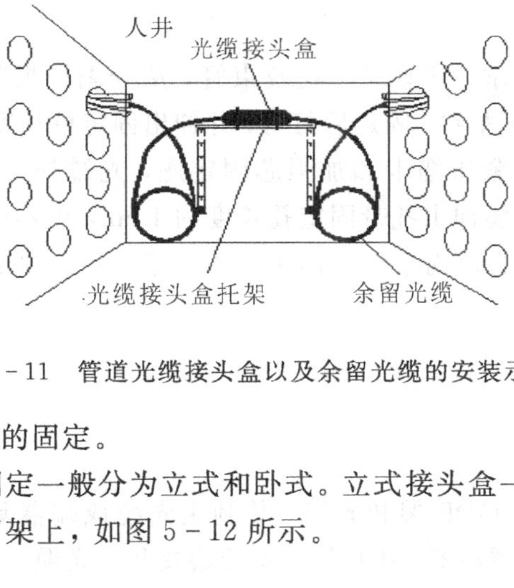

图 5-11　管道光缆接头盒以及余留光缆的安装示意图

(3) 架空光缆接头盒的固定。

架空光缆接头盒的固定一般分为立式和卧式。立式接头盒一般固定在电杆上，光缆余留盘绕在电杆两侧的余留架上，如图 5-12 所示。

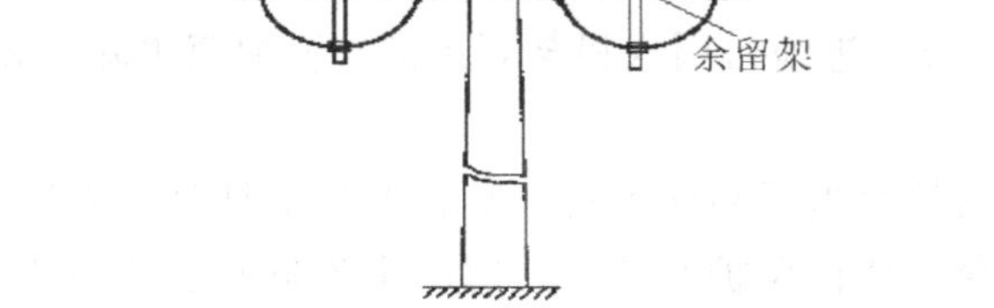

图 5-12　立式接头盒安装示意图

卧式接头盒一般固定在电杆旁的吊线上，抢修时则需要特殊情况特殊处理，有时也可放置在杆挡中间，余留光缆盘绕在接头盒两侧或相邻电杆的余留架上，如图 5-13 所示。

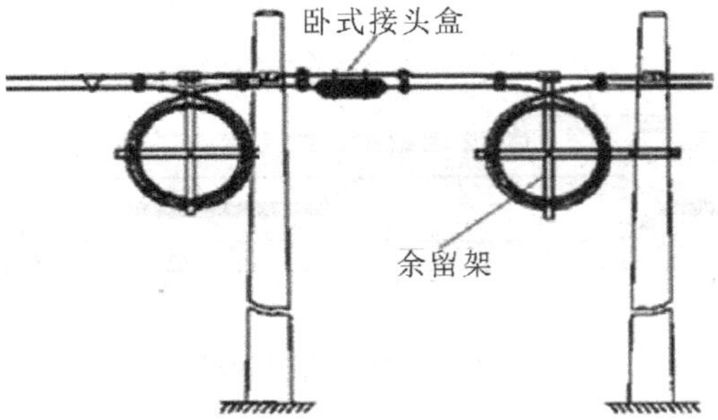

图 5-13　卧式接头盒安装示意图

任务完成后需要按下面内容进行检查：

(1) 光纤熔接要求。

光纤端面制备要求剥除一次涂覆层长度为 35 mm 左右，光纤切割长度为(13～15)mm，且端面平整。光纤熔接要求单个接头熔接损耗低于 0.08 dB，平均熔接损耗低于 0.05 dB。光纤补强要求热缩套管正常收缩，无喇叭口，补强光纤涂覆层进入热缩管两侧长度不短于 6 mm，裸纤部位无气泡，光纤无弯曲。

(2) 光缆接续要求。

光缆开剥长度要符合要求，开剥时不伤及束管，从开剥处根部剪除光缆中的填充物、纤维纱线，加强芯留长 4 cm 左右，固定后打弯，并伸出固定桩长度约 1 cm。光缆固定要求开剥处缠绕密封胶带，并旋紧压缆卡和加强芯固定座，光缆外护套伸出固定抱箍长度约 1 cm，且松套管开剥位置也要伸出扎带固定孔长度约 1 cm，以不影响盘纤操作为宜。盘纤要求不出现压纤、露纤，接头盒内余纤弯曲半径不小于 4 cm。光缆接头盒封装密封良好，并对角拧紧接头盒上螺丝。

5.1.2　光缆成端

1. ODF 架成端

本任务主要工作是指定 ODF 架和光缆，并利用光缆成端器具完成光缆的 ODF 架成端。完成本任务所需工具和器材有 ODF 架、光纤熔接机、光缆、光纤跳线、光纤切割刀、光纤剥线钳、光缆护套开剥刀、松套管剥除钳、一次涂覆层剥除钳、蛇头钳、螺丝刀、美工刀、剪刀、热缩套管、酒精、脱脂棉等。

ODF 架成端的操作步骤如下：

(1) 将光缆从 ODF 架的进缆口引入机架，并将光缆端部去除 1 m。可卸下机架前后门进行操作。

(2) 开剥光缆，开剥长度为开剥处到集纤盘长度与集纤盘内光纤余留长度之和。

(3) 去除松套管，套上塑料保护套管，并用胶带连同加强芯一起进行包扎。当光纤束难以穿入塑料保护套管时，应尽可能将保护套管拉直，减小套管对光纤的阻力；也可将光纤用黏性较好的胶带粘于细钢丝上，用细钢丝牵引将光纤穿入套管。

(4) 用压缆卡把光缆固定在支架夹板上，并使加强芯穿过固定柱，将螺丝拧紧。

(5) 将集纤盘从单元盒中取出，将光纤固定在集纤盘上。

(6) 将尾纤与光缆的光纤进行熔接。

(7) 布放好多余的光缆光纤和尾纤后，将适配器嵌入集纤盘上的固定槽内。也可以先将适配器嵌好后，再把多余的光缆光纤和尾纤布放好。

(8) 盖好集纤盘盖板，把集纤盘推入导轨，同时把套入保护套管的光纤按预定光纤走线方向布放在ODF架内。

ODF架成端示意图如图5-14所示。

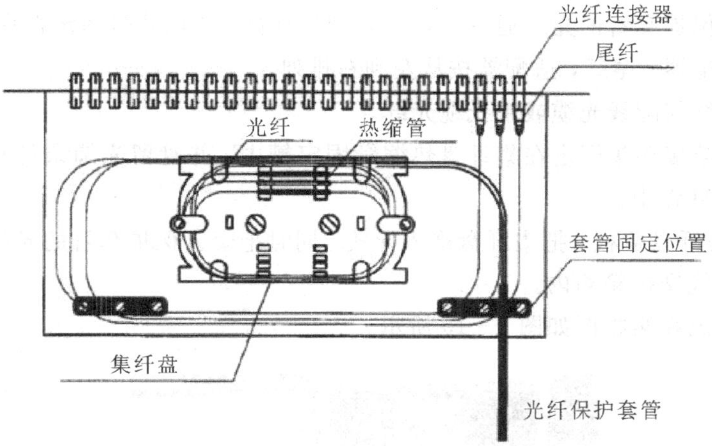

图5-14　ODF架成端示意图

任务完成后需要按下面内容进行检查：

(1) 光缆引入机房前应留足够的长度，一般不少于12 m。

(2) 光缆引入ODF架时，其弯曲半径应不小于光缆直径的15倍，纤芯、尾纤无论在何处弯曲时，其曲率半径应不小于4 cm。

(3) 成端接续要进行监测，接续损耗要在规定值范围之内。

(4) 采用ODF架方式成端时，光缆的金属护套、加强芯等金属构件要安装牢固，光缆的所有金属构件要做终结处理，并与机房保护地线连接。

(5) 从ODF架内引出的尾纤要插入机架的珐琅盘内，空余备用尾纤的连接器要盖上防尘帽，防止落上灰尘。

(6) 光缆成端后必须对尾纤进行编号，同一中继段两端机房的编号必须一致。无论施工阶段还是维护阶段，光纤编号不宜经常更改。尾纤编号和光缆色谱对照表应贴在ODF架的柜门或面板内侧。

2. 光缆交接箱成端

本任务主要工作是指定光缆交接箱和光缆，并利用光缆成端器具完成光缆的交接箱成端。完成本任务所需工具和器材有：光缆交接箱、光纤熔接机、光缆、光纤跳线、光纤切割刀、光纤剥线钳、光缆护套开剥刀、松套管剥除钳、一次涂覆层剥除钳、蛇头钳、螺丝刀、美工刀、剪刀、热缩套管、酒精、脱脂棉等。

光缆交接箱成端步骤如下：

(1) 将光缆从箱体下方的光缆入口引入到光缆交接箱内。

(2) 开剥光缆，开剥长度为开剥处到所端接集纤盘长度加上集纤盘内光纤预留长度，加强芯预留长度为 4 cm。

(3) 用松套管剥除钳去除光缆松套管，应预留 4 cm 左右松套管，将光纤清理干净，套上塑料保护套管。

(4) 保护管与光缆开剥接口处用绝缘胶带缠紧。

(5) 将光缆加强芯穿入分支架内固定柱中并固定。

(6) 将套上保护套管的光纤通过卡环引入到集纤盘，并用扎带固定在集纤盘上。

(7) 安装适配器、尾纤，适配器按从左到右排列。

(8) 熔接尾纤与配线光缆或主光缆光纤。

(9) 将光纤熔接接头固定在集纤盘热缩管固定槽中，并盘留光缆余纤和尾纤，用胶带把光纤固定在集纤盘中。

(10) 盖好集纤盘盖板，把集纤盘推入导轨，同时把套入保护套管的光纤按预定光纤走线方向布放在光缆交接箱箱内。

光缆交接箱成端实物图如图 5-15 所示。

图 5-15　光缆交接箱成端实物图

5.1.3　通信电缆接续

1. 通信电缆扣式接线子接续

1) 任务描述

利用电缆接续工具和电缆扣式接线子进行指定电缆芯线的接续。

2) 所需工具器材

压接钳、电工刀、剪刀、小铁锤、钢卷尺、钢丝钳、横向开缆刀、纵向开缆刀、扣式接线子、全塑电缆 HYA-50×2×0.5、电缆固定架、防水胶带、白布条、HJK 接线子若干。

3) 实训操作

(1) 扣式接线子排数及接续长度确定。

全塑电缆接续长度及扣式接线子的排数应根据电缆对数、电缆直径及封合套管的规格等来确定。直线型接续和分歧接续的接线子排数及接续长度如表 5-1 所示。

表5-1　扣式接线子排数及接续长度

	电缆对数/对	接线子排数	接续长度/mm
直线型接续	50对及以下	8	180～300
	100对	12	300～400
	200对	16	300～450
	300对	20	400～500
分歧接续	电缆对数/对	接线子排数	接续长度/mm
	30对及以下	4	180～300
	50对	6	300～400
	100对	8	300～450
	200对	10	400～500

(2) 直接口与分歧接口接续。

① 根据电缆对数确定接线子排数；电缆芯线留长应不小于接续长度的1.5倍。

② 剥开电缆护套后，按色谱挑出第一个超单位线束，再将其他超单位线束折回电缆两侧，并临时用包带捆扎以便操作，然后将第一个超单位线束编好线序。

③ 把待接续单位的局方及用户侧的第一对线(4根)或三端(复接、6根)芯线在接续扭线点疏扭3～4花，留长5 cm，然后对齐剪去多余部分。要求四根导线平直、无钩弯，且A线与A线、B线与B线压接，其示意图如图5-16所示。

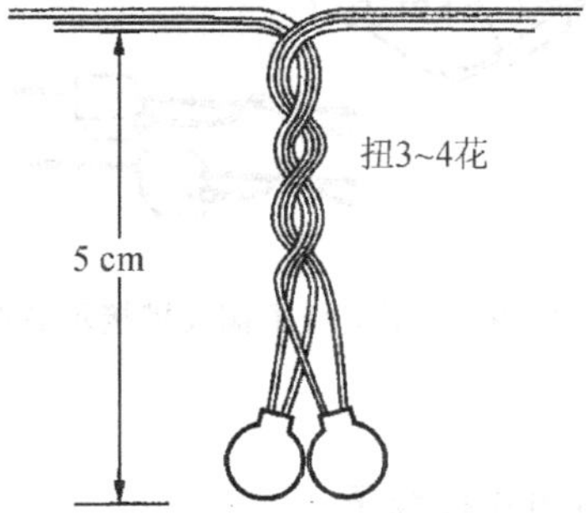

图5-16　扣式接线子接续示意图

④ 将芯线插入接线子进线孔内(直接口是两根A线(或B线)插入二线接线孔内；分歧接口是将三根A线(或B线)插入三线接线孔内)然后观察芯线是否插到底。

⑤ 芯线插好后，将接线子放置在压接钳钳口中，可先用压接钳压一下扣帽，观察接线子扣帽是否平行压入扣身并与壳体齐平，然后再一次压接到底。压接时用力要均匀，扣帽要压实压平，如有异常，可重新压接。

⑥ 压接后用手轻拉一下芯线，防止压接时芯线跑出没有压牢。扣式接线子排列示意图直接口如图5-17所示，分歧接口则如图5-18所示。

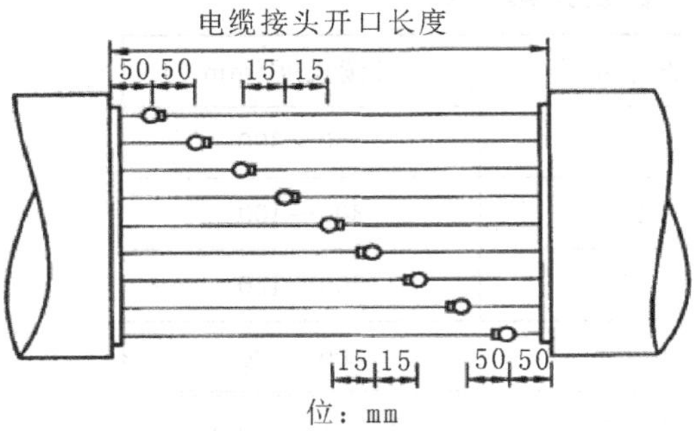

图 5-17　直接口扣式接线子排列示意图

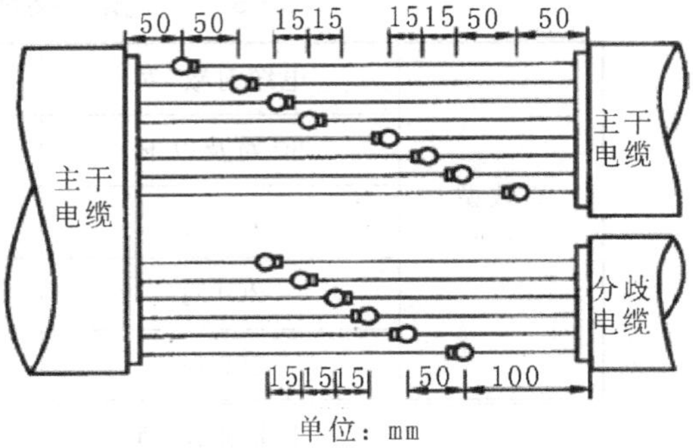

图 5-18　分歧接口扣式接线子排列示意图

(3) 芯线的掏线搭接(T 字形接)。

① 将直通电缆芯线从 4 型或 5 型接线子侧面凹进的开口线槽套入，然后将扣式接线子在芯线上滑动，使扣式接线子悬挂在芯线上，并放在预掏线的位置上。

② 将被搭接的电缆芯线插入 4 型或 5 型扣式接线子半通的进线孔内，通过透明的扣帽检查芯线位置及色谱，确认无误后预压扣帽，使接线子在芯线上固定。

③ 使用压接钳进行正式压接。

④ 电缆芯线的掏线搭接常用在电缆装设有分线设备的接头中。4 型接线子掏线搭接示意图如图 5-19 所示。

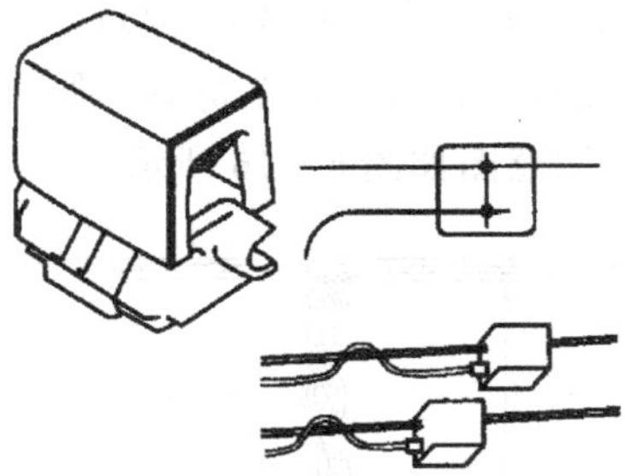

图 5-19　4 型接线子掏线搭接示意图

4) 任务检查

(1) 按设计要求的型号选用扣式接线子。

(2) 接续长度为 5 cm，并扭绞 3～ 4 花。

(3) 接线子排列整齐、均匀，每 5 对(同一领示色)为一组，倒向两侧的电缆切口。

(4) 接续无差错，芯线绝缘电阻符合要求。

2. 通信电缆模块式接线子接续

1) 任务描述

利用电缆接续工具及电缆模块式接线子进行指定电缆芯线的接续。

2) 所需工具器材

压接钳、电工刀、剪刀、小铁锤、钢卷尺、钢丝钳、横向开缆刀、纵向开缆刀、模块机、扣式接线子、模块若干、全塑电缆 HYA－100×2×0.4。

3) 实训操作

(1) 准备工作和接口开长。

准备接线工具及接续器材，安装接线架，并把接线机头装在接线架上。模块式电缆接续长度要求：1200 对以下电缆接续长度为 432 mm；1200 对以上电缆接续长度为 483 mm，其接续尺寸示意图如图 5－20 所示。

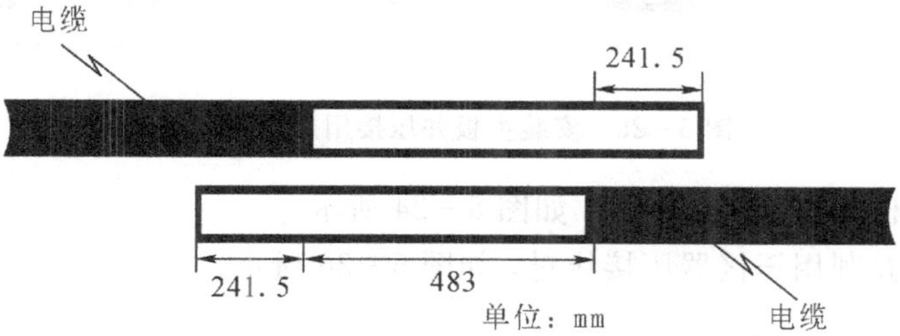

图 5－20　电缆接续尺寸示意图

(2) 开剥电缆最小长度为接续长度的 1.5 倍，示意图如图 5－21 所示。

(3) 安装模块机，位置如图 5－22 所示。

(4) 安装底板并压接局方线对，如图 5－23 所示。

(5) 用检查梳检查有无错线对，如图 5－24 所示。

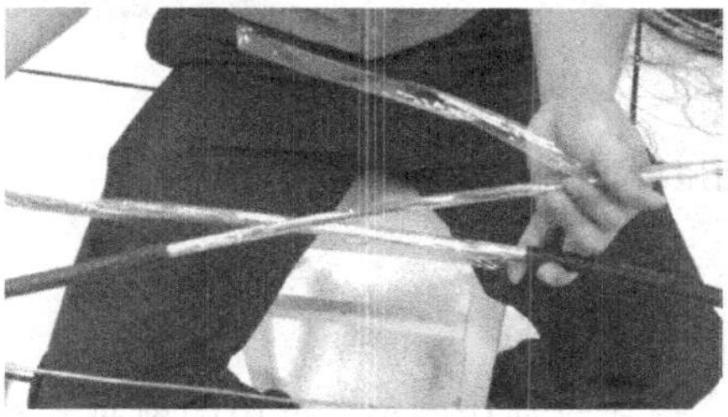

图 5－21　电缆开剥尺寸示意图

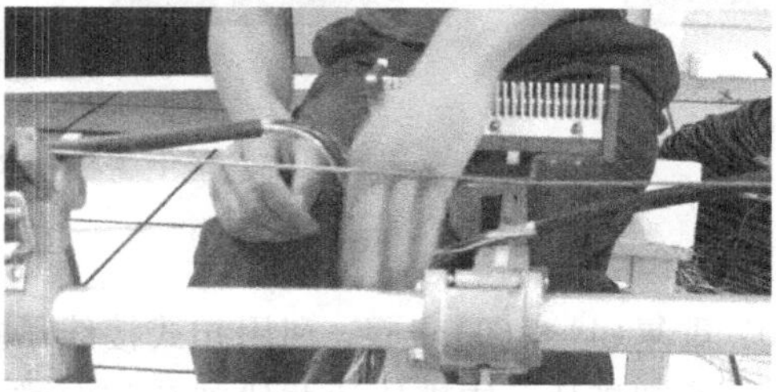

图 5－22　模块机位置图

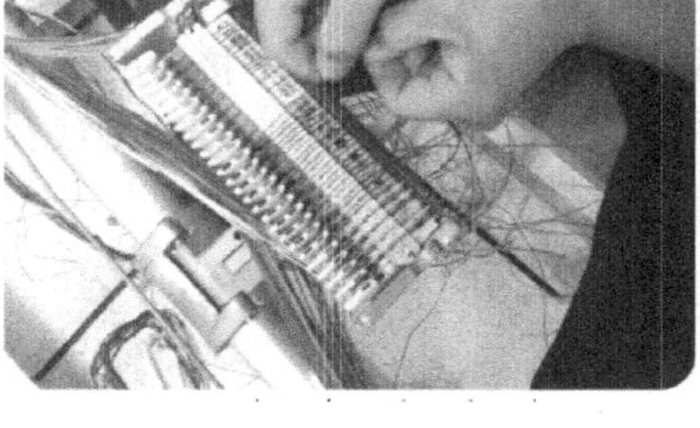

图 5－23　安装底板并压接局方线对

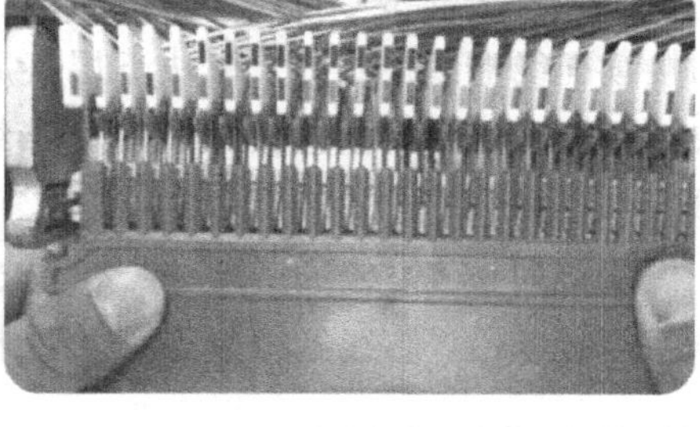

图 5－24　检查梳检查线对

(6) 安装主板并压接用户方线对，如图 5－25 所示。

(a)安装主板　　(b)压接用户方线对

图 5－25　安装主板并压接用户方线对

(7) 再用检查梳检查有无错线对，如图 5－24 所示。

(8) 盖上盖板并利用压接器压接线对，如图 5－26 所示。

(a)盖上盖板　　(b)压接器压接线对

图 5－26　盖上盖板并利用压接器压接线对

(9) 卸下压接器。

(10) 重复(4)～(9)步骤，利用扣式接线子接续备用线。

(11) 整理模块，使模块的芯线部分朝向缆芯，模块排列成圆形，再用塑料带扎住两模块间的芯线部分。

任务完成后需要按下面内容进行检查：

(1) 按设计要求的型号选用模块式接线子。

(2) 接续配线电缆芯线时，模块下层接局端线，上层接用户端线；接续中继电缆芯线时，模块下层接 B 端线，上层接 A 端线；接续不同线径芯线时，模块下层接细线径线，上层接粗线径线。

(3) 模块排列整齐，松紧适度，线束不交叉，接头呈椭圆形。

(4) 无接续差错，芯线绝缘电阻符合要求。

5.1.4　通信电缆接头封合

本任务主要工作是利用电缆接续工具、喷灯进行指定电缆套管的封合。完成本任务所需工具和器材有：电缆热缩包管 RSBF 42/14－300、SLIC 自由开启式电缆架空套管 100SB、汽油及喷灯、电缆接续工具、钢丝钳等。

1. 热缩套管封合

(1) 电缆芯线接续完毕后，在电缆两端口处安装专用屏蔽线。

(2) 对已接续芯线进行包扎。

(3) 在电缆接续部位安装金属内衬套管，并把纵剖面拼缝用铝箔条或用 PVC 胶带粘接固定，如图 5-27 所示。

(4) 把内衬管的两端全部用 PVC 胶带进行包缠，如图 5-28 所示。

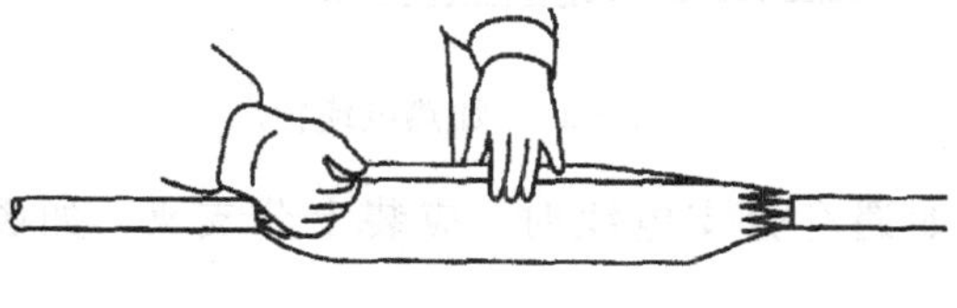

图 5-27　安装金属内衬套管

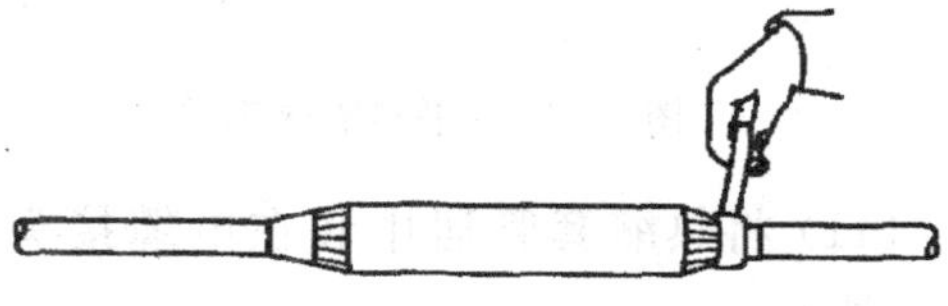

图 5-28　用 PVC 胶带包缠

(5) 用清洁剂清洁内衬管的两端电缆外护套，长度为 200 mm，如图 5-29 所示。

(6) 再用砂布条打磨电缆清洁部位，如图 5-30 所示。

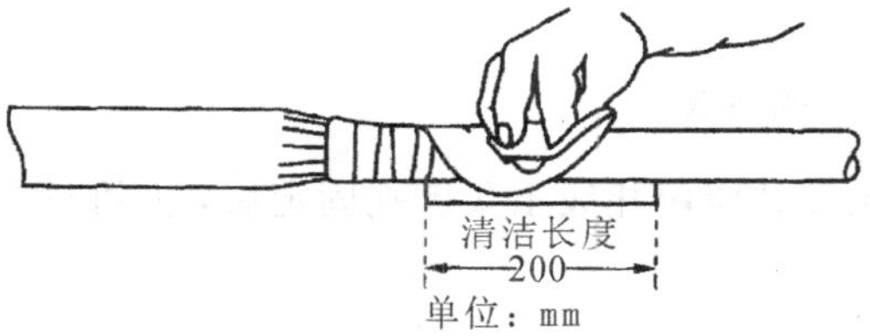

图 5-29　清洁电缆外护套

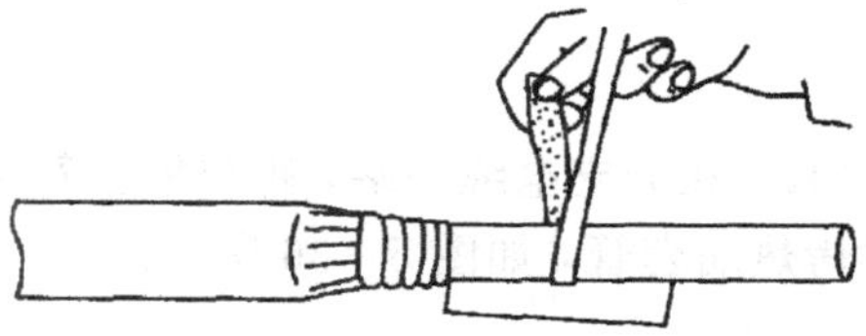

图 5-30　打磨电缆

(7) 在热缩套管两侧向内侧 20 mm 处的电缆护套划上标记，如图 5-31 所示。

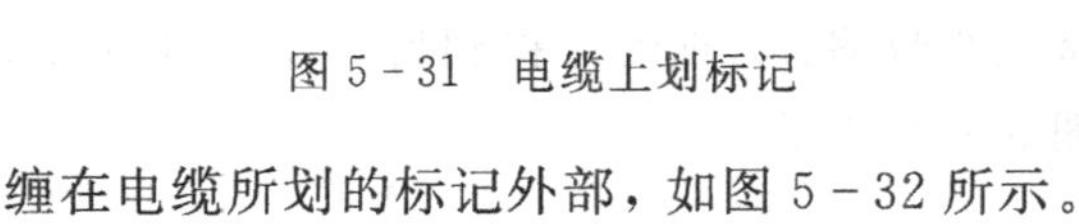

图 5-31　电缆上划标记

(8) 把隔热铝箔贴缠在电缆所划的标记外部，如图 5-32 所示。

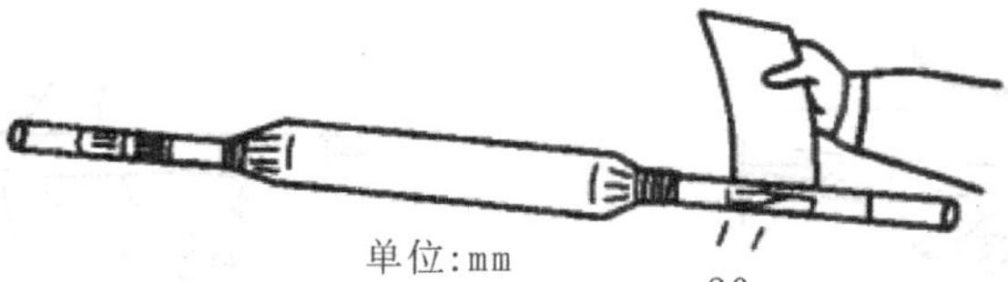

图 5-32　贴缠隔热铝箔

(9) 用钝滑工具平整隔热铝箔，如图 5 - 33 所示。

(10) 用喷灯加热金属内衬管和铝箔之间的电缆护层约 10 s，使其表面温度为 60℃左右，如图 5 - 34 所示。

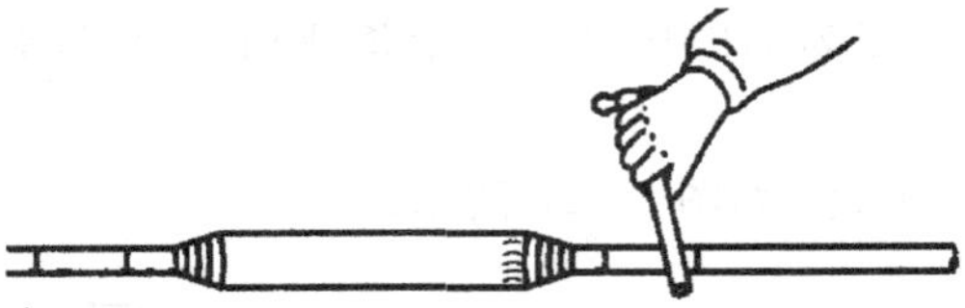

图 5 - 33　平整隔热铝箔

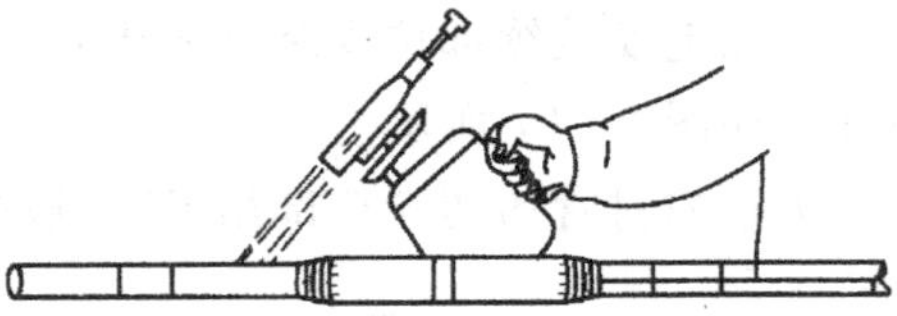

图 5 - 34　加热电缆护层

(11) 将热缩套管居中装在电缆接头处，如遇有分支电缆时，应装上分支夹，如图 5 - 35所示。

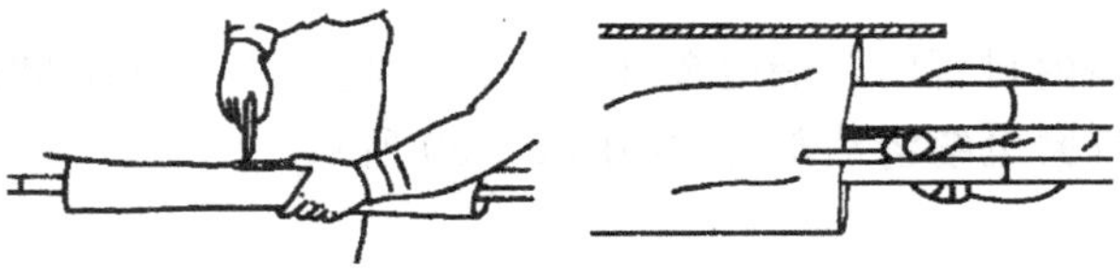

图 5 - 35　安装分支夹

(12) 在分支电缆一端，距热缩套管 150 mm 处应用扎线永久绑扎固定后，方可进行加温烘烤热缩套管，如图 5 - 36 所示。

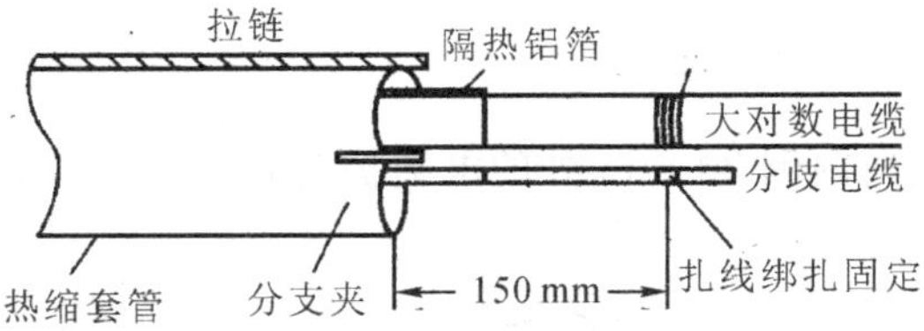

图 5 - 36　扎线绑扎固定分支电缆

(13) 用喷灯首先对热缩管夹条(拉链)两侧进行加热，使热缩管拉链两侧先收缩，然后再对热缩管中下方进行加热，如图 5 - 37 所示。

(14) 热缩套管中下方加热收缩后，喷灯先从热缩套管任一端开始绕圆周移动加热，温度指示漆应都变色，直至完全收缩；再把喷灯移到另一端也进行绕圆周移动加热，直至整个热缩管收缩成型，如图 5 - 38 所示。

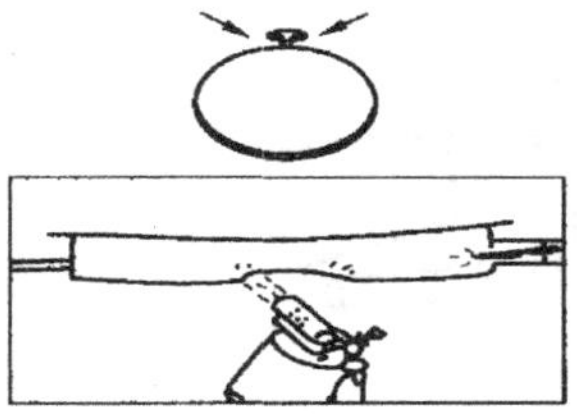

图 5 - 37　对热缩管中下方加热

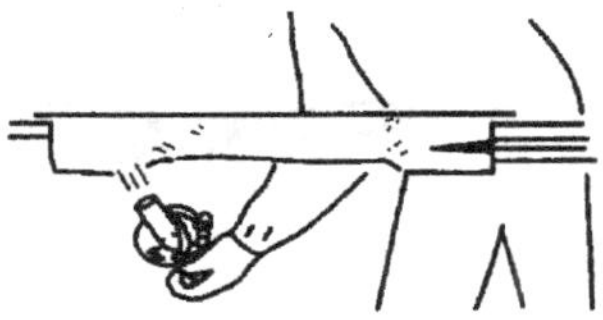

图 5 - 38　对整个热缩管加热

(15) 整个热缩套管加热成型后，再对整个夹条(拉链)两侧均匀加热约一分钟左右，然后用锤子柄轻轻敲打热缩管两端弯头处夹条(拉链)，使热缩套管夹条(拉链)与内衬套紧密黏合，如图 5-39 所示。

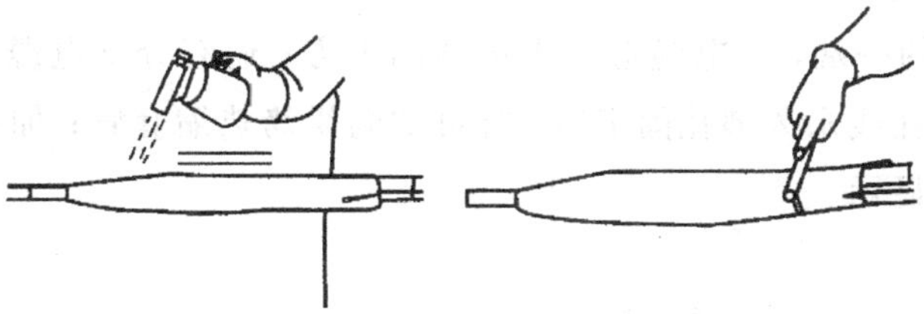

图 5-39　加热及敲打热缩管夹条(拉链)

整个热缩套管加热成型后，应平整，无折皱和烧焦现象，温度指示漆应都变色，热缩套管两端应有少量热熔胶流出；如温度指示漆色点没有完全变色，或热缩套管两端无热熔胶流出，应再次用喷灯(中等火焰)对整个热缩管重新进行加热直到达到要求。

(16) 架空和挂墙电缆接头固定要求接头位置稍高于电缆，形成接头两端自然下垂，使雨水往两端流。接头的夹条(拉链)必须安放在电缆的下方。架空和挂墙电缆接头固定示意图如图 5-40 所示。

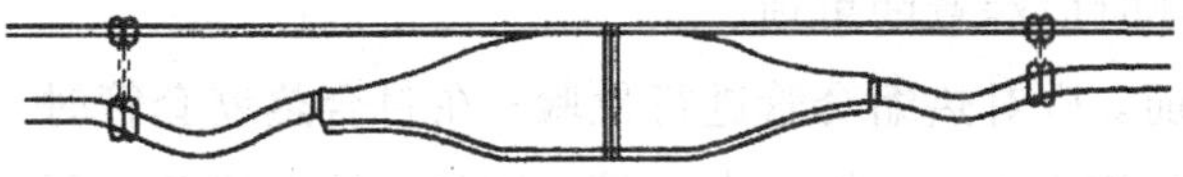

图 5-40　架空和挂墙电缆接头固定示意图

2. 装配式透气套管封合

(1) 先将弹簧卡子打开，取下套管两端的密封圈。

(2) 根据电缆规格，用圆周刻度尺测量电缆直径，然后用小剪刀按密封圈上所标字母从正面剪开，取中间部分。

(3) 将主电缆与分支电缆分别穿过左右密封圈，并确定套管内电缆接口长度(电缆对数为 10～50 对时接口长度为 242 mm；100～150 对时接口长度为 356 mm；200～400 对时接口长度为 493 mm；400～600 对时接口长度为 533 mm)，然后进行对接。

(4) 用 Y 型电缆屏蔽线将电缆两端的地线相接。

(5) 取两根塑料扎带固定电缆。

(6) 将密封圈安装在套管两端，扣合好套管。

(7) 旋开套管上方的吊线夹具，将套管固定在钢绞线上。

装配式透气套管的安装示意图如图 5-41 所示。

任务完成后需要按下面内容进行检查：

(1) 热缩套管的封合要求。

电缆采用充气维护方式时，应选用充气型热缩套管，非充气维护的电缆，可选用非充气型热缩套管，应根据电缆的规格选用热缩套管；电缆接头的金属内衬套管应置于接头的中间；电缆接头的一端最多以三条电缆为限；内衬套管的纵向拼缝与热缩套管夹条成90°夹角；在电缆的接头两端，应绕包隔热铝箔，隔热铝箔应与热缩套管重叠20 mm左右；热缩套管的夹条(拉链)应面向操作人员(架空或挂墙电缆的夹条必须置于电缆的下方)，气门朝上，遇有分支电缆的一端，小电缆应在大电缆的下方；遇有分支电缆的另一端，距热缩套管150 mm处应用扎线永久绑扎固定后，方可加温烘烤热缩套管；加强型热缩套管夹条内的两条白线应均匀显示。

图5-41　装配式透气套管的安装示意图

(2) 加热热缩套管时应注意的事项。

在安装热缩套管前，应对热缩套管进行检验；在封合热缩套管时，使用喷灯必须小心，喷灯头不能直接接触热缩套管，火焰要求中等、均匀；具有绿色指示漆的热缩套管加热后指示漆应完全消失，且无烧焦现象；热缩套管的两端周围热熔胶应均匀溢出；热缩套管上的白色指示线应正直不歪；分歧夹保持原位，没有移动，并有热熔胶溢出；接续后的热缩套管必须检查，不得遗漏；当遇到热缩套管收缩最小内径大于电缆的外径时，可采用一段适当大小的塑料电缆(带有热缩端帽)或用尼龙棒插入热缩套管内，形成二分支；如采用RSY系列圆形热缩套管时，应在芯线接续前套进电缆。

5.1.5　通信电缆成端

1. 通信电缆分线盒成端

本任务主要工作是利用电缆接续工具完成通信电缆分线盒成端。完成本任务所需工具和器材有：电缆接续工具、一字形起子、剪刀、钢卷尺、钢丝钳、横向开缆刀、纵向开缆刀、扣式接线子、全塑电缆HYA-50×2×0.5、防水胶带等。

面对用户皮线接线板，分线盒线序号从上到下，从左到右，从小号到大号进行排列。具体操作步骤如下：

(1) 打开分线盒盖和接线模板，并使接线模板的电缆芯线接线板面板朝上。

(2) 量裁电缆。电缆开剥长度一般为在分线盒长度的3倍基础上另加10 cm，尾巴电缆长度规格如表5-2所示，电缆总长度为电缆开剥长度与尾巴电缆长度之和。

表 5-2 全塑尾巴电缆长度规格

对 数	规 格		
	单位	分线盒尾巴长度	分线箱尾巴长度
5～10 对	m	2.2	2.8
15～30 对	m	2.3	2.9
50 对	m	2.4	3.2
特殊	m	另加长	另加长

(3) 把电缆穿进分线盒进缆孔，然后开剥电缆。开剥时按开剥电缆长度剥去电缆外护层，并在电缆切口外纵向开剥长 2 cm，再横向开剥长 1 cm，使电缆切口呈"L"形用于连接屏蔽线。

(4) 在电缆切口处连接屏蔽线，用钢丝钳压紧屏蔽线端部予以固定，并用自粘胶带包扎。

(5) 在电缆切口 1.5 cm 处以内缠绕色带。按电缆芯线接线板的接线柱排列序号进行分线，然后分别用塑料扣带扎成大把、中把和小把，如图 5-42 所示。

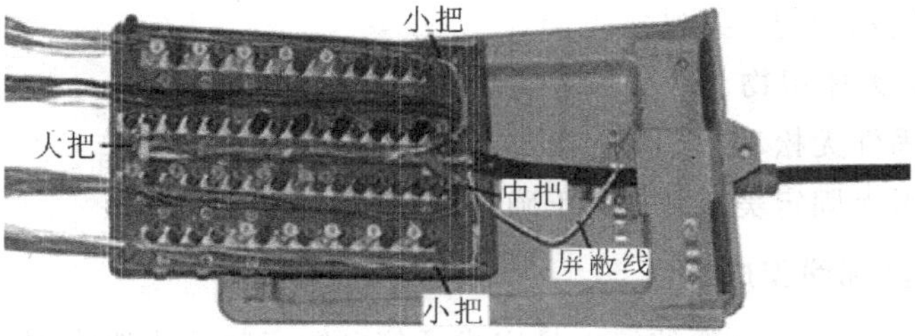

图 5-42 电缆芯线分线示意图

(6) 接线序号与接线板序号一一对应，将芯线折弯插入直立式旋转模块接线板，并留好余线(成直角)，依次插完一列接线柱，然后用螺丝刀插入接线柱端帽顺时针旋转 90°，再把多余部分切断。重复该步骤将芯线接完。完整的接线板示意图如图 5-43 所示。

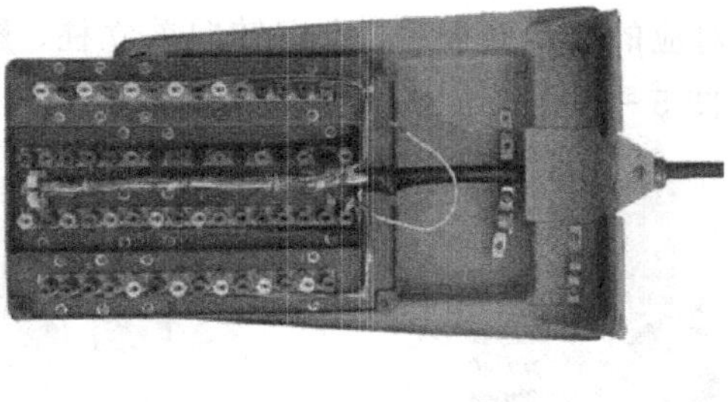

图 5-43 完整的接线板示意图

(7) 把屏蔽线的另一端安装在分线盒的地气接线柱上；整理电缆芯线，然后把电缆固定在压缆卡内，并旋紧螺丝。

(8) 清理分线盒内残余线头等杂物，把接线板旋转 180°，使用户皮线接线面板朝上，并固定住接线模块。

(9) 将尾巴电缆进缆口封合，可采用热可缩套管封合，也可用自粘胶带包扎，如图5-44所示。

图 5-44　尾巴电缆进缆口封合

任务完成后需要按下面内容进行检查：

分线盒在杆上应符合规范 YD5051—97 中相关要求，允许尺寸偏差 1 cm，具体要求如下：

(1) 线把绑扎整齐、对称，余线留长松紧一致。

(2) 无故障线对。

(3) 屏蔽线连接牢固。

(4) 尾巴电缆包扎均匀、美观。

(5) 盒内整洁，无遗留物。

(6) 分线盒紧固件无松动。

(7) 尾巴电缆引上固定美观，方向正确。

2. 通信电缆音频配线架成端

本任务主要工作是利用电缆接续工具完成通信电缆音频配线架成端。完成本任务所需工具和器材有电缆接续工具、一字形螺丝刀、剪刀、钢卷尺、钢丝钳、横向开缆刀、纵向开缆刀、扣式接线子、专用卡接刀、全塑电缆 HYA-50×2×0.5、防水胶带等。

通信电缆音频配线架成端具体步骤为：

(1) 主电缆从上或从下进入机架内，顺着后立柱走线，然后用扎线带固定在后立柱上，如图 5-45 所示。

(2) 主电缆走线到相对应的单元面板后，方向转向前立柱，然后将主电缆用扎带固定在单元面板左侧的孔上如图 5-46 所示。

图 5-45　电缆固定在后立柱上

图 5-46　电缆方向转向前立柱并固定

(3) 在单元面板内侧开剥电缆，并按图纸色标将线分好，然后把分好的线从接线排后面相应的孔穿过扎好如图5-47所示。

(4) 将电缆线或跳线嵌入模块簧片头部线槽内，卡接刀头部的刀片对准槽垂直施加压力，将导线随刀片压入嵌到簧片线槽内，当卡接刀推到极限位置时，发出“咔嚓”一声，表示导线已被卡好，然后剪断余线，卡线过程结束。在卡线时要注意不能用力过猛，否则会损坏模块。芯线卡接如图5-48所示。

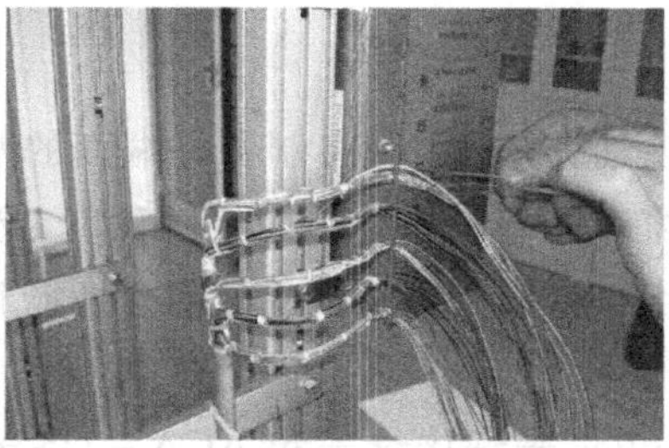

图5-47 开剥电缆、分线、穿线

图5-48 芯线卡接

(5) 如果要拆除导线，拉出卡接刀尾部的钩子，伸入需拆除处，钩住导线，拉出即可。

任务完成后需要按下面内容进行检查：

(1) 电缆开剥要求。

开剥电缆时不要伤及电缆芯线，并从开剥点根部剪除电缆中的填充物。

(2) 电缆固定要求。

电缆开剥处缠绕密封胶带，并在配线架上用扎带扎牢固。

(3) 芯线卡接要求。

要分清电缆的线序，芯线要按色谱排列进行卡接，用力要均匀。

(4) 线把绑扎要求。

线把绑扎要平整、均匀，排列成“L”形。

5.2 任务资讯

5.2.1 光纤的固定连接

光纤的固定连接是光缆线路施工和维护中使用最多的一种光纤接续方式，其特点是光纤一次性接续完成后不能拆卸。光纤固定接续又分为熔接法和非熔接法。

1. 熔接法

所谓熔接法，是指采用加热的方法使待连接光纤的端面熔化并连接的光纤接续方法。目前光纤自动熔接机主要采用在熔接放电之前对光纤端面进行预放电，消除端面上的小突起、毛刺等，并使端面部分熔化，然后再给一定的推进量，同时放电，使两根光纤熔接到一起。

2. 非熔接法

非熔接法又称机械连接法，是采用光纤接续子完成光纤的接续。根据光纤轴向对准方式，光纤接续子分为V型槽式接续子和毛细管式接续子。

(1) V型槽式接续子。

这种接续子是将两根待连接光纤经制备端面后放入V型槽内使其轴向对准，有的可使用黏结剂使两根光纤的端面黏合，或者使用上盖压紧光纤使光纤固定，以达到接续的目的。

(2) 毛细管式接续子。

毛细管式接续子的中心部位是一根内径极细的毛细管，使用时将制备好端面的两根光纤分别从接续子的两端插入，通过接续子的透明视窗观察两根光纤端面接触程度，然后旋转两边的锁紧装置固定光纤。接续子的内部一般使用少许匹配液，以改善耦合性能和减少菲涅尔反射。

常见光纤接续子有Fibrlok光纤接续子、Cam Splice光纤接续子和ACA-US光纤接续子，分别如图5-49(a)、(b)、(c)所示。

(a) Fibrlok光纤接续子　　(b) Cam Splice光纤接续子　　(c) ACA-US光纤接续子

图5-49　常见光纤接续子

5.2.2　光纤的活动连接

光纤的活动连接一般采用光纤活动连接器，俗称活接头，是用于连接两根光纤或光缆从而形成光通路，并可以重复使用的无源器件，已经广泛应用在光纤传输线路，以及光纤配线架和光纤测试仪器、仪表中，是目前使用数量最多的光无源器件。

现在已经广泛应用在光纤通信系统中的光纤连接器种类众多，结构各异。但光纤连接器的基本结构却是一致的，即绝大多数的光纤连接器一般采用高精密组件实现光纤的对准连接。

1. 光纤连接器的性能要求

光纤连接器的性能首先是指光学性能，此外还要考虑光纤连接器的互换性、重复性、抗拉强度、温度和插拔次数等。

(1) 光学性能。

对于光纤连接器的光学性能方面的要求，主要是插入损耗和回波损耗这两个参数。

插入损耗即连接损耗，是指因连接器的导入而引起的链路有效光功率的损耗。插入损耗越小越好，一般要求应不大于 0.5 dB。

回波损耗是指连接器对链路光功率反射的抑制能力，其典型值应不小于 25 dB。实际应用的连接器，因插针表面经过专门的抛光处理，可以使回波损耗更大，一般不低于 45 dB。

(2) 互换性、重复性。

光纤连接器是通用的无源器件，对于同一类型的光纤连接器，一般都可以任意组合使用，并可以重复多次使用，由此而导入的附加损耗一般都在小于 0.2 dB 的范围内。

(3) 抗拉强度。

对于做好的光纤连接器，一般要求其抗拉强度应不低于 90 N。

(4) 温度。

一般要求，光纤连接器必须在－40℃～＋70℃的温度下能够正常使用。

(5) 插拔次数。

目前使用的光纤连接器一般都可以插拔 2000 次以上。

2. 活动连接器的基本结构

活动连接器是采用某种机械和光学结构使两根光纤的纤芯对准，保证 90%以上的光能够通过，如图 5-50 为一实用化的连接器基本结构。

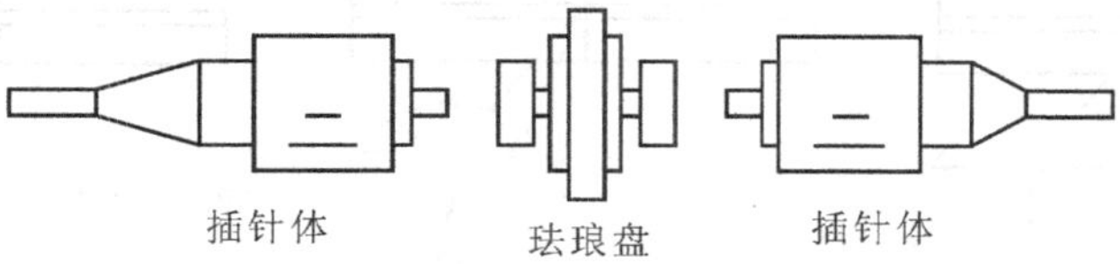

图 5-50　光纤活动连接器基本结构

3. 活动连接器的规格及分类

由于实际使用情况非常复杂，因而活动连接器规格也多种多样。在选用时，至少有下述几个参数需要明确：

光纤型号：单模光纤、多模光纤、色散位移光纤、保偏光纤等。

光纤芯数：单芯、双芯、四芯等。

插头型号：跳线两头的插头型号可以相同，也可能不同。

光纤芯径：Ø62.5 μm、Ø50 μm、Ø9 μm、Ø4 μm 等。

使用场合：一般环境下的光纤连接器和恶劣环境(振动、冲击、野战)光纤活动连接器(端面研磨成凹面形状或用球透镜)。

跳线外径：Ø3.5 mm、Ø3 mm、Ø2.5 mm、Ø2 mm、Ø0.9 mm 等。

跳线长度：2 m、10 m、20 m 等。

插头数：单头、双头。

插头损耗：小于 0.5 dB、小于 0.3 dB。

回波损耗：小于－40 dB。

插针材料：陶瓷、玻璃、不锈钢、塑料等。

插针端面形状：平面、球面、斜球面。

套筒材料：磷青铜、铍青铜、陶瓷等。

适配器(转接器)：无损、有损。

(1) 外形结构。

FC 型：外部加强件是金属套，固定方式为丝扣式。

SC 型：外部加强件是 PBT，固定方式为插拔式。

ST 型：外部加强件是 ZnDc 套，固定方式为卡口旋转锁紧式。

LC 型：外部加强件是 PBT，固定方式为插拔式单芯连接器。

MT 型：外部加强件是 PBT，固定方式为插拔式多芯连接器。

恶劣环境连接器：外部加强件是金属或 PBT 材料，固定方式为旋卡式。

(2) 插针端面形状。

FC 型：平面端面接触，生产工艺简单，传输性能一般。

PC 型：物理端面接触，生产工艺比较复杂，传输性能良好。

UPC 型：超级物理端面接触，生产工艺复杂，传输性能优良(是 PC 型的改良产品)。

APC 型：角度物理端面接触，生产工艺复杂，回波损耗大，传输性能优良。

各种端面形状如图 5-51 所示。

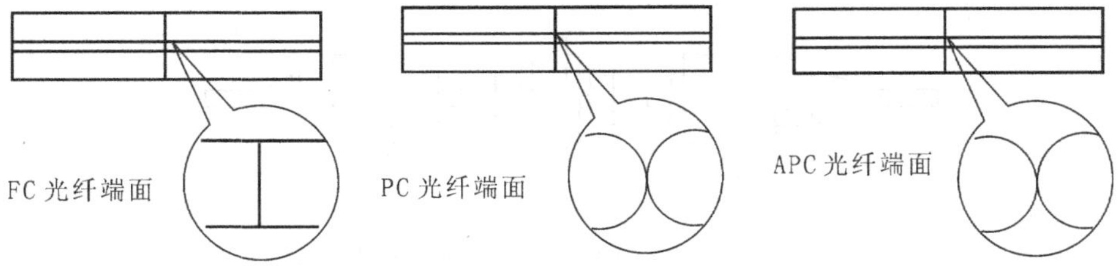

图 5-51　FC、PC、APC 型光纤端面形状

目前国内连接器的命名是以外形结构和光纤端面组合而成，如 FC/PC、SC/UPC、ST/APC 型等。

4. 常用光纤活动连接器

光纤活动连接器的品种、型号很多。据不完全统计，国际上常用的品种、型号不下 30 余种。其中有代表性的有 FC、ST、SC、LC、MU、D_4、Bic(双锥)、F-SMA、MT-RJ 连接器等。这些连接器都是不同国家、不同公司根据各种需求研制的产品，随着光纤通信的进一步发展，必然还会有新的产品出现。

在我国干线系统中用得最多的光纤活动连接器型号是 FC 型连接器，在光纤局域网、CATV 和用户网中主要使用 SC 型连接器，ST 型连接器也有一定数量的应用。下面将针对 FC、SC、ST、LC 型连接器做简单的介绍。

(1) FC 型连接器。

FC 型连接器一般有 FC/PC、FC/UPC、FC/APC 型，是一种以单芯插头和适配器为基础组成的螺纹旋转式、外部采用金属材料制作的连接器。它的特点是光纤嵌插在标称直径为 2.5 mm 的高精度插针圆柱体(Ferrule)中，两插头用 M8×0.75 的螺帽与适配器进行螺纹丝扣相连，连接器的光对准装置是弹性套筒或刚性内孔。

早期的 FC 型活接头为 FC/FC 型，由于这种平面的光纤端面对微尘较敏感，尘埃的介入会直接影响到连接损耗，其端面处理又要求要非常平整、光滑，后来改进为 FC/PC 型，使光信号的耦合效率提高，插入损耗进一步降低。这种连接器已被 ITU－T 确定为国际标准器件。如图 5－52 所示为 FC 型光纤连接器。

图 5－52 FC 型光纤连接器

(2) SC 型连接器。

SC 型连接器由日本 NTT 公司研制，主要有 SC/PC、SC/UPC、SC/APC 型，现在已经由 IEC 确定为国际标准器件。如图 5－53 所示为 SC 型光纤连接器。这种连接器是一种以单芯插头和适配器为基础组成的插拔式、外壳采用工程塑料制作的连接器。它的特点是采用矩形结构和弹性卡口锁紧机构，包括一个耦合销键和一个加在光轴方向上具有弹性的插针。插针典型外径标称值为 2.5 mm，插头具有一个插入式开关，该开关可以用作定位和连接器与配接元件之间相关位置的限位。连接器的光对准装置是钢性内孔或弹性套筒。

SC 型连接器直接插拔，使用方便，操作空间小，便于密集安装。SC 型连接器有单芯和多芯之分，单芯连接可以直接插拔；多芯可密集安装，但要用工具进行插拔操作。

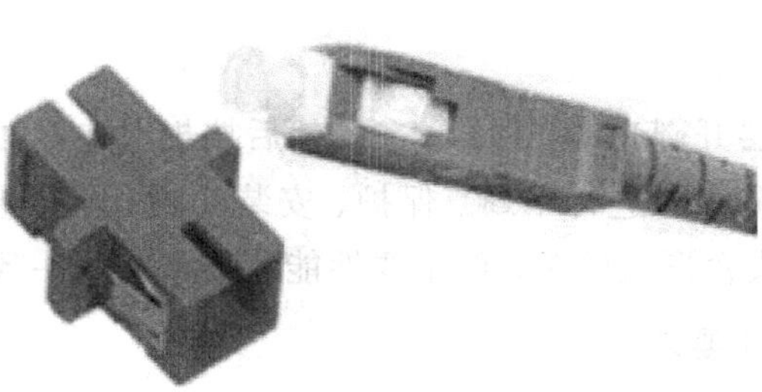

图 5－53 SC 型光纤连接器

(3) ST 型连接器。

ST 型连接器是由 AT&T 公司开发的，是一种以单芯插头和适配器为基础组成的卡口锁紧式、外部采用金属材料制作的连接器，插针典型外径标称值为 2.5 mm，两插头通过适配器用卡口对接形式进行连接。主要有 ST/PC、ST/UPC、ST/APC 型，如图 5－54 所示为 ST 型光纤连接器。

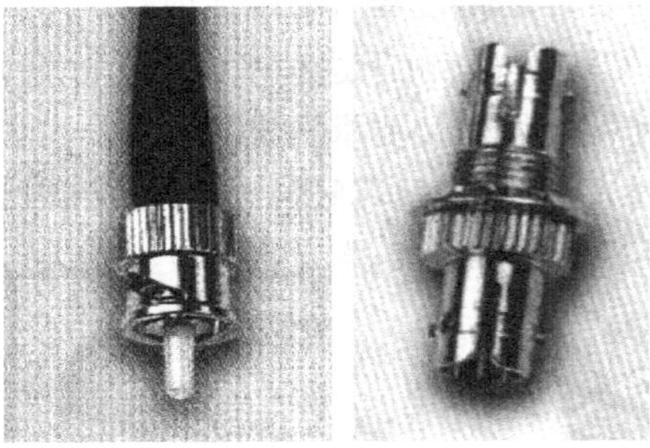

图 5-54　ST 型光纤连接器

(4) LC 型连接器。

LC 型连接器是一种以小型单芯插头和适配器为基础组成的插拔式、外壳采用工程塑料制作的连接器，与 SC 结构相同，区别是插针体外径标称值为 1.25 mm，安装密度是 SC 连接器的 2 倍以上。主要有 LC/PC、LC/UPC 型，用于 DWDM 设备、交换机与光纤线路的连接。如图 5-55 所示为 LC 型光纤连接器。

LC型光纤连接器插头　　LC型光纤连接器插座　　LC型光纤连接器设备

图 5-55　LC 型光纤连接器

5.2.3　光缆接头盒

光缆接续就是一层层开剥光缆，露出光纤，然后按规定连接加强件、光纤、监测线、光缆护层(套)，最后对光缆(纤)进行密封、保护、安装的过程。接续的主要部件是光缆接头盒，实际使用的光缆接头盒形式较多，但主要性能和要求基本一致。

1. 光缆接头盒的性能要求

光缆接头盒的主要作用是防止光纤和光纤接头受振动、张力、冲压力、弯曲等机械外力影响，避免水、潮气、有害气体的侵袭。因此，光缆接头盒应具有适应性、气闭性与防水性、机械性能、耐腐蚀、耐老化性、使用方便等性能特点。

2. 常见光缆接头盒

光缆接头盒是光缆接续的关键部件，按使用位置可分为直埋式和架空式；按接头盒的外形可分为卧式和帽式；按密封操作工艺的不同可分为热工式和机械式。

热工式光缆接头盒采用热可塑管密封，密封效果好，光缆变形小，但结构、操作比较复杂，重复性差，目前较少采用，只有在环境对光缆密封效果有特殊要求时采用。

机械式光缆接头盒采用密封材料，并用机械方法密封。结构主要有半管式、套管式和端帽外护片管组装式。这类接头盒可拆卸，重复性好，适应性广，组装灵活，且光缆变形小，光缆和引线进出自如，施工维护方便，目前该型号结构的光缆接头盒使用广泛。常用光缆接头盒及配件如图 5－56 所示。

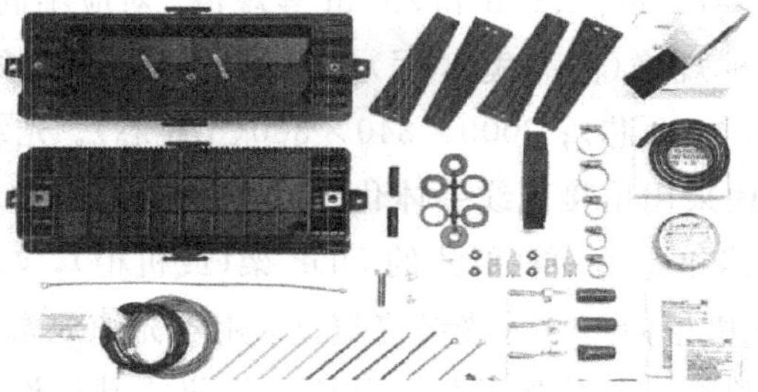

图 5－56　光缆接头盒及配件

5.2.4　常用 ODF 架与光缆交接箱

ODF 架用于光纤传输系统中局端主干光缆的成端和分配，可方便地实现光纤线路的连接、分配和调度，是光缆线路和光通信设备之间的配套设备。光缆交接箱是用于室外连接主干光缆与配线光缆的接口设备，主要用于室外光缆的连接、分配和调度，可以实现光纤的熔接、终端、存储以及调度等功能，是实现光纤到路边、光纤到大楼以及光纤到户的重要配套设备之一。

1. ODF 架

对于较大型的传输站，上下业务及光缆数量众多，为方便管理一般采用 ODF(光纤分配架)成端方式。我国近年来建设的干线都采用 ODF 或 ODP(光纤分配盘)成端方式。这种成端方式是将光缆线路的光纤与尾纤在终端盒内做固定连接，尾纤另一端插入适配器，然后再由跳纤将 ODF(或 ODP)上的光纤通过适配器与光端机收、发光盘相连，其结构示意图如图 5－57 所示。

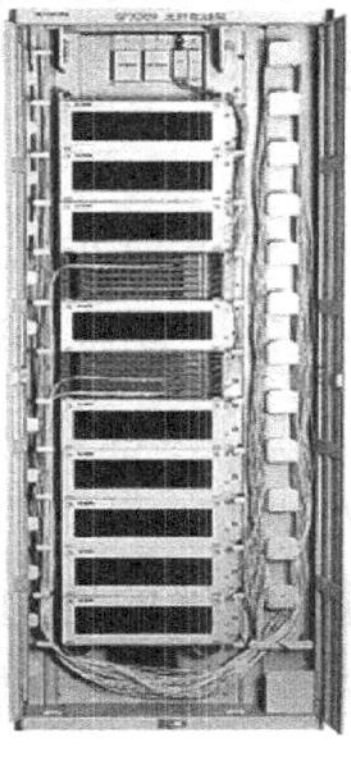

图 5－57　GPX369－CJ－B 型 ODF 架结构示意图

ODF 成端方式比终端盒成端方式多用一个分配架(盘)，但可通过 ODF 调节架内所有光纤的利用率，并可改变架内光纤的通达方向，增加了光纤调度的灵活性，使得机房内布线合理。ODF 和 ODP 所起的作用相同，ODP 一般固定在光端机的机架上或其他机架上，它的容量一般为 12～24 芯光纤，而一个 2.6 m 高的条型 ODF 可容纳多达 960 芯光纤。ODF(或 ODP)的加入，将使光缆线路的一端至少增加 1 个活接头。

常用 ODF 架高度一般有 2 m、2.2 m 和 2.6 m 等规格，对应不同规格的 ODF 所容纳的光纤芯数也不尽相同。三种规格(高×宽×深)所容纳的光纤芯数如下：2600×840×300(792 芯)；2200×840×300(648 芯)；2000×840×300(576 芯)。光缆可从机柜下进线，也可从机柜顶部进线。机柜内采用熔接配线一体化单元，并组合成组(一组 60 芯)。

G/MJ－G－B 综合网络柜是另一种形式的 ODF 架(或机柜)，如图 5－58 所示。它是标准的 19 英寸网络机柜。在机柜内可放入光缆终端盒，用于光缆成端，可根据光缆芯数的大小选择终端盒的层数。其机柜其他位置可放置网络交换机或其他设备，也可放置网络电缆配线板和其他在标准机柜上安装的设备。

图 5－58　G/MJ－G－B 综合网络柜

2. 光缆交接箱

光缆交接箱是安装于路边或楼内的光缆配线设备。根据其用途的不同其容量也不同。用于路边的光缆交接箱，一般容纳的光纤芯数较多，而安装于楼内的光缆交接箱则容纳的芯数较少。

GXF－228－A3 型光缆交接箱如图 5－59 所示，是一种用于室内的光缆交接箱，其容量和规格如下：400×580×140(配线：48 芯；直通：60 芯)；380×460×120(配线：24 芯；直通：36 芯)；264×425×83(配线：12 芯；直通：24 芯)。安装方式通常采用壁挂式和嵌入式，一般不用于室外，施工方便，容量小。

GXF5－228－B 光缆交接箱主要用于室外的路边或建筑物的外墙，如图 5－60 所示。其容量和规格如下：990×750×320 (配线：288 芯；直通：108 芯)；770×560×310 (配线：96 芯；直通：144 芯)；880×560×310 (配线：144 芯；直通：144 芯)。安装方式主要有架空、地面和壁挂安装方式。用于地面安装时，应做水泥底座以保护光缆的安全；架空方式安装时应有专门的工作台。

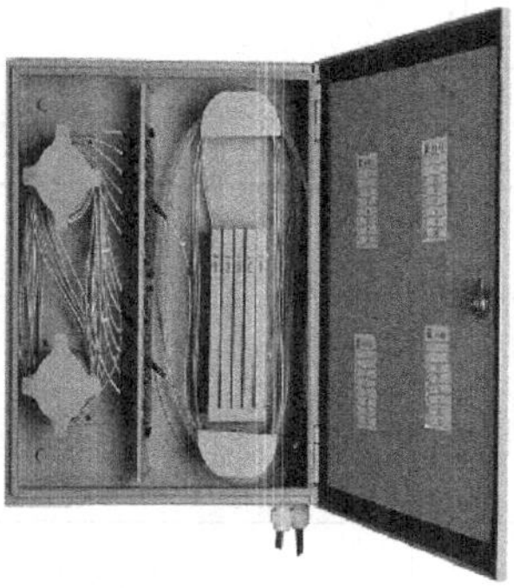

图 5-59　GXF-228-A3 型光缆交接箱

图 5-60　GXF5-228-B 光缆交接箱

5.2.5　电缆的扣式接线子接续

扣式接线子接续法是广泛采用的小对数全塑全色谱电缆芯线接续方式。

1. 扣式接线子的型号

目前，市话全塑电缆的扣式接线子品种较多，按其接续方式、器件外形和内部结构，可分为套管型、纽扣型、槽型、销钉型、齿型和模块型等多种。扣式接线子的型号分类必须符合原邮电部标准《市内通信电缆接线子》(YD334-87)的规定，其型号编写方法如下：

专业：H——市内通信电缆。

主称：J——接线子。

类型：K——纽扣型；

X——销钉型(又称销套型、销子型)；

C——齿型；

M——模块型。

填充：T——含防潮填充剂，如无填充则不写。

系列：1，2…9——系列编号。

扣式接线子的型号表示方法如图 5-61 所示。

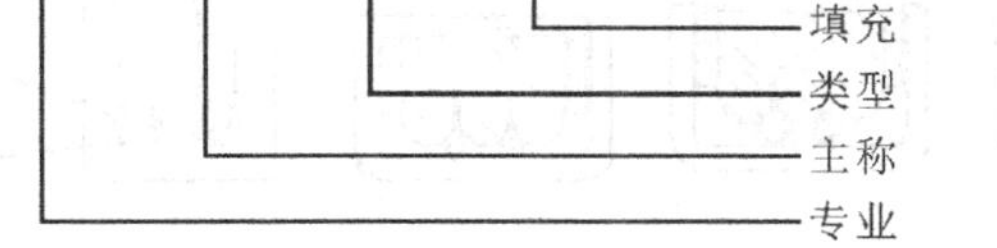

图 5-61　扣式接线子的型号表示方法

扣式接线子的型式分类如表 5-3 所示。

表 5－3　接线子型式分类表

有无填充 / 型号 / 接线子名称	代　号	
	不含防潮填充剂	含防潮填充剂
钮扣式接线子	UJK	HJKT
销钉型接线子	HJX	—
齿形接线子	HJC	—
模块式接线子	HJM	HJMT

2. 扣式接线子(HJK)的结构和接续原理

扣式接线子外形如图 5－62 所示，它由扣身、扣帽、“U”形卡接片三部分组成。其结构(二线)如图 5－63 所示。

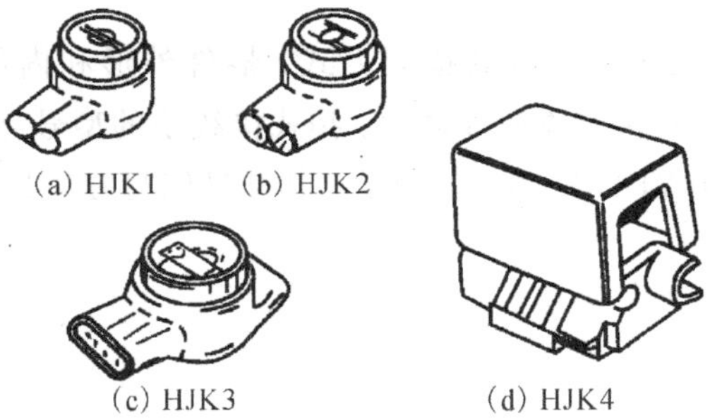

图 5－62　扣式接线子外形图

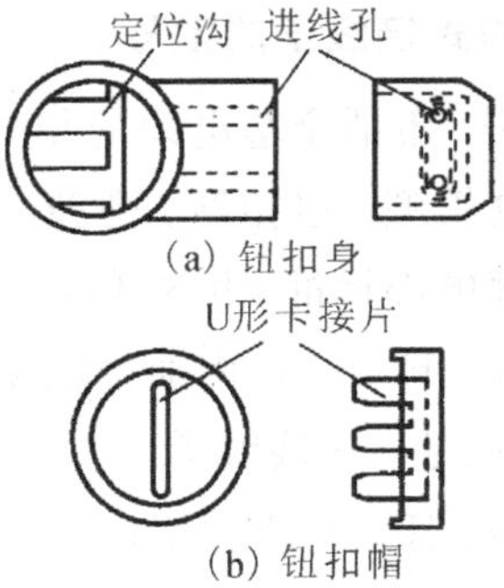

图 5－63　扣式接线子结构图(二线)

扣式接线子“U”形卡接片卡接示意图(二线)如图 5－64 所示。首先在塑料盖内镶嵌镀锡的铜合金“U”形卡接片，然后在接续时将待接芯线放入沟槽内，用专用手压钳将塑料盖压入塑料座内，从而使芯线被压入“U”形卡接片槽内。由于槽内比线径稍窄，刀口可卡破芯线绝缘层及氧化层，卡接片能与铜线本体接触，同时能够保持一定的接续压力，形成无空隙接续。充有硅脂的扣式接线子，具有防潮、防氧化性能。

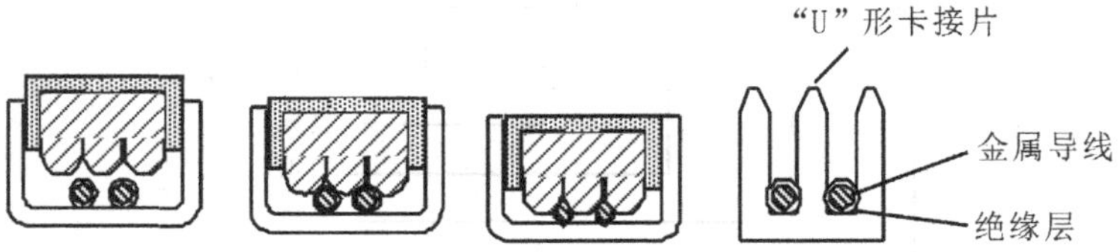

图 5－64　扣式接线子“U”形卡接片卡接示意图(二线)

3. 扣式接线子的程式

扣式接线子的种类很多，程式及使用范围如表 5－4 所示。

表 5 - 4　扣式接线子的程式及使用范围

规格型号	接线型式		连接片形式	适用范围：聚烯烃塑料绝缘：绝缘层最大外径/mm	适用范围：聚烯烃塑料绝缘：填充或非填充聚烯烃塑料绝缘电缆/mm
HJK1	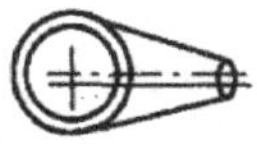	二线接续	单式	1.52	—
HJKT1					0.4～0.5
HJK2		二线接续	双式	1.8	—
HJKT2					0.4～0.9
HJK3		三线或二线接续	双式	1.67	—
HJKT3					0.4～0.5
HJK4	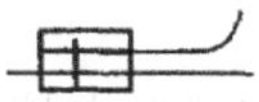	不中断线路复接	单式	1.27	—
HJKT4					0.4～0.9
HJKT5	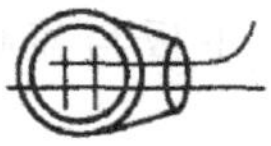	不中断线路复接	双式	1.67	0.4～0.9

4. 扣式接线子压接钳

扣式接线子压接芯线时，为了保证接续良好，要求将待接续的接线子完全放入钳口内，钳口要平行夹住接线子扣盖和扣身上下两个平面，钳口张合时应完全平行且不可偏斜。各种型号的压接钳如图 5 - 65 所示。

(1) E - 9Y 压接钳。此压接钳带有剪线钳口，在架空作业及修理时使用，是最轻便的一种，如图 5 - 65(a)所示。

(2) E - 9E 压接钳。在压紧时，此压接钳钳口动作平行度好，使用功能与 E - 9Y 相同，但无剪线钳口，如图 5 - 65(b)所示。

(3) E - 9B/E - 9BM 压接钳。此压接钳用途最广的接线钳，可适用于各种接线子，其压接钳口间距可用调节螺丝调节，如图 5 - 65(c)所示。

(4) E - 9C 压接钳。此压接钳用来压接链带式的接线子，每个链带上装有接线子 10 只，可在一定程度上提高接续效率。如图 5 - 65(d)所示。

(5) E - 9CH 高容量压接钳。为了进一步提高接续效率，对于 50 对以上电缆的接续，可采用这种压接钳，钳下有一个铁架，用于存放链带接线子，可以连续接续，如图 5 - 65(e)所示。

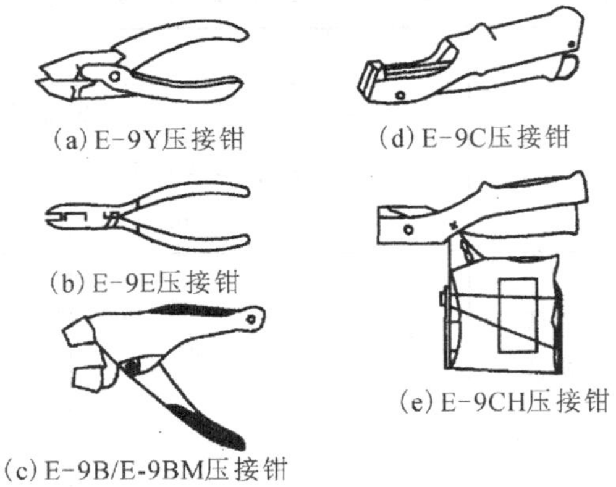

图 5 - 65　扣式接线子各种型号压接钳

5.2.6　电缆的模块式接线子接续

模块式接线子也称为模块型卡接排，简称模块或卡接排，具有接续整齐、均匀、性能稳定、操作方便和接续速度快等优点。一般模块式接线子一次可接续 25 对，常用于大对数电缆利用模块式接线子可进行直接、桥接和搭接。

1. 模块式接线子的结构

模块式接线子由底板、主板和盖板三部分组成。主板由基板、“U”形卡接片、刀片组成。基板有上、下两种颜色，靠近底板一侧与底板颜色相同，一般为金黄色；靠近盖板一侧与盖板颜色一致，一般为乳白色。一般用底板与主板压接局方芯线，主板与盖板压接用户芯线。模块式接线子的结构如图 5 - 66 所示。

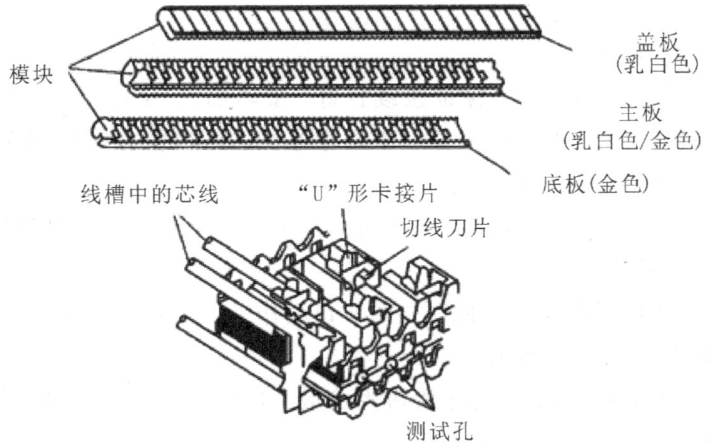

图 5 - 66　模块式接线子的结构

2. 模块式接线子的型号

目前常用的模块式接线子有国产和进口两大类。表 5 - 5 和表 5 - 6 所示分别为国产和某进口模块式接线子型号、规格和适用范围。HJMT1 是在 HJM1 的基础上增加一个密封盒，盒内装有防潮硅脂，将压接好的模块安放在密封盒内封存，适用于填充型电缆的接续。

表 5-5　国产模块式接线子(HJM、HJMT)型号、规格及适用范围

规格型号	接线形式	适用范围	
		聚烯烃塑料绝缘电缆芯线	
		接续对数	线径/mm
HJM1	标准接续	25	0.32～0.6(0.63)
HJMT1	标准接续	25	0.32～0.6(0.63)
HJM2	桥接	25	0.32～0.6(0.63)
HJMT2	桥接	25	0.32～0.6(0.63)

表 5-6　某进口卡接排型号、规格及适用范围

用途	型号	类别		有无硅脂保护	适用电缆线径/mm		备注
		标准型	超小型		线径	最大外径	
一字型接续直接	4000-B	√	—	—	0.32～0.7	1.17	—
	4000-D	—	√	—	0.32～0.8	1.65	—
	4000-DWP	—	√	√	0.32～0.8	1.65	—
	4000-UWP	—	√	√	0.4～0.8	1.65	4000D 防潮盒
Y 字型接续桥接	4002-B	√	—	—	0.32～0.7	1.17	—
	4005-D	—	√	—	0.32～0.8	1.65	—
T 字型接续搭接	4008-B	√	—	—	0.32～0.7	1.17	—
	4008-D	—	√	—	0.32～0.8	1.65	—

注："√"表示具有此项功能。

3. 模块式接线子的压接工具

用模块式接线子接续时，要用专用的压接工具，压接工具主要由接线架和压接器两部分组成。接线架包括1～2个接线机头、支架管(电缆固定架)、接线机头支架、两个电缆扣带等，如图5-67所示。

接线机头：是安装模块式接线子及进行接续的部件它由两边的金属挡板、带色谱的进线板、蓝色分线齿和两排导线固定弹簧组成。

电缆固定架：安放两侧(局方和用户方)已剖开护套的电缆，两侧各由一组皮带和皮带钩组成。

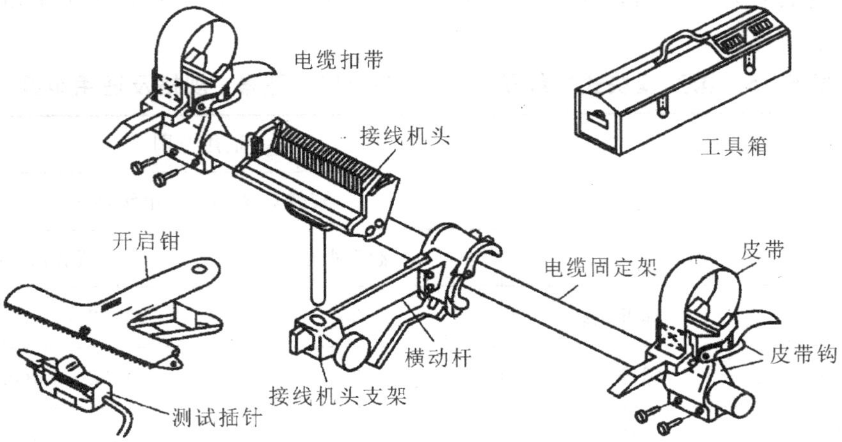

图 5－67　模块式接线子接续工具(接线架)组成

接线机头支架：由接线机头支架及横动杆组成。

开启钳：用于开启未卡接好芯线的模块式接线子。

测试插针：接续完成后，从模块式接线子测试插孔插入，可检测接续质量，尾部导线可接测试仪表进行检测。

压接器：提供导线压接时的动力，常用为手动液压器。它常由液压器主体、夹具和高压软管等组成，液压器提供 30 MPa 的压强，可对顺好线的底板、主板、盖板进行压接；加压时先旋紧气闭旋钮，上下扳动手柄，听到液压器发出“唧唧”声时，压接工序完成。如图 5－68所示为压接器结构。

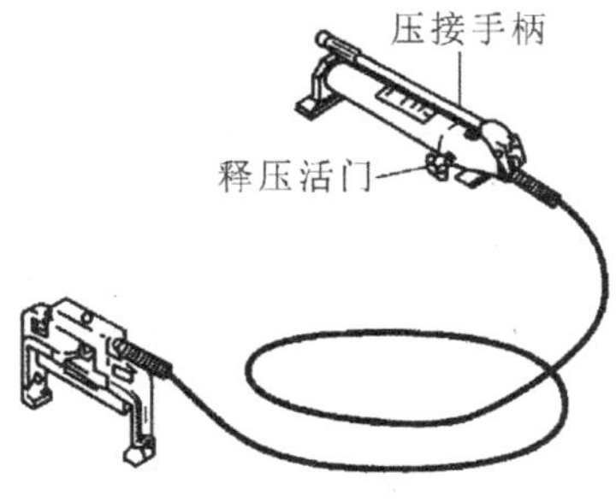

图 5－68　压接器结构图

4. 模块接续注意事项

模块接续应注意以下事项：

(1) 模块接续时对不同线径的处理。

将细线径的芯线置于模块的下方，将较粗线径的芯线置于模块上方，即先放置较细线径芯线，后放置较粗线径芯线。

(2) 模块排列。

3000 对及以上的大对数电缆的模块接续，为适应现有的热缩套管的最大外径模块需分列三排，开口长度为 678 mm。

(3) 防潮措施。

宜采用模块本体加防潮胶体为好，如4000DWP。

5.2.7 电缆的热缩套管封合

1) 热缩套管的选型

根据电缆外径、接头开长、接头外径、电缆保气等要求选择进口或国产热缩套管产品。部分国产、进口热缩套管的规格分别如表5-7、表5-8所示。

表5-7 中国普天公司部分接续套管规格型号参考表(充气型强力纤维热缩套管)

序号	分歧接头型号规格		接头最大直径/mm	接头最小外径/mm	电缆开口长度/mm	套管标称长度/mm	适应电缆参考外径/mm	
	不带气门	带气门					0.5	0.4
1	RSBAF43/8-200	RSBAQF43/8-200	43	8	200	450	10～50	10～50
2	RSBAF62/14-350	RSBAQF62/14-350	62	15	350	690	50～200	100～200
3	RSBAF92/30-500	RSBAQF92/30-500	92	30	500	900	300～600	300～600
4	RSBAF122/38-500	RSBAQF122/38-500	122	38	500	950	800～1200	800～1200
5	RSBAF60/54-500	RSBAQF160/54-500	160	55	500	950	1200～2000	1200～2400
6	RSBAF75/60-500	RSBAQF75/60-500	175	60	500	950	2400	2400
7	RSBAF200/64-500	RSBAQF200/64-500	200	65	500	950	2400～3000	3000～3600

表5-8 XAGA-1000型热缩套管规格参考表

序号	型 号	接头/mm		电缆开口长度/mm	序号	型 号	接头/mm		电缆开口长度/mm
	XAGA1000	最大直径	最小外径			XAGA1000	最大直径	最小外径	
1	XAGA1000-62/14-350	62	15	350	7	XAGA1000-122/38-500	122	38	500
2	XAGA1000-62/14-500	62	15	500	8	XAGA1000-122/38-650	122	38	650
3	XAGA1000-62/14-650	62	15	650	9	XAGA1000-16/54-500	160	55	500
4	XAGA1000-92/30-350	92	30	350	10	XAGA1000-16/54-650	160	55	650
5	XAGA1000-92/30-500	92	30	500	11	XAGA1000-200/64-500	200	65	500
6	XAGA1000-92/30-650	92	30	650	12	XAGA1000-200/64-650	200	65	650

2) 热缩套管组件

国产热缩套管RSB系统和瑞侃XAGA-250型热缩套管目前仅能用于非充气电缆的接头封合。RSB系列和XAGA-250型热缩套管组件如图5-69所示。

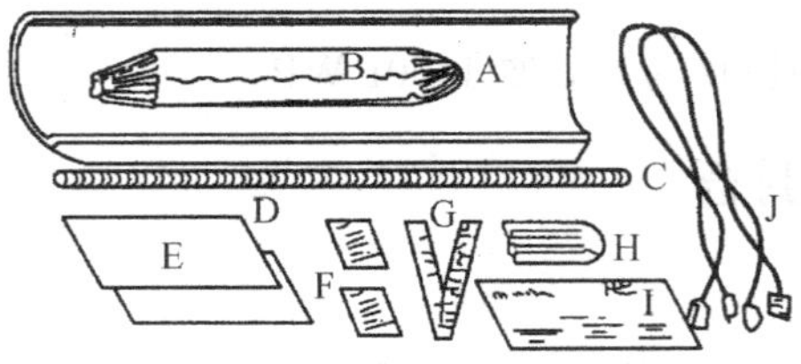

A—热缩套管　B—金属内衬筒　C—不锈钢夹条（拉链）
D—夹条连接扣 E—铝箔（隔热铝箔） F—清洁剂
G—砂皮条 H—分歧夹　I—施工说明书 J—屏蔽连接线

图 5 - 69　RSB 系列和 XAGA - 250 型热缩套管组件

瑞侃 XAGA - 1000 型热缩套管为强力纤维（加强型）热缩充气型套管，用于充气型电缆的直接头和最大三分支电缆接头。XAGA - 1000 型套管组件如图 5 - 70 所示。

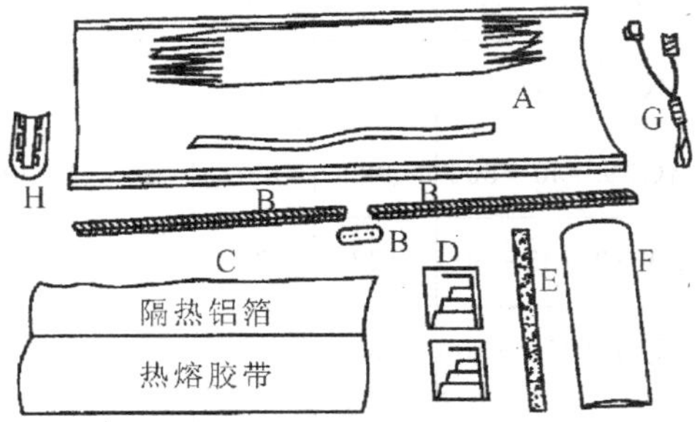

A—热缩套管、铝内衬管 B—夹条、夹条连接器
C—密封热熔胶带(连铝箔) D—清洁剂 E—纱布条
F—施工说明书　G—屏蔽连接线　H—分歧夹

图 5 - 70　XAGA - 1000 型热缩套管组件

3）装配式透气套管

装配式透气套管采用新型的工业化工原料，适用于架空的全塑电缆接口，本产品具有外形美观，施工方便，绝缘、防水性好，并可重复利用，价格合理。

透气套管是一种纵包式开启、非气压维护型透气管，是主干电缆与配线电缆的接口保护设备，适用于非充气的架空和悬挂式墙壁通信电缆的接续，并能满足通信电缆的直接接续和分支接续，是通信电缆接续的换代产品。产品规格有：10～50 对、50～70 对、70～150 对、200～400 对、400～600 对。

1. 主要特点

(1) 装配式透气套管采用自由呼吸原理设计成直线型纵包式套管具有透气性强，可防紫外线辐射，耐寒、耐老化，适用于任何恶劣环境。

(2) 壳体选用高密度聚乙烯（即海底电缆材料）材料吹塑成型，坚固耐用，不易裂开、折断。铸压的同轴密封端环可以紧贴电缆防止雨水侵入。外部金属制品采用不锈钢材料，经久耐用且美观大方。

(3) 装配式透气套管结构性好，易于安装，所有配件均附着于套管上，不易丢失，易于保管，维护方便，更能重复使用，是线路工程优先选用的新型接续产品。

(4) 适合与接线子或接线模块配套使用，可直接和分歧接续。

2. 主要技术指标

(1) 适合环境温度－40℃～60℃。

(2) 环境大气压(80～106)MPa。

(3) 相对湿度≤95%。

(4) 扣合试验：循环200次后，扣合处无泛白、开裂现象，弹簧扣无脱落、松动。

(5) 轴向拉力：以d/45×100 N轴向力拉，持续两小时后电缆无拉脱。

(6) 温度循环：低温－30℃±2℃，高温60℃±2℃，在高温或低温阶段各停留时间不小于4 h，温度试验后再经扣合试验装配式透气套管性能仍符合要求。

(7) 振动试验：振动频率10 Hz，振幅3 mm，振动时间72 h，试验后装配式透气套管性能仍符合要求。

(8) 冲击试验：钢球质量500 g，距套管上方1 m高，自由落下，在套管两端及中间各冲击一次，试验后装配式透气套管性能仍符合要求。

(9) 温度循环：在低温－40℃到高温60℃范围内温度急变，停留时间不少于4 h，试验后无断裂等异常现象。

5.2.8　分线设备与音频配线架

1. 分线设备及其安装

分线设备是配线电缆的终端，对于连接配线电缆和用户线路具有重要的作用。

1) 分线设备的分类和结构

分线设备按其接续方式不同可分为压接式和卡接式两大类；按其安装方式不同可分为挂式和嵌式两种；按其容量可分为5、10、20、30、50及100回线等规格。分线设备产品的完整标记由标准号和型号构成。分线设备产品由盒体、盒盖和接线排构成。

2) 分线设备安装

分线设备是配线电缆的终端设备。分线设备在电杆及墙壁上安装，不论采用木质或金属背架均要求牢固、端正，接地良好。

(1) 室外分线盒的选用。

室外分线盒的选用可参考表5－9所示内容。

表5－9　室外分线盒的选用表

型　号	箱体外形尺寸 长×宽×高/mm	容量/回线	安装尺寸/mm
XF－II10	200×188×115	10	180×50
XF－II20	300×188×115	20	280×50

(2) 各种室外分线盒的安装。

水泥杆上分线盒安装(采用金属背架)示意图如图5－71所示；墙式室外分线盒安装示意图如图5－72所示。

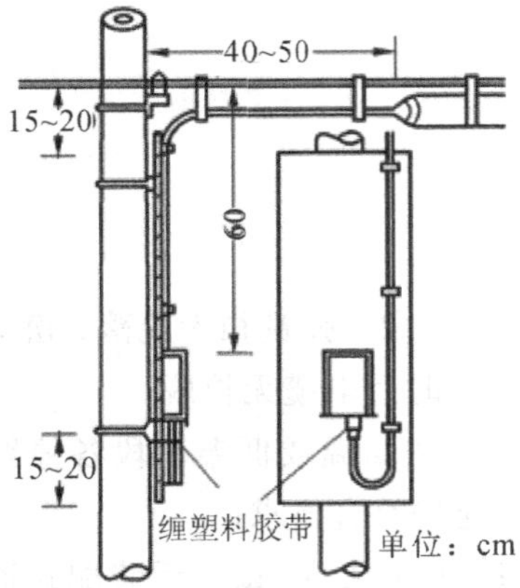

图 5-71　分线盒在水泥杆上安装

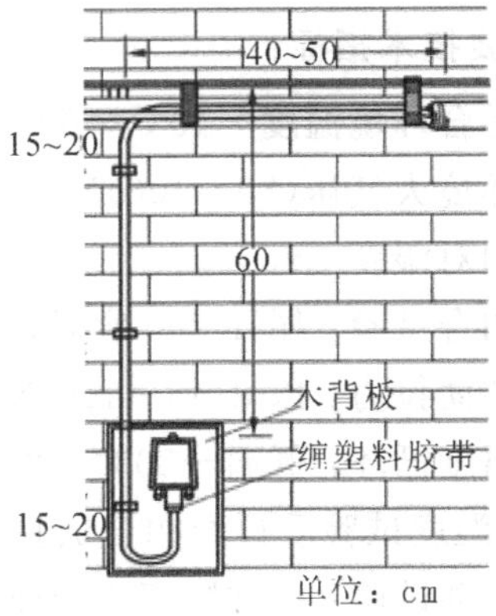

图 5-72　墙式室外分线盒的安装

(3) 室内分线盒的选择。

室内分线盒的选用可参考表 5-10 所示内容。

表 5-10　室内分线盒的选用

型　号	箱体外形尺寸 长×宽×高/mm	容量/回线
XF-II10	320×145×60	10
XF-II20	320×145×60	20

(4) 室内分线设备的安装。

室内分线盒一般只有墙式分线盒。安装在走道墙面的分线盒，其安装高度在画镜线上方或分线盒底部距地面 2500 mm 以上，安装示意图如图 5-73 所示。安装在室内墙壁的分线盒，可安装在踢脚线的上方，分线盒底距踢脚线 50 mm。安装在电缆上升房内的分线盒，应采取竖装，其下部距地面 1500 mm，安装示意图如图 5-74 所示。墙式室内分线盒采用铅榫、木螺丝进行安装。

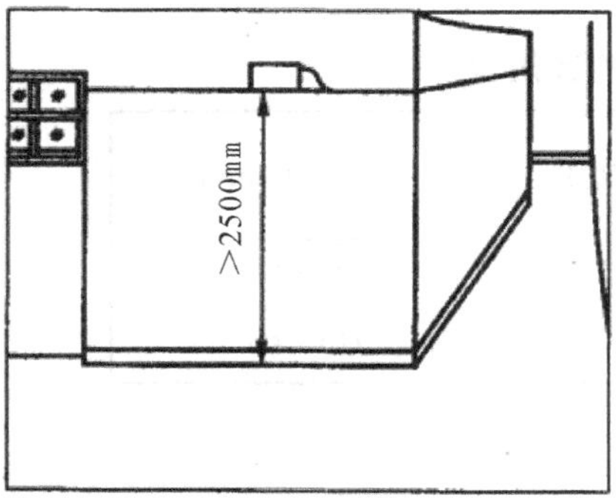

图 5-73　安装在走道墙面的分线盒

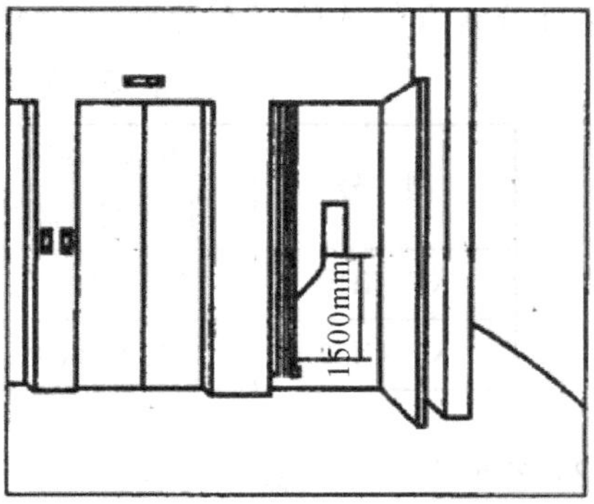

图 5-74　安装在电缆上升房内分线盒

(5) 壁龛式分线箱的安装。

壁龛式分线箱规格如表5-11所示。

表5-11　壁龛式分线箱规格

型号	箱体外形尺寸 长×宽×高/mm	嵌入墙内尺寸/mm	安装孔距/mm	容量/回线
NF-IA	600×480×145	500×380×130	300	10～50
NF-IB	600×480×145	500×500×130	400	10～50
NF-IC	700×550×145	600×450×130	500	50～100

壁龛式分线箱安装分为箱体安装和箱内接续部件安装两部分。

箱体安装由房屋建筑施工部门按设计要求进行。箱体下沿离地(1000～1300)mm，箱边距墙角≥1000 mm，安装位置示意图如图5-75所示。进入箱内的电缆管，用户线长度不得大于15 mm。管口倒钝并铰牙，再用螺母将管子与箱体连接，如图5-76所示。

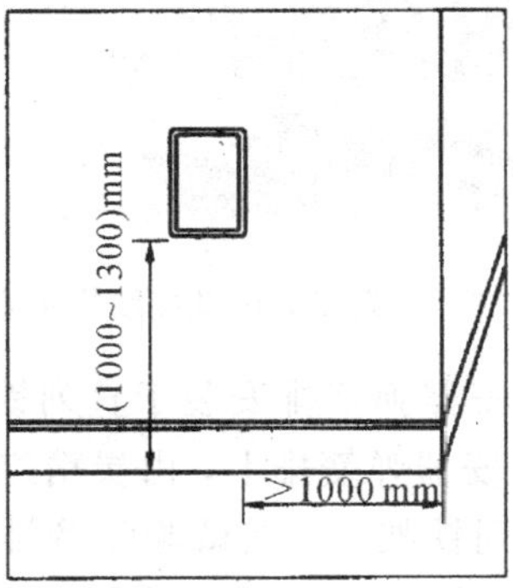

图5-75　壁龛式分线箱安装位置示意图

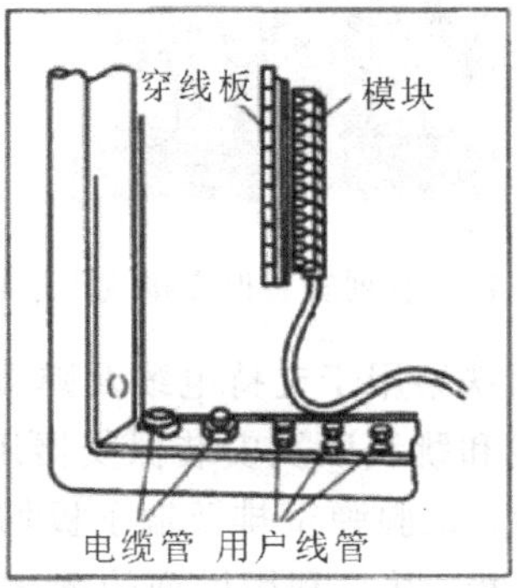

图5-76　壁龛式分线箱的内部安装示意图

箱内接续部件安装包括穿线板和模板安装，模块宜安装在箱内居中位置，如图5-77和图5-78所示分别为不同类型分线箱箱内部件安装位置示意图。

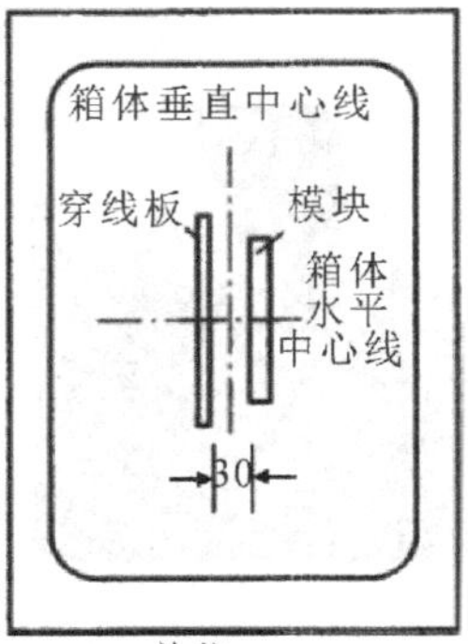

单位：mm

图5-77　10回线分线箱箱内部件安装位置示意图

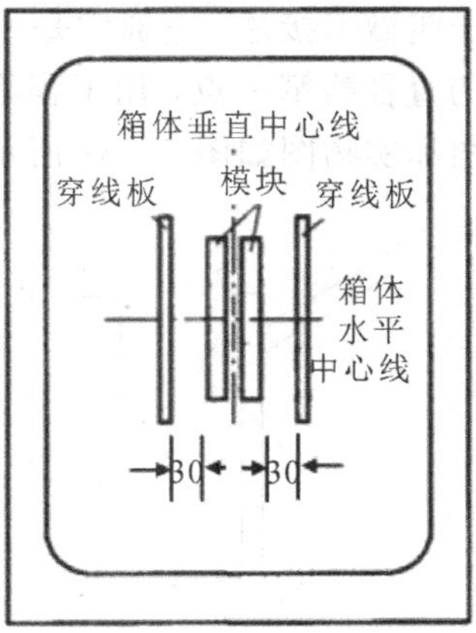

单位：mm

图5-78　20回线分线箱箱内部件安装位置示意图

2. 音频配线架及其安装

音频配线架(MDF)安装在市话局测量室内，所有市内电话的外线均应接至 MDF，再由 MDF 接至相关设备。通过 MDF 可以随时调整配线和测试局内、外线，并可使局内线免受外来雷电及强电流的损伤，所以 MDF 是全局通信线路的枢纽。MDF 一般由横列铁架、直列铁架、成端电缆线把、保安接线排保安器弹簧排、保安器、实验弹簧排、端子板和用户跳线等部分组成。直列安装保安接线排示意图如图 5－79 所示；横列安装测试接线排示意图如图 5－80 所示。

图 5－79　直列安装保安接线排示意图

图 5－80　横列安装测试接线排示意图

横直列铁架用于支持电缆及弹簧排等其他设备。保安器弹簧排安装于直列铁架上，用于连接外线和跳线以及安装保安器用。保安器安装于保安器弹簧排上，由炭精避雷器和热线轴所组成。试验弹簧排及端子板均安装在 MDF 的横列铁架上。在试验弹簧排上可将局内、外线切断，并且利用横列的测试塞孔可进行局内、外线路的障碍测试，以便及时进行查修。用户跳线的作用是调度和沟通局内、外线路。

总配线架的成端连接方法分为焊接式、绕接式、卡接式三种连接方式。使用卡接式成端接线居多，因此主要介绍卡接式。

卡接的全称叫绝缘移位连接(Insulation Displacement Connection)，在我国简称卡接，其接线端子叫做卡接片，它通常是一个开缝的金属片，缝的两边形成两个悬臂翼，缝的宽度比导线的直径略窄一点，用工程施力把导线卡入缝中的规定位置上就完成连接，线缆的卡接示意图和实物图如图 5－81 所示。

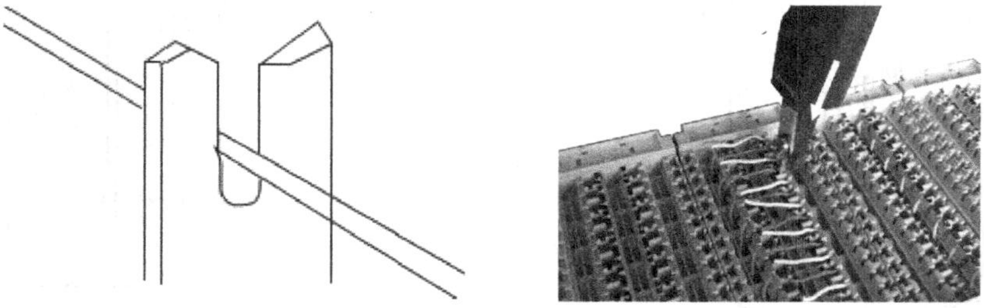

(a)示意图　　(b)实物图

图 5－81　线缆的卡接

通常把 10 对卡接片装在塑料外壳内组成一个模块，示意图如图 5－82(a)所示。模块分为横列模块和直列模块，它们之间的区别是：横列模块里面的簧片是导通的，只要程控交换机放号就可以听到正常的拨号音；而直列模块里的簧片是断开的，只能插入保安器才能接通外线。接线模块的电缆一侧与跳线一侧上下错开，电缆一侧低于跳线一侧约 35 mm，以避免接线混淆，便于割接。该模块设置有供测试或安装保安单元用的插孔，其左右都标有线对位号，该插孔可作为测试接线排或保安接线排使用。

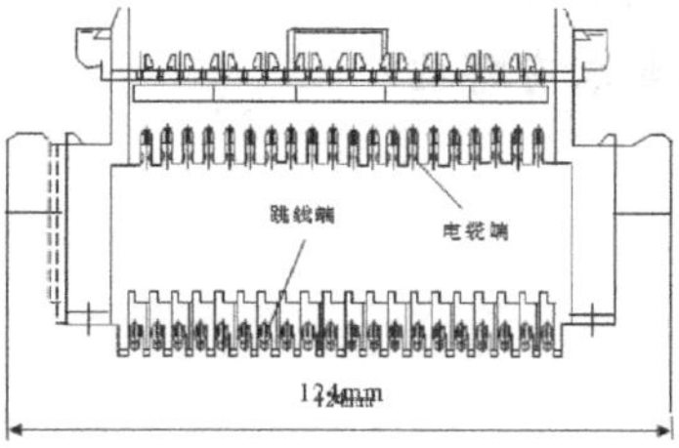

(a) 示意图

(b) 保安接线排（外线）

(c) 测试接线排（内线）

图 5－82　卡接式配线架模块

用户跳线一侧每个卡接口都具有双接点。平行的一对卡口上接两根线，遇有割接业务时，可以再复接两根线，这样并不影响原来用户的通话，等到新线全部接续完毕，就可拆除旧线。接线时多余的导线要用卡接口下方的刀片切断。

问题与讨论

1. 影响光纤连接损耗的因素有哪些？

2. 在目测光纤接头质量时，下列不良状态的原因是什么？怎么处理？

(1) 接头有痕迹；

(2) 轴向偏移；

(3) 接头成球状；

(4) 接头有气泡；

(5) 接头较正常，光纤变粗；

(6) 接头较正常，光纤变细。

3. 哪些情况下需对光纤重新进行熔接？

4. 盘留余纤时应注意什么？

5. 对光缆接头盒的要求是什么？它的作用是什么？

6. 简述 ODF 架和光缆交接箱成端的方法和步骤。

7. 详述扣式接线子的接续原理、主要种类和使用场合。

8. 详述模块接线子的特点及其结构、3M 模块式接线子的型号及其使用场合。

9. 简述扣式接线子的接线操作步骤。

10. 简述模块式接线子的接线操作步骤。

11. 分线设备的种类和技术要求有哪些？

专题 6　通信线路竣工测试与验收

光(电)缆工程验收测试和竣工文件编制是本专题的典型任务。通过完成实训任务和学习任务资讯，学生能够理解竣工测试要求和验收内容，正确使用仪表进行光(电)缆线路工程的竣工测试，掌握竣工技术文档的编制程序，以及学会竣工资料的编写。

6.1　实训任务

6.1.1　光缆工程验收测试

本任务通过对中继段光缆线路的光、电特性测试，使学生熟悉光缆线路工程验收测试过程，收集测试数据，为竣工资料编制打下基础。完成本任务所需工具和器材有：光时域反射仪(OTDR)、引导光纤、酒精泵、脱脂棉、兆欧表、接地电阻测试仪等。

1. 中继段后向散射曲线的测试

用光时域反射仪(OTDR)测量中继段光纤的后向散射曲线，其方法是：

(1) 连接光纤。

首先使用酒精清洁引导光纤的插纤体，然后将其两端分别垂直缓慢插入光时域反射仪的接口及 ODF 机架珐琅盘，实现仪表与 ODF 机架珐琅盘的连通。

(2) 设置参数。

测试前要根据中继段光缆特性在 OTDR 中设置折射率、波长、测量范围、脉冲宽度、测量时间等五个参数。当不知光缆长度时，可以先将光缆放置在自动挡位进行初测，然后根据测量结果重新设置参数。参数具体设置如下：

① 折射率：制造商给定的折射率。

② 波长：与折射率对应的测试波长。

③ 测量范围：建议为中继段长度的 1.2～1.5 倍。

④ 脉冲宽度：根据测试长度选择。

⑤ 测量时间：根据测试长度选择。

(3) 测试曲线

① 按下仪表 OTDR 的“启动”键开始测试，此时仪表的计时器开始计时，并向被测光纤发射激光，直到测试完成。

② 显示屏上的曲线在测试过程中的不断变化，测试停止时则稳定不变，测试完毕，将光纤后向散射曲线进行存储以备查用。

(4) 观察曲线

① 观察曲线的全程有无异常，可查看事件表中标红的项目，还可将可疑点及周围区域进行放大观察。

② 分析不符合要求的事项产生的原因，并通知责任方及时解决。

③ 按设计文件要求，记录(或打印)测试曲线。检测结果应将测试数据、测试条件记入竣工测试记录的《中继段光纤后向散射曲线检测记录》中。

④ 中继段光纤后向散射曲线一般要求要记录一个方向上的完整曲线，有条件(或设计文件有要求)时，可记录两个方向上的测试曲线。

⑤ 看插入损耗及回波损耗。通过事件表，可查看中继段光纤插入损耗和回波损耗。对于在中继段光纤后向散射曲线上出现的非反射事件，应注意区分是熔接点引起的还是过度弯曲引起的。若是由弯曲引起的非反射事件，则应详细测量出光纤的长度，并换算成地面长度，将线路上的过度弯曲恢复到标准状态，以减小线路的全程损耗。

2. 中继段光纤长度测试

中继段光缆光纤长度测试一般包括测试点到终点的长度测试和测试点到任一事件点的长度测试，这两种长度测试方法相同，具体步骤如下：

(1) 游标 A 定位在引导光纤所产生的反射事件上升沿的转折点处。

(2) 游标 B 的定位方法根据事件类型不同而不同，当为非反射事件时，游标 B 定位于非反射事件的起点处，如图 6-1(a)所示；当为反射事件时，游标 B 定位于反射事件上升沿的转折点处，如图 6-1(b)所示。

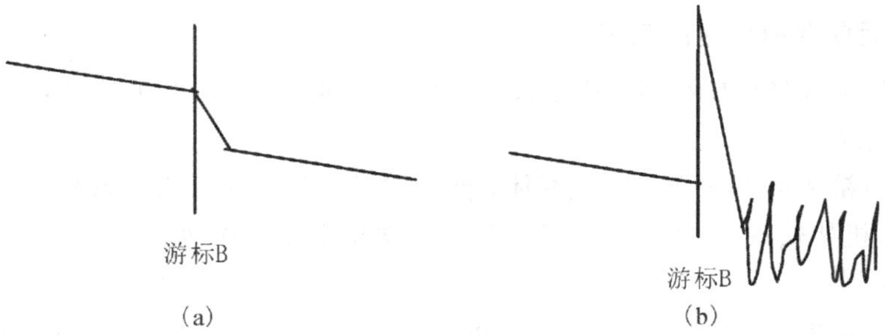

图 6-1　游标 B 定位示意图

3. 中继段光纤损耗测试

中继段光纤的损耗是指在中继段范围内所有因素引起的光信号损耗的总和，包括光纤的损耗、接头点的损耗、反射事件引起的损耗、光纤弯曲引起的损耗。通常利用 OTDR 测试中继段光纤损耗。如果对 OTDR 测试结果有异议或需提高测量精度时，可采用基于 ODF 机架成端方式测量方法测量，此方法示意图如图 6-2 所示。

具体测量过程为：

(1) 把引导光纤连接在光源和光功率计之间，记录下图 6-2(a)中 X 点的功率值；

(2) 不要从光源中移走引导光纤(以尽量保证输入状态不变)，断开光功率计，将引导光纤连接到 ODF 机架的前面；

(3) 把光功率计移到远端 ODF 机架后面，用输出尾纤把远端的 ODF 机架和光功率计连接起来，这时光功率计的测量值为图 6-2(b)中 Y 点的功率值；

(4) 两者之差即为 ODF 机架对 ODF 机架的成端方式安装光缆的损耗。

为了保证测量的精度，引导光纤必须和安装光纤有相同的几何尺寸，同时在引导光纤接头处使用的适配器要和待测光纤接入系统中的适配器类型一致。

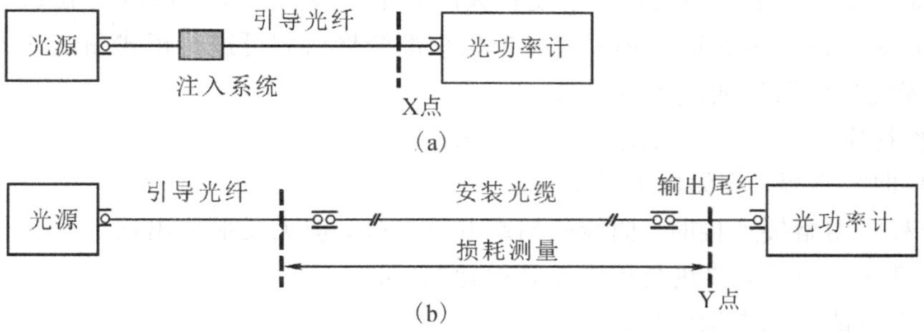

图6-2　基于ODF机架成端方式测量方法示意图

4. 中继段光缆线路对地绝缘测试

管道光缆与架空光缆都不与土壤、水直接接触，因此一般不进行绝缘测试。直埋光缆线路由光缆、接头盒与光缆对地绝缘监测装置等连接组成，其对地绝缘电阻实质上是构成光缆线路的各组成构件绝缘电阻的并联等效电阻。

光缆线路对地绝缘测量选用高阻计或兆欧表在光缆接续后于监测标石上进行，通过监测线测得金属层与大地间的绝缘电阻值，从而判定光缆护层是否完整，接头盒密封是否良好，监测线路及连线等构件的对地绝缘状况。图6-3为直埋光缆线路对地绝缘监测装置示意图。

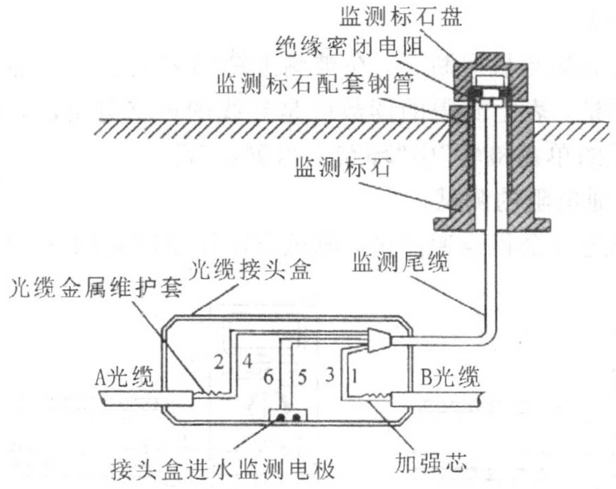

图6-3　直埋光缆线路对地绝缘监测装置示意图

5. 中继段光缆线路接地电阻测试

中继段光缆线路接地电阻测试是指中继段内接地体的接地电阻(包括中继站接地电阻，装设有接地体的接头盒处接地电阻、防雷防强电接地电阻等)测试。可以选用ZC-8或SGT-10B型地阻仪进行测试，具体测试方法步骤参见“专题4 通信线路防护”中的“接地电阻测试”部分。

任务完成后需要按下面内容进行检查：

光缆线路的竣工测试应在光缆线路工程全面完工和光纤成端完成后进行，一般以插入法测试的数据为准，对于线路损耗富余度较大的短距离线路，可用OTDR法进行测试，测试应采用高稳定度的仪表并应经相关计量单位校准合格后方可进行正式测试。

中继段光缆后向散射曲线检查要求：

(1) 总损耗应与光功率计测试数据基本一致。

(2) 观察曲线全程，应无以下异常现象：

① 当全程采用熔接连接时，曲线除始端和终端外，应无反射峰出现。

② 除光纤接续点外，曲线全程应无高损耗“台阶”。

③ 曲线上应能看到末端的反射峰。

(3) OTDR测试应以光纤实际折射率为参数设置依据；脉冲宽度应根据光纤长度合理选择。

(4) 干线光缆中继段光纤总损耗测试应以双向测试平均值为准；一般线路可只测试一个方向的损耗。

(5) 中继段光纤后向散射曲线检查一般只作单方向测试和曲线记录。

6.1.2　电缆工程验收测试

本任务以交接箱至分线设备为一个自然段，对电缆直流环路电阻、不平衡电阻、电缆屏蔽层连通电阻、绝缘电阻和近端串音衰减等指标进行测试。完成本任务所需工具和器材有：电缆开剥工具、万用表、兆欧表、接地电阻测试仪。

1. 用万用表进行电缆直流环路电阻、电缆屏蔽层连通电阻测量

(1) 环路电阻的测试。

将被测电缆芯线的始端与机房断开，在被测电缆的末端将两根芯线短路，用万用表在始端对两根芯线进行测试，表上测得的读数就是导线的环路电阻值，具体测试方法和步骤参见2.2.5节“通信电缆的单盘检验”中“环路电阻测试”部分。

(2) 电缆屏蔽层连通电阻的测试。

全塑电缆屏蔽层应进行全程连通测试，测试方法示意图如图6-4所示。

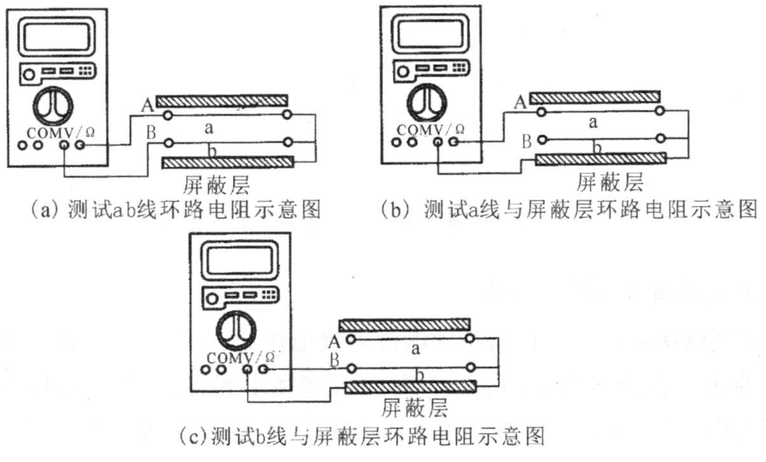

图6-4　全塑电缆屏蔽层全程连通测试图

全塑电缆屏蔽层连通电阻测试步骤为：先要在被测电缆末端将一根屏蔽线牢固地卡接在电缆屏蔽层上，然后选一对良好芯线，将电缆末端将 a、b 线短路，并与电缆屏蔽线连通；打开万用表电源开关，且万用表连线插接正确，测试线对环路电阻(R_{AB})，测试示意图如图 6－4(a)所示，再测试 a 线与电缆屏蔽层的环路电阻(R_{AE})，测试示意图如图 6－4(b)所示，最后测试 b 线与电缆屏蔽层的环路电阻(R_{BE})，示意图如图 6－4(c)所示。测试时应将万用表量程开关拨到电阻测试挡，选择适当的量程范围，准确读取测试值。

2. 用兆欧表进行电缆绝缘电阻测量

具体测试方法、步骤仍参见 2.2.5 节“通信电缆单盘检验”中“绝缘电阻测试”部分。测试时要记录每次测试的结果，并检查测试数据是否正确，同时应判断芯线间是否有混线现象，以及检查芯线是否有地气现象。

3. 用接地电阻测试仪进行电缆接地电阻测量

具体测试方法、步骤参见“专题 4 通信线路防护”中的“接地电阻测试”部分。测试时要记录每次测试的结果，并检查测试数据是否正确。

4. 用近端串扰测试仪测试近端串音衰减

全塑电缆验收时应对电话局至交接箱全部线对进行近端串音衰减测试。

在被串回路中与主串回路发送端相同的一端所出现的串音，叫做近端串音。回路间串音大小可用串音损耗来描述。近端串音损耗的定义为主串回路发送端输出有用功率 P_0 与被串回路近端串音功率 P_{00} 之比的对数即

$$A_0=10\lg\left(\frac{P_0}{P_{00}}\right)\ (\mathrm{dB}) \tag{6-1}$$

串音损耗值越大，串音功率越小，对相邻回路的串音干扰就越小；反之则串音干扰越大。

任务完成任务后需要按下面内容进行检查：

(1) 应对仪表进行详细讲解，并操作演示；组织安排任务，要求学生对一个自然段电缆进行测试和数据分析。

(2) 正确连线，注意安全。

(3) 测试标准依据任务资讯中“通信电缆验收测试指标要求”部分。

6.1.3 通信线路工程竣工文件编制

通过本任务的学习，使学生了解竣工文件的构成及编制需要编写的内容，并掌握竣工文件的组卷顺序及管理，以及会绘制简单的光(电)缆线路竣工图纸。下面以电缆线路竣工文件编制为例进行介绍。完成本任务所需工具和器材有：计算机、CAD 制图软件、打印机等。

1. 竣工技术文件(总册)部分的编制

竣工技术文件(总册)部分主要包括工程说明、建设安装工程量总表、随工检查记录和验收证书四部分。

(1) 工程说明。

工程说明内容主要包括工程概况，电缆敷设、接续和安装情况，电缆特性指标，工程

进度，编制日期及落款。

工程概况叙述工程名称、总长度、电缆类别特点、工程建设单位、施工单位以及其他主要参与单位。

电缆敷设、接续和安装情况叙述主要部位施工特点、方法及达到的质量情况，以及隐蔽工程质量签证情况和工程中遇到的主要困难、进度情况、重大措施、遗留问题。

电缆特性指标叙述电缆线路传输特性主要指标完成情况。

工程进度、编制日期及落款叙述工程筹备时间、正式开工日期、完工具体日期及施工总天数；并要写明工程说明编制日期，并加盖施工主管部门印章。

(2) 建设安装工程量总表。

建设安装工程量总表根据实际完成施工图中工程量数量，叙述完成的主要工程量。对于施工图以外增加的工程量必须有主管单位签证。

(3) 随工检查记录。

随工检查记录主要针对施工中的隐蔽工程或额外增加的工程量进行记录，随工检查记录应齐全，并由建设单位、监理单位和施工单位三方代表签证确认。

(4) 验收证书。

验收证书包括施工单位的验收证书和验收小组的验收证书。施工单位的验收证书由施工单位在工程竣工时填写；验收小组的验收证书由建设单位填写，在电缆线路初验后，将验收小组对工程质量的评议和验收意见填入，并签字、盖章。

2. 竣工测试记录部分的编制

竣工测试记录部分的主要内容有电缆电气性能测试记录、电缆线路对地绝缘电阻测试记录、电缆接头、交接箱和分线盒线对及线序测试记录等。

其中电缆电气性能测试记录又包括电缆单盘测试记录、中继段电缆线路全程衰耗测试记录和电缆电气性能测试记录。

(1) 电缆单盘测试：主要记录电缆型号、盘号，并标明盘长、生产厂商、所用测试仪表及外观检查情况等信息。

(2) 中继段电缆线路全程衰耗测试记录：主要记录中继段长度、设计指标要求、所用测试仪表以及工程竣工实际测试结果等信息。

(3) 电缆电气性能测试记录：主要记录电缆型号、线径、线对之间和线对与地之间的绝缘电阻、环路电阻、近端串音衰减及障碍等信息。

(4) 电缆接头测试记录：主要记录接头位置、接续方式、接续情况及所用测试仪表等信息，通常在随工检查中进行。

(5) 交接箱和分线盒线对及线序测试记录：主要记录交接箱和分线盒内的线对及线序的完成情况及障碍等信息。

3. 竣工图纸部分的编制

竣工图纸编制必须有封面、目录及前述内容，装订顺序按 A 局至 B 局的路由顺序排列，每册第一页应按设计要求，在其右下角填写工程名称、段落及相关负责人签名等信息。名称应为“××通信电缆线路工程”竣工路由图，包括电缆线路路由图、局内电缆线路路由图等图纸资料。

任务完成任务后需按下面的内容进行检查：

按照通信电缆线路工程竣工文件编制要求编制一套电缆线路工程竣工文件(电子版)。通过对电缆线路工程竣工文件的评定，判断电缆线路工程竣工文件编制任务的完成情况。

6.2　任务资讯

6.2.1　通信线路工程验收程序

通信线路工程的验收一般有随工验收、初步验收、试运行和竣工验收等步骤。

1. 随工验收

通信线路工程在施工过程中应采取巡视、旁站等方式进行随工验收。对隐蔽工程部分应边施工边验收，竣工验收时对此隐蔽部分一般不再复查。建设单位应委派工地代表随工验收，且随工记录应作为竣工资料的组成部分。

光(电)缆线路工程随工验收内容以及采取的验收方式如表 6-1 所示。

表 6-1　光(电)缆工程随工验收内容及验收方式

<table>
<tr><th>项　目</th><th>内　　容</th><th>验收方式</th></tr>
<tr><td>器材检验</td><td>光(电)缆单盘检验；接头盒(套管)等器材质量、数量检验</td><td>旁站</td></tr>
<tr><td>直埋光(电)缆</td><td>1. 光(电)缆规格、路由走向(位置)
2. 埋深及沟底处理*
3. 光(电)缆与其他地下设施间距*
4. 引上管及引上光(电)缆安装质量
5. 回填土夯实及回填土质量
6. 沟坎加固等保护措施质量*
7. 防护设施规格、数量及安装质量
8. 光(电)缆接头盒、套管的位置、深度*
9. 标石埋深质量
10. 回填土质量</td><td rowspan="2">巡视、旁站结合</td></tr>
<tr><td>管道光(电)缆</td><td>1. 塑料子管规格、质量
2. 子管敷设安装质量
3. 光(电)缆规格、占孔位置
4. 光(电)缆敷设、安装质量
5. 光(电)缆接续、接头盒或套管安装质量
6. 人孔内光缆保护及标志吊牌</td></tr>
</table>

续表

<table>
<tr><th>项　目</th><th>内　　容</th><th>验收方式</th></tr>
<tr><td>架空光(电)缆</td><td>1. 立杆洞深*
2. 吊线、光(电)缆规格、程式
3. 吊线安装质量
4. 光(电)缆敷设安装质量，包括垂度
5. 光(电)缆接续、接头盒或套管安装及保护
6. 光(电)缆杆上等预留数量及安装质量
7. 光(电)缆与其他设施间隔及防护措施
8. 光(电)缆警示宣传牌安装</td><td>巡视、旁站</td></tr>
<tr><td>水底光(电)缆</td><td>1. 水底光(电)缆规格及敷设位置、布放轨迹*
2. 光(电)缆水下埋深、保护措施质量*
3. 光(电)缆旱滩位置埋深及预留安装质量*
4. 沟坎加固等保护措施质量*
5. 水线标志牌安装数量及质量</td><td rowspan="2">旁站</td></tr>
<tr><td>局内光(电)缆</td><td>1. 局内光(电)缆规格、走向
2. 局内光(电)缆布放安装质量
3. 光(电)缆成端安装质量
4. 局内光(电)缆标志
5. 光(电)缆保护安装</td></tr>
</table>

注："*"标记内容为隐蔽项目。

2. 初步验收

一般建设项目在竣工验收前，应组织初步验收。初步验收由建设单位组织设计、实施，建设监理、工程质量监督、维护等部门参加。

初步验收的主要工作包括严格检查工程质量，审查竣工资料，分析投资效益，对发现的问题提出处理意见以及组织相关责任单位落实解决，并在初步验收后的半个月内向上级主管部门报送初步验收报告。

初步验收报告的主要内容有：

(1) 初步验收工作的组织情况。

(2) 初步验收的时间、范围、方法和主要过程。

(3) 初步验收检查的质量指标与评定意见，以及对施工中重大事故处理后的审查意见。

(4) 对实际的建设规模、生产能力、投资和建设工期的检查意见(如与原批准的不符，应提出处理意见)。

(5) 对工程技术档案与所有技术资料的检查意见。

(6) 关于工程中贯彻国家建设方针和财务规定的检查意见。

(7) 对存在问题的解决办法。

(8) 对下一步试运转、编写竣工报告和竣工决算文件的意见。

初步验收应对通信线路工程安装工艺进行抽查，并对线路的主要技术指标进行复测。

工程各部分的初步验收项目、内容及抽查比例应符合表6-2所示的规定。

表6-2 光(电)缆线路的初验项目、内容及抽查比例

项　目	内　　容	抽查比例
安装工艺	1. 路由走向及敷设位置 2. 埋式路段的保护、标志牌、标石的安装位置、规格、符号、编号和面向等 3. 水底光(电)缆的走向、安装质量、标志规格、位置 4. 架空光(电)缆安装质量、接头盒及余留光缆安装，杆路与其他建筑物的间距及电杆避雷线安装等 5. 管道光(电)缆安装质量、接头盒及余留光缆安装、光缆与子管的标识 6. 局内光(电)缆走向、光缆预留长度，ODF架安装质量、光(电)缆标志 7. ODF架上光缆的接地	按10%左右的比例抽查
主要传输特性	1. 光纤平均接头衰耗及接头最大衰减值 2. 光纤后向散射曲线检查 3. 光纤线路衰减(dB)、衰减系数(dB/km)、光纤通道总衰减(dB)、偏振模色散 4. 电缆绝缘电阻 5. 电缆的环阻测试 6. 电缆的近端串音测试	
光缆护层完整性	在对地绝缘监测装置的引线上测量金属护层对地绝缘电阻(直埋光缆)	按15%左右的比例抽查
接地电阻	1. 地线位置 2. 对地线组进行测量	地线按15%左右的比例抽测

3. 试运行

初步验收合格后，按设计文件中规定的试运行周期立即组织工程的试运行。试运行由建设单位组织工厂、设计、施工和维护部门共同参加，对设备性能、设计和施工质量以及系统指标进行全面考核。试运行周期一般为三个月。试运行中发现的问题由责任单位负责免费返修。试运行结束后的半个月内向上级主管部门报送竣工报告和初步决算报告，并准备组织竣工验收工作。

4. 竣工验收

工程竣工验收是工程建设的最后一个程序，是全面考核工程建设成果，检验工程设计和施工质量以及工程建设管理的重要环节。竣工验收的主要步骤和内容如下：

(1) 文件准备工作。包括工程性质、规模，还应准备好工程决算、竣工技术文件等。

(2) 组织临时验收机构。对大型工程成立验收委员会，并下设工程技术组和档案组。

(3) 大会审议、现场检查。包括审查、讨论竣工报告、初步决算、初步验收报告以及技术组的测试技术报告，沿线重点检查线路的工艺质量等。

(4) 讨论通过验收结论和竣工报告。

(5) 颁发验收证书。最终证书将颁发给参加工程建设的主管部门及设计、施工、维护单位或者部门。验收证书的内容包括对竣工报告的审查意见，对工程质量的评价，对工程技术档案、竣工资料抽查结果的意见，初步决算审查的意见，对工程投产准备工作的检查意见和工程总评价与投产意见等。

6.2.2 通信线路竣工测试指标

1. 光缆线路竣工测试指标要求

竣工测试涉指标及到光特性测试的项目有：中继段光缆后向散射曲线、中继段光缆线路长度、中继段光缆线路损耗，按设计要求可能还有中继段光缆链路偏振模色散测试等。涉及电特性测试的项目有：中继段铜导线电特性、中继段光缆护层对地绝缘、中继段接地电阻测试等。

(1) 中继段光缆线路的光特性指标：

① 中继段光纤衰减系数值为双向测量的平均值。

② 中继段光纤总损耗值应符合设计规定。

(2) 中继段光缆线路的电特性指标：

埋设后的单盘光缆，其金属外护层对地绝缘电阻的竣工验收指标不应低于 10 MΩ · km，其中允许 10%的单盘光缆不低于 2 MΩ。

2. 通信电缆线路验收测试指标要求

(1) 全塑电缆芯线间、单根芯线对地绝缘电阻(温度为 20℃，相对湿度为 80%以下)应不低于下列数值：

① 聚乙烯绝缘电缆：6000 MΩ · km。

② 聚氯乙烯绝缘电缆：120 MΩ · km。

③ 填充型聚乙烯电缆：1800 MΩ · km。

(2) 全塑电缆连有分线设备或已连接总配线架时，全程绝缘电阻不应低于 200 MΩ。

(3) 全塑电缆的屏蔽层应全程连通，主干电缆屏蔽层电阻平均值应不大于 2.6 Ω/km；除绕包外的配线电缆屏蔽层电阻不得大于 5 Ω/km。

(4) 全塑中继电缆及主干电缆在任何线对间的近端串音衰减不应低于 69.5 dB。

(5) 全塑电缆线路的环路电阻(20℃时)：

① 0.32 mm 铜线每对线 1 公里环路电阻不大于 472 Ω。

② 0.40 mm 铜线每对线 1 公里环路电阻不大于 296 Ω。

③ 0.52 mm 铜线每对线 1 公里环路电阻不大于 190 Ω。

④ 0.60 mm 铜线每对线 1 公里环路电阻不大于 131.6 Ω。

6.2.3 竣工技术文件

竣工技术文件是工程项目竣工验收和今后进行维修、改扩建等的重要依据，也是施工单位完成工程项目施工任务后必须提交、存档、保管的重要技术文件之一。竣工技术文件内容较多，一般可分为竣工技术文件(总册)、竣工测试记录和竣工图纸三部分，并分别装订成册。工程决算文件也是竣工技术文件的一部分内容。编制竣工技术文件时要符合相关要求。

1. 竣工技术文件(总册)

竣工技术文件名称应为"××竣工技术文件"，应包括下列内容：

(1) 工程说明。

(2) 开工报告。

(3) 建筑安装工程量总表。

(4) 已安装设备明细表。

(5) 工程设计变更单。

(6) 重大工程质量事故报告。

(7) 停(复)工报告。

(8) 随工检查记录、隐蔽工程检验签证。

(9) 交(完)工报告。

(10) 交接书。

(11) 验收证书。

(12) 洽商记录。

竣工技术文件以单项工程及建设单位(合同单位)管辖段为编制单位，若一个工程由两个建设单位负责建设，则按管辖界划分，各自编制装订。

2. 竣工测试记录

竣工测试记录名称应为"××通信电缆线路工程竣工测试记录"。竣工测试记录主要内容有：电缆单盘测试记录，中继段电缆线路损耗测试记录电缆电气性能测试记录，电缆接头、交接箱和分线盒线对及线序测试记录等。

竣工测试记录按施工分工的自然段分别装订成册，段内若有两个以上中继段，可按A到B方向分段合装，也可按自然维护段分别装订成册。

(1) 电缆单盘测试记录。

电缆单盘测试主要包括单盘电缆长度、损耗(衰减)的测量，目的是防止不符合工程设计要求的电缆在线路上敷设使用。测试记录内容如表6-3所示。

表6-3　电缆单盘测试记录

电缆型号		成品盘号		产品编号	
电缆对数		出厂长度		尺码长度	
测试仪表		芯线规格		外观	
线对序号	环路电阻	测试损耗值	状态		备注
1					
2					
3					
4					
5					

测试人：　　监理：　　日期：

(2) 中继段电缆线路损耗测试记录。

中继段电缆线路损耗测试以一个中继段为测试单元。中继段电缆线路损耗是指中继段两端配线架外侧之间的损耗，包括电缆本身的损耗、电缆之间的连接损耗及配线架成端的损耗。测试记录内容如表 6-4 所示。

表 6-4　________至________中继段电缆线路损耗测试记录

中继区段：××至××　　　　中继段长度：××km

测试仪表：　　　　施工单位：

测试项目 / 线对序号	全程损耗值/dB	每公里损耗/(dB/km)
1		
2		
3		
4		
5		

测试人：　　　　监理：　　　　日期：

(3) 电缆电气性能测试记录。

电缆电气性能测试主要包括电缆线对的芯线之间、芯线与电缆护套之间的绝缘电阻，电缆线对的环路电阻，芯线对地电容和电缆线对之间的串音衰减等的测量。测试记录内容如表 6-5 所示。

表 6-5　电缆电气性能测试记录

工程编号：________________　　项目名称：________________

电缆编号	线序	测试内容						障碍记录
		绝缘电阻(MΩ)			环路电阻(Ω)	近端串音衰减		
		A—地	B—地	A—B		被串线对	衰减值	
电缆型号					线径		全程长度	km
测试人员								
测试日期					天气		温度	
仪表型号								

测试人：　　　　监理：　　　　日期：

(4) 电缆接头测试记录。

电缆线路接头测试主要是测试电缆在接头处的接续状态，从而断定接头处采用的接续方式。测试内容如表6-6所示。

表6-6　________至________电缆接头测试记录

测试仪表：　　　　　　　　　　　　　　　施工单位：

接头编号	号				
线对序号	接续方式	状态	线对序号	接续方式	状态
1			11		
2			12		
3			13		
4			14		
5			15		
6			16		
7			17		
8			18		

接续人：　　　　　测试人：　　　　　监理：　　　　　日期：

(5) 交接箱和分线盒线对及线序测试记录。

交接箱和分线盒线对及线序测试主要是测试电缆在交接箱和分线盒内的接续状态，从而检验线对位置的准确性。测试记录内容如表6-7所示。

表6-7　交接箱和分线盒线对及线序测试记录

测试仪表：　　　　　　　　　　　　　　　施工单位：

交接箱/分线盒编号					
线对序号	接续状态	故障记录	线对序号	接续状态	故障记录
1			11		
2			12		
3			13		
4			14		
5			15		
6			16		
7			17		
8			18		
9			19		
10			20		

接续人：　　　　　测试人：　　　　　监理：　　　　　日期：

3. 竣工图

竣工图是工程竣工验收后，真实反映工程建设项目施工结果的图样，竣工图原则上应与施工图相同。主要内容有封面、目录和电缆线路路由竣工图，局内电缆线路路由竣工图，市区电缆线路路由竣工图，郊区电缆线路路由竣工图，电缆线路穿越铁路、公路断面图(也可直接绘入上述路由图中)，电缆线路穿越河流的平面图、断面图。

(1) 电缆线路路由竣工图。

电缆线路路由竣工图一般按 1∶50000 的比例绘制，图中应标明电缆线路及经过的城镇、村店和其他重要设施的位置，以及电缆与铁路、公路、河流的交越点等。

(2) 局内电缆线路路由竣工图。

局内电缆线路路由竣工图详细绘制了局前人井(孔)至局内电缆配线架的具体路由走向，图中应详细标明距离尺寸。

(3) 市区电缆线路路由竣工图。

市区电缆线路路由竣工图按施工图纸的比例绘制，在图中应标出电缆与其他管线交叉地点，并绘出断面图，如图 6－5 所示。另外，直埋或管道路由应每隔(20～50)m 左右标出电缆与建筑物的距离。

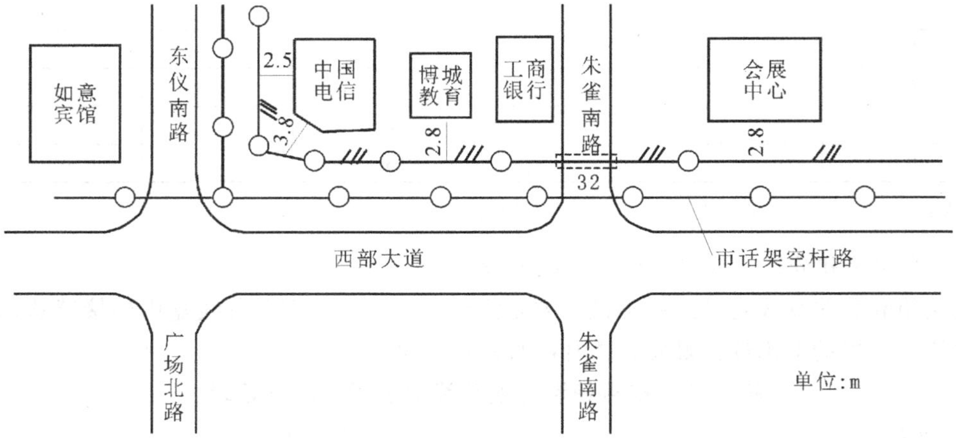

图 6－5　市区电缆线路路由竣工图

市区管道路由竣工图应标出电缆占用人(手)孔，管孔位置及人(手)孔间隔距离，管孔占用情况，本工程电缆占用管孔位置，电缆接头位置。如图 6－6 所示。

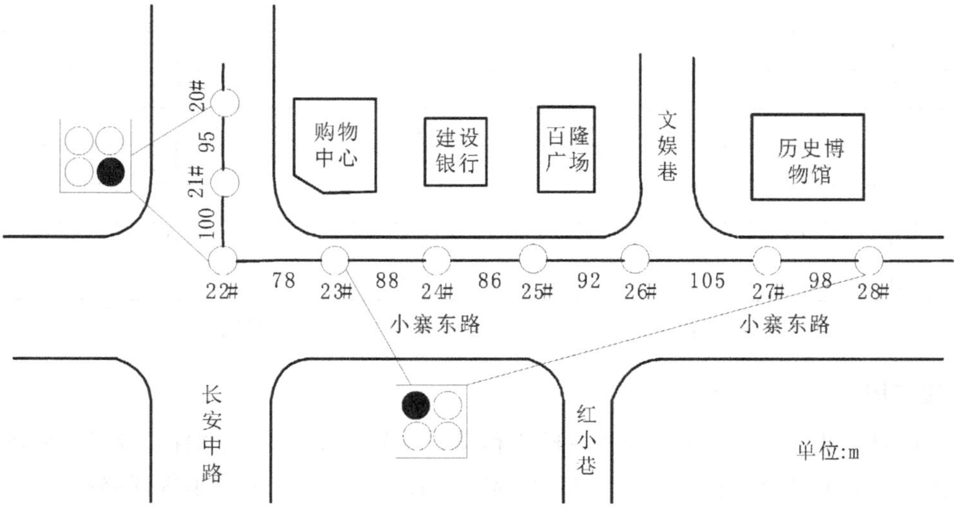

图 6－6　市区管道电缆路由竣工图

(4) 郊区电缆线路路由竣工图。

郊区电缆线路路由竣工图(如图6-7所示)按1∶2000比例绘制，图中应当标明的内容有：电缆的具体敷设位置和转角、接头、监测点、标石等位置；电缆特殊余留长度及地点；排流线、地线以及其他保护、防护措施地段；电缆线路与附近建筑物或其他固定标志的距离。

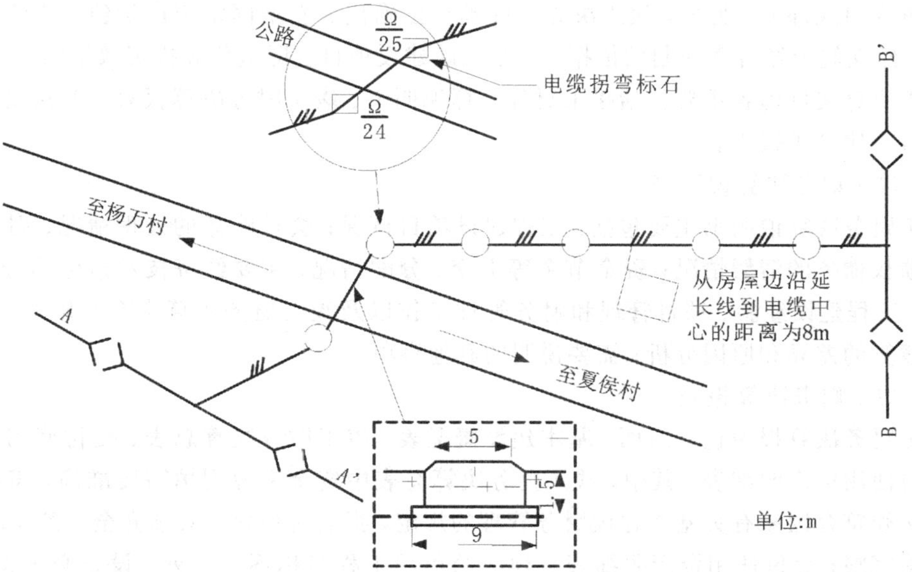

图6-7　郊区电缆线路路由竣工图

(5) 电缆线路穿越铁路、公路断面图。

电缆线路穿越铁路或公路时，在竣工图中应标明与路面、路肩的间距及采用的保护装置，如图6-8所示。

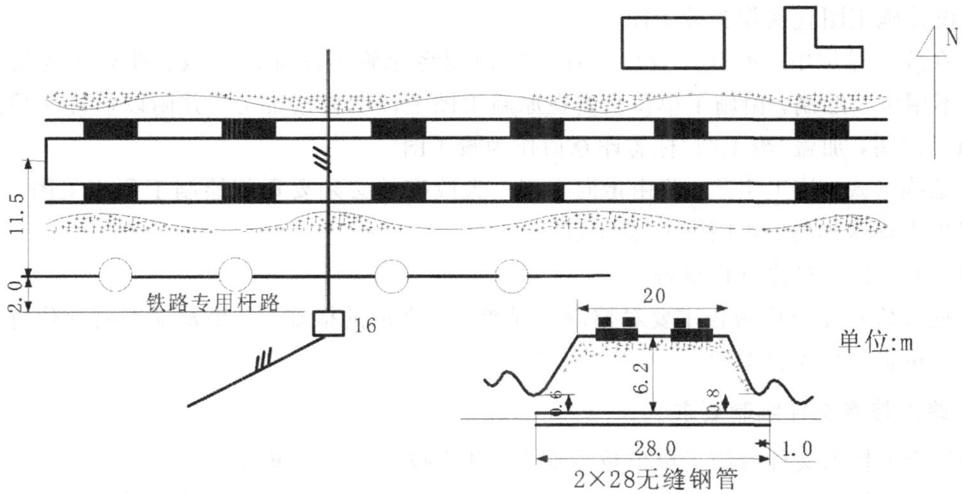

图6-8　电缆穿越铁路、公路断面图

4. 工程决算文件

工程决算文件是指所有工程项目竣工后，建设单位按照国家有关规定在工程项目竣工验收阶段编制的决算报告。

竣工决算文件是以实物数量和货币指标为计量单位，综合反映工程项目从筹建开始到项目竣工交付使用为止的全部建设费用、建设成果和财务情况的总结性文件，是竣工验收报告的重要组成部分。另外，竣工决算文件既是正确核定新增固定资产价值，考核分析投资效果，建立健全经济责任制的依据，也是反映建设项目实际造价和投资效果的文件。

竣工决算文件内容主要包括竣工财务决算说明书、竣工财务决算报表、工程竣工图和工程造价对比分析报告。

(1) 竣工财务决算说明书。

竣工财务决算说明书主要包括：工程建设项目概况；会计账务的处理情况、财产物资情况及债权债务的清偿情况；资金节余等上交、分配情况；主要经济技术指标的分析、计算情况；工程建设经验、项目管理和财务管理工作以及竣工财务决算中有待解决的问题；决算与概算的差异和原因分析；需要说明的其他事项。

(2) 竣工财务决算报表。

竣工财务决算报表包含封面、基本建设概况表、竣工财务决算总表、交付使用资产总表及交付使用资产明细表。其中，竣工财务决算总表中资金来源列填写要准确，编制依据和方法必须符合国家有关基本建设财务管理的规定，报表所列数字必须齐全、客观、真实，内容必须完整；交付使用资产明细表必须按照单项工程名称逐一填列，设备必须按照“名称”“规格型号”“单位”“数量”“价值”“设备安装费”分别填列。

(3) 工程竣工图。

工程竣工图是建设项目的实际反映，是工程的重要档案资料。施工单位在施工过程中要做好施工记录、检验记录，整理好变更文件，并及时做出竣工图，确保竣工图质量。

凡按设计施工图施工没有变动的，可由建设单位在原施工图上加盖“竣工图”标志印章，将设计施工图直接作为竣工图。

凡在施工过程中，虽有一般性设计变更但能将原施工图加以修改、补充作为竣工图的，可不用重新绘制，由施工单位负责在原施工图上注明修改部分，并附以设计变更通知单和施工说明，加盖“竣工图”标志印章后作为竣工图。

凡结构形式、施工工艺、路由走向等有重大改变的必须要重新绘制工程竣工图，并在资料清单中逐张加盖“竣工图”标志印章。

(4) 工程造价对比分析报告。

工程造价对比分析报告主要对控制工程造价所采取的措施、效果及动态的变化进行对比分析，并应总结经验教训。

5. 竣工技术文件编制要求

(1) 竣工技术文件由施工单位负责编制，并由技术负责人审核。

(2) 竣工技术文件应由编制人、技术负责人及主管领导签字，封面加盖单位印章，利用原设计施工图修改的竣工图，每张图纸均要加盖“竣工图”标志的印章。

(3) 竣工技术文件应做到数据准确，内容完整，打印清晰，不得使用铅笔、圆珠笔填写。

(4) 竣工技术文件可以用复印件，但长途干线工程必须有一份原件作为正本(供建设单位存档)。

(5) 竣工路由图纸应采用统一符号。对于变更不大的地段，可按实际情况在原有施工图上进行修改(用红笔)；对于变更较大的地段，必须重新绘制竣工图；对于长途干线工程，一般应全部重新绘制竣工图。

(6) 一般工程的竣工技术文件一式三份，长途干线线路工程一式五份。

(7) 竣工技术文件应按统一装订格式装订成册。

问题与讨论

1. 什么是竣工测试？竣工测试包括哪些部分？
2. 工程验收的方式有哪些？验收的条件是什么？竣工测试记录包括哪些内容？
3. 以一通信工程实例为例，简述通信线路工程验收程序。
4. 为什么要编制工程竣工文件？
5. 电缆线路工程竣工技术文件由哪几部分组成？竣工测试记录包含哪些内容？
6. 竣工图与施工图有何区别？

专题 7 通信线路日常维护

通信线路日常维护工作计划拟制、通信线路路由探测和光缆线路割接是本专题的典型任务。通过完成实训任务和学习任务资讯，学生能够理解通信线路日常维护的标准、项目和周期，熟悉通信线路日常维护要求，掌握通信线路日常维护方法，掌握光缆线路路由探测仪的操作使用，熟悉光缆线路割接分类、原则、方法、组织实施流程。

7.1 实训任务

7.1.1 日常维护工作计划拟制

本任务通过学习任务资讯相关内容，拟制一份季节性通信线路的周维护计划。完成本任务所需工具和器材有：安装有文字处理软件的计算机一台。

通信线路的日常维护也属于季节性维护工作。拟制日常维护计划时，根据不同的季节特点要注意侧重点不同。在雷雨、台风季节到来之前，对易遭受暴雨、洪水冲刷以及受飓风影响的地段进行细致检查，关键部位和薄弱环节应重点检查，对防护设施进行认真检修；在严寒、冰凌期间，加强架空线路的巡回，及时采取相应防护措施。

(1) 阅读光缆线路日常维护计划。如表 7-1 所示是××站××月份线路维护计划。

表 7-1 ××站××月份线路维护计划(部分)

日期	巡护方向	巡护人	完成的内容	备注要求
1	G12 XX 方向 G40 XX 方向	张××、肖××、	对线路进行巡护，并对前期整修遗漏标石进行登记	—
5	G12 XX 方向 G411 XX 方向	杜××、曹××、孙××	对线路进行巡护，并对整修进行摸底	—
10	G12 XX 方向 G40 XX 方向	张××、杜××、时××	对线路进行巡护、护线宣传	—
18	G12 XX 方向 G40 XX 方向	刘××、曹××、孙××、段××、刘××、	整修	—
26	G411 XX 方向 G12 XX 方向 G40 XX 方向	张××、肖××、杜××、曹××、孙××、段××、刘××、瞿××、马××	对线路进行巡护，整修	—

(2) 提炼日常维护工作的主要内容。

(3) 根据通信线路维护要求，学习日常维护计划的拟制方法。拟制季节性日常维护计划应考虑到日常维护中对线路防护措施的检查、测试、维修，还应考虑到可能出现的自然灾害(暴雨、飓风等)对线路的破坏等因素，最终按照日期、巡护方向、巡护人、完成的内容等项目完成一份周维护计划的拟制。

任务完成任务后需要按下面内容进行检查：

学生按照日常维护计划编写的要求，上交一份电子版日常维护计划表，老师根据计划的拟制情况进行评判。

7.1.2　通信线路路由探测

本任务通过对直埋光缆路由、埋深的探测，让学生体验通信线路路由探测的过程，并会绘制通信线路路由草图。完成本任务所需工具和器材有某段直埋敷设光缆线路，缆线探测仪一套，电池若干，铁锹若干，绘图工具一套等。

1. 路由探测前的准备

(1) 电池安装。

(2) 电量检查。

缆线探测仪的发射器与接收器在开启时会自动自检，且能显示电量多少，具体操作见附录。

2. 探测直埋光缆线路路由

用缆线探测通信线路路由探测时，探测仪接收器应始终沿着被测缆线的走向进行探测。当用峰值法探测时，让探测仪沿缆线路由左右探测并不断前进，寻找声音最大点；当用反峰值法探测时，让探测仪沿缆线路由左右探测并不断前进，寻找声音最小点。如果用峰值法探测，当听到的声音突然增加，随后又减弱时，说明遇到了缆线拐弯点，这时探测者应回到缆线声音最大点处，沿圆弧找出延伸点并不断前进，继续探测声音最大点。

3. 探测埋深

将探测仪接收器置于缆线的上方，与路由平行，可探测缆线填埋深度，具体操作见附录。

4. 通信线路路由草图绘制

根据相关章节知识绘制通信线路路由草图。

任务完成后需要按下面的内容进行检查：

(1) 注意操作规程，确保设备及人身安全。

(2) 完成指定点的埋深探测。

(3) 绘制某段通信线路路由草图，草图包括通信线路路由附近 50 m 内的地形、地物和主要的建筑物，市区按 1∶500 或 1∶1000，郊区按 1∶2000 的比例绘制，图符绘制应符合相关规定。

7.1.3 光缆线路割接

本任务通过剖接法完成光缆线路的带业务割接，掌握光缆线路的带业务割接流程。完成本任务所需工具和器材有光纤熔接机、光纤切割刀、光缆护套开剥刀、松套管剥除钳、一次涂敷层剥除钳、蛇头钳、螺丝刀、美工刀、剪刀、热缩套管、酒精、脱脂棉、光源、光纤识别器等。

1. 割接前准备工作

(1) 作业场地准备。

① 开挖作业坑。在计划割接点挖出原光缆，光缆外露长度一般为 5 m，如果光缆绷得很紧，需深挖作业坑，以适合熔接操作为宜。

② 架空光缆割接时应将光缆余线放到割接点，并将原光缆从杆路上取下来，光缆余线长度应不少于 5 m。

③ 布放新光缆。新光缆布放好后，完成光缆两端接头盒的安装、固定及开剥工作，并将光纤清洁干净，根据资料对光纤进行标识。

(2) 人员、车辆、工具、器材、仪表准备。

根据割接光缆的芯数和割接的难易程度，合理安排参与割接的人员、车辆、仪表。一般情况下，割接人员应技术全面、业务熟练、责任心强，参与割接的车辆和仪表应性能良好。具体包括：

① 光缆线路割接人员携带发电机及照明设备、通信联络设备、熔接机、光纤识别器、接头盒、割接资料、接续工具组等提前两小时到达割接作业点，并在割接现场搭好帐篷和操作台，摆放好各类仪表设备和工具。

② 测试人员携带 OTDR、测试尾纤、软盘、法兰盘、酒精、专用清洁剂、脱脂棉、光电话机、光源、光功率计及割接光缆线路维护资料等提前 1 小时到达机房，确定割接纤芯在 ODF 架位置，对备用纤芯进行复测、核对和登记。

③ 测试人员和台站人员做好监测工作及应急抢代通准备工作后，进行现场联络，确保组织指挥顺畅。

④ 由总指挥下达命令，割接人员开始进行旧光缆的开剥。

2. 组织实施流程

以割接条件为同缆同束管情况为例，其割接实施流程如图 7－1 所示。

(1) 割接开始后，两端机房及线路 A、B 两个割接作业点建立通信联络，由总指挥负责指挥割接工作的每个步骤，各机房及线路割接作业点密切配合，按照计划逐步实施。

(2) 总指挥下达命令，指挥 A、B 两端割接组人员对在用光缆和束管进行开剥。机房测试人员在此过程中应注意监测，发现操作失误必须马上按照应急抢代通方案实施通信抢通工作。

(3) 光缆和束管开剥完成后，由机房测试人员指挥线路割接组依照资料进行核对及确认备用纤芯。纤芯识别方法有：

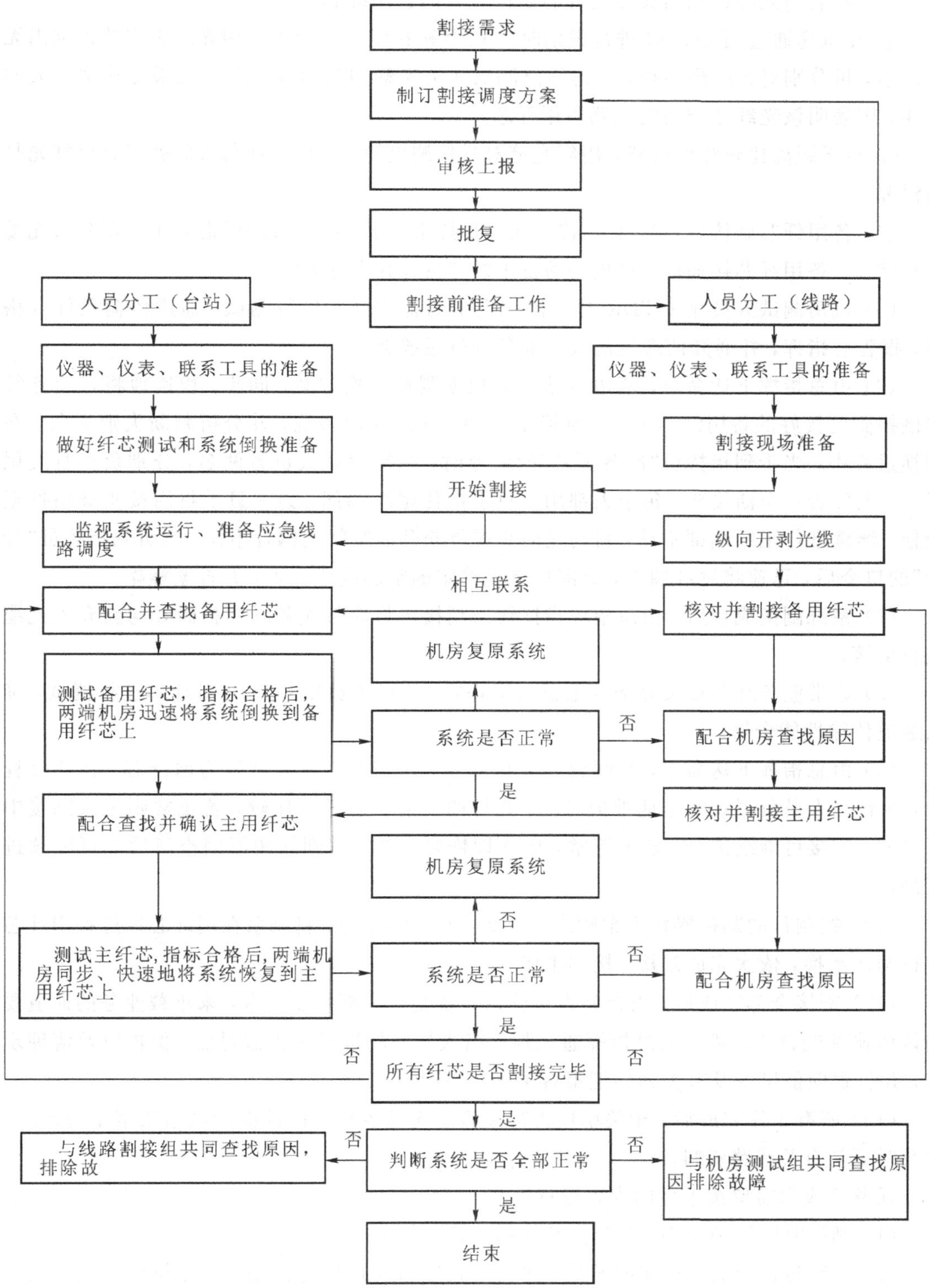
割接需求
制订割接调度方案
审核上报
批复
人员分工（台站）
割接前准备工作
人员分工（线路）
仪器、仪表、联系工具的准备
仪器、仪表、联系工具的准备
做好纤芯测试和系统倒换准备
割接现场准备
开始割接
监视系统运行、准备应急线路调度
纵向开剥光缆
相互联系
配合并查找备用纤芯
核对并割接备用纤芯
机房复原系统
测试备用纤芯，指标合格后，两端机房迅速将系统倒换到备用纤芯上
系统是否正常
否
配合机房查找原因
是
配合查找并确认主用纤芯
核对并割接主用纤芯
机房复原系统
否
测试主纤芯，指标合格后，两端机房同步、快速地将系统恢复到主用纤芯上
系统是否正常
否
配合机房查找原因
是
否
所有纤芯是否割接完毕
否
是
与线路割接组共同查找原因，排除故
否
判断系统是否全部正常
否
与机房测试组共同查找原因排除故障
是
结束

图 7－1　割接实施流程

① 在机房通过光源发光，A、B割接组人员分别用光纤识别器夹住纤芯，当有蜂鸣声产生时，则表明光纤识别器夹住的纤芯是待查找的备用纤芯。

② 在机房通过用OTDR进行识别时，A、B割接组人员分别先用光纤识别器识别出无光纤芯，再分别对光纤做绕模，机房线路测试人员观察OTDR显示屏，如果光功率有大的衰耗，则表明该光纤是查找的正确备用纤芯。

③ 对于距离比较短的线路，用红光笔对号检测更简捷，使光纤稍弯曲就能看见红光是否泄漏。

(4) 备用纤芯确认后，A、B割接组在总指挥指挥下，折断备用纤芯，并与新介入光缆进行熔接。备用纤芯接通后，将接好的备用纤芯盘纤并做好固定。

(5) 机房测试人员用OTDR对已接续完毕的备用纤芯进行测试，通道传输条件合格后，报告总指挥，并通知两端机房人员准备进行系统倒换。

(6) 由总指挥下达命令，两边台站人员根据割接倒换方案，同步、快速地将带业务纤芯倒换到已接好的备用纤芯上。若倒换不成功，立即复原系统，并分析判断失败原因。在倒换过程中，当听到指挥员"准备倒芯"的口令时，两端台站人员各两名，分别负责收发尾纤，一人负责一个活接头，每个人都用一只手推住尾纤端部，另一只手将活接头螺帽拧至全松，继续推住尾纤端部不动，目的是防止螺母松开后瞬间光耦合不良。当听到指挥员"开始"的口令后，迅速将尾纤抽下，立即按事先约定的空芯线序置入，并拧紧螺帽。

(7) 系统倒换成功后，由总指挥指挥线路割接组将原带业务纤芯折断并与新介入光缆进行熔接。

(8) 原带业务纤芯接续完毕并上盘保护好后，测试人员用OTDR对纤芯进行测试，确认通道传输性能合格。

(9) 由总指挥下达命令，两端台站人员同步、快速地将系统恢复为原纤芯。在此过程中，由台站人员负责观察本地维护终端，并与调度前状态进行比较，若正常则记录割接中断时间，割接可继续进行；若不正常，应立即恢复系统，直到问题原因查清后方可继续进行割接。

(10) 按制订的割接操作方案顺序，重复(6)～(9)步骤，将剩余在用纤芯通过备用纤芯进行两次倒换，依次完成割接、接续工作。

(11) 割接全部完成后，由台站人员确认系统是否全部恢复正常，未承载业务的通道要确认传输性能合格；然后由总指挥通知割接组人员现场进行接头盒封盒、保护以及清理现场，并负责向值班室及有关领导汇报有关割接情况。

(12) 所有工作完成后，相关单位将割接后的光缆各纤芯的性能测试结果报主管部门，并及时更新有关线路资料。

任务完成后需要按下面的内容进行检查：

(1) 割接时应特别小心，避免伤及好的束管、光纤。

(2) 接续过程中应进行实时监控，接头盒封装后要再次进行测试，并与机房值班人员核实设备恢复情况，确认系统工作正常后，才能收工撤离现场。

(3) 直埋光缆割接完成后应在割接点增加接头标识。

7.2 任务资讯

7.2.1 通信线路维护任务

1. 维护任务划分

通信线路维护工作的基本任务是保证通信设备完整、性能良好、传输质量达标，预防故障并尽快排除故障。维护工作的目的在于：一方面通过正常的维护措施，不断地消除由于外界环境影响而带来的一些事故隐患，并且不断改进在设计和施工时存在的不足，以避免和减少由一些不可预防的事故所带来的影响；另一方面，当出现线路障碍时，能及时进行处理，尽快排除故障，恢复线路，以提供稳定、优质的传输线路。

为了明确维护责任，光纤通信系统应明确机线设备的维护分界点，即明确线路维护单位与传输机房的维护范围。根据传送网的一般规定，以光缆进入传输机房的第一个光纤连接器为界，连接器以外由线路维护单位负责维护，连接器(含)以内属于传输机房维护范围。通信电缆维护范围包括主干电缆、配线电缆、用户引入线及相关配线设备等。

2. 职责划分

1) 光缆线路维护单位主要职责

(1) 贯彻执行各项相关的规章制度。

(2) 拟制线路维护作业计划，审批线路维护人员的作业计划，检查其完成情况。

(3) 科学管理线路维护人员日常巡回工作；组织维护人员按维护周期搞好预检、预修，积极预防线路障碍；发现危及线路设备安全的情况，立即采取防范措施并及时上报。

(4) 负责线路障碍测试、抢代通或修复。

(5) 保管线路设备技术资料和原始记录，并及时更新；管理器材、仪表、机具、业务联络工具和车辆。

(6) 宣传保护通信线路的知识和法规，做好护线工作。

(7) 开展业务学习、技术练兵等活动，加强安全教育，确保安全生产。

2) 维护生产人员工作职责

(1) 落实值勤维护管理规章制度和上级指示，圆满完成线路维护任务。

(2) 制定维护作业计划，报上级领导批准后执行。

(3) 熟悉光缆路由、埋深及周围环境情况，发现危及光缆安全的隐患，努力设法排除，并及时报告。

(4) 做好护线宣传、对外联系和施工配合工作，确保线路设备的安全。

(5) 做好线路技术维护的配合工作，积极参加故障的抢修工作。

(6) 严格按照维护周期进行各项预检、预修工作，保持线路设备的完好。

(7) 做好各项维护资料的收集、整理，以及线路设备的原始记录、变动登记和上报工作。

(8) 熟练掌握光缆线路专业基本技能，遵守线路安全操作等各项规章制度。

(9) 厉行节约，合理使用和保管好工具、器材及联络工具，熟练掌握相关系统的使用。

(10) 完成上级领导交办的其他工作。

3. 技术资料管理

设备技术资料是管理和指导光缆线路维护工作的主要依据之一，各级光缆线路维护单位应备有管辖区全部光缆线路的设备技术资料。各维护单位应具备下列技术资料：

(1) 辖区内的线路图、维护图、光缆路由图，线路设备日常变更资料。

(2) 月维护作业计划的制订及完成情况统计表、季度维护工作安排及维护工作总结、护线宣传资料及图片。

(3) 线路应急调度预案、抢代通方案；标石/杆号—缆长/纤对照表；辖区内的光缆线路纤芯占用及系统开放资料；巡检系统月数据分析资料。

(4) 线路故障报告、故障分析会议记录等。

(5) 月外力影响登记表、施工防障协议，对大型重点外力施工点要有施工配合方案。

(6) 季度质量监督检查记录及检查情况总结。

(7) 仪表、器具登记簿，仪表、器具借还登记簿，备品备件登记簿，抢修材料入、出库登记簿，车辆使用情况登记簿等。

4. 维护管理制度

维护单位应严格遵守表报资料管理制度，以及落实维(抢)修车辆管理制度和仪表、工具管理制度等。

1) 表报资料管理制度

(1) 表报资料应完整齐全，格式统一，填写(录入)及时，内容准确。

(2) 根据机线设备变更情况，及时核实修改表报资料；维护人员变动时，原随机技术资料及机历本应列出清单并移交。

(3) 值班日记、维护测试记录应集中存放，保存期为三年；工程竣工资料、机线设备故障修复记录和年度质量统计表应永久保存，不得销毁。

2) 维(抢)修车辆管理制度

(1) 严格执行车辆管理的各项规章制度，确保车辆处于良好状态。

(2) 各种维(抢)修车辆必须入库停放，车库应当安全、可靠，并符合车载仪表设备的存放条件。

(3) 车辆外出执行各种维护任务入库后，要及时检查和清点仪表、工具，补充消耗器材，并对车辆进行检查和保养。

3) 仪表、工具管理制度

(1) 仪表、工具必须指定专人负责管理，建立使用、维修登记制度。

(2) 操作人员必须熟练掌握仪表的性能和使用规定，严禁违规操作。

(3) 仪表要定期加电检查，遇有故障时，应送专门维修机构进行检修，不得擅自拆卸和修理。

(4) 精密仪表、工具每年应由专业计量单位进行一次计量、调校。

(5) 仪表附件、说明书和计量证书应妥善保管，不得丢失或损坏。

7.2.2 通信线路维护标准

本节编写的通信线路维护标准参照某机构线路维护的管理规定，仅供学习参考。

1. 值勤维护指标

1）机线设备质量合格率

机线设备质量合格率计算公式为

$$机线设备质量合格率=\frac{机线设备合格段}{机线设备总段}\times 100\% \tag{7-1}$$

2）可通率及阻断指标

可通率是相对于 2500 km 的数字链路长度和 32 端光电设备的传输系统参考模型来说的，比如年度“可通率”指标为 99%，可得到光缆线路平均故障历时。

传输系统“可通率”是指在某个考察时间段内传输系统总的正常运行时间与该考察时间段之比，可表示为

$$可通率=\frac{考察时间段-系统阻断时间}{考察时间段}\times 100\% \tag{7-2}$$

3）线路故障抢代通和修复时限

(1) 抢修准备时限。线路维护单位接到抢修通知后，应按要求立即装载抢修器材、工具、仪表，在规定时限内做好开进准备。

(2) 线路故障点测试偏差不得超过 10 m。

(3) 在规定时限内完成光缆线路抢代通作业

(4) 光缆线路修复一般应在抢代通后 48 h 内完成。

2. 市话电缆维护指标

(1) 市话电缆投入运行维护时，各类市话电缆线路的绝缘电阻指的是每对导线的导体间或导体与地间的绝缘电阻。全塑电缆绝缘电阻维护指标如表 7-2 所示。

表 7-2 全塑电缆绝缘电阻维护指标(20℃)

线路类型	线路情况	维护指标
用户电缆	主干电缆空闲线对，测试电压为 250 V	≥50 MΩ
	用户线路(连接有 MDF 保安单元和分线设备，不含引入线)，测试电压为 100 V	≥30 MΩ
	用户线路(包括引入线及用户终端设备)，测试电压为 100 V	≥500 kΩ

(2) 全塑市话电缆直流环路电阻、不平衡电阻维护指标如表 7-3 所示，不平衡电阻率平均值计算公式为

$$不平衡电阻率=\frac{R_{max}-R_{min}}{R_{min}}\times 100\% \tag{7-3}$$

表 7-3 全塑市话电缆直流环路电阻、不平衡电阻率维护指标(20℃)

线路类型	线路情况	维护指标
环路电阻	用户电缆线路(不含话机内阻)最大值	程控局：1500 Ω
不平衡电阻率	其他全塑电缆	平均值≤1.5%，最大值≤5.0%

(3) 全塑市话电缆线路传输衰减维护指标如表 7－4 所示，用户到用户交换机传输衰减不大于 1.5 dB，用户交换机至端局传输衰减不大于 4.5 dB，测试频率为 800 Hz。

表 7－4　全塑市话电缆线路传输衰减维护指标(20℃)

线路类型	线路情况	维护指标
用户线路	频率 800 Hz	≤7.0 dB

(4) 全塑市话电缆线路近端串音衰减维护指标如表 7－5 所示，线路长度超过 5 km 时应进行两端测试。

表 7－5　全塑市话电缆线路近端串音衰减维护指标

线路类型	维护指标
主干电缆任何线对间(频率为 800 Hz)	>70 dB
同一配线点的两用户线对间(频率为 800 Hz)	>70 dB

(5) 电缆屏蔽层连通电阻是指施工中的屏蔽层用屏蔽连接线全线连通后测试的电阻值。全塑市话电缆屏蔽层连通电阻维护指标如表 7－6 所示。

表 7－6　全塑市话电缆屏蔽层连通电阻维护指标(20℃)

线路类型	维护指标
全塑主干电缆	≤2.6 Ω/km
全塑架空配线电缆	≤5.0 Ω/km

3. 通信线路质量标准

在通信线路值勤维护中，光缆线路应达到的质量标准如表 7－7 所示，此标准也是光缆线路验收检查时的标准。

表 7－7　光缆线路质量标准

序号	项目	内 容 要 求
1	传输特性	(1) 单模光纤中继段平均每公里衰耗变化量(实测值与竣工值相比)≤0.1 dB/km (2) 中继段光纤后向散射信号曲线与竣工资料或上次测试结果比较应无异常情况；中继段线路衰耗允许最大变化量<5 dB (3) 光缆修复接续时，每个光纤接头损耗一般≤0.08 dB，平均接头损耗≤0.05 dB (4) 光缆通信线路障碍抢修时，每个光纤接头损耗一般≤0.2 dB
2	巡检标石	巡检标石配置符合要求，信息钮完整、无丢失

续表

序号	项目		内容要求
3	光缆路由	直埋路由	(1) 路由稳固，穿越渠道、河流，上、下坡及岸滩和危险地段等加固措施有效；路由上方无严重坑洼、挖掘、冲刷及外露现象 (2) 在规定范围内无栽树种竹，盖房、搭棚、挖井、取土(沙、石)，开河修渠，修建猪圈、厕所、沼气池，堆粪便、垃圾和积污水等问题 (3) 标石齐全，位置正确，埋设稳固，高度合格，标志清楚，编号书写正规、准确 (4) 警示牌设置规范
		水线路由	(1) 标志牌和指示灯的规格符合航道标准要求，安装牢固，指示醒目，字迹清晰，水禁区内无抛锚、捕鱼、炸鱼的情况 (2) 岸滩地段路由无冲刷、挖沙、塌陷、外露等情况；水线倒换开关良好，无锈蚀、无损坏 (3) 水线终端房整洁、安全、稳固，无渗漏
		管道路由	(1) 人孔编号及孔内光缆标志醒目，名称清楚，标牌正规，字样清楚 (2) 人孔内光缆托架、托板完好无损，无锈蚀；光缆外护层无腐蚀、损伤、变形、污垢 (3) 人孔内走线合理，排列整齐，孔口封闭良好，保护管安装牢固，预留线布放整齐、合格
		架空路由	(1) 杆身、防腐、培土、线杆保护、杆号、拉线、地槽等应当符合维护质量标准 (2) 吊线终结、吊线保护装置的垂度、挂钩应当符合维护标准 (3) 光缆无明显下垂，杆上预留线、保护套管安装牢固 (4) 光缆外护套无异常，接头盒和预留箱安装牢固，无锈蚀、损伤 (5) 光缆、吊线与电力线、广播线以及其他建筑物平行接近和交越的间隔距离符合规定标准

7.2.3　通信线路维护项目与周期

通信线路的维护工作分为日常维护和巡修检查两部分。其中，日常维护任务包括：定期巡线，特殊巡线，护线宣传及对外配合；清除光缆路由上堆放的可燃易爆物品和腐蚀性物质，制止妨碍光缆线路的建筑施工、栽树种竹及在光缆线路路由上砍草修路等；对受冲刷、挖掘地段的路由培土加固及对沟坎护坡(挡土墙)的修理；对标石、标志牌、宣传牌进行描字涂漆及扶正培固；对人(手)孔、地下室、水线房的清洁，光缆托架、光缆标志及地线进行检查与修理；检修加固架空光缆杆路，以及检修更换吊线、挂钩；结合徒步巡线，进行光缆路由探测，建立健全光缆线路路由资料；线路隐患防范。巡修检查(即巡检巡修)是指维修单位对通信线路维修工作开展情况、维护制度落实情况的巡回检查和对机线设备巡回检修。

通信线路是由各种方式敷设的通信光(电)缆和线路设施组成的，因此，通信线路维护包括光(电)缆线路和线路设施两部分的维护。线路设施包括管道、人井、中继器、分支器、杆路、水线房、标石、标志牌、警示牌、水线切换开关、防雷装置和巡检系统等。光缆线路维护工作的项目，测试项目、指标及周期，性能指标的预警要求分别如表 7－8、表 7－9、表 7－10 所示。电缆线路测试项目、指标及周期和定期维护项目及周期分别如表 7－11、表 7－12 所示。

表 7－8　光缆线路日常维护项目和周期

项目	维护内容		周期	备　注
路由维护	线路巡查		3 次/周	暴风雨后或有外力影响可能造成线路障碍隐患时，应立即巡查
	线路全巡		周	冬季每半月全巡一次
	管道线路的人孔检修		半年	可结合徒步巡查进行
	抽除管道线路人孔内的积水		按需	高速公路中人孔的检修按需进行
	标石(含标志牌)	除草、培土		标石周围 30 cm 内杂草不高于 10 cm
		喷漆、描字	年	
	路由探测			可视具体情况缩短周期
杆路维护	清除架空线路和吊线上杂物		按需	—
	检查、核对杆号，增补杆号牌、喷漆、描字		年	—
	整理、更换挂钩，检修吊线			—
	杆路检修			可结合巡查进行

表 7－9　光缆线路测试项目、指标及周期

序号	测试项目		维护指标	维护周期	备注
1	中继段光纤通道后向散射信号曲线检查		≤竣工值＋0.1 dB/km(最大变化量≤5 dB)	主用光纤：按需；备用光纤：半年(一、二级)，年(三、四级)	仪表测试参数设置应与前次相同。注：ρ 为 2 m 深的土壤电阻率，单位为 Ω·m
2	金属护套对地绝缘电阻		≥2 MΩ/单盘	半年(一、二级)，年(三、四级)	
3	直埋接头盒电极间绝缘电阻		≥5 MΩ		
4	防护接地装置地线电阻	ρ≤100(注)	≤5 Ω	年(雷雨季节前 1 次)	
		100＜ρ≤500	≤10 Ω		
		ρ＞500	≤20 Ω		

表 7－10　某电信运营机构光缆线路的性能指标的预警要求(在 1550 nm 波长的情况下)

红色预警	黄色预警	蓝色预警
全程平均损耗≥0.32 dB/km	全程平均损耗≥0.30 dB/km	全程平均损耗≥0.27 dB/km
接头点最大损耗≥0.5 dB	接头点最大损耗≥0.2 dB	接头点最大损耗≥0.1 dB
非接头点最大损耗≥0.3 dB	非接头点最大损耗≥0.1 dB	非接头点最大损耗≥0.08 dB
成端接头损耗≥3 dB	成端接头损耗≥1.5 dB	成端接头损耗≥1 dB

表7-11　全塑市话电缆线路设备的测试项目及周期

序号	测试项目		测试周期
1	绝缘电阻	空闲主干电缆线对绝缘电阻	1次/年，每条电缆抽测不少于5对
		用户线路全程绝缘电阻（包括引入线及用户终端设备）	自动：1次/(3～7天)
		用户线路绝缘电阻（包括引入线及用户终端设备）	投入运行时测试，以后按需要进行测试
2	单根导线直流电阻、不平衡电阻、用户线环路电阻		投入运行时或故障修复后测试
3	用户线路传输衰减		投入运行时及线路传输质量劣化和故障修复时
4	近端串音衰减，远端串音防卫度		投入运行时测试，以后按需要进行测试
5	电缆屏蔽层连通电阻		投入运行时测试，以后每年测试一次

表7-12　定期维护项目及周期

项目	维护内容	周期	备　注
架空线路	整理、更换挂钩、检修吊线	1次/年	根据巡查情况，可随时增加次数
	清除电缆、光缆和吊线上的杂物	不定期进行	
	检修杆路、线担，擦拭隔电子	1次/半年	根据周围环境情况可适当增减次数
管道线路	人孔检修	1次/2年	清除孔内杂物，抽除孔内积水
	人孔盖检查	随时进行	报告巡查情况，随时处理
	进线室检修（电缆光缆整理、编号、地面清洁、堵漏等）	1次/半年	—
	检查局前井和地下室有无地下水和有害气体侵入	1次/月	有地下水和有害气体侵入，应追查来源并采取必要的措施。汛期应适当增加次数
防雷	接地装置、接地电阻测试检查	1次/年	雷雨季节前进行
	PCM再生中继器保护地线、接地电阻测试检查	1次/年	
	防雷地线、屏蔽线、消弧线的接地电阻测试	1次/年	
	分线设备内保安设备的测试、检查和调整	1次/年	雷雨季节前测试、调整，每次雷雨后检查

续表

项目	维护内容	周期	备　注
接分线设备	接线设备、分线设备内部清扫，门、箱盖检查，内部装置和接地线检查	不定期进行	结合巡查工作进行
	交接设备跳线整理、线序核对	1次/季	
	交接设备加固、清洁、补漆	1次/2年	应做到安装牢固，门锁齐全，无锈蚀，箱内整洁，箱号、线序号齐全，箱体接地符合要求
	交接设备接地电阻测试	1次/2年	
	分线设备清扫，整理上杆皮线	1次/2年	应做到安装牢固，箱体完整，无严重锈蚀，盒内元件齐，无积尘，盒编号齐全、清晰
	分线设备油漆	1次/2年	
	分线设备接地电阻测试	2次/2年	

7.2.4　通信线路巡线与护线宣传

1. 巡线的制度、方法及内容

光缆线路日常维护的主要方法是巡线，即路由巡护。巡线是光缆线路日常维护中的一项经常性工作，也是预防线路发生故障的重要措施，同时也是维护人员的主要任务。

1）巡线制度

(1) 春、夏、秋季每周全巡一次，冬季每半月全巡一次，汛期及其他特殊情况应视情增加巡线次数。

(2) 携带必备的线路维护工具，沿线路路由巡视。

(3) 巡视线路路由及附近地形、地物变化情况，遇有下列情况应及时处理并上报，必要时派人现场看护：在线路路由附近发现建筑施工、水利建设、开山放炮、挖沙取土、水流冲刷、船艇停泊等危及线路安全的情况；直埋线路路由严重坑陷，线缆外露，挡土墙、护坡、漫水坡等防护设施损坏；管道线路人井破损、井盖丢失、路面塌陷，架空缆线杆路、吊线有不安全的情况等。

2）巡线方法

巡线主要采用人巡与车巡相结合的方式，特殊情形可利用无人机巡线。其中人巡的基本方法是沿线路路由徒步巡查，它分为普遍巡查和重点巡查两种。一般情况采用普遍巡查(即徒步全巡)，遇到特殊情况要重点巡查。在有大型施工危及光缆安全的区域，或雨季易被洪水冲刷的地段要重点巡查或增加巡查次数，必要时巡线人员可驻守在危险区段，发现问题及时处理。

3）巡线内容

(1) 路面线路巡线的主要工作。

① 检查线路附近有无动土或施工等可能危及线路安全的情况。

② 检查线路路由有无严重坑洼、缆线有无裸露及防护设施有无损坏等情况。

③ 检查标石、标志牌和警示牌有无丢失、损坏等情况。

④ 及时处理和详细记录巡查中所发现的问题，遇有重大问题及时上报。

⑤ 检查标石是否位置准确、埋设正直、编号正确、标记清楚、齐全完好；在新增光缆接头点、增加线路防护装置的地点(如防雷地线等)，与后设的公路、铁路、地下管线等设施的交越点和寻找线路困难处应增设标石，并绘入线路路由图。

(2) 管道线路巡线的主要工作。

① 定期检查人孔内的各种标志是否清晰醒目，托架、托板是否完好，缆线外护层及接头盒有无腐蚀、损坏或变形等异常情况。

② 定期检查人孔内的走线排列是否整齐，预留缆和接头盒的固定是否可靠。

③ 发现管道或人孔沉陷、破损及井盖丢失等情况，应及时通知维护单位修复。

④ 清除人孔及光缆上的污垢，配合管道维护单位抽除人孔内的积水。

(3) 架空线路巡线的主要工作。

① 定期检查杆路情况，杆身埋设是否正直、稳固，杆号是否清晰，拉线及地锚强度是否可靠。

② 检查光缆垂度和外护层有无异常情况，整理、添补或更换缺损的光缆挂钩。

③ 清除光缆和吊线上的杂物，剪除影响线路的树枝，砍伐妨碍线路安全的树木。

④ 检查光缆与电力线、广播线等其他线路的交越距离及防护装置是否符合规定。

⑤ 检查光缆接头盒和预留光缆的固定是否可靠，有无锈蚀、损伤。

(4) 水线线路巡线的主要工作。

① 检查水线标志牌、标志灯和警示牌是否符合要求，安装是否牢固，标记是否清晰，指示是否醒目。

② 检查水线两侧各 100 m 内是否有抛锚、捕鱼、炸鱼、挖沙及建筑有碍于水线安全的设施。

③ 定期维护水线切换开关和水线监视设备；保持水线房清洁，禁止无关人员进入。

④ 检查巡视水线登岸处的加固设施是否完好、牢固，发现损坏情况应及时修复。

⑤ 查看水线区域内有无妨碍水线安全的施工，如疏通河道、挖沙取泥等。

⑥ 新开或改道河渠与直埋光缆交越处的线路下沉保护措施是否完好。

2. 护线宣传工作

1) 护线宣传的目的

通过护线宣传活动，可与当地政府、公安、媒体、市政规划等部门建立良好的合作关系，与群众建立互信互助的关系，从而创造和谐的护线环境。

2) 护线宣传的对象

(1) 对企业内部人员进行光缆维护、通信系统知识的培训学习，使他们掌握基础的光缆维护知识，做好通信网络的支撑服务和对外的护线宣传工作。

(2) 对沿线的单位、户主、群众、大型机械手、施工单位等进行护线宣传，使他们了解线路的走向、埋深以及线路的重要性，增加对光缆线路的认知度。

(3) 向当地政府、公检法部门汇报线路维护情况，争取他们的支持，创造良好的护线环境，为维护线路工作保驾护航。

(4) 加强与城建、水利、规划等相关部门的联系，通过沟通与合作，及时了解他们的工程施工动向，并告知光缆线路的走向，为光缆线路的维护增加一道安全屏障。

3）护线宣传的方式

（1）在电台、电视、报刊等媒体上用新闻、广告、记录短片、点播视频、海报等方式进行宣传。

（2）利用网络、短信、彩铃等通信手段进行宣传。

（3）在城镇、野外用大型广告牌、墙体广告、标语、宣传画、宣传牌、高标桩、标石和线杆进行宣传。

（4）在重大节日或通信保障的重要阶段，联合公安、通信运营商通过宣传车播放宣传录音、散发宣传单和宣传品、走访交流进行大型护线宣传。

（5）举办大型文艺演出进行宣传。

（6）召开座谈会、新闻发布会进行宣传。

（7）“三盯”现场的警示保护宣传。

（8）每年对光缆经过的院落、厂房、田地等区域的户主、业主进行登记，互留联系电话，定期回访。

（9）发展沿线附近的义务宣传员，开展群众护线。

4）宣传内容

（1）保护通信设施的有关法律、法规和规章。

（2）依法严厉打击破坏、偷盗光缆等通信设施的违法犯罪行为的案例，关于严厉打击盗窃、破坏公用通信设施违法犯罪活动的通告等方面的威慑性文件。

（3）光缆、光纤、通信传输的普及知识和光缆在社会经济生活中的重要作用。

（4）向相关部门、施工单位告知光缆位置、走向和重要性的文件。

7.2.5 光缆不中断业务割接

光缆不中断业务割接分为割接方案拟制、割接准备、正式割接三个步骤。其中，割接方案拟制又分为提出割接需求、制订芯线调度方案、报批审核等三个过程。割接准备是在割接请示被批准后进行的一系列准备工作，包括人员分工，工具、仪表、器材、车辆准备以及割接现场准备等工作。正式割接包括核对割接纤芯、割接、测试、倒纤等步骤。

在这里只介绍割接方案拟制和割接人员分工及职责，其他内容已在7.1.3小节“光缆线路割接”已介绍。

1. 割接方案拟制

在制订方案之前，线路维护单位与传输机房应派出技术骨干，首先对割接现场调查摸底，选择合适的割接地点，然后到通信机房对拟割接光缆系统进行实地勘查，了解光缆的开放情况，对照纤芯资料，制订出具体可行的割接方案和系统调度方案。

1）割接现场调查摸底

对新布放光缆和原有拟割接的光缆进行摸底、调查，了解光缆的色谱、纤序及割接区段内的线路状况。割接时尽可能利用原有接头，以减少接头数量。在选定割接点位置时要从长远考虑，选择稳定、安全和便于割接操作的地段，达到割接后既能排除光缆隐患又便于今后维护的目的，避免二次割接。

2）线路调查摸底

深入相关传输机房进行调查、核实，并记录相关机房的系统开放情况。测试备用光纤的传输性能、核对纤序，核算中继段光功率，保证备用光纤可用。对于 DWDM 系统，应增加回波损耗、PMD 的测试内容，并预先选择适当的光纤作为 DWDM 系统的调度通道。

3）机务沟通

与有关机房人员进行认真的沟通，征求其对线路调度的意见和建议。

4）割接方案内容

(1) 割接光缆路由情况描述：一般可绘制路由简图，要求清晰明了，路由简图内容包括：迁改路由大致方向、敷设方式、路由长度、周围主要地形地貌、道路及道路交越点、旧接头标石号、割接点标石号；新旧路由采用不同颜色或形式的线路并予注明，同时应注明旧路由长度、新路由长度、割接点距前后接头长度。

(2) 光纤通信系统开放情况：包括中继段纤芯系统开放情况，割接光缆纤芯纤序对接情况，分别如表 7－13、表 7－14 所示。

表 7－13 中继段纤芯系统开放情况表

线路名称： 中继段名称：

原光缆			系统名称	光传输设备机型	系统级别	备注
A 机房(色谱、收发)	纤号	B 机房(色谱、收发)				

填表人： 填表日期：

表 7－14 割接光缆纤芯纤序对接表

纤芯对接表(A 机房) 纤芯对接表(B 机房)

原光纤		纤号	介入光缆		原光纤		纤号	介入光缆	
组别	色谱		色谱	组别	组别	色谱		色谱	组别

填表人： 填表日期：

(3) 纤芯调度方案：由各单位根据待割接光缆中空余纤芯的数量、纤芯号和在 ODF 架上的具体位置、通道质量等情况制订系统调度方案；用于倒换的备用纤芯通道必须按要求进行测试，确保完好可用。

(4) 应急保障方案：在制订系统线路调度方案时，对割接过程中可能出现的特殊情况或突发事件应提前考虑，也要制订专门的应急抢代通方案。

(5) 人员具体分工：割接方案确定后，各单位业务主管部门和担负割接任务的单位应召开割接准备会，修订完善方案，明确割接任务和人员安排。

(6) 通信联络方式：保持通信联络是顺利实施割接的关键，各单位应根据时间情况充分准备各种通信联络设备，如机房公务电话、移动电话、对讲机等，以确保割接过程中组织指挥顺畅。

(7) 光缆纤芯割接顺序及操作步骤：按系统对每一根在用纤芯的调度、校对、识别、接续、恢复的顺序和步骤进行列表。

(8) 光缆割接申请报告表(以施工改道为例)，如表 7-15 所示。

表 7-15　光缆割接申请报告表

<table>
<tr><td colspan="2">项目名称</td><td colspan="6">内　容</td></tr>
<tr><td rowspan="2">割接原因</td><td>分类</td><td>大修改道</td><td></td><td>施工改道</td><td>√</td><td>障碍排除</td><td>此项抢修完后补充</td></tr>
<tr><td>详细说明</td><td colspan="6">例：因城市建设，影响到光缆安全(G＊＊)，需将光缆由直埋改为管道。</td></tr>
<tr><td colspan="2">割接段落(杆/标石号)</td><td colspan="6">例：G××干线××段——××段 754＃～756＃标石间，距最近接头30 m，可以利用原接头。</td></tr>
<tr><td colspan="2">本次割接影响系统</td><td colspan="6">例：G××干线 2.5 G，联通一干，省广电</td></tr>
<tr><td colspan="2">代维单位协调情况</td><td colspan="6">联通、省广电已同意割接</td></tr>
<tr><td colspan="2">割接方式</td><td colspan="6">例：带业务割接，瞬间中断通信系统</td></tr>
<tr><td colspan="2" rowspan="4">申请割接时间</td><td colspan="2">系统用户名称</td><td colspan="2">割接开始时间</td><td colspan="2">系统恢复时间</td></tr>
<tr><td colspan="2"></td><td colspan="2"></td><td colspan="2"></td></tr>
<tr><td colspan="2">联通</td><td colspan="2"></td><td colspan="2"></td></tr>
<tr><td colspan="2">省广电</td><td colspan="2"></td><td colspan="2"></td></tr>
<tr><td colspan="2">旧光缆厂家及型号</td><td colspan="6">例：XX 光缆 GYTA53-46D G.652 层绞式 2×12+2×8+1×6</td></tr>
<tr><td colspan="2">新光缆厂家及型号</td><td colspan="6">例：XX 光缆 GYTA53-46D G.652 层绞式 2×12+2×8+1×6</td></tr>
<tr><td colspan="2">割接前中继段衰耗</td><td colspan="6">例：衰耗 0.21 dB/km@1550 nm</td></tr>
<tr><td colspan="2">割接后光缆长度增减</td><td colspan="6">例：增加 500 m</td></tr>
<tr><td colspan="2">割接总指挥及电话</td><td colspan="6">例：×××—138××××××××</td></tr>
<tr><td colspan="2">割接现场指挥及电话</td><td colspan="6">例：×××—153××××××××</td></tr>
</table>

2. 割接人员分工及职责

光缆割接人员分工：总指挥 1 人，系统倒换调度两人，割接现场指挥 1 人，接续两人，测试 1 人。

主要人员具体职责如下：

1) 总指挥职责

(1) 审核光缆线路割接调度方案及具体实施细节。

(2) 指挥通信机房人员根据事先制订好的调度方案进行线路调度及恢复，并确认通信系统是否恢复正常。

(3) 处理光缆割接中出现的异常情况，根据应急调度方案，实施快速指挥，迅速恢复通信系统。

(4) 下达光缆割接开断命令，并及时掌握割接纤芯的接续质量。向上级主管部门汇报光缆割接计划方案、线路调度及恢复情况，如涉及本单位维护范围外的光缆割接时，做好协调工作。

2）割接现场指挥职责

(1) 负责制订光缆割接方案及具体实施计划，及时向上级主管部门报告。

(2) 组织人员落实割接及测试工作，严格执行已批复的割接方案。

(3) 组织人员准备割接所需工具、器材、仪表、车辆等设备，做好后勤保障、通信联络等工作。

(4) 根据总指挥统一命令，组织接续人员按照计划实施割接。

(5) 随时保持与割接总指挥的通信联系，及时掌握通信机房对割接纤芯的测试情况。

3）接续人员职责

(1) 割接前，详细核对各种资料，准确掌握待割光缆及新光缆的管序、纤芯色谱，并填写中继段纤芯系统开放表、割接纤芯纤序对接表、系统倒换方案、割接步骤记录表。

(2) 割接前与通信机房人员密切配合，确认备用通道的纤芯质量，并在两端机房进行对纤，确保割接调度万无一失。

(3) 认真准备割接所需工具器材、仪表及其他有关设备。

(4) 准备割接现场并使割接现场环境达到割接要求。

(5) 根据割接现场指挥的命令，认真按照计划实施光缆纤芯割接；详细记录每条线路调出和恢复的时间。

(6) 割接完毕后，负责割接现场的恢复及整理工作，及时更新割接光缆段落的有关数据资料。

7.2.6　通信电缆的割接

1. 电缆割接原则

在电缆施工和日常维护中，往往由于建筑的发展和通信发展的需要，以及电缆迁移、故障点的维修和芯线调整等，都需进行电缆更换和割接工作。在更换、割接工作中应遵循以下原则：

(1) 施工人员必须掌握设计要求，摸清新、旧设备情况，研究确定安全、快速、高质量的施工步骤和方法。

(2) 施工以不影响用户通话为原则，在更换、割接用户线之前需事先和有关方面联系；为确保其通信不阻断，必要时应确保更换和割接时间，并按时完成。

(3) 对专线、中继线、复用设备线对、数字传输线对及重要用户线对进行更换、割接时，不得任意将 A、B 线颠倒，并要采用复接改线法，以避免通信中断。

(4) 配线室及线路的改线点人员必须相互配合，以免发生接错等问题。

(5) 对所增设的新电缆及设备必须经过严格的检验、测试及验收，完全符合技术指标后，方可进行对旧设备的更换和割接。

(6) 不得同时在同一条电缆上设立多处改线点，尽量减少临时性措施，以避免发生因更换、割接施工造成的人为故障。

(7) 电缆线路更换、割接后验收工作必须按照相关规定执行。

2. 直埋电缆的割接

直埋电缆割接时，顺原来的电缆沟把土挖出(土放在沟的一侧，为便于工作，可放得稍远一些)，在挖到离电缆 30 cm 左右时，应更加小心，并禁止使用十字镐和钢钎，以防挖坏电缆。电缆挖出后，应先将原电缆抬出，每 3 m 左右下一人到沟内，从一端向另一端慢慢取出电缆并放在沟的一侧，固定好电缆接头，防止损坏。清理沟内的泥土和碎石及其他腐蚀性物质，然后布放新电缆。如果要更换两条以上电缆时，应先将新电缆的中间接头接续好，其接续方式与原电缆相应接头的对应线组接续方式相同。中间接头接续好后，再进行两端的接续工作。

电缆割接前必须与配线室取得联系，弄清电缆路由方向和序号后，方可动手割接。电缆割接完毕后，联系配线室和技术人员配合对电缆进行逐对测试，发现问题应及时处理。

(1) 旧电缆接长。

旧电缆接长一般应用于更换使用中的一段故障电缆，或者因旧电缆位置不合适妨碍建筑等需要将电缆接长，其实施步骤为：

① 把旧电缆改接部位的外护层全部剥除。

② 按电缆色谱颜色剪一对接一对或把电缆故障点切除，把接续电缆和旧电缆按电缆色谱颜色一对接一对。

(2) 更换长段电缆。

更换长段电缆适于主干电缆线路或管道电缆的更换，其实施步骤为：

① 对新电缆线对分组。

② 在旧电缆的两端改接点上，按正式接口规格将电缆开剥，对线对分组。

③ 将新旧电缆进行对接。

(3) 新电缆割接。

新电缆割接适于区域主干电缆的改造扩容或新建，其实施步骤为：

① 对电缆线对分组。

② 两条同规格的电缆按照扎色带的颜色和色谱的顺序进行对接。

③ 电缆的一端接至交接设备一端或接至配线设备。

3. 电缆割接后的处理工作

(1) 电缆割接后，应及时联系配线室和技术人员对线路进行检测。

(2) 及时处理和排除用户反映上来的问题并做好解释工作。

(3) 及时将电缆进行回填和架设，回填时不要把杂草、树叶等易腐烂的物质和石块杂物填入沟内。

(4) 对直埋电缆路由走向、电缆接头、重要位置进行标石的埋设。

(5) 对更换与割接后的电缆要及时整理竣工资料，并对原始资料进行更改、存档。

7.2.7 光缆线路维护管理系统

随着光缆数量的增加以及早期敷设的光缆的老化，光缆线路的故障次数会不断增加。传统的光缆线路维护管理模式下故障查找困难，排障时间长，影响了通信网的正常工作，每年因通信光缆故障而造成的经济损失巨大。因此，实施对光缆线路的实时监测与管理，动态地观察光缆线路传输性能的劣化情况，及时发现和预报光缆隐患，以降低光缆阻断的发生率，缩短光缆的故障历时显得至关重要。目前，光缆线路运行维护管理主要涉及光缆线路自动监测、光缆线路巡线管理和光缆线路扰动监测等几个系统。

1. 光缆线路自动监测系统

光缆线路自动监测系统是一套针对光缆网络管理和维护的智慧系统，可完整地进行光缆损耗无人监测、远程监测与管理、告警信息自动化分析等工作，由多个不同的遥控测试单元、中央监测服务器与相关的软件等组成。根据监测对象的不同，一般将监测系统分为对光缆金属护套对地绝缘电阻的测试和对光纤后向散射曲线的测试两大类，前者也称光缆护套对地绝缘自动监测系统，后者则也称光纤自动监测系统。其中，光缆护套对地绝缘电阻自动监测系统是通过远程测量直埋光缆金属外护层对大地构成回路的完整性来实现对光缆监测的目的，它利用远程供电系统对安装于直埋光缆接头盒内的设备进行充电，从而进行数据的收集和分析，并产生告警信号。

光纤自动监测系统是利用对光纤后向散射曲线的远端测试来实现光缆线路的自动监测，系统通常融合了网络通信、光学测量、地理信息系统(GIS)以及全球卫星定位系统(GPS)等技术，对光缆中光纤传输衰耗特性变化及光纤阻断故障实现远程分布式实时、在线自动监测。系统可进行定期(周期)测试、点名测试和障碍告警测试。当被监测光纤发生故障时，系统将进行故障告警测试，并对光纤故障性质进行自动判断，按规定的告警级别发出告警信息，并迅速、准确地确定出故障点的位置。光纤线路自动监测系统有在线监控、离线监控及混合型监控三种方式，其系统组成包括光缆监测中心(TSC)、远端光纤测试站(RTU)及终端机(客户端业务主机)。光纤监测软件包含数据库软件、服务器软件，客户端软件，节点配置软件及电子地图等。

2. 光缆线路巡线管理系统

光缆线路巡线管理系统是一套对光缆线路周边环境情况、隐患统计工作以及巡线人员行为进行管理的系统，主要是针对光缆资料易流失、光缆路由图信息量少以及更新不及时和落实巡线制度难度大等问题集成了线路资源采集、全球定位系统(北斗/GPS)、地理信息系统(GIS)、数据库管理等多种技术，通过改变传统线路维护管理方式，促进了维护制度的落实。比如南京及时码网络科技有限公司开发的北斗光缆线路管理系统就是目前一种常用的光缆线路巡线管理系统。

北斗光缆线路管理系统具有光缆资源管理、台站管理、光交箱管理、光缆接头管理、光缆成端及纤芯承载业务管理等功能，可在系统电子地图上直观查看光缆线路、台站、光缆接头分布情况，并可快速调阅光缆线路、接头、成端、纤芯业务承载等信息。管理人员可按划分的维护范围部署巡检任务。巡线员携带手持式北斗巡检器沿光缆路由巡线时，北斗巡检器自动记录巡线轨迹、时间等信息，并实现自动保存。若遇到光缆存在隐患情况，可选择隐患类型，隐患类型自动与经纬度、时间一并保存。巡检结束后在管理终端电脑上可通过网络将数据导入系统，数据导入后，系统自动结合巡检计划统计巡检率、巡检轨迹、隐患统计和隐患地图分布等信息。管理者可通过该系统轻松掌握光缆巡检情况(巡检率报表)和隐患上报情况等，也可通过巡检历史轨迹追溯巡检情况。

3. 光缆线路扰动监测系统

光缆线路扰动监测系统是主要基于传感技术对外界扰动信号进行探测感知、线路隐患预警和响应的一套系统。系统广泛应用于机场、军事基地、国土边境、监狱、长距离油气管线等重要部门或关键设施的监测情形，具有无需电源，不受电磁干扰，灵敏度高以及适合长距离分布式传感等优点。目前，光缆线路扰动监测通常采用的是光纤分布式扰动传感系统(FDDS)，基于光时域反射(OTDR)技术或干涉传感技术，系统可感知传感光纤上任意一点的扰动，通过分析扰动信号，得到扰动位置以及扰动模式。该系统结构简单，安装维护方便，环境适应力强。目前，基于干涉传感技术的扰动监测系统应用较为广泛。

问题与讨论

1. 通信线路维护工作的目的是什么？
2. 通信线路维护的基本要求有哪些？
3. 通信线路维护任务和职责是如何划分的？
4. 通信线路的维护工作有哪几类？
5. 如何针对季节和气候变化进行线路维护？
6. 如何发现和处置危及通信线路安全的苗头和隐患？
7. 光缆线路不中断业务割接方案是如何拟制的？
8. 通信线路日常维护项目和测试周期是如何规定的？

专题8　通信线路障碍处理

光缆线路障碍定位与修复、通信电缆线路障碍测试与分析是本专题的典型任务。通过完成实训任务和学习任务资讯，学生能够理解障碍抢修程序，熟悉障碍分类、抢修要点、障碍定位要点，学会使用光时域反射仪和电缆故障测试仪等仪表查找线路故障，会正确解决相关障碍问题，会使用光缆线路抢代通系统进行线路障碍处理。

8.1　实训任务

8.1.1　光缆线路障碍定位与修复

本任务主要工作是对发生阻断的光缆线路进行 OTDR 测试，以及计算分析障碍点位置和现场查找障碍点，并组织力量进行光缆线路障碍的抢修作业。完成本任务所需工具和器材有：光时域反射仪、光缆抢代通系统、路由探测仪、光电话机、光纤熔接机、光纤切割刀、光缆接头盒、光缆护套开剥刀、松套管剥除钳、一次涂敷层剥除钳、蛇头钳、螺丝刀、美工刀、剪刀、热缩套管、酒精、脱脂棉、开挖工具、雨衣、太阳伞(或帐篷)等。

1. 用 OTDR 测试光缆线路以确定障碍点的位置

当光缆线路发生障碍时，找到光缆障碍位置是光缆线路障碍处理工作的首要任务。将 ODF 架线路侧接故障光纤的活动连接插头从适配器中拔出，重新连接作为 OTDR 测试用的引导光纤，用 OTDR 在 ODF 架的测试点进行测试。通过 OTDR 测试，可得到被测光纤的背向散射曲线。

2. 计算分析光缆线路障碍点的具体位置

通过 OTDR 测试得到了障碍点距离测试端的光纤长度，然后通过计算就可以将其转化为光缆长度，并利用竣工资料将其换算成路由长度。如果线路原始资料翔实，就能够根据“标石(杆号)一距离对照表”分析出障碍点是发生于哪两个标石或杆号之间，则障碍范围可大大缩小。

3. 查找光缆线路障碍点的具体位置

查修人员要根据测试人员提供的故障现象和计算、分析出的障碍点，就近到光缆线路路由上进行寻查线路障碍点。当遇到自然灾害或外界施工等外力影响造成光缆线路阻断时，光缆路由上一般都有比较明显的变化或破坏痕迹，此时比较容易找到障碍点。但要注意的是当障碍点附近线路路由上无明显变化时，巡查人员就不容易通过路由上的异常现象找到障碍点。因此，有必要采用一些可提高光缆线路障碍定位准确性的方法，重新查找光缆线路障碍点的具体位置。

4. 光缆线路障碍的临时调度或抢代通

光缆线路障碍点一经找到，维护人员必须争分夺秒地对故障光缆进行抢修。抢修时一般先在短时间内临时调通光路或布放应急光缆，然后对故障光缆再实施抢通作业。

（1）临时调度。

① 某一方向光缆线路全部阻断。

当某一方向光缆线路全部阻断时，应按照线路调度制度和预定的线路调度预案，利用备用光缆或其他光缆路由，立即临时调通全部或部分主要线路，必要时可牺牲部分次要线路，其调度示意图如图 8－1 所示。

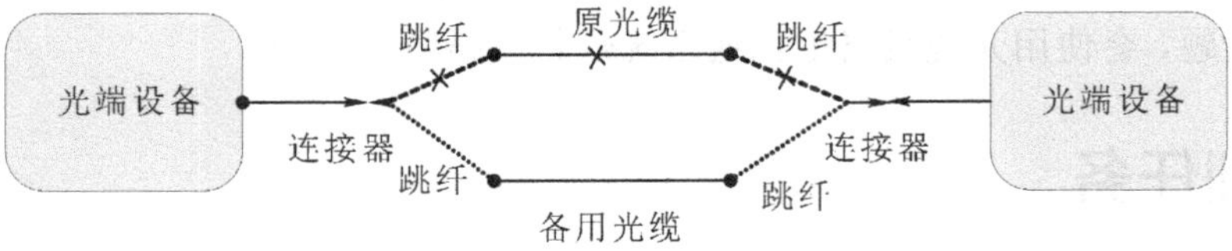

图 8－1　某一方向光缆线路发生阻断临时调度示意图

② 某一方向光缆线路个别光纤阻断。

当某一方向光缆线路个别光纤阻断时，光缆中若有备用光纤，或另有迂回线路，立即启用备用光纤或迂回线路临时调通障碍线路；光缆中若有备用光纤，无迂回线路，则按规定的调度原则处理，暂停次要线路，以保证重要线路畅通，其调度示意图如图 8－2 所示。

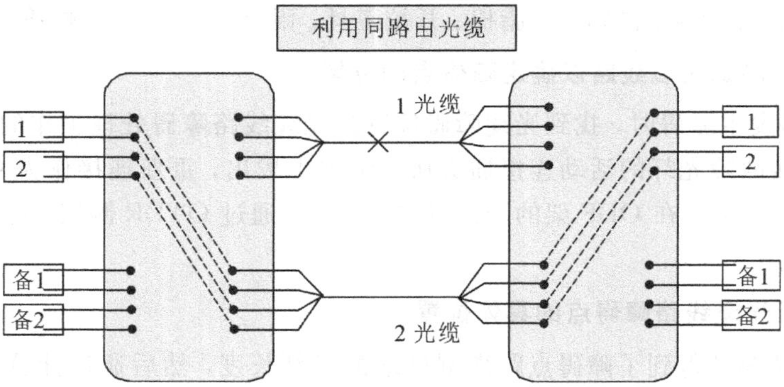

图 8－2　某一方向光缆线路个别光纤阻断临时调度示意图

（2）实施抢代通。

光缆线路障碍是否采取布放应急光缆实施抢代通，取决于光缆网的故障恢复能力和障碍现场的具体情况。

5. 光缆线路障碍的修复

对光缆线路障碍点的处理，根据不同情况可采取直接修复或抢代通后再进行正式修复的方法。由于障碍点的位置不同，作业方法也有所区别。

（1）障碍在接头盒内的修复。

如果障碍在接头盒内，其修复方法较为简单，作业过程如下：

① 松开接头点附近的余留光缆，对接头盒外部及余留光缆做清洁处理。

② 将接头盒两侧光缆在操作台上做临时绑扎固定，然后打开接头盒，将盘绕的余纤松开，寻找光纤障碍点。

③ 光端站使用 OTDR 进行远端监测，同时将障碍光纤重新熔接、补强，并盘纤处理。

④ 用 OTDR 测试熔接损耗，测试合格后封装接头盒并固定。

(2) 障碍在接头坑内，但不在盒内的修复。

障碍在接头处，但不在盒内时，取掉原接头利用接头点预留的光缆，重新做接续即可。当预留的光缆长度不够用时，按非接头部位进行修复处理。

(3) 障碍在非接头部位的修复。

当障碍不在接头处时，障碍点的修复应根据现场情况、障碍位置、光缆障碍范围、线路衰减富裕度以及修理的费时程度等多方面因素综合考虑。

其处理方法有以下三种：

① 利用线路上的光缆预留进行修复。

利用线路上的光缆预留进行修复方式适用于光缆障碍点附近有预留且预留缆放出比较容易的情况下。架空光缆线路障碍的修复就适合采用这种方法。直埋光缆是否利用余缆修理，取决于障碍点的位置及放出余缆的难易程度。

利用线路上光缆的预留进行修复不用增加光缆线路的长度，但需增加一个接头，因此这种方法在实际中应用较多。光缆线路工程设计时，在一些特殊地点、危险地段和经过适当距离后需要做一定的光缆预留。

② 更换或介入光缆进行修复。

当光缆受损为一个较长的段落，或者是原盘长光缆出现特性劣化等，需要更换光缆处理时，可进行更换光缆修复。更换光缆时，最好应采用与故障缆同一厂家、同一型号的光缆。

更换光缆时可以更换整盘长光缆，也可以更换一段光缆。前一种方式不增加接头的数量，也不会增加线路段的总衰耗，但施工工程量较大，需要光缆的长度较长。后一种方式会增加一个接头，但可以节省光缆和减少修复工作量。考虑到以后测试时两个接续点分辨率的要求，更换光缆的最小长度一般应大于 100 m。

若系统衰减富余度较大，更换光缆成本太高时，可考虑采用介入光缆法，即在障碍点接入一段大于 100 m 长的同厂家、同型号光缆，但此种作业方法将增加两个接续点。

③ 开“天窗”进行修复。

当已经判断出光缆只在同一点损伤了个别根光纤时，系统本身还可维持通信，这种情况一般会要求在不中断通信的情况下进行修复工作，可以采用开“天窗”方式处理。采用开“天窗”处理时，先用光缆纵向开剥刀开剥光缆，然后纵向开剥束管，露出裸纤后，将故障光纤按要求接续完成，最后进行封装处理。

(4) 障碍在局端位置的修复。

若确定障碍位于局端的尾纤或跳纤上，应首先检查尾纤和跳纤有无异常，以及活动连接器是否松动。使用红光笔检测尾纤和跳纤故障时，让红光笔发光，对于尾纤，从尾纤线头开始一段一段弯曲光纤，看是否有红光漏出，直到障碍点之后无光漏出；对于跳纤，用红光笔从一头注入光，若另一头看不到光，说明跳纤有问题。如果光纤跳线有故障，更换即可；若成端尾纤有故障，需要先利用其他光纤临时调度处理，再对尾纤进行修复。

任务完成后需要按下面的内容进行检查：

(1) 光缆线路障碍的定位要求。

在进行光纤障碍测试时，要求被测光纤对端与光端设备断开物理连接。测试人员应熟悉光缆线路障碍点的测试方法，在光缆线路路由资料完备和数据准确的情况下，用OTDR仪表测得障碍点位置偏差不超过10 m；在其他情况下，采用灵活测试和综合分析的方法进行障碍点的定位。

(2) 光缆线路障碍的抢通要求。

抢通人员应随时做好抢通准备，熟悉光缆线路资料和熟练掌握线路抢修作业程序和抢代通器材的使用。抢修准备及线路抢代通必须在规定的时限内完成。

临时调度操作要求：调度须由机房人员线路抢通人员双方共同协商调度方案，并上报上级主管部门批准后，在双方的配合下共同完成；按原线序配对的光纤，只需由两端机务站按系统调度，倒换链路即可；光纤临时配对时，则应在障碍点两侧中继站内光纤配线架的连接器上进行跳接；如果主用光纤接有光衰耗器，在调用备用光纤时，也应接相应的光衰耗器。

光缆应急抢修系统的操作要求：接续子操作一定要严格按规程操作，以防损坏、污染或丢失，使用几次后，需添加匹配液，以减小菲涅尔反射；系统携带和使用过程中，谨防承受重力或过猛的拉力；放缆时，应先放主收容盘光缆，后放辅收容盘光缆；收缆时应先收辅收容盘光缆，后收主收容盘光缆；回收光缆时，应将光缆用棉纱擦净，排放整齐，边擦边收。

(3) 光缆线路障碍的修复要求。

抢修人员应做好随时抢修准备，熟悉光缆线路资料，熟练掌握线路抢修作业程序和光缆接续技术。抢修准备及线路修复必须在规定的时限内完成。

光缆线路抢修过程中，应注意工具、仪表、器材的操作使用与安全；故障一经排除并经严格测试合格后，应立即通知光端站对光纤的传输性能进行验证，尽快恢复通信；认真做好故障查修记录，整理相关资料并上报。故障处理后的光缆弯曲半径应不小于15倍缆径。

8.1.2 通信电缆线路障碍测试与分析

本任务主要工作是对发生障碍的电缆线路进行故障测试，以及计算分析障碍点位置和现场查找线路故障，并组织力量进行维修作业。完成本任务所需工具和器材有电缆开剥工具、万用表、蜂鸣器、兆欧表、接地电阻测试仪、电缆故障测试仪等。

通信电缆线路障碍测试与分析步骤为：

(1) 利用万用表、兆欧表、接地电阻测试仪、电缆故障测试仪等判断电缆线路存在的故障性质。

(2) 利用电缆故障测试仪等测定电缆障碍的距离，初步确定障碍的最小区间。

(3) 根据仪器测距结果，对照图纸资料，标定出障碍点的最小区间，然后携带仪器到现场进行测试，精确定位障碍点。

(4) 记录电缆线路的障碍并分析原因。

任务完成后需要按下面的内容进行检查：

(1) 测量员申告障碍登记后，在规定时限内向相关班组或维修人员发出派修通知单，但对重大障碍和重要用户障碍，不论白天黑夜或节假日均立即派修。

(2) 当障碍是由于电缆芯线不良引起时，可先使用空闲芯线替换，然后再修理障碍线对，一时难以修复的芯线要做好记录，以便计划检修时一并处理。

(3) 修理人员到达现场后，应立即与测试台取得联系，修理完毕要经过测试台的复测确认。

(4) 查修员外出工作时，应定时与测试台联系，报告处理情况和行踪。

(5) 处理障碍时，应采取措施，防止障碍影响面扩大，不得损伤其他设备。

(6) 修理障碍时，要贯彻“修复一点、检查全面”的工作方法，保证修理质量。修理过的设备要达到规定的机械、电气性能要求，不应再发生重复障碍。

(7) 修理时变更的设备应认真修改记录，保证设备资料与实际相符。

(8) 注意操作规程，确保设备及人身安全。

8.2 任务资讯

8.2.1 常见光缆线路障碍的类型与原因

1. 光缆线路障碍的定义与分类

由于外界因素或光缆自身等原因造成的光缆线路阻断影响通信业务的称为光缆线路障碍。

光缆线路障碍一般可分为一般障碍、全阻障碍、逾限障碍以及重大障碍四个类型。由于光缆线路原因造成部分业务系统阻断，称为一般障碍；由于光缆线路原因造成全部业务系统阻断，称为全阻障碍；光缆线路的修复时间超过修复时限，称为逾限障碍；在进行重要通信保障期间，因光缆线路原因造成全部业务系统阻断并产生严重后果，称为重大障碍。

2. 光缆线路障碍的统计与计算

(1) 由于光缆线路原因影响通信，但使用单位同意继续使用光缆线路的情况，称为光缆线路的勉通状态。光缆线路的勉通状态不作为光缆线路障碍，但维护单位应设法积极排除。勉通次数、历时应如实报上级线路主管部门，作为分析光缆线路质量和改进维护工作的依据。

(2) 由于光缆线路原因造成业务系统障碍倒换至备用系统，或备用系统和远供线发生障碍而未影响通信的不计为线路障碍。但是，光缆线路维护单位要积极查明原因，拟订修复方案并报上级主管部门批准后实施。此类障碍的实际次数、历时应如实报上级线路主管部门，作为分析光缆线路质量和改进维护工作的依据。

(3) 由于光缆线路原因造成一个业务系统障碍一次，记障碍次数一次；同一中继段内的同一业务系统同时阻断多次，记障碍一次。

(4) 障碍的历时以系统业务出现阻断时开始计算，到光缆线路修复(或倒通)并经传输机房验证可用时为止。

光缆线路障碍计算包括平均每百公里系统障碍次数计算和平均每百公里系统障碍历时计算，计算公式分别为

$$平均每百公里系统障碍次数=\frac{障碍总次数(次)}{系统总长度(系统公里)}\times 100\%(次/系统公里) \tag{8-1}$$

$$平均每百公里系统障碍历时=\frac{障碍总历时(分钟)}{系统总长度(系统公里)}\times 100\%(分钟/系统公里) \tag{8-2}$$

在上式中，系统总长度指所辖光缆线路在用的业务系统总公里数，单位为系统公里。例如：某系统使用12芯光缆100 km，其中10芯用于开通5个业务系统，两芯用于备用系统，则系统长度为5×100=500系统公里。在进行障碍计算时，一般要求保留小数点后两位有效数字。

3. 光缆线路常见障碍现象与产生原因

(1) 通信全部中断现象与产生原因。

站内现象：本传输机房“收无光”即时告警，上游站无“发无光”告警。光缆线路产生障碍可能的原因有：光缆受外力影响被挖断、炸断或拉断；无人中继站供电系统中断等。

(2) 个别系统通信中断现象与产生原因。

站内现象：本传输机房“收无光”即时告警，上游站无“发无光”告警。光缆线路产生障碍可能的原因有：光缆受外力影响被挖伤，缆内出现断纤或原接续点出现断纤等。

(3) 个别系统通信质量下降现象与产生原因。

站内现象：本传输机房无“收无光”和“发无光”即时告警，但出现“误码”即时告警。

光缆线路产生障碍可能的原因有：光缆在布放和接续过程中造成光纤的损伤使线路损耗时小时大；活动连接器未插到位，或者出现轻微污染，或者其他原因造成光纤连接时好时坏；光纤性能不好，其色散和损耗特性受环境因素影响产生季节性波动；光纤受到侧向压力作用，全程损耗增大；老鼠、白蚁损害光缆；光缆接头盒进水；光纤在某些特殊点(如接头盒内压纤)出现裂纹，但尚未断开等。

8.2.2 光缆线路障碍定位

1. 利用OTDR测试障碍光纤以确定障碍点的位置

利用OTDR测试障碍光纤的背向散射曲线，可确定光纤的障碍点位置，测试结果通常为以下四种情况中的一种：

(1) 无背向散射曲线(显示屏上只有盲区)。

利用OTDR测试障碍光纤，如果测试曲线如图8-3所示，说明光纤末端在仪表的盲区范围内。障碍可能的范围为：进局光缆、局内尾纤、活动连接器等。这时可以串接一段(长度应大于1000 m)测试用引导光纤，并减小OTDR光输出的脉冲宽度以减小盲区范围，从而可以详细分辨故障点。

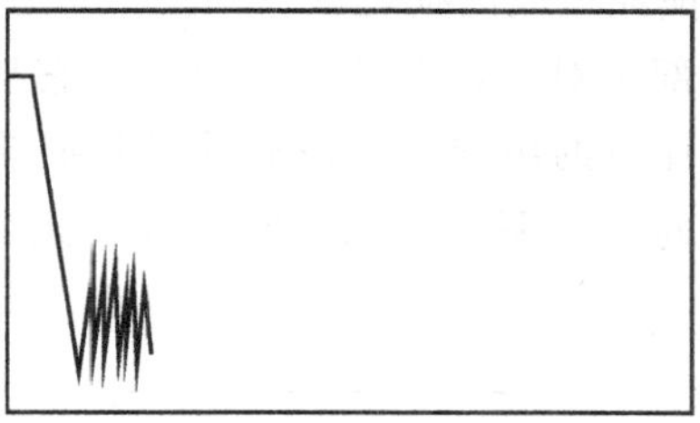

图 8-3 显示屏上无背向散射曲线

(2) 曲线远端位置与中继段总长明显不符。

如果 OTDR 测得曲线长度为 33.765 km，而中继段距离是 80 km，如图 8-4 所示，此时，背向散射曲线的远端点即为故障点。如果该点在光缆接头点附近，应首先判定为接头处断纤。如故障点明显偏离接头处，应准确测试障碍点与测试端之间的距离，然后对照线路维护明细表等资料，判定障碍点在哪两个标石之间(或哪两个接头之间)，距离标石有多远，再到现场查找并观察光缆的外观予以证实。

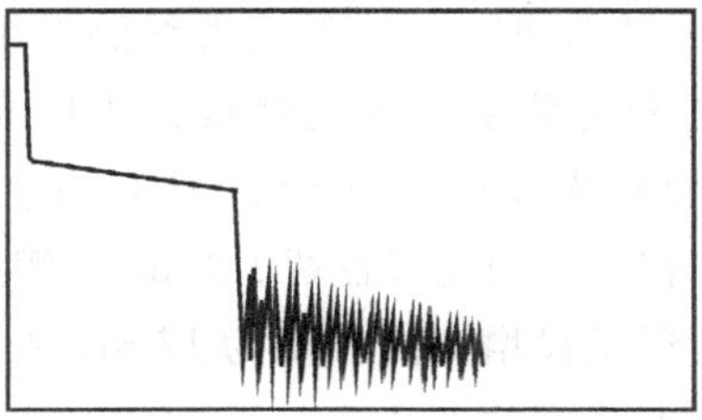

图 8-4 远端位置与中继段总长不符的曲线

(3) 背向散射曲线的中部无异常，且远端点与中继段总长相符。

利用 OTDR 测试障碍光纤，如果背向散射曲线的中部无异常且远端点与中继段总长相符，这时应注意观察远端点的波形，如图 8-5 所示，可能有如下三种情况：

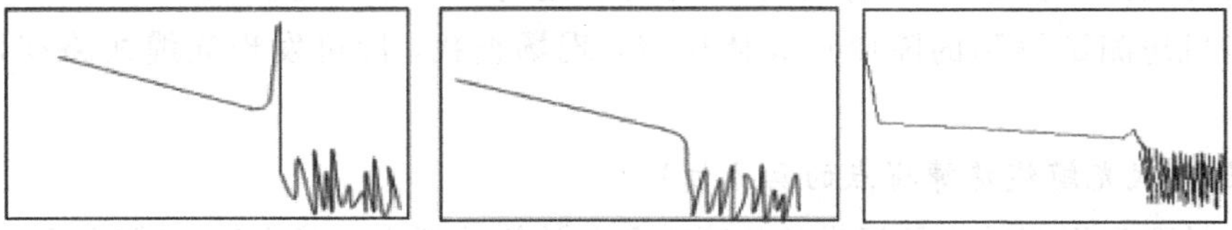

图 8-5 远端点与中继段总长相符的曲线

① 远端出现强烈的菲涅尔反射峰，说明该处光纤端面与光纤轴线垂直，以及该处是光纤的成端点或断纤时的端面非常平整、垂直，从而可确定光缆产生障碍的可能原因是终端活接头松脱或污染。

② 远端无反射峰，说明该处光纤端面为自然断纤面，光缆产生障碍最大的可能原因是户外光缆与局内软光缆的连接处出现断纤或末端活动连接器损坏。

③ 远端出现较小的反射峰，呈现一个小突起，说明该处光纤出现裂缝，造成损耗较大，可打开终端盒或 ODF 架检查，剪断光纤并插入匹配液中，观察曲线是否变化以进一步确定故障点。

(4) 显示屏上曲线显示高损耗点或高损耗区。

高损耗点一般与个别接头部位对应，如图 8-6 所示。它与菲涅尔反射峰明显不同，该点前面的光纤仍然导通，高损耗点的出现表明该处的接头损耗变大，可打开接头盒重新熔接。高损耗区表现为某段曲线的斜率明显增大，提示该段光纤损耗变大，如果必须修复，只有将该段光缆换掉。

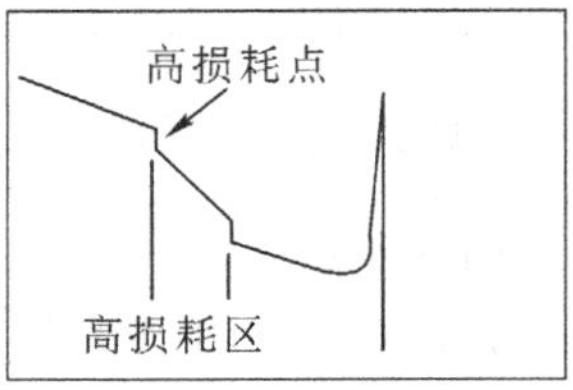

图 8-6　高损耗点或高损耗区的曲线示意图

2. 计算分析光缆线路障碍点的具体位置

光缆线路障碍点具体位置的计算方法已在本章“8.1.1”小节讲叙过，这里只举例说明。

事例：20××年××月××日 15 时 6 分，某光缆线路发生阻断，经 OTDR 测试，故障点光纤长度为 14.542 km，查阅光缆路由图等资料得知该段光纤共有 4 个活动连接插头，每个连接插头的光纤收容盘内盘留光纤长度为 3 m；共有两个人井，分别盘留光缆 43 m 和 34.8 m；共有 6 个接头盒，每个接头盒内光纤盘留 1.2 m，光缆盘留长度分别为 10 m、7.8 m、6.2 m、5.6 m、7.4 m 和 8 m；S 形敷设增加的长度为 12 m，光缆绞缩率为 3‰，自然弯曲率为 7‰，计算分析故障点的地面长度是多少？

测试端到故障点的地面长度计算公式为

$$L=\frac{(L_1-nL_2)\div(1+P)-nL_3-\sum L_4-\sum L_5}{1+r} \tag{8-3}$$

把 n、P、L_1～L_5 及 r 分别代入上式中，即可得到测试端至故障点的地面长度。查阅光缆路由图资料可知故障点位于 18 号标石与 19 号标石之间，距离 18 号标石××处，线路维护单位根据传输机房测试得到的障碍点具体位置，现场查找，即可发现光缆线路在该处发生阻断。

1) 定位查找光缆线路障碍点的具体位置

查修人员要根据测试人员提供的故障现象和计算分析出的障碍地点就近到光缆线路路由进行寻查。

2) 正确掌握 OTDR 仪表的操作使用方法

OTDR 仪表在使用时应注意以下事项：

(1) 准确设置 OTDR 仪表的参数。使用 OTDR 测试时，必须先进行仪表参数设置，其中最主要的参数设置是测试光纤折射率和测试波长的设置。只有准确地设置了测试仪表的基本参数，才能为准确的测试创造条件。性能良好的仪表光纤折射率设置时一般可以精确到小数点后五位，并且具有在光纤链路各段折射率不同时对整条光纤链路中不同折射率参数进行分段设定的功能。

(2) 选择适当的测试范围挡。对于不同的测试范围挡，OTDR 测试的距离分辨率是不同的。在测量光纤的障碍点时，应选择大于被测距离而又最为接近实际距离的测试范围挡，这样才能充分利用仪表的本身精度。目前，一些性能优良的OTDR采用了无固定量程范围测试技术，仪表可根据被测光纤的长度自动选取最为恰当的量程。

(3) 充分利用仪表的放大功能。应用OTDR的放大功能(即缩放键)可将游标准确地放置在相应的拐点上，如故障点的拐点、光纤始端点、光纤末端拐点。

3) 建立准确、完整的原始资料

准确、完整的光缆线路资料是障碍测量、判定的基本依据。因此，必须重视线路资料的收集、整理、核对工作，建立起真实、可信、完整的线路资料。

(1) 建立准确的线路路由资料。

① 填写标石(杆号)-纤长(缆长)对应表。

光缆施工过程中，随工验收人员应该详细记录每个标石(或光缆余留处杆号)对应的光缆皮长，并以此数据为基础，计算出各标石(或光缆余留处杆号)之间光缆皮长及端站ODF架尾纤至各标石(杆号)的累计长度，填入“标石(杆号)-纤长(缆长)对应表”，作为换算故障点路由长度的原始资料。

② 记录光纤累计长度及光纤衰减值。

在光缆接续监测时，将测试端至每个接头点的光纤累计长度及中继段光纤总衰减值填入光缆线路维护图。同时，也应将测试仪表型号、测试时折射率的设置值及被测光纤序号进行登记。

在建立光纤累计长度资料时，应从两端分别测出端站至各接头点的距离。为了测试结果准确，测试时应使用引导光纤。

③ 准确记录各种光缆的余留。

随工验收人员还应详细记录每个接头坑、特殊地段、S形敷设、进线室等处光缆盘留长度及接头盒、终端盒、ODF架等部位光纤盘留长度，以便在换算故障点路由长度时予以扣除。特别是接头盒内余纤的盘留长度登记的越仔细，障碍判断的误差就越小。

(2) 建立完整、准确的线路资料。

建立线路资料不仅包括线路施工中的许多数据、竣工技术文件、图纸、测试记录、中继段光纤背向散射信号曲线等，而且还应保留光缆出厂时厂家提供的光缆及光纤的一些原始数据资料(比如光缆的绞缩率、光纤的折射率等)，这些资料是日后障碍测试时的基础数据和对比依据。

4) 进行正确的换算

有了准确、完整的原始资料，便可将OTDR测出的障碍光纤长度与原始资料对比，迅速查出障碍点是发生在哪两个接头(或哪两个标石)之间。但是，要准确判断障碍点位置，还必须把测试的光纤长度换算为测试端(或某接头点)至障碍点的地面长度。

计算的方法见公式8-1。式中的P值随光缆结构的不同而有所变化，最好应用厂家提供的数值。当无法获知P值时，工程中也可自己进行求取。一般可用“两米试样法”，即准确截取该种光缆两米长，纵向开剥外护层，取出光纤，然后准确测量光纤长度，再根据光缆绞缩率的定义式，求出P值。

5) 灵活测试，综合分析

障碍测试时应尽量保证测试仪表型号、操作方法及仪表参数设置等的一致性。光缆线路障碍点的情况千差万别，具体情况各不一样，测试人员必须根据测试结果和资料，结合实际情况灵活处理和分析。

障碍点的测试要求操作人员一定要有清晰的思路和灵活处理问题的方法。一般情况下，可在光缆线路两端进行双向障碍测试，并结合原始资料，计算出故障点的位置；再将两个方向的测试数据和计算结果进行综合分析、比较，以使故障点的具体位置的判断更加准确。当障碍点附近路由上没有明显特征点，具体障碍点现场无法确定时，可在就近接头处采用接头盒断纤测试等方法进行测试。

也可在初步测试的障碍点处开挖光缆沟，端站测试仪表处于实时测量状态。在开挖点利用一定的工艺将光缆温度降低到－40℃～－60℃，使得仪表测试到的衰减曲线在温度降低点发生形变，从而确定出障碍点是在温度降低点之前还是之后，并测出温度降低点与障碍点间的距离。由于此时温度降低点与障碍点间的距离较近，因此测试精度较高。

或者将开挖处的光纤进行较大弯曲处理，端站测试仪表实时监测被测光纤衰减曲线的变化状态，在光纤弯曲点处曲线发生形变，从而可确定出障碍点是在光纤弯曲点之前还是之后。测出光纤弯曲点与障碍点间的距离，再沿着前向或后向方向去寻找障碍点位置，从而准确定位。

需要注意的是当线路路由上有明显破坏痕迹，但光缆无明显损伤时，不能轻易下结论障碍点一定在此处，可借助路由探测仪等进行查找，防止一些假象引发错误作业。

3. 影响光缆线路障碍点判定准确性的因素

1）*仪表存在的固有偏差*

OTDR固有偏差来源于抽样间隔，抽样频率越高，抽样间隔越小。OTDR固有偏差主要反映在距离分辨率上。不同的测试距离则偏差也不同，在150 km测试范围时，测试误差达±40 m。

2）*仪表操作因素的偏差*

在光缆故障定位测试时，OTDR使用的正确性与障碍测试的准确性直接相关。例如：仪表参数设定不当、仪表量程范围选择不当和游标位置不当等都将引起测试结果产生误差。

（1）仪表折射率设定偏差的影响。

从OTDR的测试原理可知：距离测试是依赖于光在纤中的传输时间，而光在光纤中的传输时间取决于光纤的折射率。光纤的折射率因不同厂家、不同类型的光纤其值也有所不同，因此使用仪表测试光纤时，必须先进行折射率的设置。如果所设置的折射率与光纤的实际折射率不一致，就会使测试结果产生误差，其误差值计算公式为

$$\Delta L = L \times \frac{n - n'}{n'} \tag{8-4}$$

式中，L为被测的光纤长度，n为光纤的实际折射率，n'为OTDR设置的折射率。当计算结果为正值时，说明OTDR测定的光纤长度比实际光纤长度要长；反之，光纤的测试光纤长度比实际光纤长度要短。

例：测试的某段光纤长度为10 km，其光纤折射率为1.4723。测试时，OTDR上设置的折射率为1.50，结果造成的误差为

$$\Delta L = L \times \frac{n-n'}{n'} = 184.67\ \text{m}$$

以上计算结果表明，由于测试时OTDR上折射率误设置为1.50，造成光纤的测试长度比光纤的实际长度短了184.67 m。测试中设置的折射率不准确，对测试结果的影响最大。

当被测光缆是由几段折射率不同的光缆构成时，可采用分段设置的方法，以减少因折射率设置误差而造成的测试误差。

(2) 仪表量程选择不当的影响。

选择不同的测试范围，OTDR测试的距离分辨率则不同。比如某OTDR量程设定为50 km进行测试，此时借助于仪表的放大功能就可以将曲线水平刻度放大到1米/格；如果量程设定为200 km，借助于仪表的放大功能只能将曲线水平刻度放大到4米/格。由此可见，测试时选择的量程范围越大，测试结果的偏差就越大。

在测量光纤的障碍点时，应选择大于而又最接近于被测距离的量程，使曲线占满屏幕的2/3～3/4，这样才能充分利用仪表的本身精度。某些OTDR采用了无固定量程范围方式，可自动根据被测光纤的长度选取最为恰当的量程，从而使仪表处于测试精度最高的状态。

(3) 游标位置放置不当的影响。

游标必须放置在事件的起始拐点处，因为该拐点代表了该事件产生的起始位置，其他位置可能由于盲区的影响，会偏离所研究事件的起始位置，因此将产生误差。即使测试的曲线误差比较合理，但游标放置位置不够准确，也会产生数米级的误差。

3) 计算、分析的偏差

由于OTDR测出的是光纤长度，要准确判断故障点位置，还必须把测试得到的光纤长度换算为测试端(或接头点)至故障点的地面长度，以方便到现场进行查找。计算光缆线路障碍点涉及的因素较多，绞缩率是否正确，自然弯曲率是否准确，计算误差是否传播，都可能引起较大的距离偏差。

4) 原始资料的偏差

光缆线路资料是障碍测量、分析定位的基本依据。在光缆线路路由资料中，记录了各种光缆余留和相应的标石或杆号等位置信息，并详细记录有每个接头坑、特殊地段、S形敷设、进线室等处光缆盘留长度及接头盒、终端盒、ODF架等部位光纤盘留长度。在光缆接续监测时，应记录测试端至每个接头点位置的光纤累计长度及光纤通道总衰减值，同时也应将测试仪表型号、测试时折射率的设置值、脉宽等进行登记。这些资料和数据的缺失，将使得障碍定位分析判断失去基本的依据。

在线路施工中没有注意积累资料或记录的资料可信度较低，以及在后续工作中又未认真核实而建立起了与实际不相符的资料，如果采用这种资料，就不可能准确的测定出障碍点。例如光缆接续时接头盒内余纤的盘留长度、各种特殊点的光缆余留长度、光缆随地形的起伏变化等数据的准确性直接影响着障碍点的定位精度。

8.2.3　光缆线路障碍处理程序

1. 处理原则

光缆线路障碍处理以优先代通在用系统为目的，以压缩故障历时为根本，不分白天黑夜，不分天气好坏，不分维护界限，用最快的方法临时抢通在用传输系统；线路障碍未排除之前，线路查修不得中止。

光缆线路障碍处理原则：当机线设备发生障碍后，应按先重要信道，后一般信道；先高阶通道，后低阶通道；先高等级系统，后低等级系统；先站内后站外，先代通后修复的原则处理。

2. 修复程序

光缆线路发生障碍时，传输机房应迅速判明障碍类型和段落，并及时上报。必要时按抢代通方案进行抢修。光缆线路障碍处理程序如图 8－7 所示。

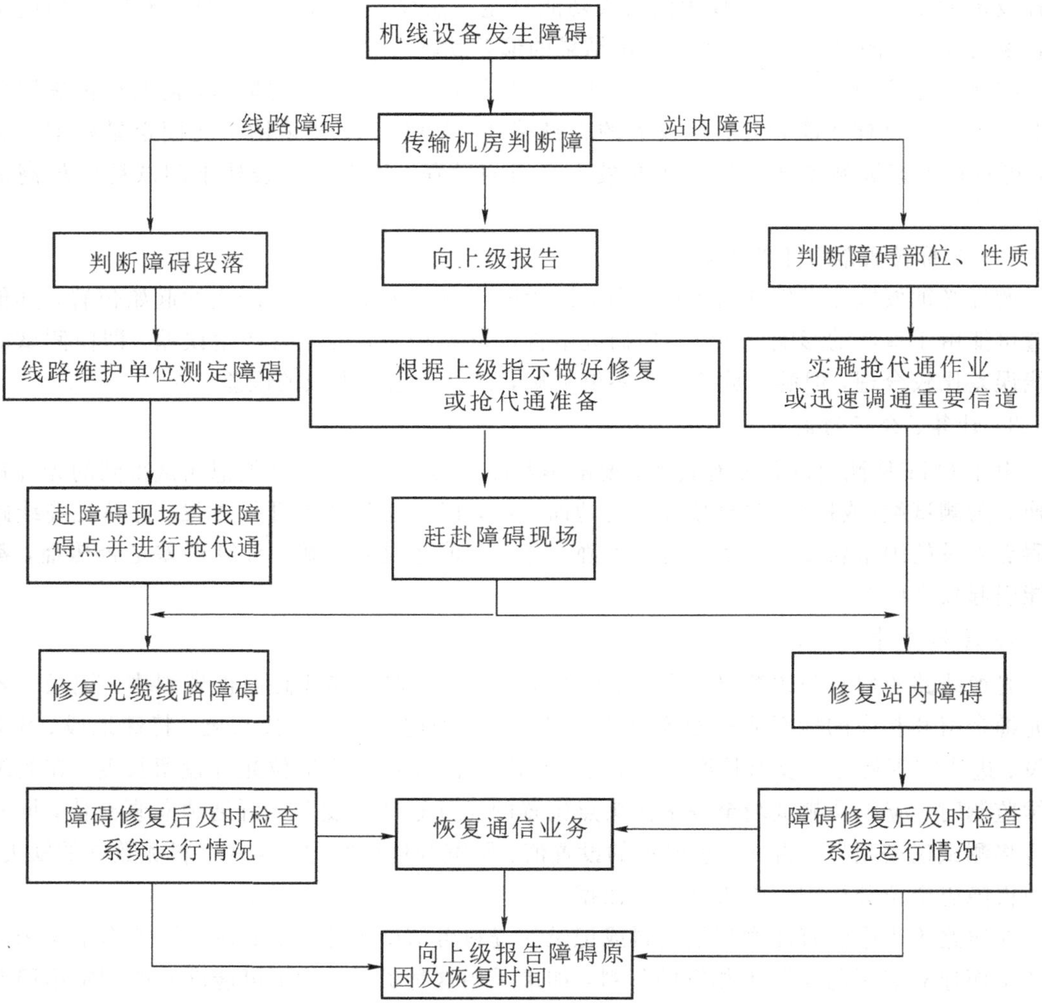

图 8－7　光缆障碍处理程序

当站内发生障碍时，传输机房应准确判断障碍性质和部位，迅速组织抢代通；恢复通信抢修时若无备用机盘应立即向维修单位报告，维修单位根据备用机盘的分存情况，及时组织送盘；障碍修复后，及时向上级报告障碍处理情况。

当线路发生障碍时，传输机房应迅速判明障碍段落，及时通知线路维护单位测定故障点，同时赶赴故障现场实施抢代通作业，并向上级报告；维修单位根据上级指示，及时修复线路障碍；障碍修复后，传输机房应检查传输系统运行情况，线路维护单位恢复作业现场，并向上级报告障碍处理情况。

（1）障碍发生后的处理。

光纤通信系统发生障碍后，传输机房应首先判断是站内障碍还是光缆线路障碍，同时应及时进行系统倒换，即刻向上级报告。

（2）障碍测试判断。

当判断是光缆线路障碍时，应迅速判断障碍发生于哪一个中继段内以及障碍的具体情况，并应立即通知相应的线路维护单位测定障碍点。线路维护单位在接到障碍通知后，测试人员应迅速在适当地点进行障碍点的测试、分析，判断出线路障碍的位置，并迅速出发赶赴障碍点进行查修。当线路障碍是人为破坏时，应报告当地公安机关。如果在线路端站未能测出障碍点位置，则传输机房人员应到相关中继站配合查修。查修人员必须带齐相关光缆线路的原始资料。

（3）抢修准备。

光缆线路维修单位接到上级指示后，应立即向有关单位了解障碍的详细情况，同时迅速做好修复线路障碍的准备，及时赶赴障碍现场进行线路修复作业。整个行动必须在抢修准备时限内完成。

（4）建立通信联络系统。

维护单位人员到达障碍点后，应立即与传输机房建立起通信联络系统。联络手段可因地制宜，采取光缆线路通信联络系统，或移动通信联络系统，或附近的其他通信联络系统等。

（5）组织抢修。

在测试障碍点的同时，抢修现场指挥应指定专人(一般为当地巡线人员)组织开挖光缆沟的人员待命，并安排好后勤服务工作。

（6）光缆线路的抢修。

当找到光缆线路的障碍点时，一般应使用应急光缆或其他应急措施首先将主用光纤抢通，迅速恢复通信。同时认真观察分析现场情况，并做好记录，必要时应进行现场拍照。在接续前，应先对现场进行净化；在接续时，应尽量保持场地干燥、整洁。

抢修过程中，抢修现场应与上级传输机房保持不间断的通信联络，并及时将抢修情况上报。抢代通过程中，每代通一根光纤，应通知传输机房进行测试。当临时连接损耗大于0.2 dB时，应重新作业，直至抢代通的光纤都达到标准要求。

（7）抢修后的现场处理。

在抢修工作结束后，清点工具、器材，整理测试数据，填写有关登记，并对现场进行处理；对于废料、残余物应收集装袋，统一处理；留守一定数量的人员，保护抢代通现场。

（8）修复及测试。

维修单位技术人员赶到障碍点现场后，应积极与维护单位商讨修复计划，并上报审批。条件成熟时，即可进行修复作业。修复时应注意以下事项：

① 光缆线路障碍修复以介入或更换光缆方式处理时，应采用与障碍缆同一厂家、同一型号的光缆，并要尽可能减少光缆接头数量和连接损耗。

② 进行光纤接续时要进行连接损耗的测试，有条件时，应进行双向测试，严格把连接

损耗控制在允许的范围之内。

③ 当光纤接续完成后，要进行中继段光纤通道衰减测试，并记录测试结果。

(9) 线路资料更新。

修复作业结束后，整理测试数据，填写有关表格，及时更新补充线路资料，总结抢修情况并上报。

8.2.4 光缆线路抢代通

线路障碍的处置是采用直接修复还是先布放应急光缆实施抢代通，取决于光缆线路修复所需要的时间和障碍现场的具体情况。

1. 直接修复条件

(1) 网络具有自愈功能。

(2) 临时调度的线路可以满足通信需要。

(3) 障碍点在接头处，且接头处的余缆、盒内余纤够用。

(4) 架空光缆的障碍点直接修复比较容易。

(5) 直接修复与抢代通作业所用时间差不多。

2. 抢代通实施条件

(1) 线路的破坏因素尚未消除，如遭遇连续暴雨、地震、泥石流、洪水等严重自然灾害的情况下。

(2) 原线路的修复无法直接进行。

(3) 光缆线路修复所需要的时间较长，如光缆线路遭严重破坏，需要修复路由、管道或考虑更改路由。

(4) 线路障碍情况复杂，障碍点无法准确定位。

(5) 执行重要通信保障任务期间。

8.2.5 通信电缆线路障碍处理

在市内电话通信系统中，因线路障碍造成通信中断占有很大比重。为了确保市内电话通信系统的稳定性、可靠性，提高判断线路障碍的能力，本节着重介绍通信电缆线路障碍的种类、原因、判断、排除方法及线路抢修。

1. 市内电话外线障碍的种类、原因、排除方法及线路抢修

1) 电缆线路障碍种类

通信电缆常见的障碍种类有以下几种：

(1) 混线。

同一线对的芯线由于绝缘层损坏相互接触称为混线，也叫自混；相邻线对芯线间由于绝缘层损坏相碰称为他混。接头内受过强拉力或受外力碰损使芯线绝缘层受伤的部位常容易造成混线故障。

(2) 地气。

绝缘层损坏的电缆芯线碰触屏蔽层称为地气。地气是因受外力磕、碰、砸等损坏电缆芯线护套或工作中不慎使芯线接地而形成的。

(3) 断线。

电缆芯线一根或数根断开称为断线。这种现象一般是由于接续或敷设时不慎使芯线断裂，或受外力损伤以及强电流烧断所致。

(4) 绝缘不良。

电缆芯线之间以塑料为绝缘层，由于绝缘物受到水和潮气的侵袭，使绝缘电阻下降，造成电流外溢的现象称为绝缘不良。它一般是由接头在封焊前驱潮处理不够或因电缆受伤浸水或充入潮气等原因造成芯线绝缘电阻下降所致。

2) 电缆障碍产生的原因

(1) 电缆本身的障碍。

电缆在生产过程中因扭矩、绝缘材料结构不均匀而引起的串音、杂音；产品质量检验不严格，个别线对存在地气、断线、混线等问题。

(2) 施工过程中造成的障碍。

在施工过程中，由于电缆接头处理不当等造成的电缆芯线障碍。

(3) 外界影响造成的障碍。

由于市政等单位修建楼房、平整土地、绿化等挖坏、碰坏电缆设备；电缆遭到电击(雷击)使芯线产生障碍；鸟啄、鼠咬、白蚁啃咬等；水灾、风灾、火灾等造成对电缆的破坏；电缆被盗、维护不当等原因造成电缆丢失或损坏。

3) 障碍性质的判断

判断障碍性质是检修电缆线路障碍的前提，此项工作的要求是要准确、迅速。

总配线室可利用测试台来进行相应的测试判断。这里介绍的是在无测试台情况下，利用兆欧表或三用表“Ω”挡进行测试的方法。采用兆欧表测试时，首先将总配线架直列保安器所需测试对数与局内断开，然后测试局外线路。在局外线路正常的情况下，用三用表测试时，在“×1K”挡可测到用户电话机电容器的充放电现象。

(1) 混线判断。

用兆欧表测量导线间的绝缘即可判断电缆是否混线。如果测出的绝缘电阻值很小或近似于零，即可以认为有混线障碍存在。

(2) 地气判断。

用兆欧表测试导线对地的绝缘电阻来判断电缆是否有地气障碍。如果测出的绝缘电阻值近似短路或比正常值小很多，即可认为有地气障碍存在。

(3) 断线判断。

用兆欧表测试没有读数，测不到话机充放电现象，则表明断线障碍存在。

(4) 绝缘不良判断。

其判断方法与判断混线的方法相同，只是测得的绝缘电阻值低于正常值，则表明该类障碍存在。

在应急情况下，混线碰地绝缘电阻较小时，也可用三用表进行判断。

4) 线路障碍的排除

配线人员测得电缆线路发生障碍后，应立即通知线路维护人员进行排除。配线人员是修复工作的组织者，在修复障碍的过程中，配线员应与线路维护人员主动配合、密切协作。

从市内电话的连接关系来看，市话线路比较复杂，包括电缆、用户线和分线设备等地方都有产生障碍的可能。因此配线人员应配合线路维护人员采用压缩、分段的方法，先判断出电缆、分线设备是否良好；如果在分线设备上将电缆断开后是好的，再查电缆、用户线，这样一步步地判断，最后找出障碍点，将障碍排除。

例如在进行电缆进潮障碍排除时，传统的铅包纸绝缘电缆铅套损伤后会有潮气和水分进入电缆，铅包纸大量吸收潮气和水分，绝缘电阻会急剧下降，从而造成线路障碍。全塑电缆护套受损后(或接头套管封合不良)同样会有潮气和水分进入电缆，但塑料绝缘层是几乎不透水的，所以芯线绝缘电阻不会马上显著降低以阻断通信；但经过较长时间(芯线接续接线子不完善时时间较短)也会使绝缘电阻降低，使芯线表面氧化生锈，从而接触电阻增加，产生断线、地气、混线或绝缘不良现象，影响通信的正常进行，传输模拟信号时则声音小，传输数字、数据信号时则产生误码。

修复全塑电缆芯线故障时，如仅为少数线对芯线故障，驱潮后用含硅脂的接线子重新接续；如果大部分芯线阻断可按正常方法重新接续封合。

修复全塑电缆护套和接续套管的损坏，一般采用以下方法：

(1) 对于非充气架空电缆可用胶粘密封法。用二氯乙烯液体和过氯乙烯块状体混合为一定浓度的混合液体进行涂抹，涂抹前先把护套或套管两侧清洁打毛，把混合液均匀涂抹在破损处两侧，一次不要涂抹太厚，否则会产生皱纹，一次不行时可涂抹 2～3 次；再外缠塑料带保护。

(2) 对聚氯乙烯护套电缆可以使用旧电缆护套作为修补材料，用 795 胶或热熔胶如同修补自行车内胎的方法。修复把塑料补皮及修补处护套清洁打毛，各涂 2 mm 左右厚度胶液，视胶液性质立即(或晾片刻)将补皮紧贴破损处，压实固定。如果电缆内有气体时，可先把电缆内气体放掉，修复后再行充气，带气修补容易粘接不牢。

(3) 对于非充气全塑电缆也可采用自粘胶带包缠法。缠自粘胶带时，应把自粘胶带拉长为原长的 100%～200%，每圈相互叠包一半，缠 2～3 层，胶带自粘一体；然后再缠两层 PVC 胶带加以保护。

5) 市话电缆线路的抢修

(1) 电缆障碍的判断。

当用户申告及其他单位通知发现较多的外线障碍时，配线员要及时判断是电缆障碍还是一般线障。配线员应将外线发生障碍的卡片取出集中，并按列号分开。若在一列中发现较多线障，同时经测试也发现存在混线、地气、碰线现象，并在障碍外线听到沙沙响声，遇到这种情况说明电缆发生了浸水(电缆皮破损水分侵入)障碍；如测试到有较多线对发生断线现象，则说明电缆发生了断线障碍；如若每列中只发生一两件障碍而线序又不连续的情况，可暂按一般线障处理。

在平时测试过程中如果发现某列障碍较多时，应选择障碍线号较为集中点，对这些线号上的线对进行测试(包括空线)，然后根据测试结果和现象，判断障碍的性质(是电缆障碍，还是一般线障)及障碍点的大概位置。

(2) 电缆线路的抢代通。

电缆发生障碍一般多为整条电缆的绝大多数线对或者是全部线对都发生了障碍，这样对某一个地区来讲通信就全部中断了，这样造成的危害很大。所以配线室人员发现某条

(段)电缆发生障碍后，应立即通知线路维护单位进行抢修，并向值班室报告。如果此电缆内有重要用户或线路，应立即组织抢代通，以确保重要用户、线路的通信联络。“就近迂回代通”是抢修电缆线路的原则，具体方法如下：

① 到友邻配线室(机务站)的某条(段)电缆有障碍时，应将有障碍电缆内的重要用户或线路代通至另一条直达电缆的空闲线对中，如无空线，可暂时拆掉一些不重要的用户，将重要用户或电路抢代通。

② 某一地区的某条(段)电缆有障碍时，应将其中重要用户代通至附近工作正常的电缆分线设备上去。

2. 市内电话局总配线架障碍的种类、原因及排除方法

1) 地气障碍

(1) 原因。

① 跳线绝缘外皮破裂，导线与背板相碰。

② 外来高电压、强电流及长时间弱电流致使保安器损坏接地。

③ 主机房引接线碰地。

(2) 检修方法。

跳线破皮应更换跳线，并用三用表检查保安器是否完好。

2) 断线障碍

(1) 原因。

① 保安器内的保险丝烧坏。

② 从配线架横列到直列的跳线断开。

③ 配线架横列卡接点脱落。

④ 配线架直列卡接点脱落。

(2) 检修方法。

用三用表检查保安器是否完好；检查跳线是否完好；检查直列卡接点、横列卡接点是否脱落。

3) 混线及绝缘不良障碍

(1) 原因。

① 配线架横列卡接点和配线架直列卡接点接触不良。

② 连接跳线外皮破裂造成绝缘不良。

③ 总配线架周围环境潮湿(例如在坑道内)，造成线间绝缘不良。

(2) 检修方法。

检查布线的接头有无相碰，以及跳线有无损伤。若判断障碍发生在保安排时，一般绝缘电阻在 100 kΩ 以下便会发生串音现象，应进行更换处理；若周围环境潮湿，应进行防潮处理。

4) 线路的串音、杂音

在通信线路的各回路上，由相邻的通信回路或广播线产生的可以听懂的话音称为串音；由强电线路或其他电磁干扰源感应产生的声音称为杂音。回路间存在串、杂音不仅降低了通信质量，而且会造成失密现象。造成线路串、杂音现象的因素主要有两个。第一，线路绝缘不良，当两回路间的绝缘很差时，会引起电流由一个回路泄漏到另一个回路，从而发生串音。这种原因引起的串音，在维护中可以加以修复和消除。第二，是电缆本身的结构造成由于电缆线路各芯线间存在着电容、电感，因此线路就存在着电容耦合所造成的串音。为了防止串音，在制作电缆芯线时，应将芯线扭绞成对扭或星型四线组，再按一定规律将它们分层进行总绞合，以达到减少串音的目的。

由于电缆金属皮(将此接地)起屏蔽作用，所以它对杂音有较好的抑制作用。

5) 用蜂鸣器检查电缆线路障碍

(1) 蜂鸣器的使用方法。

晶体管蜂鸣器使用的电源为 9 V 直流电，首先将需要放音的线对用连接线连接至蜂鸣器“音”接线柱，将蜂鸣器“地”接线柱用连接线接至全塑电缆的屏蔽层；再将电源开关拨至开的位置，此时可听到蜂鸣音；然后将听筒一端连接至蜂鸣器“讲”的接线柱上，另一端接至电缆芯线(好线)；最后在电缆的另一方将听筒一端接至电缆屏蔽层，另一端在电缆中寻找到有“喀啦”声的芯线或蜂鸣音的配偶线，即可建立通信联络，具体连接示意图如图 8-8 所示。调节蜂鸣器音量电位器至适当音量即可开始试线。

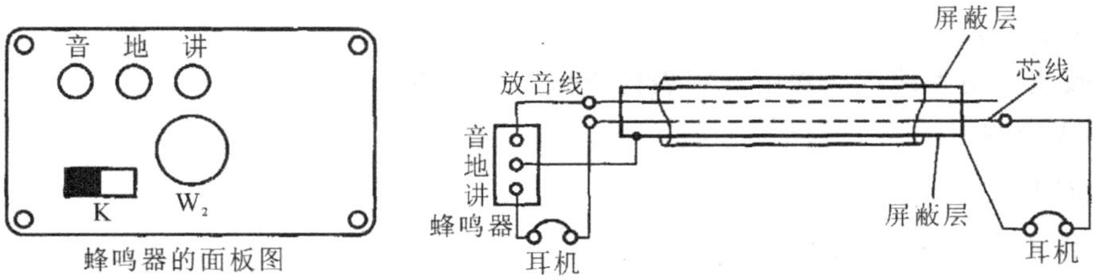

图 8-8　蜂鸣器面板图及接线图

(2) 电缆放音对号。

电缆芯线接续和分线设备安装后，可能会产生自混、他混、断线、地气、反接和差接等障碍，因此都必须通过电缆芯线放音对号进行测试。应核对和辨认电缆的芯线序号，以及确认电缆芯线障碍性质。用蜂鸣器对电缆进行放音对号的连接图如图 8-9 所示。

使用前应对蜂鸣器进行检查，确认完好后才可使用。测试时，需要在测试方的联络线上并联一根测试线，并接上试线针。联络电话建立后，即可按图 8-9 所示进行试线对号，甲端用放音线放音，并通知乙端测试，乙端用试线针在未试过的芯线上触试，当某一根芯线听到了声音，说明要对音的线对已试到，即可通知甲端调换下一对线放音，如此循环，直到全部线对试完为止。

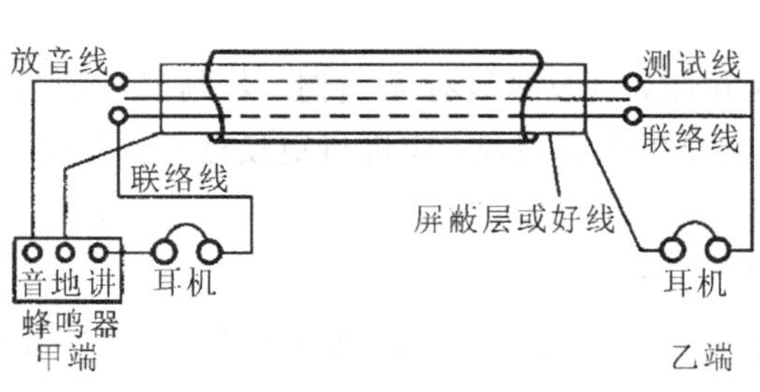

图 8-9　蜂鸣器对号接线图

(3) 不良线对测试。

电缆放音测试完成后就可以对通信电缆的不良线对(电缆的故障线对)进行测试。具体方法如下：

① 测试断线障碍。

测试断线障碍连接图如图 8-10 所示。测试时，用耳机听不到“喀啦”声，说明该芯线是断线的。

② 测试混线障碍。

测试混线障碍连接图如图 8-11 所示。将测试的芯线从连接在一起的芯线中一根一根地拉出用耳机听，没有“喀啦”声的线对是好线，有“喀啦”声的线对是混线。对有问题的芯线作好记号，并对其再次进行测试。如果是原对的芯线有“喀啦”声，说明是自混；如果原对中的一根芯线与其他芯线合为线对后再测试有“喀啦”声，说明是他混。

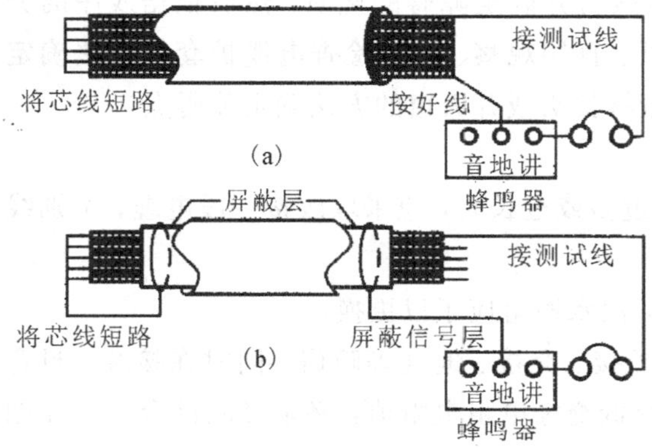

图 8-10　测试断线障碍接线图

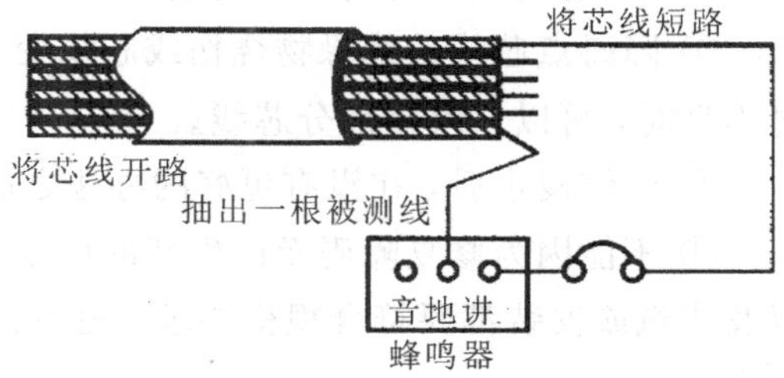

图 8-11　测试混线障碍接线图

③ 测试地气障碍。

先将电缆的外护套剥去约 30 cm，然后去除芯线绝缘层约 5 cm，最后将电缆另一端芯线全部剪平，互相不能相碰(开始)，按图 8-12 所示连接。此时耳机内听到“喀啦”声，说明芯线有地气故障，然后再逐对测试其他线对是否有地气障碍。

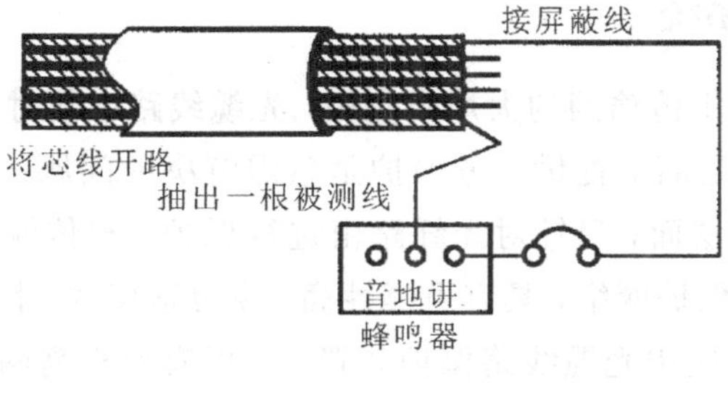

图 8-12　测试地气障碍接线图

④ 反接、差接(鸳鸯线)、交接测试。

测试反接、差接(鸳鸯线)、交接的方法基本同上，这里不再详细讲解。三种接法的判断方法如下：

反接：在电缆一端某一线对的A线上放音，另一端则在同一线对的B线上听声音，A线上听不到声音，则可确定本线对A、B线颠倒反接。

差接(鸳鸯线)：在电缆一端某一线对上放音，另一端在同一线对上的一根线听声音，同时在另一对芯线上的一根线上听到声音，则可确定是差接。

交接：一端在某一对芯线上放音，另一端在同一线对上听不到声音，而在另一对芯线上能听到声音，则可确定是交接。

3. 电缆障碍修复要求

电缆障碍的修复按下述要求进行。

(1) 当电缆发生障碍时应以“尽快地恢复通话”为原则，对于重要用户必须采取适当的措施，先恢复通话。

(2) 同时发生几种障碍时，应先抢修重要的和影响用户较多的电缆。

(3) 查找电缆障碍时，应先测定全部障碍线对并确定障碍的性质，然后根据线序的分布情况及配线表分析障碍段落，再用仪器测试、直接观察、充气检查电缆护套等方法确定障碍点。一般不得为缩短障碍区间而使用大量拆接头或开天窗的方法确定障碍点。

(4) 修复电缆障碍的几项规定。

① 障碍点芯线的绝缘物烧伤或芯线变色过多或过长时，应采取改接一段电缆；个别线对不良时，可以只改接部分芯线。

② 电缆浸水后，在没有更好的办法之前，浸水段落应予以更换。

③ 不能因为修复障碍而产生新的反接、差接、交接、地气等障碍。同时在接续、封合以及建筑或安装都要符合规格要求，更不得降低绝缘电阻电阻值，必须经测试合格后才能封合。

④ 全塑电缆的护套损坏的修复可采用热缩管包封法或热缩管修补的产品进行修补。

⑤ 对自然恢复障碍的线路必须彻底追查，尽快修复。电缆在发生少量线对障碍时，为防止扩大，应及时追查。

⑥ 对电击障碍，除必须修复全部芯线障碍外，对外皮漏洞应仔细检查，并全部恢复其原来保气性能。

8.2.6 光缆线路保护系统

随着大容量系统在骨干传输网的大规模应用，光缆线路中断对传输业务造成的影响越来越大，因此从光纤物理层面上提供业务保护是急需解决的问题。在众多保护方式中，光缆线路保护立足于光传输层面，只针对光纤路由进行保护，与传输设备关系较小，不存在兼容问题，容易组成光路保护网络，具有可靠性高、恢复速度快、恢复成本低的优点。在具备冗余资源的光缆线路上应用光缆线路保护装置，可以有效提高网络安全性，解决光缆线路维护难的问题；业务恢复迅速，可有效降低因线路阻断导致的业务中断。

1. 光缆线路保护原理

通过对光缆线路或系统的实时监测，当光传输线路上光纤中断或损耗变大导致传输质量下降或中断时，系统会发出告警信号，并自动启动光开关的倒换，将传输系统倒换到备用光缆线路上，从而降低传输系统的障碍历时，可提高光传输系统的可靠性。光缆线路保护原理如图 8－13 所示。

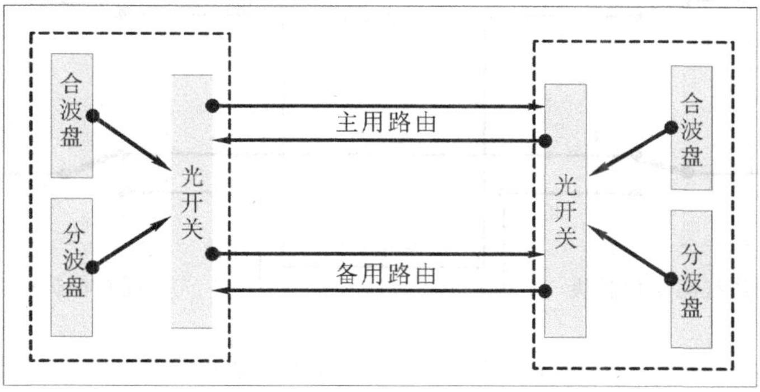

图 8－13　光缆线路保护原理

2. 光缆线路保护方式

常用的光缆线路保护方式有 1+1 保护和 1∶1 保护两种。

(1) 1+1 保护方式。

1+1 保护是指两端局光缆线路均采用双发选收的保护方式。在该保护方式下，发送光功率一分为二，沿主、备光纤同时传输，接收端对两路光功率进行检测，根据功率状况和设定的切换条件选择与 R_x 相连通的工作通路，其实现方式示意图如图 8－14 所示。1+1 保护方式的特点是：透明传输，与线路数据、格式无关；采用双发选收、热备份方式，切换速度快(<25 ms)；插入损耗较大(≤5 dB)。

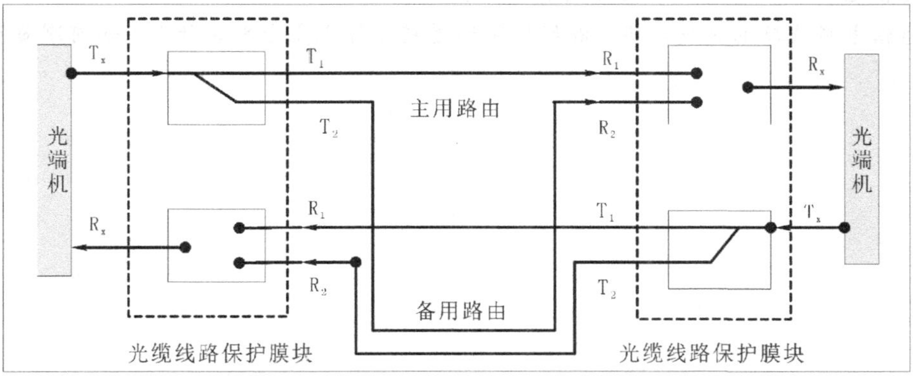

图 8－14　1+1 保护方式示意图

(2) 1∶1 保护方式。

1∶1 保护是指两端局光缆线路采用选发选收的保护方式。在该保护方式下，所有光功率均沿主用光纤传输，备用光纤无业务信号。当主用光纤中断或衰耗超过设定门限时，业务倒入备用光纤，其实现方式如图 8－15 所示。1∶1 保护方式的特点是：透明传输，与线路数据、格式无关；切换速度较快(<50 ms)，但比 1+1 保护方式慢；插入损耗比 1+1 保护方式小(≤3 dB)。

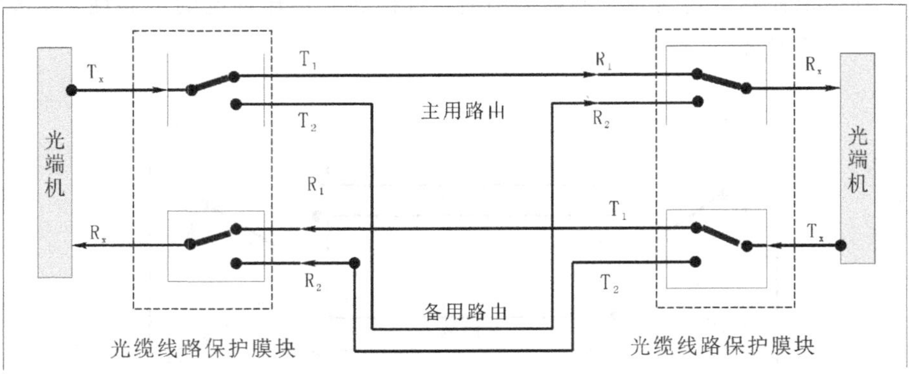

图 8-15　1∶1保护方式示意图

问题与讨论

1. 光缆线路的障碍分为哪几类?
2. 造成光缆线路障碍的原因有哪些?
3. 光缆线路的抢修原则是什么?
4. 若传输机房判断故障为线路故障，则其一般的抢修程序如何?请画框图加以说明。
5. 障碍在非接头部位时，光缆的修复方法有哪几种?
6. 光缆外护套的修复方法主要有哪几种?
7. 接头盒内发生的常见障碍及发生障碍的主要原因有哪些?
8. 通信电缆线路障碍产生的原因有哪些?
9. 通信电缆线路的地气故障、混线故障和差接故障现象分别是什么?如何测量?

附　　录

附录 A　光纤熔接机

光纤熔接机是将对准后的两根光纤端头局部加热并熔接起来的工程仪表。它利用 4000 V 左右的高压电弧使两根紧贴着的光纤对准后熔接。后来日本 NTT 公司将这种熔接方法进一步改进成预放电方式即二次熔接方式。预放电熔接是将端面已处理的光纤不再紧贴，而有意让两端面有一合适的距离，然后放电预熔以清除两端面处的毛刺、残留物，使端面清洁、平滑，从而提高熔接质量，最后再将两根光纤熔接为一体。

一、基本原理

1. 熔接机的组成

光纤熔接机主要由高压电源、光纤调芯装置、放电电极、控制器和显示器五部分组成，通常将五部分组合为一体成为箱式结构。

2. 熔接机的工作原理

熔接机的工作原理为：当平行光从侧面照射到光纤上时，由于光纤产生折射，通过显微镜可以观察到纤芯和包层以及包层和空气之间的明暗图像，移动显微镜还可以观察到光纤的水平及垂直画面；光纤放入熔接机通过物镜被聚焦到电荷耦合器上，得到模拟视频信号，再通过模/数转换电路变为数字视频信号；通过熔接机内的微处理器对数字视频信号进行处理和识别，从而可以直观地显示出纤芯和包层的对准情况；当熔接机熔接光纤时，电极预放电清洁光纤端面，然后电极放电使对接光纤的端面熔化，利用石英分子间的作用力使光纤连接在一起。

3. 熔接机的专业技术用语

熔接机在操作使用中有许多专用语言，如表 A－1 所示。

表 A－1　熔接机常用语说明

项目	用　语	说　明
光纤	切断长	切断后裸光纤的长度 

续表

项目	用　语	说　明
熔接机	推算熔接损失	从纤芯偏移量及熔接处纤芯变形量中计算出的接头损失
	HDCM	High resolution Direct Core Monitoring 高性能纤芯直视法
	X、Y、Z 轴 V 型槽对芯轴 （VX、VY） Z 光纤馈送轴	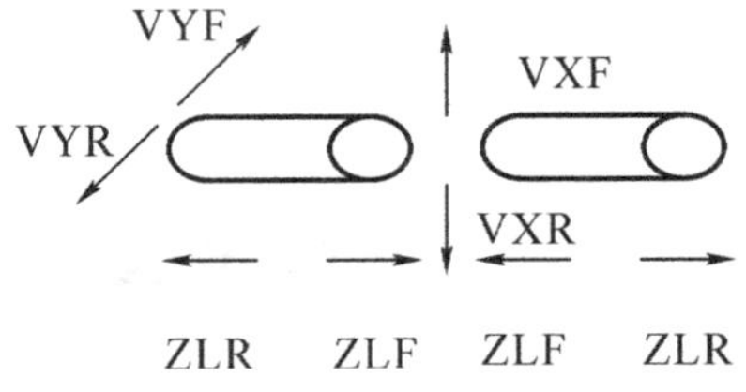
	VX 画面	两个正交画面的识别
	VY 画面	VX 轴画面，VY 轴画面
	回原点	使熔接机的状态满足初始条件（包括软件程序和机械系统）

4. 熔接质量的鉴别

直视式熔接机可直接观察光纤接续质量的优劣，它是根据两根被接光纤的端面状态、对准程度等几何条件来推算的，这只是一估算值，不能作为实际的熔接损耗。熔接损耗的实际值必须通光测量来确定。这里说的质量鉴别只是粗略的判断，以便及时确定是否需要重新熔接，显示屏观察到的熔接质量情况如表 A－2 所示。表中给出了几种常见的熔接质量好与坏的显示结果及造成该结果的原因及其相应的处理方法。

表 A－2　熔接质量情况

熔接机屏幕显示	原因及处理方法
	由于端面尘埃、结露、切断角不良以及放电时间过短引起。若熔接损耗很高，需要重新熔接
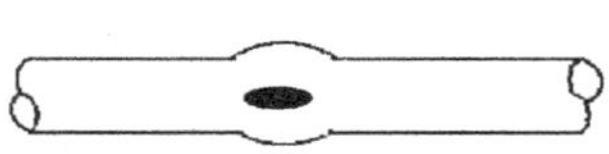	由于端面不良或放电电流过大引起，需重新熔接
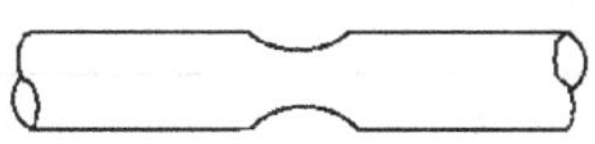	熔接参数设置不当，引起光纤间隙过大，需要重新熔接
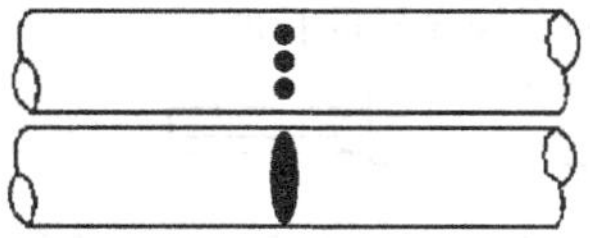	端面污染或接续操作不良。选按“ARC”键追加放电后，如黑影消失，推算损耗值又较小，仍可认为合格；否则，需要重新熔接

续表

熔接机屏幕显示	原因及处理方法
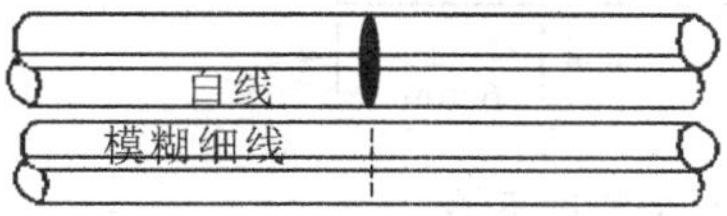	光学现象，对连接特性没有影响
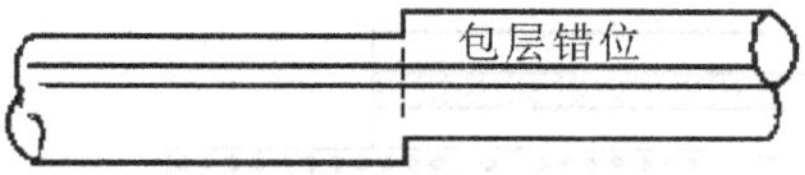	两根光纤的偏心率不同引起。若推算损耗较小，说明光纤已对准，质量良好
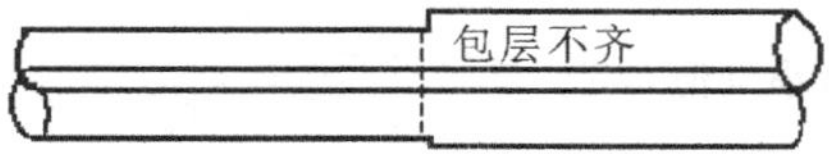	两根光纤外径不同引起。若推算损耗值合格，可看作质量合格
	光纤污点或伤痕引起，应注意光纤的清洁和切断操作

5. 光纤补强检验

如果在光纤被覆部位附有气泡可视为良好补强，如图 A-1、图 A-2 所示为补强良好的例子。但如果光纤熔接点不在正中央，导致进入热可缩套管的被覆光纤长度短于 6 mm，或裸纤部位附有小气泡，甚至熔接部位光纤弯曲，这些均属不良的补强。如图 A-3、图 A-4、图 A-5 所示均为补强不良的例子。

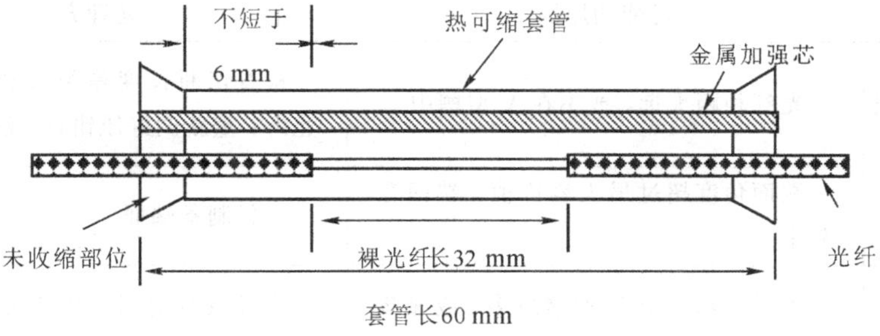

图 A-1　热缩套管加热补强光纤接头

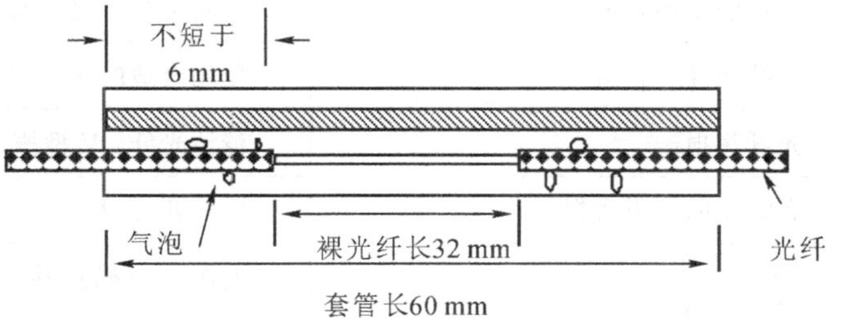

图 A-2　光纤被覆部位附有气泡

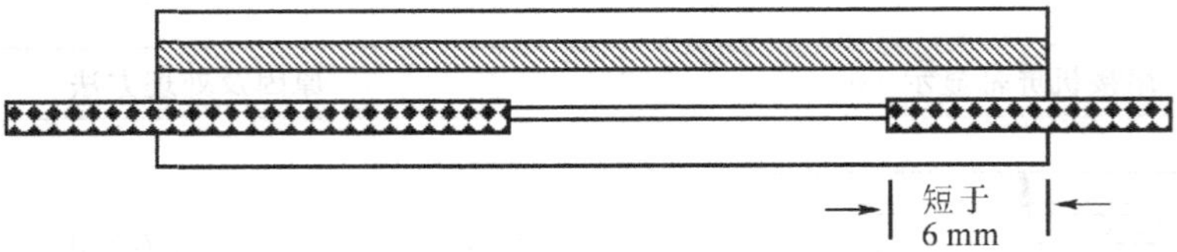

图 A-3　进入保护套管的被覆光纤的长度不够

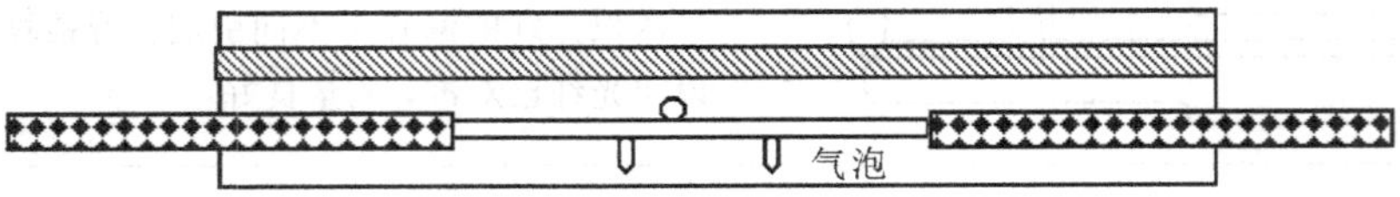

图 A-4　裸纤部位附有小气泡

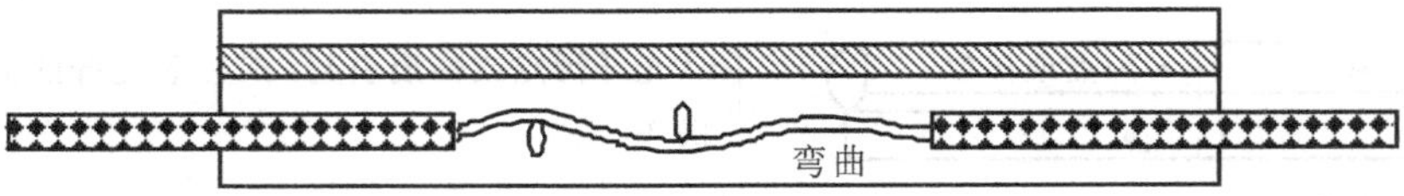

图 A-5　小气泡使熔接部位光纤弯曲

6. 熔接过程中的异常情况处理

光纤在熔接过程中，若发生以下情况，熔接机会自动停止工作，对应的处理方法如表 A-3 所示。

表 A-3　熔接机工作时常见故障处理

异常现象	可能的原因	处理方法
屏幕显示极限有误	光纤相距太远，或不在 V 型槽中	检查切断长度是否太短；重新放置光纤；重新调好压钳杆；清扫 V 型槽
屏幕显示端面不良	端面角度超过最大容许值；端面有灰尘	重新制备端面
亮度有误(产生黑影或亮度不足)	光纤端部推出 V 型槽过多，或显微镜镜头、LED 或反光镜有污损	重新安放光纤；检查光纤长度；用棉棒进行清洁。
接续停止	光纤污损或熔接机设置不正确	重新制备端面，正确设置参数
光纤张力实验断裂	放电强度不合适	重新进行放电实验
	接续条件不合适	使用合适的接续程序
	光纤污损	清洁光纤、V 型槽、夹具
	剥线钳的刀刃磨损	更换新刀刃
电源异常	不能开机	电源线正确连接、确认 AC 插座上有电
	使用电池，电池是否充满电	电池充电

7. 警告与注意事项

(1) 熔接作业时，约有 6 kV 高压加在电极棒上，因此千万不要触摸电极棒。

(2) 熔接机在使用中务必接好地线。

(3) 熔接机禁止使用任何润滑剂。

(4) 熔接机必须在干燥状态下使用，如果被淋湿或由于结露等原因使机器受潮时，请用电吹风吹干后再使用。

(5) 熔接机会进行电弧放电，不要在可能产生可燃气体的地方或装有防爆器械的地方使用，以免发生火灾或爆炸。

(6) 熔接机是精密机械，不要让水等液体，或灰尘、泥土、细砂以及金属物质进入机器内部，以免发生火灾、机器故障、触电等事故。

(7) 如果灰尘进入对物镜头及内镜，应用蘸有酒精(95%以上)的紧密不起毛棉棒轻轻擦去灰尘，注意不要损伤镜头和内镜。

(8) 应一年进行一次定期检修。

二、机具介绍

6481 光纤熔接机由中电科仪器仪表有限公司设计生产，主要用于各类通信光纤光缆和掺铒光纤等多种光纤的接续和保护。产品强大的功能和超低的熔接损耗使其完全满足各种环境的光纤接续使用。6481 熔接机的主要特点有：产品的小型化与轻量化是本产品的主要特点之一；环境适应性强、可靠性高，防尘、防水、防摔；提供多种熔接模式和加热模式参数组，满足用户各种熔接需求；采用了高精度的陶瓷 V 型槽，使得放置光纤更加方便和准确，且便于清洁，维护更方便；具备双向熔接功能，带触摸屏的显示器，配以全新设计的图形化的菜单界面，方便用户熔接操作；大容量可插拔模块化锂电池为长时间野外工作提供了可靠保障；环境自动补偿系统大大提升了设备适应恶劣外界环境变化的能力，为在不同环境下获得低损耗接续的一致性提供了保证。

熔接机的主要性能指标有：

(1) 可 7 s 快速熔接和 18 s 高效加热。

(2) 单模熔接损耗为 0.02 dB、多模熔接损耗为 0.01 dB。

(3) 可实现 320 倍图像放大、5 mm 超短切割长度光纤熔接。

(4) 具有 300 组熔接模式、100 组加热模式、10 000 组熔接记录、64 幅图片存储。

(5) 具有陶瓷压脚、陶瓷 V 型槽、多合一夹具。

(6) 可实现双向熔接、自动熔接、智能热缩。

(7) 具有 USB 和 SD 卡接口，U 盘可自动软件升级。

(8) 内置模块化锂电池，熔接和加热循环至少 220 次。

1. 整体外观

6481 光纤熔接机为便携式结构，便于野外施工时携带；外置液晶显示器，可灵活改变放置角度，方便了操作者的观察判断。其外观如图 A－6 所示。

图 A-6　6481 光纤熔接机外观

2. 按键板

6481 光纤熔接机左右按键板示意图如图 A-7 所示，各按键具体说明如表 A-4、表 A-5、表 A-6 所示。

图 A-7　左右按键板示意图

表 A-4　独立功能按键说明

按 键	功 能 说 明
	电源开关键。当熔接机处于关机状态时，按此键后松开，蓝色指示灯亮，熔接机开机；当熔接机处于开机状态时，按此键，熔接机关机；与 SET 键配合，可进入软件升级状态
	加热键。按此键，对应红色指示灯亮，自动完成一次加热。(同样，合上加热器盖，也会自动完成一次加热过程；加热时间在菜单中设定)；在加热期间，按此键，可以停止加热
	复位键。按此键，可以终止当前(除加热外)所有操作，熔接机的执行机构参数恢复到初始状态，熔接机处于熔接方式

表 A－5　菜单方式按键说明

按 键	功 能 说 明
	返回键，菜单方式下按此键，则返回上一级菜单 菜单键，机器在待机界面下，按此键进入菜单界面
	确认键。按此键，进入下一级菜单；马达调整时切换移动左右光纤；在测试菜单中，用来确认测试开始
	向上方向键。在菜单方式下，按此键向上移动光标；马达调整时，向上移动光纤；在查看熔接记录时，按此键查看较早的熔接记录
	向下方向键。在菜单方式下，按此键向下移动光标；马达调整时，向下移动光纤；在查看熔接记录时，按此键查看较晚的熔接记录
	向右方向键。在菜单方式下，按此键向右移动光标；在多页菜单下，按此键可向下翻页；马达调整时，按住此键，光纤前进；菜单方式下按此键，可连续增大参数值
	向左方向键。在菜单方式下，按此键向左移动光标；在多页菜单下，按此键可向上翻页；马达调整时，按住此键，光纤后退；菜单方式下按此键，可连续减小参数值

表 A－6　熔接方式按键说明

按键	功 能 说 明
	清洁键。按此键，熔接机两电极间将进行短暂的放电，以清除光纤上的浮灰和酒精，但无法去除掉光纤端面上的毛刺
	间隙调整键。按此键，完成间隙调整功能，包括推进光纤、清洁光纤、判断并显示光纤端面角、将装入的光纤轴向调整到熔接所需的位置。 功能完成后，蜂鸣器给出声音提示，且屏幕显示“OK”字样
	调芯键。按此键，完成待接光纤的调芯、对准。 功能完成后，蜂鸣器给出声音提示，且屏幕显示“OK”字样
	放电熔接键。按此键，熔接机将补充放电熔接一次。 此键按下后，两电极间有数千伏高压，请操作者注意安全，不要触摸电极
	切换键。按此键，可进行光纤图像显示方式、放大倍率的切换
	自动熔接键按此键，熔接机自动完成光纤清洁、间隙调整、调芯、熔接、损耗估算、张力试验等功能

3. 输入输出端口

6481 光纤熔接机输入输出端口在机身右下侧，如图 A－8 所示，各功能如表 A－7 所示。

图 A－8　6481 熔接机输入输出端口

表 A－7　6481 熔接机输入输出端口功能说明

名 称	说　明
POWER IN	适配器直流电源输入，要求电压 13.5 V、电流 4.5 A；接入适配器后，适配器在给仪器供电的同时给内部锂电池充电
CHARGE	充电指示灯，指示灯呈红色表示锂电池正在充电；呈绿色表示锂电池电量已充满
USB	U 盘插座，用于系统的升级和数据的导出
SD	SD 卡插座，用于数据的导出

4. 待机界面

6481 光纤熔接机的 LCD 显示器用于显示用户操作界面，待机界面如图 A－9 所示。两根光纤的空间位置用相互垂直的两路摄像头获得，分别用“X”和“Y”来表示两个方向。

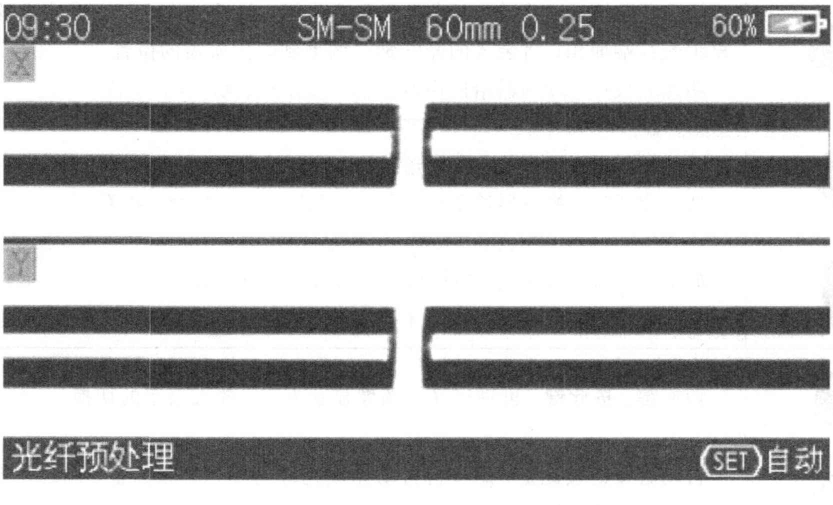

图 A－9　6481 熔接机待机界面

三、操作使用

1. 制备光纤端面

制备光纤端面按照以下步骤进行：

(1) 给一侧光纤套上热缩管，用于光纤熔接之后保护接头，示意图如图 A-10 所示。

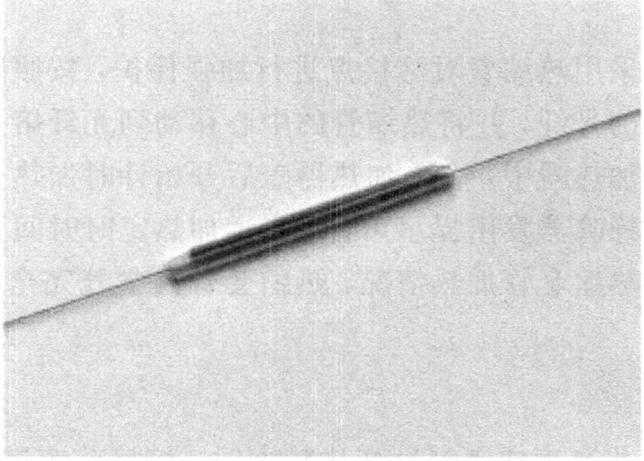

图 A-10　给光纤套热缩套管示意图

(2) 剥除和清洁光纤的涂覆层，先用剥纤钳将光纤涂覆层剥除，长度为 30 mm 左右即可，然后用蘸酒精的酒精棉将裸纤擦干净，示意图如图 A-11 所示。

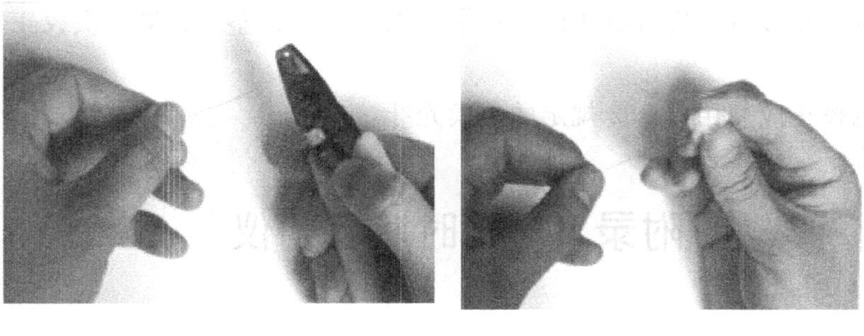

图 A-11　剥离和清洁光纤示意图

(3) 用切割刀切割光纤，切割长度大约(10～16)mm，切割过程示意图如图 A-12 所示。

图 A-12　光纤切割过程示意图

(4) 将切割好的光纤放入熔接机的 V 形槽内，并合上光纤压板。

(5) 按照以上步骤放置另一侧的光纤，并将防尘罩轻轻放下。

2. 熔接光纤

打开熔接机电源，合上防风罩，按下“SET”键，熔接机自动完成两根光纤推进、端面角度判断、间隙调整、纤芯对准、放电熔接、损耗估计和张力测试等。

3. 热缩保护

在光纤熔接后，需要采用热缩管对熔接点进行加强保护，按照以下步骤进行：

(1) 轻轻取出熔接后的光纤，并将热缩管的中心移动到光纤熔接点。

(2) 拉紧光纤并放入加热器中，合上加热器盖后开始计时加热。

(3) 当指示灯熄灭后蜂鸣器发出提示声音，表示加热定时时间到。

(4) 从塑料窗口观察热缩套管加热情况，热缩套管内空气完全排出后塑料窗口内变得更透明。

4. 放电校正

当熔接机使用环境海拔高度或者温度变化较大时，熔接前应进行放电校正。放电校正可将放电电弧的位置和电流的大小调整到最佳，具体步骤如下：

(1) 将端面制备良好的标准单模光纤放入熔接机中。

(2) 在菜单中选择“维护”→“放电”→“放电校正”命令，按“确认”键开始进行放电校正。

(3) 熔接机自动放电并进行电弧位置校正和电流大小调整，如果一次校正未成功，应重新放电校正。

注意：放电校正应使用 G.652 规定的单模光纤。

附录 B　光时域反射仪

光时域反射仪(Optical Time Domain Reflectometer，OTDR)是光缆线路工程施工和维护工作中常用的光测试仪表，可测试整个光纤链路衰减，提供与光纤长度有关的衰减数据，测试光纤接头损耗和光纤尾端或断裂处的位置，并能反映出诸如光纤连接器等事件点反射(或回波损耗)的大小。

光时域反射仪具有操作简便，测量的重复性高，体积小，以及不需其他仪表配合，能自动存储和打印测量结果等多方面的优点。

一、基本原理

激光光源向被测光纤注入一光脉冲，光脉冲将沿光纤传输，后向瑞利散射光和菲涅尔反射光将沿光纤不断返回入射端，通过检测背向光的大小和到达时间，就能测量出光纤的传输特性、长度及故障点位置等，这种测试方法又称背向散射法。OTDR 正是利用其接收到的背向散射光强度的变化来反映被测光纤上各事件损耗的大小及事件点的位置。其原理框图如图 B-1 所示，各方框的作用如下：

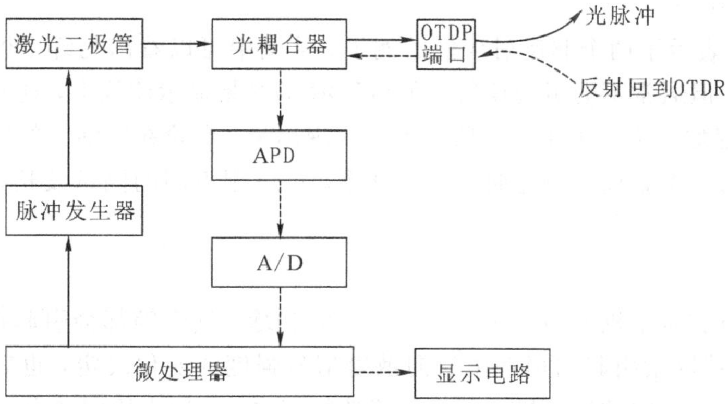

图 B-1　OTDR 原理框图

(1) 激光二极管：产生稳定的、符合测试要求的光信号。

(2) 脉冲发生器：控制激光二极管发送光信号的时间及频率，以便与显示电路同步。

(3) 光耦合器：将光源发出的光耦合到被测光纤，并将光纤沿线路反射回的光耦合到光电检测器。

(4) 雪崩光电检测器(APD)：将被测光纤反射回的光信号转换为电信号。

(5) 模数转换器(A/D)：将模拟信号转变为数字信号。

(6) 微处理器：发出指令控制脉冲发生器的工作状态及脉冲的宽窄，计算发送脉冲与返回信号之间的时间间隔，控制数据分析和显示电路与光源同步工作，并将所分析的数据正确显示。

1. 基本知识

如图 B-2 所示为 OTDR 典型测量曲线，图中显示了曲线上各事件点与光纤线路上实际存在的熔接点、过度弯曲、活动连接器、机械固定接头处、断裂点及光纤末端之间的对应关系，从曲线上可以确定被测光纤中的以下重要特性：

距离：被测光纤上各特征点、光纤尾端或断裂点的位置。

损耗：诸如单个熔点或整根光纤端到端的损耗。

衰减：光纤链路上任意两点间的衰减值。

反射：诸如连接器等事件点反射(或回波损耗)的大小。

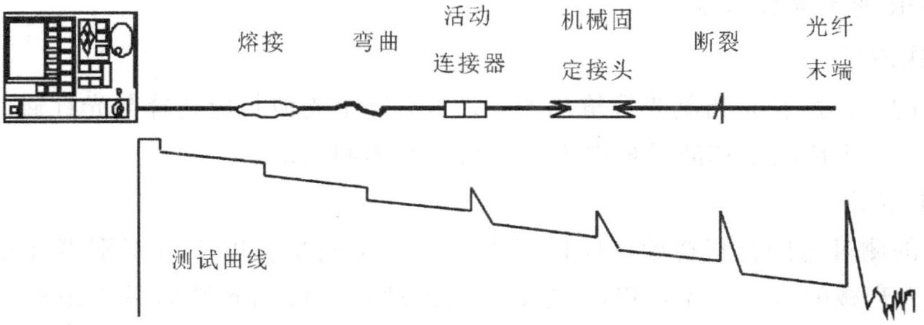

图 B-2　光时域反射仪测试的典型测量曲线

1）非反射事件

图 B－2 中就表示了两个非反射事件的例子。从图中可以看出光纤中熔接点与过度弯曲点会引起损耗，但通常不会引起反射。在 OTDR 的测量显示曲线上，这两个事件会以在背向散射电平上附加一突然下降的台阶的形式表现出来，台阶在纵轴上的改变即为某一事件损耗的大小。为了将熔接点与弯曲点区分开来，可以用不同的测试波长，或用曲线的每公里衰减来判断。

2）反射事件

光纤中活动连接器、机械固定接头及光纤中的裂缝、气泡等都会引起损耗与反射，如图 B－2 所示。这些因素引起的损耗由后向散射信号强度的变化决定，也表现为一个下降的台阶。反射值是由背向散射信号上的反射峰的幅度决定，通常用回波损耗来衡量。

3）光纤末端

光纤末端一般有以下两种情况，这两种光纤末端在 OTDR 上的显示的曲线示意图如图 B－3 所示。

（1）如果光纤的末端是垂直于光纤轴的端面或在末端接有端面平整的活动连接器，在光纤的末端就会存在反射率约为 4％的菲涅尔反射。

（2）如果光纤的末端是粉碎型端面，由于端面的不规则会使光线漫射而不会引起反射。在此种情形下，光纤末端的显示曲线将从后向散射电平掉到 OTDR 的噪声电平中。虽然断裂的末端也可能会引起反射，但它的反射峰相比于规则端面要小得多。

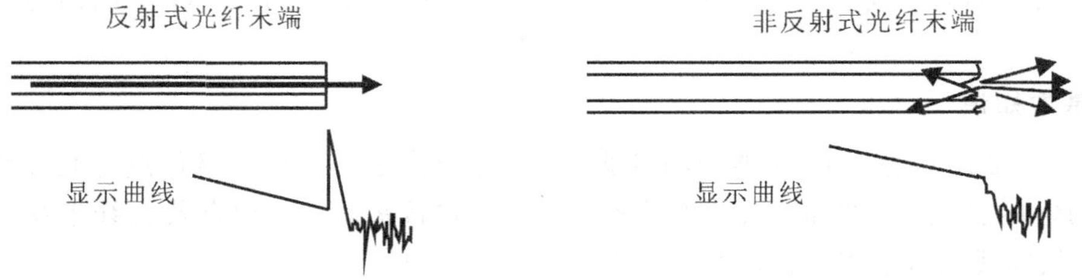

（a）垂直切割的端面或接有端面平整的连接器端面曲线　　（b）粉碎型光纤端面曲线

图 B－3　两种光纤末端及曲线显示

2. 技术参数及影响因素

1）OTDR 的主要技术参数

（1）工作波长。

OTDR 的工作波长是指其光源输出的光波长，这个光波长应选择与光纤通信系统的传输波长一致。OTDR 的工作波长根据不同的仪表有不同的值。

（2）测量范围。

OTDR 的测量范围是指初始背向散射电平与一定测量精度下可识别事件点处背向散射电平的最大衰减的差值。将 OTDR 的最大量程理解为可测光纤的最长距离是一种常见的错误，因为最长可测距离是由动态范围和被测光纤的衰减所决定的，这里的衰减不仅包括光纤的每公里衰减，还有光纤接头损耗等。

(3) 盲区。

盲区决定了两个可测特征点的最短距离，有时也称为 OTDR 的两点分辨率。它决定 OTDR 横轴上两个事件点的靠近程度。盲区一般有事件盲区和衰减盲区两种定义，如图 B-4所示。

① 事件盲区是指从反射峰的起始点到接收机从饱和峰值跌落到1.5 dB点之间的距离。在这点上紧接的第二个反射为可识别反射，但这时衰减和损耗仍为不可测事件。

② 衰减盲区是指从反射峰的起始点到接收机从饱和状态恢复到未扰动即平均背向散射曲线±0.5 dB范围内的远端距离，也就是 OTDR 能再次测试到衰减和损耗的点。

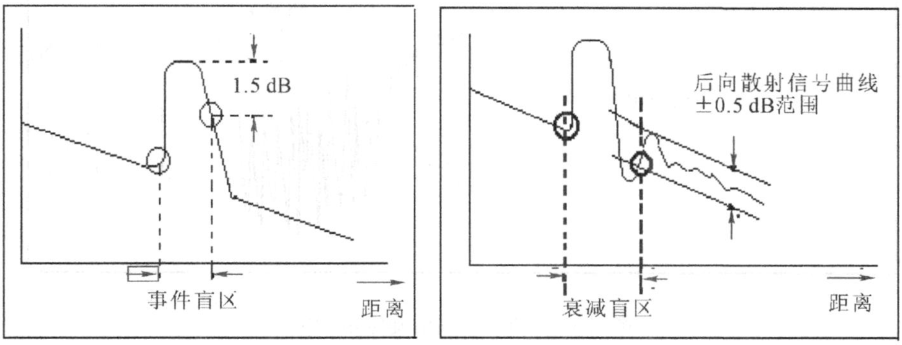

图 B-4　事件盲区和衰减盲区的定义

盲区决定了 OTDR 所能测得的最短距离及最接近实际值程度，反映了 OTDR 测量的精细程度。通常把由诸如活动连接器和机械接头等特征点产生反射后引起 OTDR 接收器饱和而带来的一系列“盲点”称为盲区，它淹没了一段真实的后向散射信号曲线。盲区不仅发生在 OTDR 前面板的活动连接器上，而且光纤中其他地方的活动连接器或接头处都可能引起盲区。

(4) 动态范围。

OTDR 的动态范围决定了 OTDR 可测光纤的最大长度。OTDR 的动态范围定义为初始端背向散射信号电平与噪声信号电平之间的电平差。如果 OTDR 的动态范围不够大，背向散射信号电平就会小于 OTDR 的本底噪声，这样诸如接头等小特征点的观测就会受到影响。

一般地，观察事件点损耗所需的信噪比加上光纤的线路损耗即为所需测试仪表的动态范围。分辨事件衰减所需信噪比电平值如表 B-1 所示。

表 B-1　分辨事件衰减所需信噪比电平值

事件点损耗	分辨事件衰减所需的信噪比电平/dB
0.1	5.5
0.05	10.0
0.02	12.0

例如：若已知一条端到端的链路衰减为 22 dB 的光纤，为了对光纤末端一个损耗为 0.02 dB的事件进行有效测量，就需要一个动态范围为 34 dB 的 OTDR。

动态范围有以下两种确定方法，示意图如图 B-5 所示。

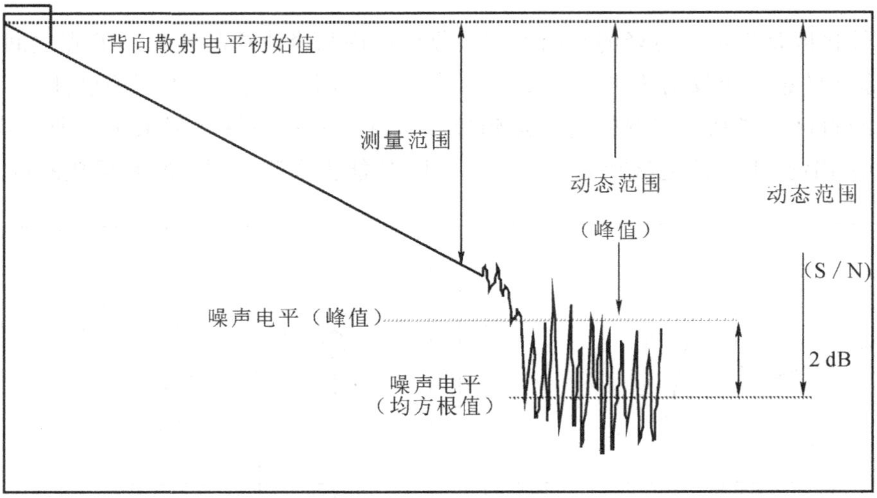

图 B-5 动态范围的确定示意图

① 峰值法：这是较实用的定义方法，它取噪声电平的峰值。一旦后向散射信号电平达到噪声信号电平峰值时即认为背向散射信号为不可见信号。

② SNR＝1 法：这里的动态范围是取噪声电平的均方根值(即噪声电平的有效值)，SNR 表示信噪比。对于同样性能的 OTDR 来说，以这种方式给出的指标比以峰值给出的指标要高出 2.0 dB 左右。

(5) 读出分辨率。

OTDR 的读出分辨率是指显示屏上水平轴的距离坐标可以显示出数字的最小分度。读出分辨率与量程对应，量程越大，距离的读数越粗略；量程越小，读数越精细。

2) 影响技术参数的因素

(1) 影响动态范围的因素。

OTDR 动态范围决定了 OTDR 可测光纤的距离，是由信噪比来衡量的，它与光源的发射功率及噪声平均结果有关，当然也与 OTDR 接收器部分的设计有关，即与脉宽和平均时间两个参数有关。

多数 OTDR 允许用户选择被测光纤的光脉冲宽度参数。幅度相同的情况下宽脉冲的能量大于窄脉冲的能量，这就意味着较宽脉冲将传输得更远。因此，脉冲宽度越大，OTDR 的动态范围也越大。

OTDR 向被测光纤反复发送光脉冲，将每次扫描的曲线进行平均后可得到结果曲线。这样接收器的随机噪声就会随平均时间的加长得到抑制，在 OTDR 的显示曲线上体现为噪声电平随平均时间的增长而下降。于是动态范围会随平均时间的增长而加大。OTDR 的动态范围是按平均时间为 3 min 定义的，厂家建议平均时间不小于 30 s。图 B-6 所示为不同平均时间对动态范围的影响。

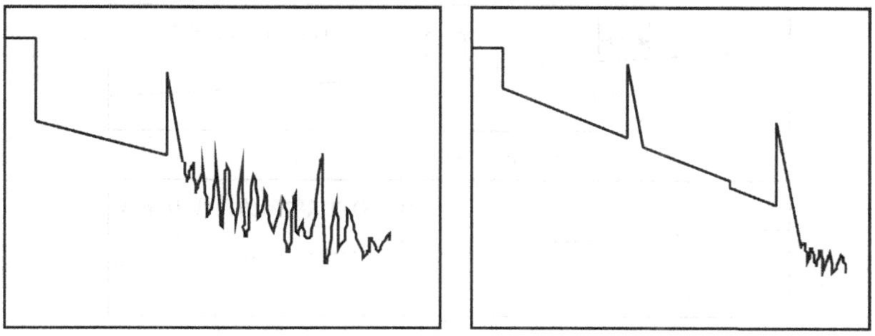

（a）平均时间为10 s　　（b）平均时间为30 min

图 B－6　不同平均时间对动态范围的影响

(2) 影响盲区的因素。

OTDR 盲区取决于脉宽、反射峰大小和 OTDR 设计等因素。对于 OTDR 来说，其盲区越小越好。

OTDR 盲区会随着脉冲宽度的变宽而变大，相反，一个窄脉冲就会带来较小的盲区。如需对靠近 OTDR 一侧的光纤和紧邻事件进行观测时可选择窄脉冲，以便于分辨事件，提高清晰度和测试精度；如需对光纤远端进行观测时，可选择宽脉冲，以提高仪表的动态范围，观测更长的距离。对于两个非常接近的事件，当采用窄脉冲和宽脉冲分别测试时会有不同的测试曲线。两种不同脉冲宽度对测试的影响如图 B－7 所示。

反射峰值越大，OTDR 接收器恢复时间较长，这一时间在横轴上体现出来的就是距离，因此将会产生较大的盲区。

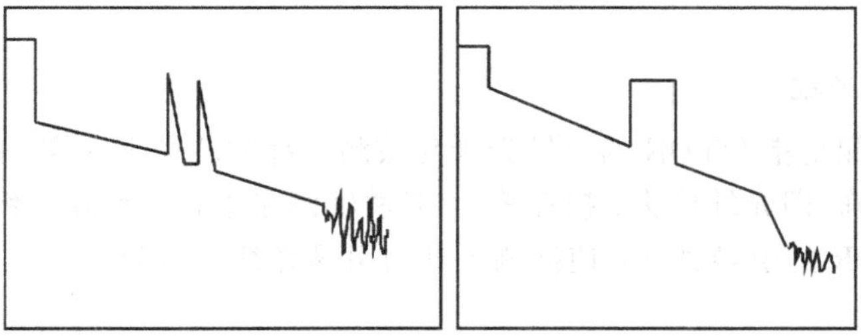

（a）窄脉冲　　（b）宽脉冲

图 B－7　脉冲宽度对测试的影响

(3) 影响距离精度的因素。

距离精度是指测试距离时仪表的准确度，又叫一点分辨率。OTDR 的距离精度与 OTDR 的采样间隔、时钟精度、光纤折射率、光缆的成缆因素及仪表的测试误差有关。

① 采样间隔的影响。OTDR 对反射信号按一定时间间隔进行采样(数字化)，然后再将这些分离的采样点按照一定的算法拟合成测量曲线。采样点的数量是有限的，故 OTDR 的精度也是有限的。采样间隔越小，OTDR 的测试精度就越高，由采样点的偏差带来的测量误差就越小。采样间隔对测试的影响如图 B－8 所示。

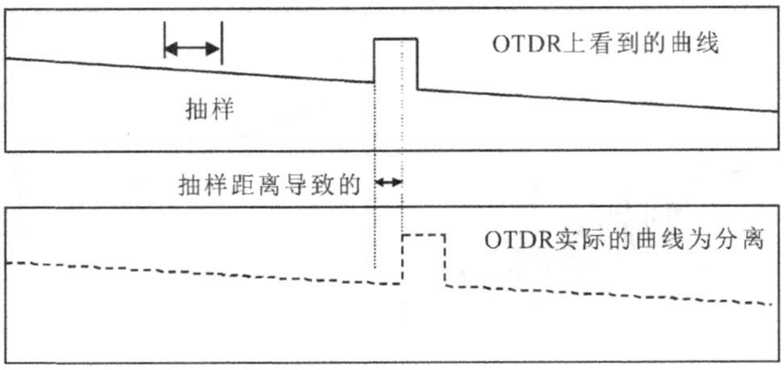

图 B-8　采样间隔对测试的影响

② 时钟的影响。当采用 OTDR 内部时钟时，对测量精度影响较小；当利用外部时钟时，测量精度取决于外部时钟的精度。

③ 折射率的影响。OTDR 是通过反射信号的时间、速度这两个参数来计算出距离参数的。当 OTDR 能同步显示曲线时，时间带来的误差很小。而纤芯折射率的设置会影响速度，当用户对纤芯折射率设置存在偏差时，对于长距离测量会引起显著的误差。

为减小折射率对测试距离的影响，在 OTDR 测试时输入的折射率必须准确。当几段光缆的折射率不同时可采用分段设置的方法，以减小因折射率设置误差而造成的测试误差。

④ 成缆因素的影响。OTDR 测出的光纤长度通常大于光缆的长度。在确定光缆上的位置时一定要考虑成缆因素。光纤成缆时的扭绞系数一般在 7%左右。

⑤ OTDR 测试误差的影响。OTDR 的测试误差与 OTDR 的设计、生产技术和 OTDR 应用软件有关。

在以上影响 OTDR 的距离精度的因素中，折射率对 OTDR 的距离精度影响最大，采样间隔、成缆因素和仪表误差影响次之，时钟精度影响则可忽略(采用内部时钟时)。

3. 常见问题

1）光纤类型不匹配

光纤类型不匹配是指 OTDR 的引导光纤与被测光纤的芯径不一样。此时，会造成光纤竖轴测试结果不准确(即光纤接头、损耗等)，但横轴测量准确。消除光纤类型不匹配的方法是正确选择 OTDR 的引导光纤，使被测光纤与引导光纤相匹配。

2）伪增益现象

OTDR 测量的是返回能量，而不是传输能量。但是，当接头损耗非常小，并且接头点后侧的光纤散射系数较高时，在相同的传送光强情况下将引起较大的背向散射，会使接头点后侧的散射电平大于接头点前侧的散射电平而抵消接头损耗，如图 B-9 所示。这就是人们常说的 OTDR 单向异常或光纤传输损耗的伪增益现象。由于接头是无源的，只能引起损耗而不是增益，即接头上的损耗会使接头后的背向散射电平小于接头前的背向散射电平。

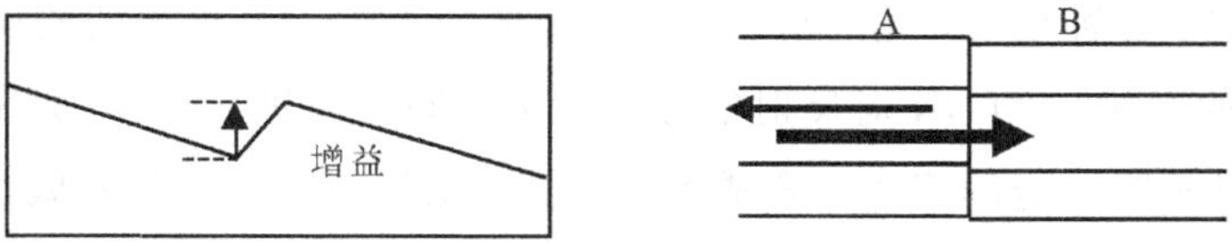

图 B-9　伪增益现象

(1) 伪增益产生的原因。

在图 B-9 中，若 A、B 分别代表两段光纤，则产生伪增益的原因是因为两段光纤的特性不一致，包括几何特性和光学特性，例如前后两段光纤线径不匹配、光纤端面反射系数不相同，散射系数不相同等。

(2) 接续点伪增益损耗。

伪增益并不是真正的增益，在这种情况下，获得接头损耗真实值的方法是用 OTDR 从被测接头光纤的两端分别对该光纤进行测量，并将两次测量结果取算术平均值作为该接头的损耗值。

3) 被测光纤盲区的消除

产生盲区的主要原因是反射事件，其中 OTDR 前面板活动连接器产生的反射对 OTDR 测量的影响最大。为了更好地对光纤始端进行测量，通常用接入引导光纤的方法来消除盲区，其示意图如图 B-10 所示。使用引导光纤后，可以将前面板活动连接器产生的盲区控制在引导光纤内。这样就可以测出被测光纤的最前端。被测光纤与引导光纤的连接处不再产生反射，引导光纤的接入才有意义，通常采用熔接的方法来实现。如果将引导光纤用活动连接器连至被测光纤，那么活动连接器会产生另一盲区。同时还必须要求引导光纤的长度大于 OTDR 前面板的衰减盲区。有时为了检查第一个活动连接器是否存在问题，通常将引导光纤与被测光纤进行活动连接。

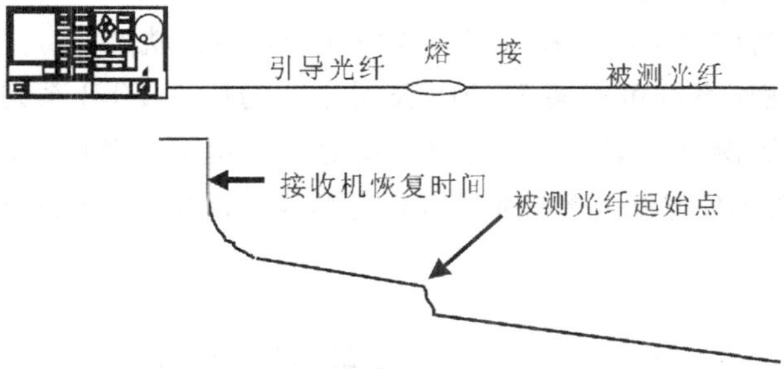

图 B-10　用引导光纤消除盲区示意图

4) 幻峰(又叫光回波、鬼点)

(1) 幻峰形成的原因。

幻峰产生的原因目前认为有两种情况。一种是由于光脉冲在任意两活动连接器中多次反射而引起的。如入射光信号到达光纤末端后，由于末端的反射，一部分反射光沿逆方向向入射端传输，遇到折射率不连续点又有部分光线再次沿光纤传输，如此经多次反射就会形成幻峰。还有一种可能产生幻峰的原因是长距离光纤用短量程来测量。不过只要把处理发送与返回光脉冲的时间安排合理，这种情况形成的幻峰不会发生。现代的高速采样和平均技术已能做到这一点。

(2) 幻峰的判断。

幻峰容易出现在短距离测量中，特别是短距离光纤中有多个活动连接器时更是如此。对于长度已知的光纤，超出长度后还存在的反射峰即为幻峰。对于多次反射形成的幻峰，其反射峰呈现周期关系，且实峰的幅度最大。在已知光纤线路具体连接状态情况下，测试距离对应活动连接点的反射峰为实峰，其余则可能为幻峰。改变测量方法，例如改变量程、接入另一段引导光纤或者采用比测量线路更长的引导光纤，幻峰可能不再出现。有条件时还可以通过双向测量来区分、确认幻峰。对于出现在背向散射曲线上的幻峰，幻峰距实峰与实峰距某一菲涅尔反射峰的距离相等或者这些反射峰周期性出现，幻峰前后两段光纤（其实是同一段光纤）的衰减系数基本相同，且幻峰几乎没有损耗“台阶”。

(3) 消除幻峰的方法。

幻峰主要是由沿光纤返回的菲涅尔反射峰在两事件之间多次反射的结果，因此必须从减小反射峰幅度入手消除幻峰。例如施工时选用回损较大的活动连接器或者在光纤端口处加匹配液。

如果是由于光纤末端形成的幻峰，可把光纤末端放入光纤匹配液中，或把光纤末端打一小直径的结，或量程尽量设置为稍大于被测光纤的长度，均可消除幻峰。

如果幻峰出现在有效后向散射曲线上，采用改变测量方法，如接入另一段引导光纤，或采用比测量线路更长的引导光纤，或从光纤的另一端测量，幻峰可能不再出现。

二、仪表介绍

FTB－500 通用测试系统如图 B－11 所示，由 EXFO 公司生产，安装有 Windows 8.1 操作系统，并把现场测试和曲线分析融于一个程序包中；采用触摸屏或鼠标、键盘进行操作；具有多任务处理功能，可同时对不同项目进行测试并随后对所有测试结果进行分析；还可以在个人电脑上利用测试应用程序以离线模式处理测试轨迹。

FTB－500 通用测试系统可安装 EXFO 公司生产的所有 FTB 系列即插即用模块，可根据测试需求变化配置测试方案。其中光时域反射计模块可以对接头、连接器和断点进行测试和定位，可用于对单模光纤或多模光纤进行光缆故障诊断、光缆损耗估计以及光缆验收测试。

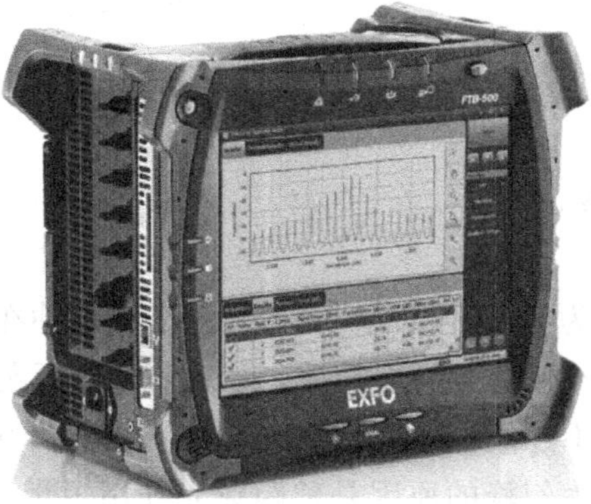

图 B－11　FTB－500 通用测试系统

1. FTB－500 通用测试系统

附图 B－12 为 FTB－500 通用测试系统面板示意图，它装配有 12.1 英寸（1 英寸＝2.54 cm）彩色触摸屏，可以即时访问命令，从而简化并加速测试过程。它可探测到手指或其他定点设备的位置，然后激活命令、功能或按钮，仪表附带有一支触控笔。

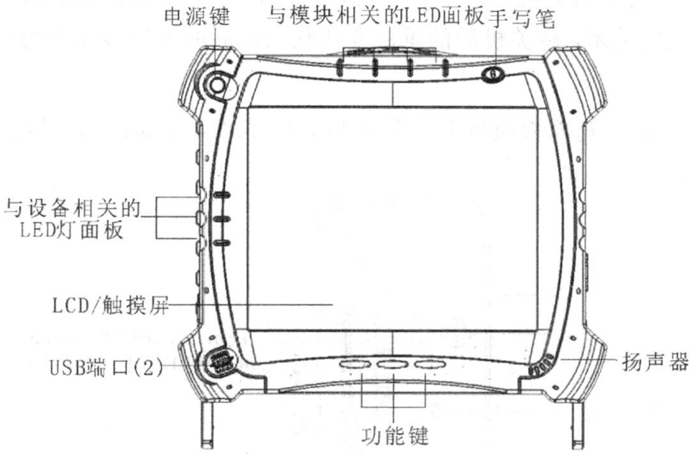

图 B-12　FTB-500 通用测试系统面板示意图

1）LED 面板

可以通过 FTB-500 通用测试系统前部的 LED 面板获得该通用测试系统的状态信息，其显示信息含义如图 B-13 所示。

LED 灯	状态	含义
	绿色	设备已开启。
	绿色、闪烁	设备处于睡眠模式。
	灭	设备已关闭或处于休眠模式。
（当设备连接外部电源时）	绿色	所有电池都已充满电。
	绿色、闪烁	至少有一块电池已充满电。
	黄色、闪烁	设备中没有电池。或电池电量不够设备和模块使用。使用该模块时，请勿断开交流电源。呈黄色闪烁的 LED 灯优先于呈绿色闪烁的 LED 灯，因此，当连接交流电源时，即使 LED 灯呈黄色闪烁状态，电池可能仍在充电(取决于当时的条件)。
（当设备未连接外部电源时）	灭	电池的总电量高于“低电量阈值”。
	黄色	电池的总电量不足。
	黄色、闪烁	电池电量不够设备和模块使用请尽快连接交流电源。
	红色	电池错误。
	亮起	硬盘读或写操作。
	红色、闪烁	激光状态LED灯 至少有一个模块在发射光信号。
	灭	无模块在发射信号。
	多种	使用告警LED灯的每个应用程序在需要时会向平台提供其告警级别(红色/黄色/绿色/关闭)。
		如果不止一个应用程序使用告警LED灯，则LED灯用红色显示最严重的告警，接下来用黄色显示次严重的告警，最后是绿色。 如果不止一个应用程序使用告警LED灯，则LED灯会闪烁。
√|×	绿色	当前显示的应用程序的结果状态。通过(结果没有超出设定的阈值)。
	黄色、闪烁	两个以上应用程序的结果状态。通过(所有结果都未超出设定的阈值)。
	红色	当前显示的应用程序的结果状态。未通过(结果超出设定的阈值)。 两个以上应用程序的结果状态。
	红色、闪烁	未通过(所有结果都超出设定的阈值)。
		混合状态(有些通过，有些未通过)。
	绿色	设备受到远程控制。

图 B-13　FTB-500LED 指示灯含义

2）硬按钮

(1) 开机按钮。开机按钮指示灯用“⏻”表示。主机关闭状态下，按下前面板上的蓝色按钮“On/Off”两秒钟，主机蜂鸣后启动屏幕。

(2) 关机按钮。FTB-500 系统有热关机和冷关机两种方法。热关机，也叫睡眠方式，主机在热关机后下次使用时可快速重启；按下“On/Off”按钮并保持两秒钟，听到蜂鸣声后迅速释放此按钮，主机就热关机了。冷关机后，主机下次使用时需要彻底的重启。按下“On/Off”按钮 5 s 之后主机关闭，冷关机后的重启要比热关机后的重启多花大约两分钟的时间。

3）*左侧面板*

FTB－500 主机的左侧面板设置有各种接口，其详细含义如图 B－14 所示。

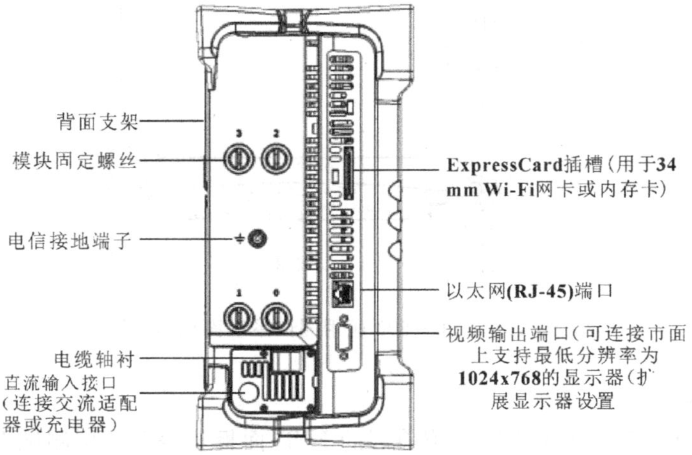

图 B－14　FTB－500 通用测试系统左侧面板接口含义

4）*右侧面板*

FTB－50 主机的右侧面板同样设置有各种接口，其详细含义如图 B－15 所示。

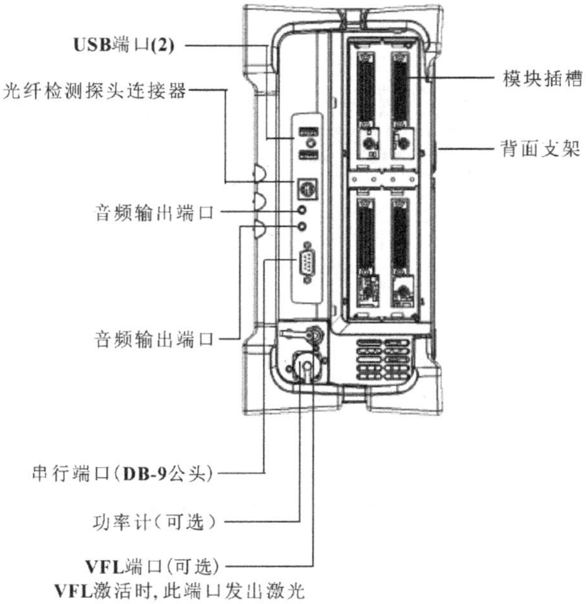

图 B－15　FTB－500 通用测试系统右侧面板接口含义

5）*交流/直流适配器插座*

交流输入：电压为(100 ～ 240)V；频率为 50/60 Hz；电流为 4.8 A。

直流输入：电压为 24 V；电流为 8 A。

6）麦克风与扬声器

FTB－500 主机除了作为一个多任务测试平台以外，也是一个便携式多媒体计算机，其有内置的麦克风和扬声器，同时还配有可外接麦克风和扬声器的接口。

2. 功能介绍

FTB－500 通用测试系统自带的 OTDR 模块可以对光纤进行测试，也可以对光纤进行实时监测，或可把 OTDR 模块作为稳定光源使用。

（1）实时监测功能用于快速查看被测试光纤的瞬间改变，这对光纤熔接时的实时监测非常有用。在此模式中，OTDR 会在一段时间间隔内自动更新曲线一次，但对它不会进行平均处理，曲线的信噪比比它在测试模式时的曲线信噪比要低。

（2）稳定光源功能用于向外输出稳定光源。输出波长视不同的 OTDR 模块其有效波长则不同，通常提供可选择的波长有：1310 nm、1550 nm 和 1625 nm。

3. 注意事项

（1）FTB－500 通用测试系统工作时不要直视连接器，避免导致永久性的眼睛损伤。

（2）使用前应清洁光纤连接器，以免插针体将灰尘带入适配器。

（3）切勿将通有任何种类光信号的光纤连到 OTDR 端口，否则会对 OTDR 模块造成永久性的损坏。

（4）强度超过－30 dBm 的任何信号都会影响 OTDR 取样，并会损坏 OTDR 模块。

三、操作使用

1. 设置距离范围、脉冲宽度、取样时间

（1）设置距离范围相当于设置仪表的量程，距离范围设置应略长于实际光缆的长度。

（2）设置脉冲宽度用于设置发送光脉冲宽度。较宽的脉冲在光纤内传播的距离较远，但分辨率较低；较窄的脉冲可提供较高的分辨率，但测试距离较短。

（3）设置取样时间用于设置取样的持续时间，在这段时间内，OTDR 会将所得到的结果进行平均。通常，较长的取样时间会产生较清晰的曲线，这不仅提高了曲线的信噪比，同时也增强了 OTDR 检测微小事件的能力。如图 B－16 所示为距离范围、脉冲宽度、取样时间设置示意图。

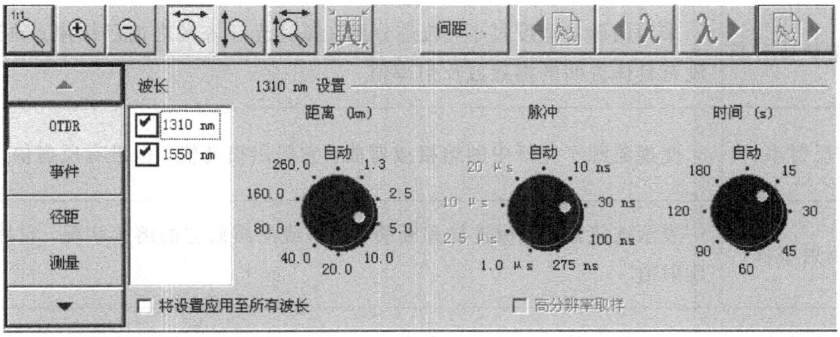

图 B－16　距离范围、脉冲宽度与取样时间设置示意图

2. 曲线分析

在完成光纤测试之后，曲线将显示于触摸屏中，而所产生的事件将显示于触摸屏下方的事件表中。

3. 曲线选择

若要轮流显示曲线和曲线信息，可单击如图 B－17 所示菜单栏中的实况按钮。图 B－17所示的菜单按钮主要用于显示不同光纤的测试曲线和同一光纤不同波长的测试曲线。

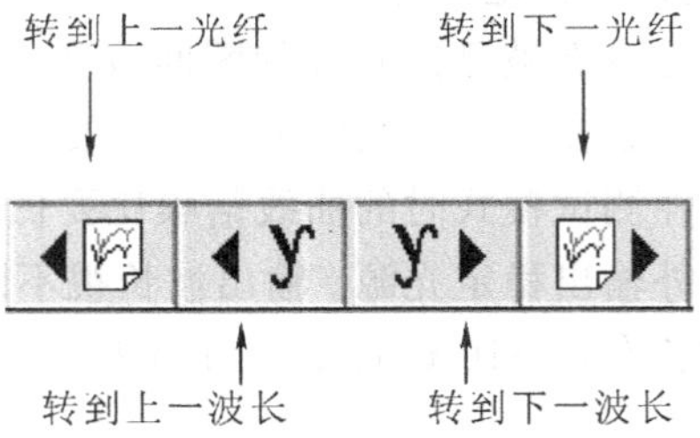

图 B－17　曲线选择

4. 事件表

事件表可列出光纤上大于检测阈值的所有事件。事件可能是因为光纤熔接、缺陷、活动连接等原因的造成的。事件表中所列出的事件提供了以下信息：

(1) 类型。不同的符号代表不同的事件类型，如表 B－2 所示。

表 B－2　事件类型符号及其意义

符号	名称	含　义
	径距起点	标示光纤径距起点的事件。在默认设置中，径距起点被放置于被测试光纤的第一个事件上
	径距终点	标示光纤径距终点的事件。在默认设置中，径距终点被放置于被测试光纤的最后一个事件上，并称为光纤终端事件
	连续光纤	显示所使用的量程范围比实际光纤长度短，在抵达光纤终端之前已结束，并未检测到光纤的端部
	结束轨迹分析	采用的脉冲宽度过小，轨迹分析在抵达光纤末端之前已结束。轨迹事件中，没有具体说明的损耗或反射率值
	非反射事件	此现象源于光纤中的熔接或弯曲，它提供损耗值，但没有反射值
	反射事件	表示连接器、机械连接和断裂现象，或品质低劣的熔接状况，它提供损耗和反射值
	伪增益	伪增益事件有明确的损耗值，通过双向分析，可测量出确实的损耗

续表

符号	名称	含　义
→	发射位	表示光信号进入光纤的位置
	光纤区域	表示光纤的后向散射曲线部分
Σ	合并反射故障	表示已合并一项或多项事件的反射事件，也显示因被合并的反射事件而产生的总损耗
	光回波	表示在光纤终端之后检测到的反射事件
	反射故障	表示可能是真实反射的反射事件，或是由比较靠近光源的另一个更强烈的反射所产生的光回波

(2) 编号。此信息栏中包括事件编号和光纤区域长度，如图 B-18 所示。OTDR 应用程序指定的事件为连续编号，括弧中所标示的为两个事件之间的距离。该图中编号“1”表示第一个事件，“(1.2430)”表示 1、2 两事件之间的距离为 1.243 km。

类型	编号	位置	损耗	反射率	衰减	累积
	1	0.0000	- - -	-33.7	@24.2dB	0.000
	(1.2430)		0.242		0.195	0.242
	2	1.2430	0.195	-30.4		0.437
	(1.2443)		0.236		0.189	0.673
	3	2.4873	0.183	-34.3		0.856
	(2.0291)		0.438		0.216	1.294
	4	4.5164	0.453	-28.7		1.747
	(0.8129)		0.172		0.211	1.918
	5	5.3294	0.420			2.339
	(0.7045)		0.139		0.197	2.478
	6	6.0338	0.086			2.564
	(0.5092)		0.106		0.207	2.670
	7	6.5430	- - -	-18.2		2.670
	(1.2456)		9.631		7.732	- - -
		7.7886	- - -	-45.9		- - -

图 B-18　事件表

(3) 位置。位置表示测试端与所测量事件之间的距离，或者表示事件与光纤径距起点之间的距离。例如：编号为 3 的事件位置距离光纤径距起点 2.4873 km，它可能是一个反射事件或光回波。

(4) 损耗，损耗表示每个事件在纵轴上的变化。例如：编号为 4 的事件其损耗为0.453 dB。

(5) 反射率，反射率表示每一个反射事件沿光纤返回光能量的能力。例如：编号为 4 的事件其反射率为－25.7 dB，非反射事件没有此项。

(6) 衰减，衰减表示在每个光纤区域中的每公里损耗，它等于光纤区域中的损耗除以两个事件之间的距离。

（7）累积，累积表示从曲线起点到终点的损耗累积，在每个事件结束时及每段光纤终端处会计算分段损耗累积。更精确的链路损耗值会在轨迹信息选项中的损耗测量后显示。

5. 事件定位

在事件表中选择事件后，标记线会在曲线上标示出事件或光纤域段。也可以直接将标记线拖动至新的位置或直接单击新的事件。

6. 标记线

可从主界面的测量选项中使用标记线功能，其界面如图 B－19 所示。若要移动标记线，可以轻击标记线按钮直到所需要移动的标记线出现为止；也可以在选择合适的标记线后，使用向左箭头或向右箭头按钮移动轨迹上的标记线。

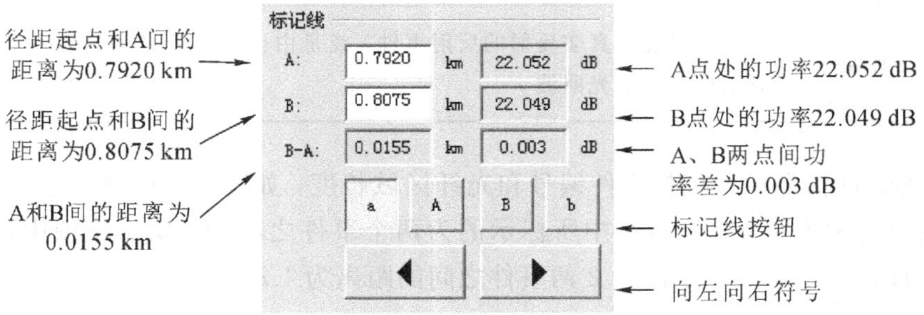

图 B－19　标记线界面示意图

曲线轨迹放大之后，标记线可能会消失。可利用标记线按钮，将所选择的标记线重新调回显示区域中。如果按压标记线 A 按钮或标记线 B 按键，将会同时移动 a－A 或 B－b 标记线组，它们之间的位置顺序为 a、A、B、b，不会因人为移动而改变。一些不可动的标记线是经 OTDR 自动分析后设置的，通常显示的是事件的拐点。

7. 放大镜

可使用放大镜放大或缩小曲线，以改变轨迹显示的标定，放大镜菜单按钮及含义如图 B－20 所示。若要使用放大镜放大功能，单击放大镜放大按钮，这时显示曲线的画面上会出现一个放大镜图标，将放大镜图标拖动至所希望放大的范围内，就可以放大曲线。利用放大镜控制功能还可对所选择的区域执行放大或缩小操作。

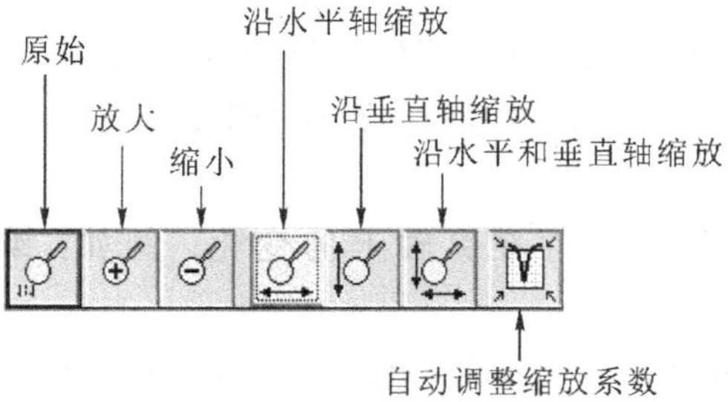

图 B－20　放大镜菜单按钮及含义

如果要自动放大选定的事件，可选择要放大的事件，按下按钮 OTDR，会自动调整缩放系数。按下按钮，曲线会恢复到原始显示大小。

8. 插入、删除、改变事件

在自动分析曲线时如果无法检测到熔接损耗，这时可以利用手动方法将熔接损耗加入事件表中，它会在曲线上的插入事件位置处增加一个编号。无法检测到熔接损耗的原因，可能是该事件低于所设置的检测阈值，或者隐藏于噪声中。改变事件是人为的修改插入事件或由 OTDR 自动分析后设置的事件。

要在曲线上插入事件可在主界面的事件选项中单击“插入”按钮。接着会出现如图B－21所示窗口，同时曲线画面上将出现四条标记线。在曲线上插入事件后可完成以下事项：

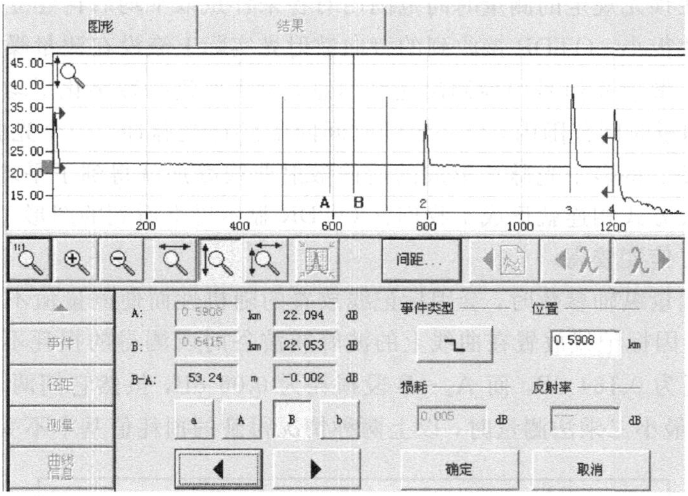

图 B－21　插入事件窗口

(1) 使用画面上的四条标记线可以测量所插入的事件。

(2) 插入事件的位置仅在标记线 A 处出现。

(3) 一旦界定事件位置之后，单击事件类型按键，会出现一个事件类型窗口。选择所需要的事件类型：增益事件、反射事件、非反射事件。同时，OTDR 会根据标记线的位置而自动计算插入事件的损耗和反射率。

(4) 单击“确定”按钮，即可插入事件；或单击“取消”按钮，即可回到事件表中，而不作任何更改。

(5) 删除事件。定位出所要删除的事件，然后单击主界面的事件选项中的“删除”按钮，接着会出现一个确认窗口；单击“确定”按钮，以确定删除动作，或单击“取消”按钮，以保留此事件。

(6) 改变事件。选择要改变的事件，单击主界面的事件选项中的“改变”按钮，接着会出现一窗口，同时曲线画面上将出现四条标记线，其后的操作与插入事件方法相同。

9. 手动测量

利用 OTDR 模块可以手动测量光纤中的损耗、衰减、反射率、光回损等参数，采用的算法有平均算法和最小二乘平方逼近(LSA)算法两种。根据所测量参数的不同，曲线上将出现两条、三条或四条标记线，相应地它与曲线相交形成两个点、三个点和四个点，称之为两点法、三点法和四点法。

所测量参数的具体值和单位为：

损耗：单位为 dB，具体值为指定两点间的电平差。

衰减：单位为 dB/km，具体值为指定两点间的电平差除以两点间距离。

反射率：单位为 dB，具体值为反射事件前沿后向反射光与入射到该点光功率的比值。

光回损：单位为 dB，具体值为反射回 OTDR 的光功率，包括了光纤系统中所有反射和散射事件的总损耗。

1）平均算法

平均算法是在预先规定的测量时间范围内对各采样点取平均后再建立曲线图形。由于光纤瑞利散射系数很小，OTDR 接收到的背向散射光实际上淹没在测量噪声中。为了能从被噪声淹没的背向散射光信号中检测出光纤信息，就需要进行数字化平均处理。通常的方法是：在选定的测量时间范围内，以一定的时间间隔发送光脉冲，一个光脉冲形成一条离散的后向散射曲线，将多个光脉冲形成的后向散射曲线叠加就得到了平均后的离散曲线，将各采样点以直线方式相连就形成了我们在 OTDR 显示屏上看到的图形。平均算法，在高阶噪声的情况下可信度较高。

用平均算法测量纵轴参数时，会因标记线放置的随机性而使测量值不相同，例如测量光纤损耗时，就会因标记线放置在曲线上的波峰或波谷时所测得的损耗不同。在图 B-22 中，A_1-B 段损耗为 0.164 dB，而 A_2-B 段损耗为 0.06 dB，虽然它们两者的距离不超过 1 m。而如果采用最小二乘法测量时，以上两种情况得到的损耗值基本不变。

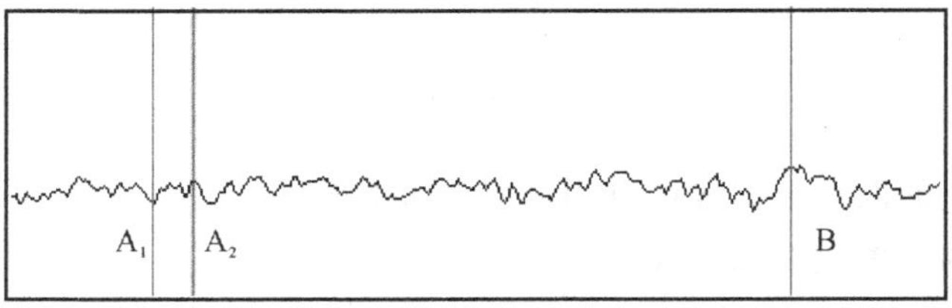

图 B-22　平均算法测量损耗示意图

2）最小二乘法

在确定两个或两个以上变量之间的数量关系时，由于测量数据的随机性，理论上要测量无数组数据才能真正确定变量之间的函数关系，对于有限次测量只能求出它的最佳估值。以图 B-23 所示的直线关系的两个变量来看，由于测量值的离散性及随机误差的影响，测量点不在一条直线上，通过这些点可以画出很多直线来近似表达 x 和 y 之间的函数关系。到底哪一条是真实函数关系的最佳估值？最小二乘方原理就是从一组离散的测量数据中求得最佳曲线的一种算法，也就是曲线的最佳拟合。

在测量两点之间的衰减时，由于背向散射光功率低，加上噪声的干扰，所以曲线的细节比较模糊，给衰耗测量带来不确定性，用最小二乘法对曲线段进行最佳拟合后，散射确定的最佳直线。就可以减少许多噪声的影响，提高了衰耗测量的精度。

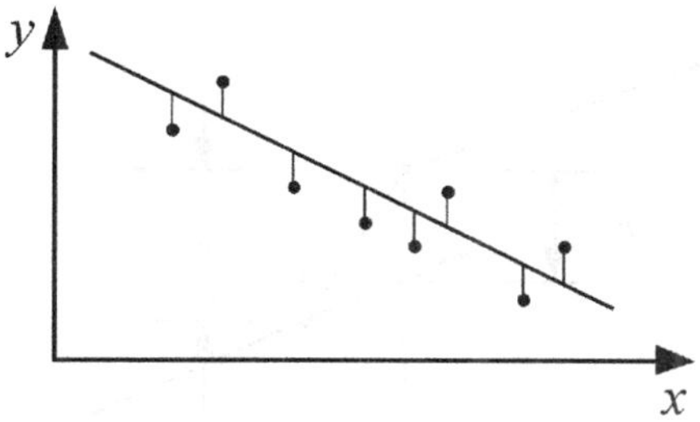

图 B-23　直线的最佳拟合示意图

3）损耗测量

利用 OTDR 进行损耗测量可以测量接头损耗和两点损耗，在测量时显示窗口中还给出了两点间功率差。要进行损耗测量，可以在主界面点击测量选项，然后选择损耗分页。如图 B-24 所示为损耗测量界面。

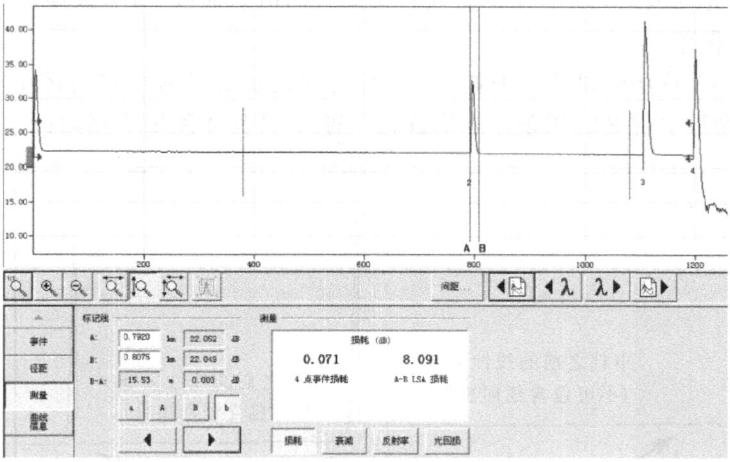

图 B-24　损耗测量界面

图中测量的参数为接头损耗，用四点 LSA 算法测量的损耗为 0.071 dB，用两点 LSA 算法测量的损耗为 8.091 dB，A、B 两点间功率差为 0.003 dB。当采用四点 LSA 算法测量且有足够多的取样点时，可信度最高。两点 LSA 算法测量用于光纤区域，A、B 两点间功率差是平均算法得到的，它会因曲线在波峰或波谷位置的不同而不同。

图 B-25 所示是采用四点 LSA 算法测量接头损耗的原理图。由 a、A 之间的采样点数据得到近似直线 aA 表达式为 $y=a_1x+b_1$，由 B、b 之间的采样点数据得到近似直线 Bb 表达式为 $y=a_2x+b_2$，然后将这两条直线由事件中心进行外推，可从两条直线间的功率差直接读出损耗值，即如图 B-25 所示两线段间在 A 点处的垂直距离 AO 就为接头损耗值，这一般是 OTDR 事件表中给出的损耗值。

如果在手动测量时，采用将标记线 A、B 放在事件点的两边得到接头损耗的方法，也称为两点法测量接头损耗。采用这种测量方法得到的损耗有一定的误差，这是由于该方法将后段光纤 B 点前的损耗包括在接头损耗内，即图 B-25 中，A、B 两点间的垂直距离 h 大于 AO。

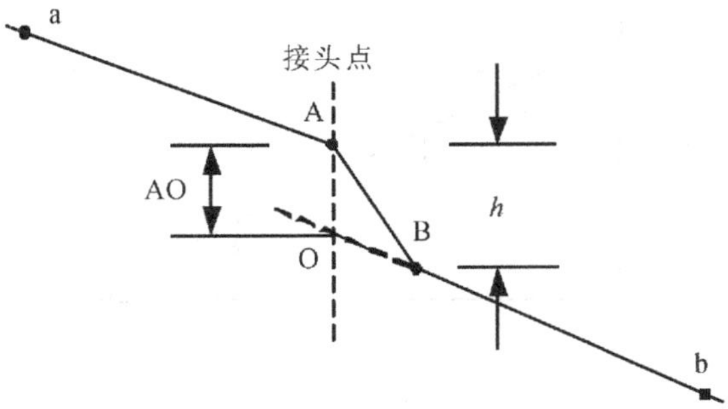

图 B-25　四点 LSA 算法测量接头损耗原理图

两点 LSA 算法测量损耗时应当仅使用于光纤区域，它与用平均算法给出的 A、B 两点之间的功率差不相同。平均算法直接给出曲线上的纵轴距离，而两点 LSA 算法首先要将两点间的所有采样值拟合出直线，然后计算与 A、B 标记线相交的纵轴距离。当 A、B 两点之间有反射事件或光回波时，拟合出的直线将偏离背向散射曲线 AB，致使两点 LSA 算法测量损耗的可信度很差。

要用四点 LSA 算法测量接头损耗，四条标志线的放置位置应符合图 B-26 所示位置(图中显示的是测量事件 2 时四条标志线放置位置)。其具体测量步骤为：

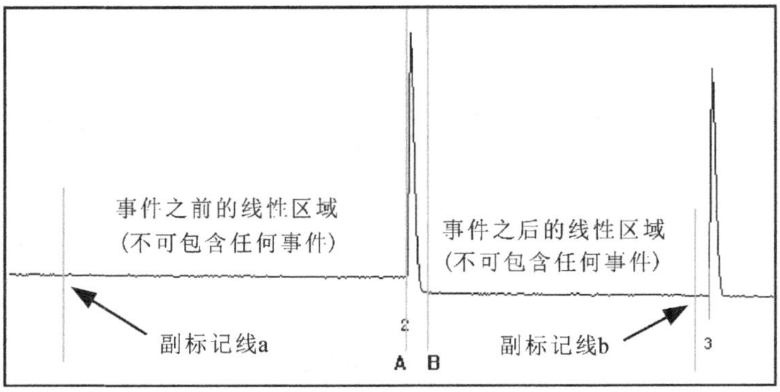

图 B-26　四条标志线放置位置

(1) 在主界面点击测量选项，然后选择损耗分页，曲线上会显示标记线 a、A、B 和 b。

(2) 放大曲线，将标记线 A 定位于被测量事件之前的线性区域终端处。

(3) 放大曲线，将副标记线 a 定位于尽量远离 A 但不超过前一个事件的线性区域。

(4) 放大曲线，将标记线 B 定位于被测量事件之后的线性区域起始处。

(5) 放大曲线，将副标记线 b 定位于尽量远离 B 但不超过后一个事件的线性区域。

4) 衰减测量

若要测量光纤的每公里衰减，可按以下步骤进行。

(1) 在主界面单击测量选项，然后选择衰减分页，曲线上会显示标记线 A 和 B。

(2) 将标记线 A 和 B 定位于曲线上待测的任何两点上，放大曲线并微调标记线位置。

(3) 衰减测量窗口中将显示由平均算法和最小二乘法计算得到的衰减值，分别位于“2 点区域衰减”和“A-B LSA 衰减”之上，如图 B-27 所示。

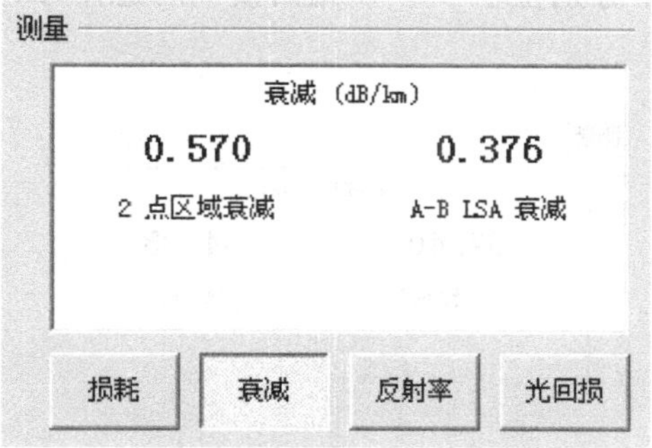

图 B-27　衰减值读取示意图

5）反射率测量

若要测量事件的反射率，三条标志线的放置位置应符合图 B-28 所示位置(图中显示的是测量事件 3 时三条标志线放置位置)。其具体测量步骤为：

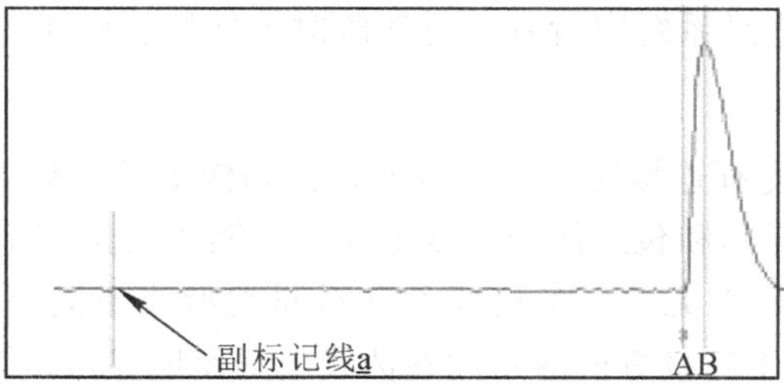

图 B-28　三条标志线放置位置

(1) 在主界面点击测量选项，然后选择反射率分页，曲线上会显示标记线 a、A 和 B。

(2) 放大曲线，将标记线 A 定位在被测量事件之前的线性区域。

(3) 放大曲线，将副标记线 a 定位于被测量事件之前的线性区域起始处。

(4) 放大曲线，将标记线 B 定位于被测量反射事件的波峰处。这时，反射率测量窗口中将显示采用三点法测量的反射率值，如图 B-29 所示。

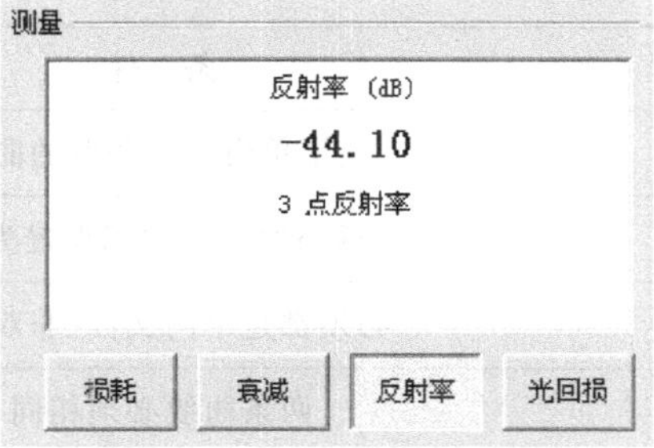

图 B-29　反射率读取窗口

6）光回损测量

光回损测量窗口提供标记线 A、B 之间的光回损(A-B 光回损)和整个被测试系统的光回损(总 ORL)两种信息，分别位于“A－B 光回损”和“总 ORL”之上，如图 B－30 所示。其具体步骤为：

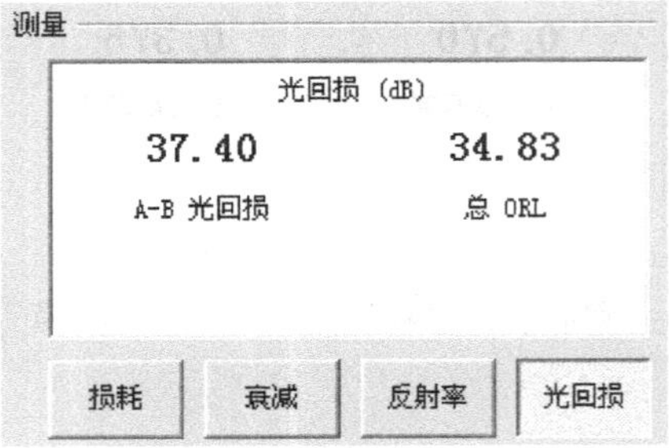

图 B－30　光回损读取窗口

(1) 在主界面单击测量选项，然后选择光回损分页。

(2) A－B 光回损会根据所设置的位置不同而有差异，总 ORL 不用放置标记线，在光回损测量窗口中直接显示。总 ORL 表示从 OTDR 的输出端口一直到光纤中刚通过最后事件的部分光回损，它表示光纤系统中所有反射和散射事件的总损耗。

10. 双向测试

两条不同模场直径的光纤连接时会出现过度损耗和伪增益。光纤模场直径与区域大小相对应，在该区域中光沿纤芯和包层散开。模场直径不匹配会造成后向信号存在差异，这些差异与熔接点处的真实损耗无关。在测试含有不同类型或不同制造商生产的光纤线路时，单向 OTDR 曲线会由于测量方向的不同在曲线上显示明显减少(过度损耗)或增加(伪增益)。双向分析会使用各事件的平均损耗生成一个事件表，用于提供精确测量值。因此，对单模光纤中的熔接损耗测量，在工程中通常建议使用双向分析方法，以减少过度损耗和伪增益的影响。

FTB－500 通用测试系统的 OTDR 模块双向分析仅适合用于离线操作，因而在分析之前，曲线必须先进行获取和储存。进行双向分析的两条曲线有许多限制条件，如果两条曲线的条件不匹配，将出现错误或告警消息。表 B－3 给出了两条双向分析的曲线必须具备的条件。

表 B－3　双向分析曲线的条件

项目	条　件
光纤类型	使用单模光纤获取的曲线
取样偏移	两条曲线必须都设置为 0
曲线	必须都是单向文件(非双向)
脉冲宽度	两条曲线必须相同
波长	两条曲线必须相同

1) 创建并加载双向曲线文件

(1) 在 TooBox 主界面选择“所得结果执行工作(离线)”功能选项卡。

(2) 选择 OTDR 窗口，然后按下“双向分析”(Bidirectional Analysis)按钮，进入双向分析主窗口。

(3) 在按钮栏中，选择“打开”按钮，将出现如图 B-31 所示的窗口。

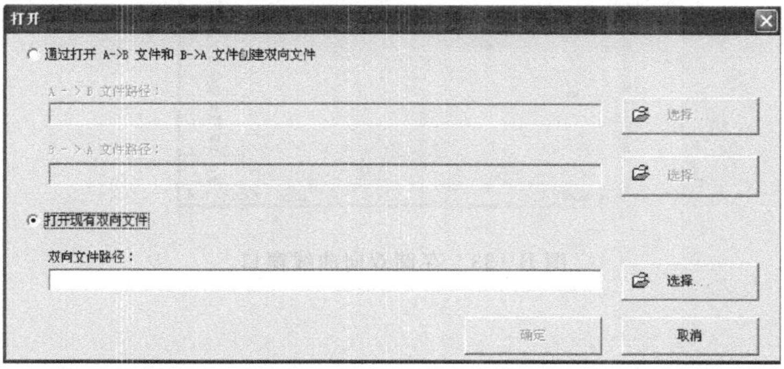

图 B-31　打开双向曲线文件窗口

(4) 在打开窗口中选择“通过打开 A－＞B 文件和 B－＞A 文件创建双向文件”选项。这时可以选择“A－＞B 文件路径”和“B－＞A 文件路径”打开曲线，其后缀名为.trc。或者选择“打开现有双向文件”选项，可加载双向曲线，其后缀名为.bdr。

(5) 单击“确定”按钮，事件表将会显示双向曲线，A－＞B 曲线位于左侧，B－＞A 曲线位于右侧。事件表显示的内容如图 B-32 所示，图中还给出了 A－＞B 表、B－＞A 表、径距、双向表、双向信息、A－＞B 信息、B－＞A 信息。

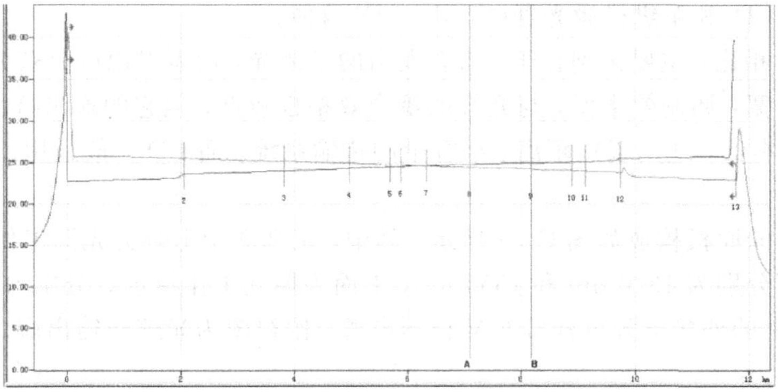

图 B-32　事件表显示内容

2) *存储双向曲线*

一旦在双向测量中执行了调出、分析、显示两条曲线后，便可将它们储存为合并的双向曲线，其后缀名为.bdr，不同于.trc 后缀名可节省文件管理储存空间。事件表中的所有信息、A－＞B 和 B－＞A 曲线报告与评语及双向曲线均会被储存于双向文件中。若要储存双向曲线，可按以下步骤进行：

(1) 在双向分析主窗口中选择结果分页，将出现如图 B-33 所示窗口。

(2) 选择“储存为”按钮，将会出现储存文件窗口，设置结束后，单击“确定”按钮保存后，将退回双向分析主窗口中的选择结果分页。

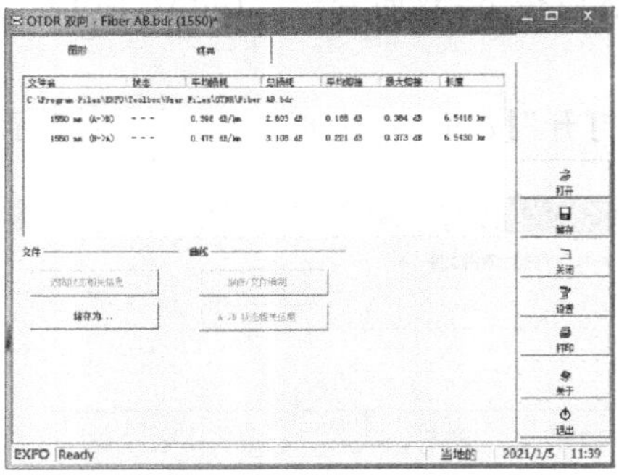

图 B-33　存储双向曲线窗口

附录 C　光源、光功率计和光万用表

一、光源

光源是光纤通信设备的核心器件。光纤通信测量中使用的光源有稳定光源、白色光源(即宽谱线光源)及可见光光源 3 种。稳定光源是测量光纤衰减、光纤接续损耗以及光器件的插入损耗等不可缺少的仪表。根据采用发光器件的不同，稳定光源又可分为半导体激光器(LD)和半导体发光二极管(LED)式两种。高速光纤通信系统中使用的光源分为多纵模激光器(MLM-LD)和单纵模激光器(SLM-LD)两种。

LD 和 LED 相比，主要区别在于，前者发出的是激光，后者发出的是荧光。因此，LED 式的谱线宽度较宽，调制效率低，与光纤的耦合效率也较低；但它的输出特性曲线线性好，使用寿命长，成本低，适用于短距离、小容量的传输系统。而 LD 一般适用于长距离、大容量的传输系统。

某型号光源的面板构成如图 C-1 所示，其中，正视图中上侧为光源工作指示灯，最上面为波长指示灯分别为 1310 nm 和 1550 nm；下面为模式工作指示灯分别为 CW、270 Hz、2 kHz；侧面图上的外接电源可外接 6 V 稳压电源；俯视图为光信号输出端。

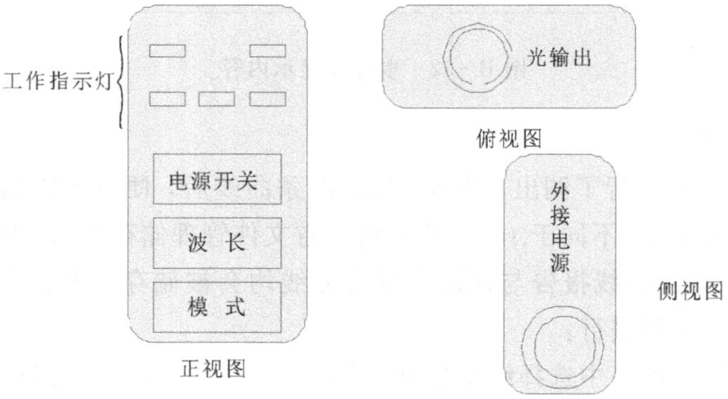

图 C-1　某光源的面板构成图

1. 工作原理

光源工作原理如图 C－2 所示，图中主要电路模块功能介绍如下：

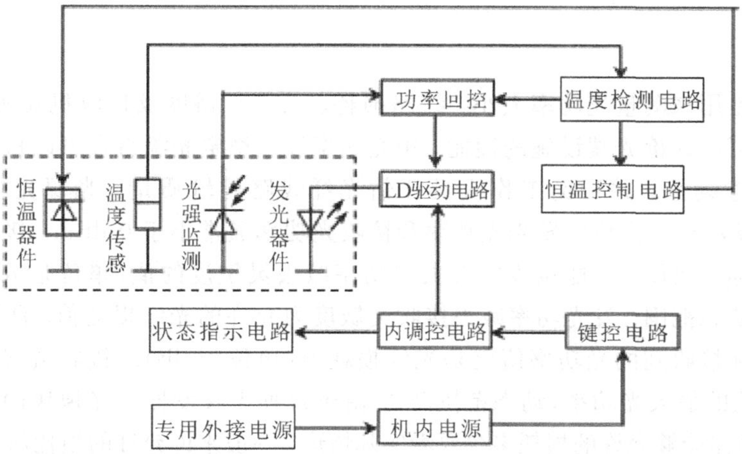

图 C－2　光源工作原理图

(1) 键控电路对电源供电实行开、关控制，并且对光输出状态进行选择。

(2) 状态指示电路对当前仪表工作状态予以指示。

(3) 专用外接电源为仪表工作及电池充电提供电能。

(4) LD 驱动电路在功率回控、温度检测、内调制电路的作用下，驱动发光器件工作。发光器件的温度由恒温控制电路控制，通过制冷与加热的方法，减小发光器件受外界温度变化的影响，达到发光器件光功率稳定的目的。

2. 面板结构功能

(1) 仪表接口功能。

光功率输出接口：用于连接光纤连接器(FC 型或 PC 型)或经适配器后连接被测光纤或光缆，以便进行测试。

外电源接口：用于连接电源适配器。

(2) 仪表按键功能。

“PWR”键：用于仪表的打开或关闭。

“CW/MOD”键：用于连续光或调制光的选择；调制光时可用于光纤芯线的查找。

“λ”键：用于波长的选择，其中心波长为 1300 nm 和 1550 nm。

(3) 仪表面板指示功能。

波长指示灯：通过“λ”键选择波长后，并且相应的指示灯点亮。

发光模式指示灯：通过“CW/MOD”键选择模式后，相应的指示灯点亮。

3. 操作方法

光源的操作方法为：

(1) 按下“PWR”键，“CW”指示灯亮，光源开始工作，并处于连续光输出状态；再次按下此键，所有指示灯熄灭，光源关机。

(2) 按下“CW/MOD”键，选择所需光输出的状态，指示灯 CW、270 Hz、2 kHz 相应点亮。

(3) 按下“λ”键，选择所需的光波长，指示灯 1300 nm、1550 nm 相应点亮。

二、光功率计

光功率计是用来测量光功率大小、线路损耗、系统富裕度及接收机灵敏度等的仪表。一台光功率计可以评价光端设施的性能。用光功率计与稳定光源组合可以检测光纤连接损耗和检验光纤连续性，并帮助工作人员评估光纤线路传输质量。光源光功率的单位是 dBm。光纤收发器和交换机的发光光功率和接收光功率通常小于 0 dBm。接收端能够接收的最小光功率称为灵敏度，能接收的最大光功率减去灵敏度的值(单位是 dB(dBm－dBm＝dB))，称为动态范围。发光功率减去接收灵敏度为允许的光纤损耗值。测试时实际的发光功率减去实际接收到的光功率值就是光纤损耗值(单位为 dB)。接收端接收到的最佳光功率值是能接收的最大光功率(动态范围/2)，由于每种光收发器和光模块的动态范围不一样，所以光纤具体能够允许的损耗多少要看实际情形，一般来说允许的损耗值为(15～30)dB。

1. 工作原理

光功率计一般都由显示器(又称指示器，属于主机部分)和检测器(探头)两大部分组成，如图 C-3 所示为一种典型的数字显示式光功率计的原理方框图。图中的光电检测器受光辐射后，产生微弱的光生电流，该电流与入射到光敏器件上的光功率成正比，通过 I/U(电流/电压)变换器变成电压信号后，再经过低通滤波器、波长校正电路和 A/D 变换器处理，便可显示出对应的光功率值的大小。

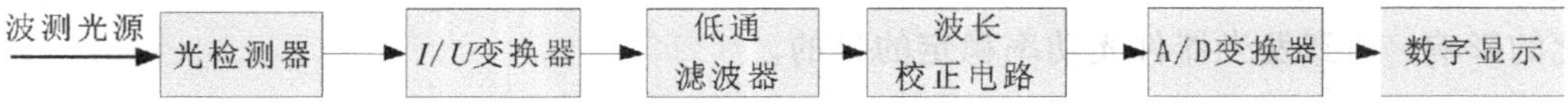

图 C-3　数字显示式光功率计的原理方框图

2. 面板结构功能

(1) 仪表接口功能。

光电检测器接口：用于连接光纤连接器(FC 型或 PC 型)或经适配器后连接被测光纤或光缆，以便进行测试。

光纤识别器接口：用于连接 AM-450 光纤识别器，可接入相关的调制信号。

打印机接口：用于连接 LP-232 打印机，可对相关数据进行打印。

外电源接口：用于外接电源适配器。

(2) 仪表按键功能。

“模式”硬键(MODE 键)：用于对黄色软键进行模式变换(即显示菜单的变换)，以改变三个黄色软键的功能。

“波长设定”键(λ 键)：在光功率测量中，用于进行波长的设置；其选择范围为 850 nm，1310 nm，1550 nm 三个波长组，共 26 个中心波长。

“零电平调整”键(“MODE＋λ”键)：同时按住“MODE”键和“λ”键，仪表将自动地进行“零”电平调整。

“参考值存储”键(STORE REF 键)：用于存储作为参考值的功率电平值。

“递减、背景光”键(▼、BKLGT 键)和“递增、打印”键(▲、PRINT 键)：当仪表处于“λalt”模式时，“▼”和“▲”键用于中心波长的递减和递增；当仪表处于“P/F”模式时，“▼”和“▲”键用于测量分辨率的调节；在其他模式下，“▼(BKLGT)”键将用于显示器背景光的打开与关闭；“▲(PRINT)”键将用于测量数据的打印。

(3) 仪表显示功能。

如图 C－4 所示，光功率计有三种显示模式，介绍如下：

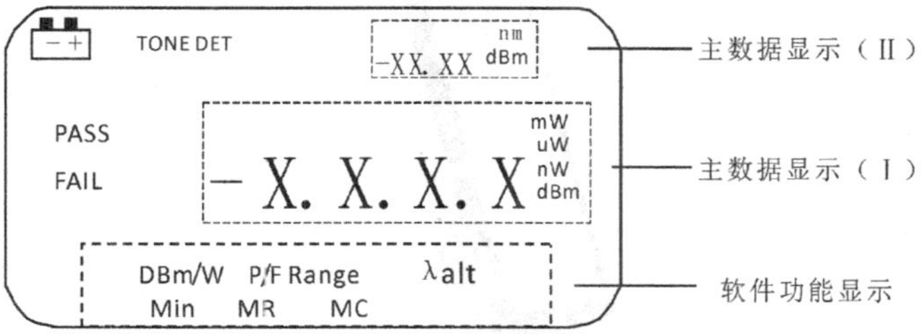

图 C－4　光功率计三种显示模式

主数据显示(Ⅰ)：用于显示测量的各种数据、设置的各种数据和从内存中读出的测量数据。

主数据显示(Ⅱ)：用于显示设定的波长、从内存中读取的参考值以及相对于从内存中读取有测量数据的波长和占用的内存号。

软键功能显示(分别对应于三个黄色软键)：根据不同显示模式(也称显示菜单层次)具有不同的操作功能。

3. 操作方法

(1) 选择波长。

(2) 设置通过/失败门限。

(3) “零”电平调整。

(4) 保存损耗测量结果。

三、光万用表

将光功率计和稳定光源组合在一起的测量仪表被称为光万用表。通用型光万用表是集成了激光光源与光功率计模块的多功能测量仪表，一般内置双波长单输出口激光光源，可以同时提供光源和光功率计的功能，也可以独立使用，从而为广大技术人员测试光缆线路提供了另外一种使用更为方便，成本更低的选择。相关测试知识可参见光源及光功率计部分。

附录 D　光纤识别器

光纤识别器一般用于在线诊断光缆中光纤的信号，它可以在维护、安装、布线和修护光纤时不中断服务且无损的将一根所需光纤从一束光纤中分离出来。光纤识别器主要用于识别裸光纤，带状光纤，紧套光纤，光纤跳线，只要将待检测的光纤夹在光纤识别器上，仪器即可判断出光纤里面有没有光信号及光信号的传输方向，同时还能识别调制音信号(2 kHz)，其他调制音信号如 270 Hz 和 1 kHz 是两个选配型号。如图 D 所示为光纤识别器识别尾纤的使用方法示意图。

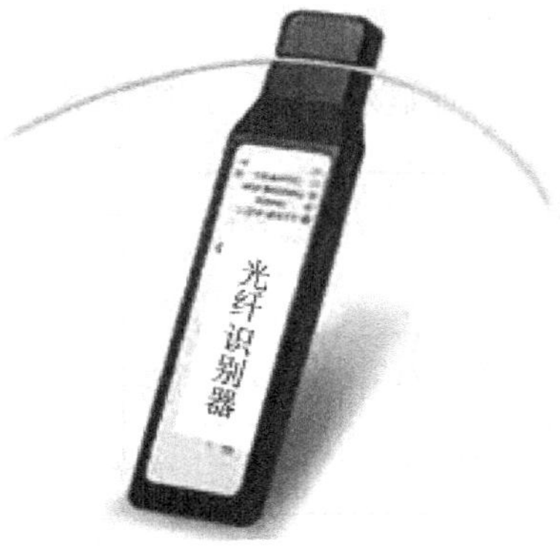

图 D　光纤识别器识别尾纤使用方法示意图

一、工作原理

光纤识别器是一个灵敏度很高的光电探测器，它是利用光纤的弯曲效应制作的仪器。当一根光纤弯曲时，一些光会从光纤中辐射出来，这些光能被光纤识别器检测到，在不切断光纤和不中断通信的条件下，根据这些光可以将多芯光纤或单根光纤迅速、准确地从其他光纤中识别出来，并检测出光的状态及方向。为了使识别和检测更为简单，通常会在发送端将测试信号调制成 270 Hz、1000 Hz 或 2000 Hz 并注入待检测的光纤中，当光纤识别器检测到这些调制信号时，就会发出蜂鸣声。最先进的光纤识别器可以利用宏弯技术在线识别光纤中光的传输方向和功率。

二、仪表介绍

光纤识别器的特点为探头拆卸简便；低成本，操作方便；插入损耗低，不间断通信；便携式结构，便于携带；采用 9 V 碱性电池，电池寿命长，可支持 10 000 次操作；适合 250 μm、900 μm 涂敷光纤、3 mm 跳线(或尾纤)及带状光纤；可识别光纤和指示调制音(2 kHz 音频及可见光识别)及光的传输方向。

主要技术参数如下所示：

(1) 探测器型号：InGaAs。

(2) 光纤压力：100 kPSI(max)。

(3) 使用波长：1310 mm 和 1550 nm。

(4) 插入损耗(典型值)：一次涂覆光纤 1310 nm(0.2 dB)/1550 nm(2.5 dB)。

(5) 光纤跳线 1310 nm(0.6 dB)/1550 nm(2.5 dB)。

(6) 音频探测：(2000±100)Hz，探测时间：<1 s。

(7) 重量为 210 g，体积为 220mm×38mm×28mm。

(8) 操作温度为(0～+40)℃，存储温度为(−30～60)℃。

表D所示给出了某型号常见光纤识别器在不同输出波长、不同输出信号时的检测范围及插入损耗。

表D　某型号光纤识别器技术参数

光纤类型	参数	波长、信号	OFI-200B	OFI-200C
250 μm 涂覆光纤(SMF-28用50 μmCPC6涂覆)	检测范围(平均功率，典型值)	1310 nm，CWorTraffic	(+23～−40)dBm	(+23～−24)dBm
		1310 nm，2 kHz Tone	(+20～−45)dBm	(+20～−27)dBm
		1550 nm，CWorTraffic	(+23～−45)dBm	(+23～−33)dBm
		1550 nm，2 kHz Tone	(+20～−50)dBm	(+20～−36)dBm
	插入损耗(典型值)	1310 nm	0.2 dB(0.5 dB max)	0.2 dB
		1550 nm	1.5 dB(2 dB max)	2.5 dB
3 mm 室内用软光缆(由SMF-28用250 μm CPC6制成3 mm跳线或尾纤)	检测范围(平均功率，典型值)	1310 nm，CWorTraffic	(+23～−29)dBm	(+23～−30)dBm
		1310 nm，2 kHz Tone	(+20～−37)dBm	(+20～−33)dBm
		1550 nm，CWorTraffic	(+23～−36)dBm	(+23～−37)dBm
		1550 nm，2 kHz Tone	(+20～−40)dBm	(+20～−40)dBm
	插入损耗(典型值)	1310 nm	0.2 dB	0.6 dB
		1550 nm	1.8 dB	2.5 dB

附录E　万用表

万用表是一种多用途电子测量仪器，一般具有安培表、电压表、欧姆表等功能，有时也称为万用计、多用计、多用电表，或三用电表。万用表按照结构可分为指针式万用表和数字万用表，其中指针式万用表通常用于测量电阻、电压和电流，而数字万用表则可测的电气参数更多，包括电容、二极管的正向压降和三极管的管脚识别及β值等。使用数字万用表测量时需要了解其测量的原理，方法，从而可以进行理解性的记忆操作使用方法。这里将基于数字万用表介绍最为常用的几种测量，包括电阻的测量，直流、交流电压的测量和直流、交流电流的测量。

一、电阻的测量

1. 测量步骤

电阻测量时，万用表面板示意图如图E-1所示。具体操作步骤如下：

(1) 将红表笔插入V/Ω孔，黑表笔插入COM孔。

(2) 量程旋钮打到“Ω”量程挡适当位置。

(3) 分别用红、黑表笔连接到电阻两端金属部分。

(4) 读出显示屏上显示的数字

图 E-1　电阻测量时万用表面板示意图

2. 注意事项

(1) 量程的选择和转换。量程选小了显示屏上会显示“1”，此时应选择较大一些的量程；反之，量程选大了，显示屏上会显示一个接近于“0”的数字，此时应选择较小的量程。

(2) 读数。显示屏上显示的数字再加上挡位选择的单位就是万用表的读数。要提醒的是在“200”挡时单位是“Ω”，在“2 k～200 k”挡时单位是“kΩ”，在“2 M～2000 M”挡时单位是“MΩ”。

(3) 如果被测电阻值超出所选择量程的最大值，将显示过量程“1”，应选择更高的量程，对于大于 1 MΩ 或更高的电阻值，需要几秒钟后读数才能稳定，这是正常现象。

(4) 当没有连接好电阻时，例如开路情况，仪表显示为“1”。

(5) 当要测量线路的阻抗时，要保证断开被测线路中的所有电源，测量时电容可能放电，被测线路中如有电源和储能元件，会影响线路阻抗测试的正确性。

二、电压的测量

1. 测量步骤

电压测量时，万用表面板显示如图 E-2 所示。具体操作步骤如下：

(1) 红表笔插入 V/Ω 孔。

(2) 黑表笔插入 COM 孔。

(3) 量程旋钮打到 V -(测量直流电压)或 V～(测量交流电压)。

(4) 读出显示屏上显示的数字。

2. 注意事项

(1) 把旋钮打到比估计值大的量程挡(注意：直流挡是 V -，交流挡是 V～)，接着把表笔连接到被测电路两端，保持接触稳定，从显示屏上直接读取测量值即可。

(2) 若显示屏显示为“1”，则表明量程太小，需要加大量程后再测量。

(3) 若在数字左边显示有“－”，则表明测量值极性与实际电压极性相反，此时红表笔接的应是被测电路的负极一端，需要调换红、黑表笔位置。

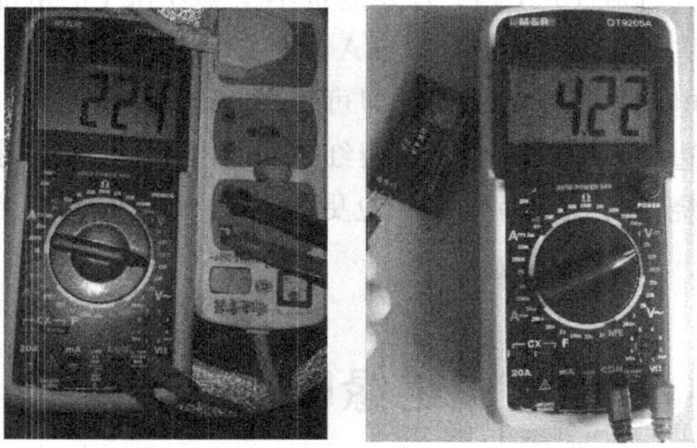

（a）交流电压测量时万用表面板显示　　（b）直流电压测量时万用表面板显示

图 E-2　电压测量示例

三、电流的测量

1. 测量步骤

电流测量时，万用表面板显示如图 E-3 所示。

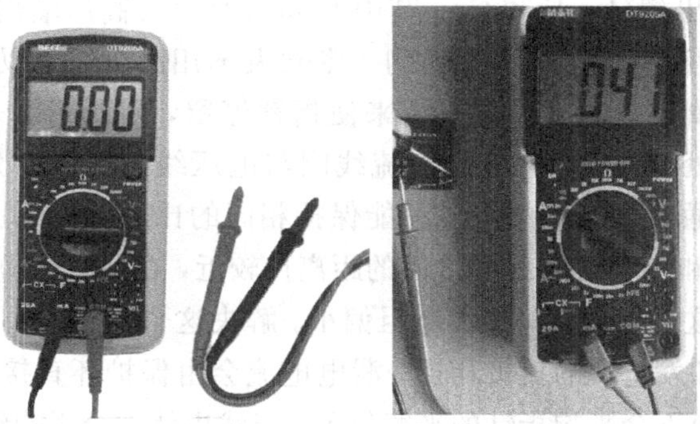

（a）交流电流测量时万用表面板显示　　（b）直流电流测量时万用表面板显示

图 E-3　电流测量示例

（1）断开电路。

（2）黑表笔插入 COM 孔，红表笔插入 mA 或者 20 A 孔。

（3）功能旋转开关打至 A～（测量交流电流）或 A -（测量直流电流），并选择合适的量程。

（4）断开被测线路电源，将数字万用表串联接入被测线路中，让被测线路中的电流从红表笔一端流入，经万用表黑表笔流出，再流入被测线路中。

（5）接通电路电源。

（6）读出显示屏上显示的数字。

2. 注意事项

（1）预估电路中电流的大小。若要测量大于 200 mA 的电流，则要将红表笔插入 10 A

插孔，并将量程旋钮打到直流 10 A 挡；若要测量小于 200 mA 的电流，则要将红表笔插入 200 mA 插孔，并将量程旋钮打到直流 200 mA 以内的合适量程。

(2) 将万用表串进电路中，保持稳定，即可读数。若显示屏显示为“1”，需要加大量程后再测量；若在数值左边显示有“－”，则表明红黑表笔接反，需要调换红、黑表笔位置。

(3) 过量的电流将烧坏万用表保险丝，应更换；20 A 量程无保险丝保护，因此测量时不能超过 15 s。

附录 F　绝缘电阻测试仪

一、基本原理

兆欧表的结构主要由两部分组成：一是比率型磁电式测量机构；二是手摇发电机。比率型磁电式测量机构有两个活动线圈，即产生转矩的线圈 1 和产生反作用力矩的线圈 2。为适应磁电式测量机构的需要，兆欧表的发电机多采用手摇直流发电机。发电机的体积很小但输出电压很高，根据被测设备工作电压的不同，所用的发电机电压也不一样。现在生产的兆欧表，其发电机电压有 500 V、1000 V、2000 V、5000 V 等几种。

兆欧表有三个输出端(L、E 和 G)，其中 L 和 E 是直流高压输出端，G 称为保护环。兆欧表的标尺为反向刻度标尺且刻度不均匀。兆欧表不用游丝的扭力来使回转中的指针停留，而是利用电压线圈与电流线圈的平衡来使指针停留，因而兆欧表在不使用时，指针就没有固定的位置，到处都可以停下来。电流线圈与电压线圈由同一发电机供电，因而不管供电电压是高是低，通过两线圈的电流总能保持相同的比值。

由于兆欧表的 L 和 E 两个接线柱之间的距离比较近，在几百伏电压的作用下，直接从 E 到 L 的电流比较大，这使得测量的绝缘电阻偏小。解决这个问题的办法是采用保护环。有了保护环以后，由于它和发电机的负极相连，漏电电流会由保护环直接流回发电机负极，而不再经过电流线圈，因而不会影响指针的平衡位置，当然也就不会影响绝缘电阻的测量值了。

二、仪表介绍

QZ3 型兆欧表是测量绝缘电阻的通用测试仪器，其测量范围为(0～500 000)MΩ，测试电压分为 500 V、250 V、100 V 三挡，其外形如图 F－1 所示。

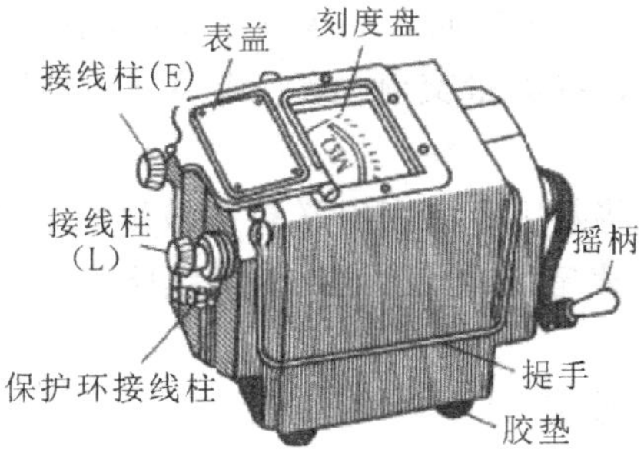

图 F－1　兆欧表外形

工作指示灯为绿色时表明兆欧表工作正常，为红色时兆欧表电压不足，G保护端子的作用和保护环一样，也是消除由于导线绝缘层表面漏电电流以及L、E接线端子间漏电电流所引起的误差。

兆欧表维护及注意事项：

(1) 使用完兆欧表后，要保存在干燥的仪表箱内，不要放在太冷或太热以及潮湿、有污秽和有害气体的地方；经常注意擦拭灰尘，使用时轻拿轻放。

(2) 当有雷电的时候，或被测物带电时，应严格禁止进行接地电阻的测量工作。

(3) 当使用老旧兆欧表时，一定要用万用表或直流电压表校对兆欧表的输出电压是否与该表的额定输出电压相等，否则应打开发电机的保护罩，用尖嘴钳把调速器上的弹簧的螺丝帽夹住向外拉，调整发电机的转速使兆欧表输出电压达到额定值，然后扣上保护罩。

(4) 确认被测物没有残余电荷后，方可用兆欧表进行测量。

(5) 测量时要注意被测物的耐压数值，不能使用高于被测物耐压数值的兆欧表去测试，否则将破坏被测物的绝缘特性。

(6) 被测线路终端应开路，并断开有关电源和放完线路上贮存的电荷后，方可用兆欧表进行测量。

(7) 当测量线路导线对地绝缘时，地线一定要与E接线柱相连，如果接错(地线与L接线柱相连)将会产生很大的误差；切不可将保护端子G与被测线连接。

(8) 摇动发电机速度时应由慢到快，最后保持均匀转速，不可一上去就是一阵猛摇后慢下来，这样会使测量数值偏高。

三、操作使用

1. 正确摆放兆欧表

由于兆欧表刻度不均匀，在高阻值范围内刻度很密，往往由于测量时兆欧表摆放的不平，可能造成几百兆欧至上千兆欧的误差，所以测量时一定要摆放平兆欧表。

2. 正确连接测量引线

L接线柱用于连接被测导线(防潮层、铠装层)；E接线柱用于连接地气线；保护端子G是为使测量更精确用于连接被测物绝缘层。但要注意，不能把保护端子G和E(或L)短路，否则会烧坏兆欧表的发电机或整流元件。兆欧表测量线缆芯线(防潮层、铠装层)对地绝缘电阻的连接方法如图F-2所示，终端需处于开路状态。

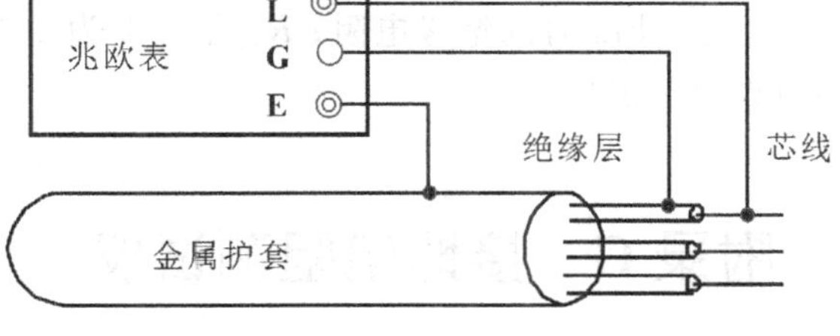

图F-2　测量线缆芯线对地绝缘电阻连接方法

3. 短路试验

使用兆欧表前都要进行开、短路试验，以检查兆欧表是否良好。当L和E短路时，发电机指针应指向0；当L和E开路时，发电机指针应指向∞，否则兆欧表本身有故障，不能使用。

4. 选择测量电压

通常兆欧表测量线缆绝缘电阻所用的电压在500 V以下时，测得的绝缘电阻值变化很小；当电压在500～1000 V时，测得的值稍显变化；当电压高于1000 V时，则测得值将显著下降。因此，在测量线缆绝缘电阻时，规定所加电压不得高于500 V。这是因为绝缘机上有电导电流存在。当在绝缘体上加以直流电压时，流过绝缘体的电流有充电电流、吸收电流、电导电流三种。这三种电流在测量绝缘电阻时，主要起作用的是后面两种。其中电导电流在常温、低电压时与所加电压按欧姆定律的规律呈线性增加，但当所压电压超出某一数值(大于1000 V)时，则电导电流将超出此规律而快速增长。而仪表上却是以电流的大小来表示绝缘电阻的大小的，故当电压超过某一数值时，测得的绝缘电阻值较实际的绝缘电阻值要小。

5. 测量值换算

(1) 长度换算。

线间绝缘电阻的大小与线路的长度成反比例关系，即

$$\frac{R_l}{R_t}=\frac{1}{l} \qquad (F-1)$$

根据上式则有

$$R_t=R_l \cdot l \ (\mathrm{M\Omega \cdot km}) \qquad (F-2)$$

式中：R_1是温度为t℃、长度为l km时的绝缘电阻；R_t是温度为t℃、长度为1 km时的绝缘电阻值，单位为MΩ·km；l是被测线路长度，单位为km。

(2) 温度换算。

绝缘电阻的大小与温度成反比例的函数关系。当温度升高时，绝缘电阻值变小：当温度降低时，绝缘电阻值变大。它与直流电阻一样，也有一个绝缘材料的温度系数α。但判断绝缘电阻是否合格时，必须换算后并与标准值进行比较。

不同的绝缘材料，其温度系数不同。在20℃时，纸绳和聚苯乙烯的温度系数α分别为−0.06、−0.001。换算成20℃时的绝缘电阻值，即

$$R_{20}=\frac{R_t}{e^{\alpha_{20}(t-20)}} \ (\mathrm{M\Omega \cdot km}) \qquad (F-3)$$

式中：R_t是温度为t℃、长度为1 km时的绝缘电阻；R_{20}是温度为20℃、长度为1 km时的绝缘电阻；t是测量绝缘电阻时的温度。

附录G　接地电阻测试仪

SGT-10B接地电阻在线测试仪既可通过二线法、三线法、四线法测量接地电阻，也可测量交流电压和土壤电阻率。另外还具有的功能有：能自动选择量程，在用二线法、三线法测量接地电阻时能自动消除引线电阻；在干扰电压的峰峰值小于20 V时，仪器仍可

对接地电阻进行有效的测量；能储存 15 个测量结果，其中 10 个用来存储土壤电阻率，用于计算其平均值。

一、工作原理

1. 接地电阻的测量准确度

接地电阻的测量准确度如表 G－1 所示。

表 G－1　接地电阻的测量准确度

范围/Ω	分辨率/Ω	精度	
0～19.99	0.01	±(2%+2d)	d 表示该挡的分辨率
20～199.9	0.1	±(2%+2d)	
200～1999	1	±(2%+2d)	

2. 交流电压(f=50 Hz)的测量准确度

交流电压(f=50 Hz)的测量准确度：在 0～400 V 范围内分辨率为 1 V，精度为±3%

3. 土壤电阻率 ρ 测量准确度

土壤电阻率 ρ 测量准确度如表 G－2 所示。

表 G－2　SGT－10B 接地电阻测试仪测量准确度

ρ 范围/(Ω·m)	分辨率/(Ω·m)	精度	备注
0～19.99	0.01	±(2%+2 πa·0.02 Ω)；$\rho/2\pi a \leqslant 19.99$ Ω	测量土壤电阻率 ρ 的最大平均次数为 10 次，测试棒间的距离 a 为 (6～10)m
20～199.9	0.1		
200～1999	1		
(2.00～19.99)k	10	±(2%+2πa·0.2 Ω)；19.99 Ω$<\rho/2\pi a \leqslant 199.9$ Ω	
(20.0～125.6)k	100	±(2%+2πa·2 Ω)；$\rho/2\pi a > 199.9$ Ω	

4. 一般参数

(1) 测量频率：125 Hz±1 Hz。

(2) 测量电流：≤10 mA。

(3) 测量电压：<80 Vp，正弦波。

(4) 干扰电压：干扰电压 20 VPP/50 Hz 时最大为±15 个字。

(5) 电源：4 节 1.5 V/5 号碱性电池。

(6) 电池寿命：大约 300 h。

(7) LCD：3.5 位、字高 19 mm。

(8) 记忆容量：15 个数据。

(9) 重量：1 kg(不含附件)。

(10) 最大外形尺寸：238 mm×138 mm×55 mm。

二、仪表介绍

接地电阻测试仪前面板及侧面板如图 G－1 所示。

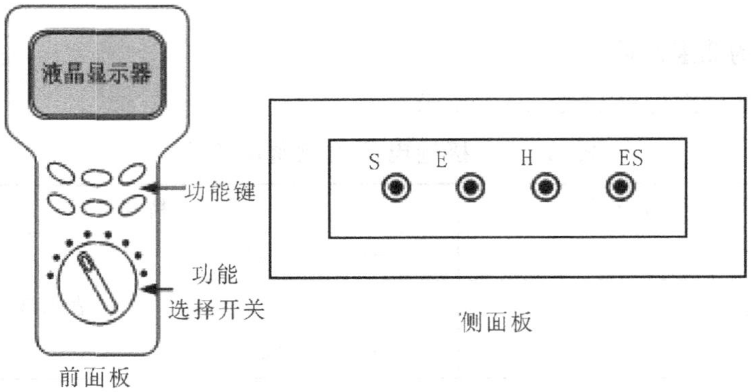

图 G－1　接地电阻测试仪面板

1. 功能键

(1) “测试”键：执行测量。

(2) “清除”键：清除测量存储值。

(3) “查阅”键：查阅存储值。

(4) “存储”键：用于接地电阻测试仪存储数据，在二线法、三线法测试接地电阻时该键配合可消除测试线电阻。

(5) “调距”键：在测量土壤电阻率 ρ 用于时输入测试棒间距离。

(6) “存储 ρ”键：在测试土壤电阻率 ρ 时，用于存储土壤电阻率 ρ 测试结果，以便计算平均值。

2. 测试端口

(1) S：电压极测试端。

(2) ES：接地极测试端。

(3) H：电流极测试端。

(4) E：接地极测试端。

三、操作使用

二线法测量可用于在不切断接地系统的情况下，进行接地电阻的测量和接地系统故障的判断，是一种很实用的方法。不过，二线法在线测量需要接地良好的辅助接地体，任何一个打入地下的接地良好的金属导体均可作为辅助接地体。

接地良好的辅助接地体是指接地体与地之间的接地电阻值近似为零，如果辅助接地体与地之间的阻值很大，那么测量值将远远大于实际值，测量结果就无实际意义。一般推荐满足上述条件的辅助接地体有两种：一是城市供水管网；二是距离被测接地系统 16.5 m 左右、深度约为 1.5 m 以上的地桩。在无上述利用条件时，建议采用三线法或四线法测量。需要注意的是：不管采用何种方法测量接地电阻，金属导体的表面一定要除去保护层和锈层，裸露出金属，使之与仪表测试夹接触良好。

1. 消除测试线电阻

接地电阻阻值一般都非常小，为了测量准确，在使用二线法测量接地电阻时应先消除测试线电阻。其步骤如下：

(1) 将待使用的测试引线接于E、H端子后短接，同时将开关调至“二线法”测量位置。如开关已在该位置，将开关向前调一格，然后再调回该位置。

(2) 按“存储”键，液晶屏显示字母k，如图G-2所示。

(3) 按“测试”键，液晶屏幕先显示测量出的导线电阻值，然后显示0.00，表示此时仪器已被校准。在每次重新开机或更换测试线后必须进行重新校正，仪器可消除的最大测试线电阻为5 Ω。

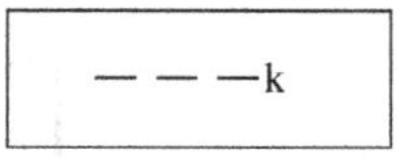

图G-2 消除测试线电阻液晶屏显示图

2. 二线法测量接地电阻

二线法测量接地电阻步骤如下：

(1) 将两根已校准的测试引线分别插至仪器的E、H端子，其中接E端子的引线另一端连接被测接地体，接H端子的引线另一端连接辅助地(水管)，连接如图G-3所示。

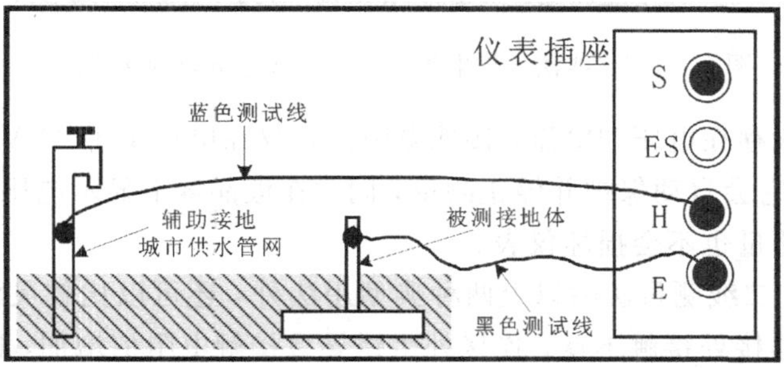

图G-3 二线法测量接地电阻连接图

(2) 打开电源开关，将仪器旋钮调至“二线法”测量位置。这时，显示屏上显示三条破折号和一个数字(2或5)，该数字表示仪器计算结果时取2次或5次平均，按“测试键”两次可改变该参数。

(3) 按“测试”键开始测量并读取结果，如果要存储数据，按“存储”键即可。

3. 用二线法从供电插座上测量接地电阻

工程供电使用的基本供电系统有三相三线制、三相四线制，但这些名词术语内涵不是十分严格。国际电工委员会(IEC)对此作了统一规定，为TT系统、TN系统、IT系统，其中TN系统又分为TN-C、TN-S、TN-C-S系统。这些系统名称的符号含义如下：

(1) 国际电工委员会规定的供电方式符号中，第一个字母表示电力(电源)系统对地关系。如T表示是中性点直接接地；I表示所有带电部分绝缘。

(2) 第二个字母表示用电装置外露的可导电部分对地的关系。如T表示设备外壳接地，它与系统中的其他任何接地点无直接关系；N表示负载采用接零保护。

(3) 第三个字母表示工作零线与保护线的组合关系。如C表示工作零线与保护线是合一的，如TN-C；S表示工作零线与保护线是严格分开的，如TN-S。

TT 系统是指将电气设备的金属外壳直接接地的保护供电系统，也称为保护接地供电系统。正常运行的 TT 系统类似于 TN－S 系统。通常称 TT 系统为三相四线接地系统，该系统常用于建筑物供电来自公共电网的地方。第一个符号 T 表示电力系统中性点直接接地；第二个符号 T 表示负载设备外露不与带电体相接的金属导电部分与大地直接，而与系统如何接地无关。TT 系统的特点是中性线 N 与保护接地线 E 无任何电气连接，即中性点接地与保护接地是分开的。通常电信系统的接地系统一般为联合接地，即供电系统的保护地接在地网上，所以测出供电系统的接地电阻值也就是测出了地网的接地电阻值。如图 G－4所示为从供电插座上测量接地电阻的接线图，H 端连接零线，E 端连接地线。

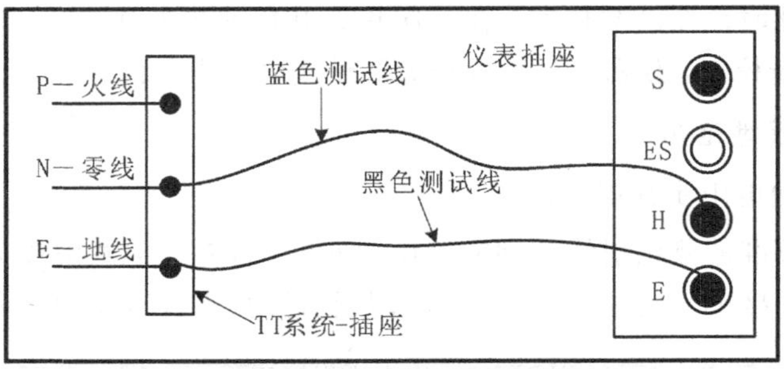

图 G－4　二线法从供电插座上测量接地电阻的接线图

由于零线中一般存在电压和电流，接地电阻测试仪在电压小于 20 V 时能自动抗干扰，如果大于 20 V 时，它会自动保护并停止测量，同时在液晶屏上显示电压值，所以即使误操作接到火线上进行测量也不会损坏仪表。

在实际测量中，二线测量法除以上两种典型用法外，还可以比较灵活的使用。如当设备保护接地与地网连接处接触不良，连接处生锈导致接触电阻值增加，以及遇雷电或系统意外短路等造成大电流不能及时导入地下，从而损坏设备和造成人身事故。为防止以上事故的发生，可采用以下方法排除故障。

如图 G－5 所示连线方法可以在同一地方对设备 1 与设备 2 同时进行测量，如果测量的电阻值符合实际情况，那说明设备保护地与地网之间连接良好；反之如果测量的电阻值很大，说明设备保护地与地网之间连接有问题，需要检查线路连接情况。

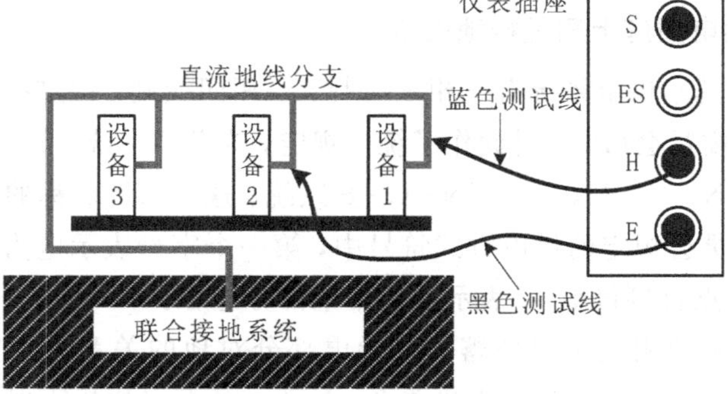

图 G－5　两线法用于判断接地系统是否故障的连接图

再如测量地网与地之间的接地电阻时还可以灵活采用二线法进行测量，连接方法如图G－6所示。假设地网A与地网B之间的测量接地电阻值$R_{A\text{-}B}$为1.3 Ω，地网A与地网C之间的测量接地电阻值$R_{A\text{-}C}$为1.4 Ω，地网B与地网C之间的测量接地电阻值$R_{C\text{-}B}$为1.2 Ω。这样就可以用图示方程组计算出地网A、地网B、地网C各自的接地电阻值。

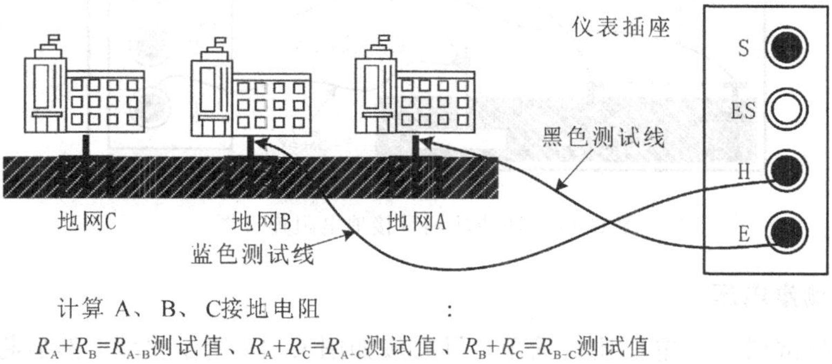

图G－6　两线法用于计算地网与地之间接地电阻连接图

4. 三线法测量接地电阻

由于接地电阻测试仪测量时可能使用不同的测试引线，跟二线法相同，仪器首先需要进行校准，以消除连接到接地体的电阻对测量的影响。其步骤与二线法校准相似，只是需将待使用的测试引线接于E、H、S端子后短接，同时将开关打到“三线法”测量位置。校准完后即可用三线法测量接地电阻，其步骤如下：

(1) 将蓝线、红线、黑线一端分别接到仪器的H、S、E端子上。

(2) 将蓝线、红线、黑线另一端分别连接电流极、电压极、被测接地体，如图G－7所示，然后按与二线法相同的步骤进行操作。

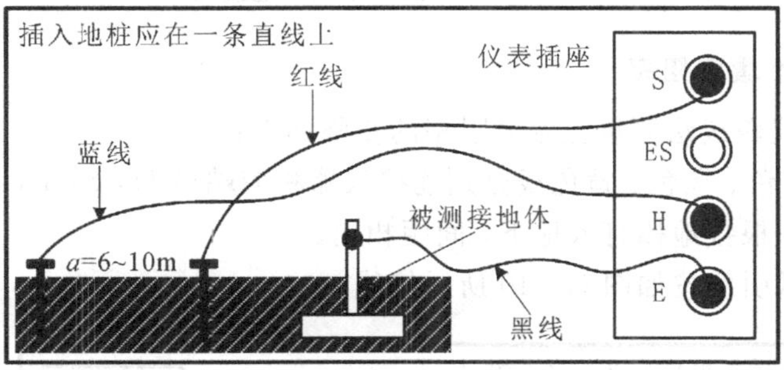

图G－7　三线法测量接地电阻连接图

5. 四线法测量接地电阻

接地电阻测试仪四线法测量接地电阻步骤如下：

(1) 按如图G－8所示方式接线。

(2) 将功能选择开关打到“四线法”测量位置，如测量结果不稳定，按两次“测试”键，将测量次数由两次改为5次，仪器将自动进行5次测量并计算其平均值。

(3) 按“测试”键，当显示的数字稳定后，记下读数；如果需要，按“存储”键，保存测量结果。

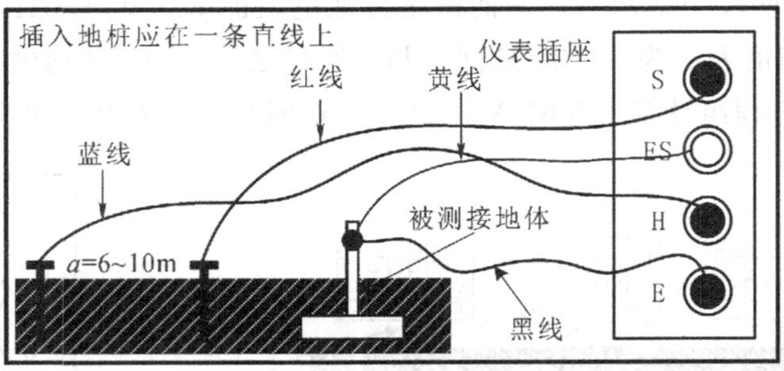

图 G-8 四线法测量接地电阻连接图

6. 二线法测量电压

接地电阻测试仪测量电压比较简单，只需按如图 G-9 所示接线，然后将功能选择开关打到“电压”测量位置，测量自动进行，不需按“测试”键。仪器测量的输入电压最大值为 440 V，并且测量值不能被存储。

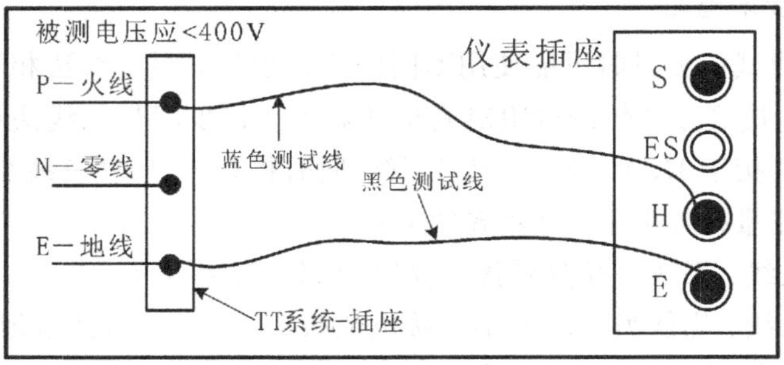

图 G-9 二线法测量电压连接图

7. 四线法测量土壤电阻率

接地电阻测试仪四线法测量土壤电阻率的步骤如下：

(1) 将蓝色、红色、黑色、黄色线分别连接仪器相应端口 H，S，E，ES。

(2) 沿直线将 4 根接地棒打入地下，间距相同。

(3) 将 4 根测试引线按如图 G-10 所示接线。

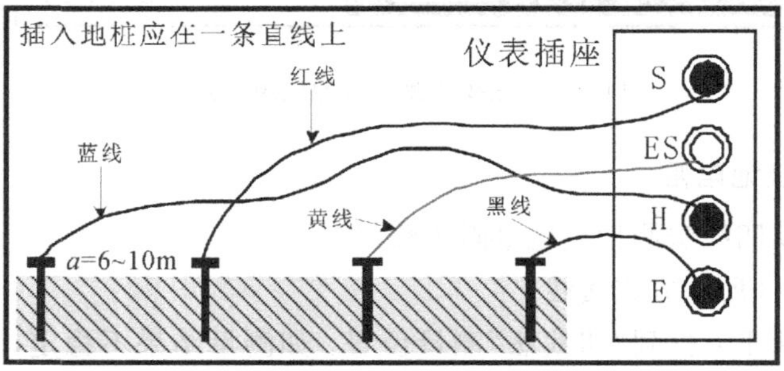

图 G-10 四线法测量土壤电阻率连接图

(4) 打开仪器电源，将功能选择开关打到“地阻率 ρ”测量位置。

(5) 按“距离”键，以 1 米为单位输入接地棒间的距离 a，其范围在(6～10)m 可调，原则上，在条件许可的情况下，a 值以接近 10 m 为好。

(6) 设置好距离后，按“测试”键，液晶屏显示土壤电阻率 ρ，如图 G－11 所示。如果在测量土壤电阻率时，想得到该地域测量结果的平均值，还可进行下列步骤(10)操作。

Ω · m
21.76

图 G－11　测量地阻率时的显示界面

(7) 将功能选择开关打到“平均地阻率 ρ”测量位置，液晶屏显示测量次数及测量值，然后按两次“清除”键，清除仪器内存储的测量结果。

(8) 功能选择开关打到“地阻率 ρ”测量的位置，进行土壤电阻率测量。

(9) 按“存储 ρ”键储存所有测量结果。(最多可存储 10 个测量值)

(10) 完成所有测量后，将功能选择开关打到“平均地阻率 ρ”测量位置，过一会液晶屏显示测量次数及平均值。(土壤电阻率计算公式：$\rho=2\pi aR$；式中：a 表示测试棒的间距，R 表示中间两根接地棒之间的接地电阻)。

8. 存储控制

存储控制可通过以下键完成。

(1) 存储键：每一个测量结果除电压测量值外，可按“存储”键存储；然后再按一次“存储”键，则液晶屏先显示 mem 字符，然后显示存储位置序号。

(2) 查阅键：按“查阅”键，液晶屏会显示最后一个测量结果的存储值，再按一次“查阅”键，可显示其他测试结果的存储值。显示顺序是先显示位置号，然后显示存贮结果和 mem 字符。

(3) 清除键：此键有下列三种功能。

① 存储测量结果后未进行其他操作，紧接着按“清除”键将删除刚存储的测量结果，再按“清除”键则液晶屏显示被删除记录的位置号，然后显示 Clr 字符。

② 当开关位于“地阻率 ρ”或“平均地阻率 ρ”测量位置时，按“清除”键则会删除储存的所有地阻率测量结果。第一次按“清除”键时，液晶屏显示闪烁的 Clr 字符，再按一次“清除”键则确认删除，液晶屏显示 NO 字符。

③ 如开关位于除“电压”或“平均地阻率 ρ”外的其他测量位置，并且在最后一次储存了测量结果后执行了其他功能，按“清除”键将删除所有的存储结果(15 个)。按“清除”键后液晶屏先显示闪烁的 Clr 字符，再次按“清除”键则确认删除，否则可改按其他键或改变开关位置放弃删除操作。

9. 注意及告警

当接地电阻测试仪液晶屏显示“BAT”警示符号时，表示电池电压已降到 4.3 V 以下，仪表虽能正常工作但不能保证测量精度，此时要及时更换电池。当正在交流线路上测量时，因线路可能带电而使电池接头处于带电状态，应而更换电池必须关闭仪器，同时还应注意电池的正、负极不要接反。

附录H　线缆探测仪

一、仪器介绍

线缆探测仪是根据楞次定律，通过探头探测线缆上的交变电磁场来获取线缆位置及埋深信息的一种仪器。其主要作用有：确定直埋线缆的外皮绝缘故障点位置(外皮破损点)；确定直埋线缆的路由；探测直埋线缆的埋深；测量线缆内的信号电流强度；通过听音探测线缆芯线的短路或碰地故障；用于识别线缆及线缆内线对(不用除去线对绝缘层)。

线缆探测仪主要由发送器、接收器等部分组成。其中发送器可分别或同时发射多种不同频率的信号以适应不同探测距离、不同线缆类型及不同土质的要求，它还可提供一个单音信号以识别线缆和线对；接收器提供四种定位方式，即使在复杂的地段也能精确、迅速地确定线缆路由及外皮绝缘故障点，并能测量出线缆的埋深及线缆中传输的信号相对电流强度。

二、工作原理

线缆中通常都有金属导体，当导体通以交流电流时，线缆周围就会产生一个交变电磁场，并向周围传播，利用谐振频率的探头就可在线缆附近感应出相同频率的电压信号。因此将一交流信号加到金属导体与大地之间，金属导体周围磁场的磁力线是以线缆为中心的同心圆柱面，用探头在线缆沿线去接收这一频率的信号，就可以探测出线缆的位置、路由及埋深。如图 H－1 所示为线缆周围磁场分布和磁感应强度关系示意图，图中 x 为探头与线缆的横向距离，B 为磁感应强度。

探头线圈所感应的电压大小与穿过它的磁通量成正比，当线圈垂直于地面且接收器探棒竖直位于线缆路由正上方时，接收到的信号最强，这种方法称峰值法，如图 H－1(a)所示；当线圈平行于地面且接收器探棒竖直位于线缆路由正上方时，接收到的信号最小，这种方法称反峰值法或哑点法，如图 H－1(b)所示。

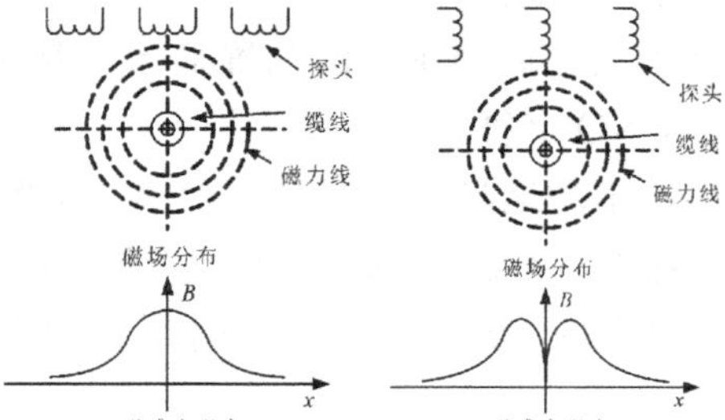

(a) 线圈垂直时　　(b) 线圈平行时

图 H－1　线圈磁场分布和磁感应强度大小关系示意图

1. 线缆位置探测原理

在距埋线缆点不太远利用峰值法探测到信号最强点时，其正下方即为埋线缆处。但由于在线缆上方附近信号变化较慢，此点不易被准确定位，这时也可将线圈平行于地面。这样，当探头由远而近靠近线缆时，信号将逐渐变强，但到距线缆很近时，由于穿过线圈的磁力线的垂直分量迅速变少，因而接收信号迅速减弱且在线缆正上方等于零；穿过正上方继续前进，信号又重新出现并迅速变强，然后再由强逐渐变弱。因而可知信号强度为零点的正下方就是线缆的准确位置。

2. 探测线缆路由原理

采用反峰值法探测线缆路由时，使探头平行于地面探测声音最小点，如果在线缆路径两侧探测，声音最小点处就是线缆埋设的中心位置。沿着这个中心左右探索前进，始终保持两侧声音大，中间声音很小，这就是线缆埋设的路径，如图 H－2 所示。

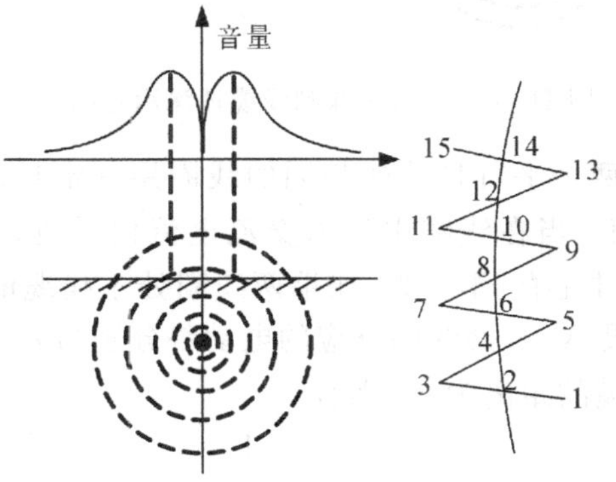

（a）线缆位置的判定　（b）线缆走向的判定

图 H－2　缆线路由探测示意图

3. 线缆转折点探测原理

在沿线缆埋设路由中心线 C 用反峰值法探测的过程中，如从扬声器中听到的声音突然增强随后又减弱，表明是遇到了缆线拐弯转折处，这时应回到中心线 C，沿着 C 圆弧找出延伸点（C′点），然后沿着 C′再继续前进探测，如图 H－3 所示。

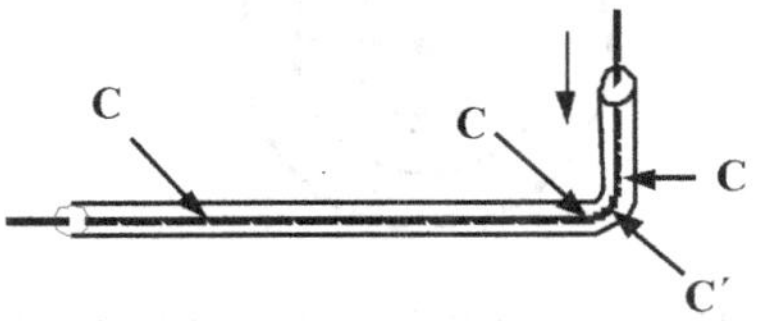

图 H－3　线缆转折点探测示意图

4. 埋深探测原理

埋深探测有以下两种方法：

(1) 45°角法。利用上述原理，不仅可以找到线缆的位置和走向，还可以粗略检测线缆的埋设深度。如果采用峰值法探测，当找到线缆的位置和走向后，将探头侧向转 45°，接收器探棒竖直位于线缆路由正上方时，保持探头方向不变，垂直线缆路由沿 ab 直线水平移动，直到再次出现信号最大点，如图 H－4 所示，这时探头移动距离 d 即为线缆埋设深度

h。同样可以采用反峰值法探测。峰值法方法简单，无需其他辅助装置，但其测量精度不高，仅用于粗略估算，操作也不方便，早期的线缆埋深探测用得较多。

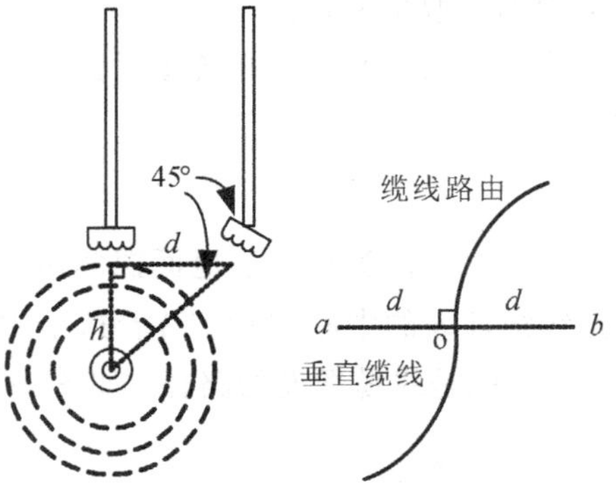

图 H-4　峰值法探测线缆埋深示意图

(2) 双线圈感应法。将两个平行且性能相同的线圈用一定长度的钢性杆状物体相连，以保持两者的间距为一定值。当在线缆中注入交流电流信号时，在线缆周围会感应出磁场，磁力线是以线缆轴线为中心的同心圆。如果两线圈处于线缆的正上方，则其连线垂直于线缆，如图 H-5 所示。设 A、B 两线圈感应的电动势分别为 μ_A 和 μ_B，线缆中电流为 I，两线圈间距为 l，线圈与线缆的距离为 r，则有

$$\begin{cases} \mu_A = k\dfrac{1}{r} \\ \mu_B = k\dfrac{1}{r+l} \end{cases} \tag{H-1}$$

式中，k 为常数。将两式相除可得

$$\frac{\mu_A}{\mu_B} = \frac{r+l}{r} = x \tag{H-2}$$

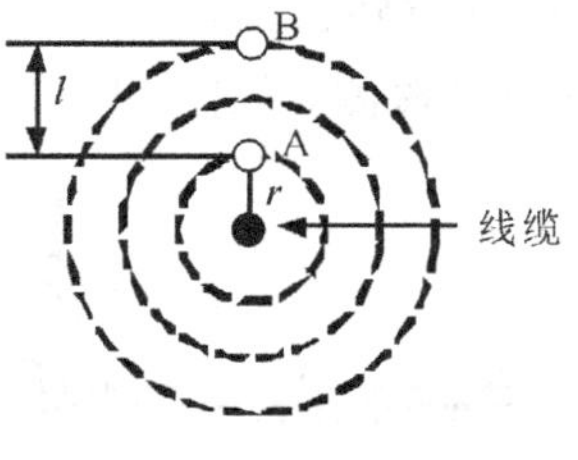

图 H-5　双线圈探测线缆的埋深意图

根据式(H-2)有

$$r = \frac{l}{x-1} \tag{H-3}$$

由式(H-3)可以看出，只要设法测得 x 的值即可计算出 r 值。如果实际探测中线圈 A 紧贴地面，则 r 就是线缆的埋设深度。这种方法的测量精度对 r 和 l 的依赖性较大，将式(H-3)两边对 x 求导可得

$$dr = \frac{-l}{(x-1)^2}dx \tag{H-4}$$

再将 $r=\dfrac{l}{x-1}$ 代入式(H-4)得到

$$dr=-\frac{r^2}{l}dx \tag{H-5}$$

此式表明，线缆埋设深度的相对测量误差不仅与仪器测量误差成正比，而且也与线圈与线缆之间的距离 r 的平方成正比；同时还可看出，增加两线圈之间的距离，有利于减小测量误差。

5. 确定绝缘外皮对地故障原理

线缆外皮对地绝缘不良大部分原因是由于线缆外皮破损造成的，这很容易使缆芯进水受潮，降低金属护套及芯线的对地绝缘电阻(水和潮气的侵入还将影响线缆的机械强度)。金属护套对地绝缘不良也会增加雷电击中线缆的概率。因此线缆施工过程中，对线缆外皮的完整性有严格的要求。对直埋线缆外皮完整性的检查通常采用测量金属护套的对地绝缘电阻；探测绝缘不良点位置通常采用电位差法。

确定绝缘外皮对地故障原理是通过振荡器向线缆外皮放音，信号通过绝缘不良点入地，在入地点将形成点电场，该点电场在地表形成的电场如图 H-6 所示。接收器可通过 A 形支架取得沿缆线路由故障点附近的电位差。由于故障点前后的电位差符号相反，这一现象可用来判断是否已越过故障点。当线缆探测仪 A 形支架的中点正好处于故障点的正上方时，A 形支架的两触地点取得的电位相同，这一现象可用来判断故障点的具体位置。

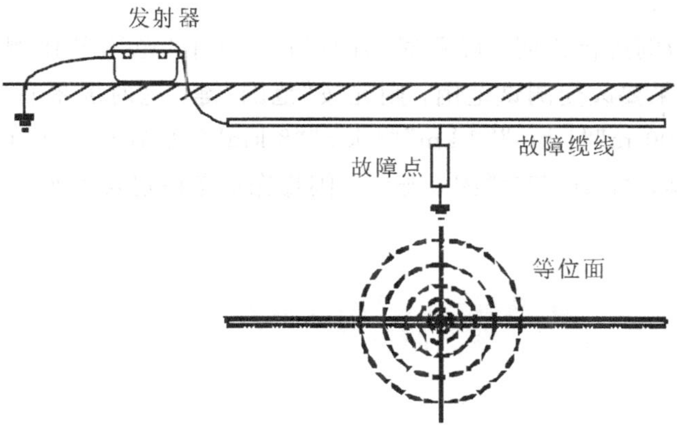

图 H-6　线缆外皮地绝缘不良产生的电场等位面分布图

附录 J　市话电缆故障综合测试仪

T-C300 市话电缆故障综合测试仪采用功能软键输入操作指令，利用脉冲反射原理和电流电桥原理，可测试市话电缆的短路、断线、绝缘不良等各种故障，以及测量电缆长度、电磁波在电缆中的传播速度、绝缘电阻、环路电阻等各项参数。其操作方法简单便捷，是市话线路施工和维护的良好工具。

一、仪器介绍

市话电缆故障综合测试仪软键盘界面如图 J－1 所示。

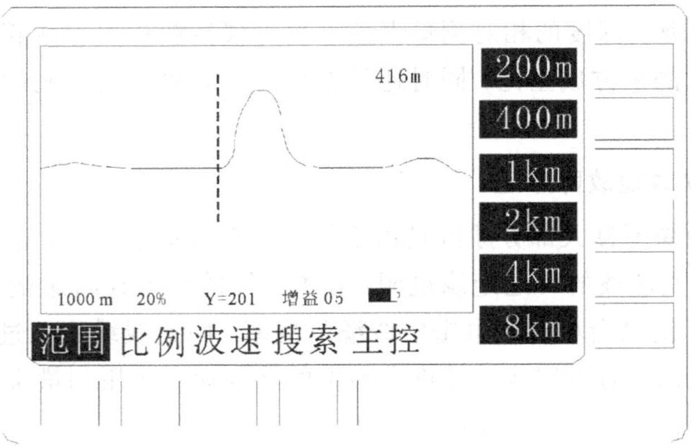

图 J－1 软键盘操作界面

在仪器面板上，液晶屏周围有若干空白键，键名会在屏幕上显示，键名和最靠近的空白键相对应。

仪器采用菜单方式管理，一种操作方式对应一组菜单。菜单在屏幕最下部显示，共有 5 个，选中的操作项反显(背景变黑)，对应的菜单功能项在屏幕最右部显示，共有 6 个，被选中执行时闪烁显示。

以脉冲测试法为例进行说明。屏幕底部的操作菜单有“范围”“比例”“波速”“搜索”和“主控”5 个项目。如果要改变测试范围，则先按“范围”键，这时屏幕右边显示范围菜单的选择项有“200 m”“400 m”“1 km”“2 km”“4 km”“8 km”(如图 J－1 所示)。如要选择 1 km 范围，则按“1 km”键，“1 km”字样闪烁显示，闪烁完后范围已经改变。其他的所有操作均与此类似。

二、操作使用

1. 脉冲测试法

1）操作界面

将仪器测试导引线控制盒开关打到“平衡”或“差分”位置，仪器自动进入脉冲测试法界面。屏幕上的显示内容主要有波形、5 个菜单及相应的选择项；在范围、比例、波速菜单名的上方分别显示当前的范围、比例、波速度值以及光标距离、电池电量百分比等。

下面分别说明 5 个菜单及相应的选择项。

(1) 范围菜单。

范围菜单用于选择测试范围(量程)。按“范围”键后，屏幕上显示其选择项有“200 m”“400 m”“1 km”“2 km”“4 km”“8 km”。若要选择某一测试范围，只需按相应的选择键即可。

(2) 比例菜单。

比例菜单用于改变波形显示比例，对波形进行横向的放大和缩小。按“比例”键后，屏幕上显示其选择项有放大、缩小、复原。其功能分别为对以虚光标为中心的波形进行放大、缩小和恢复原状。

(3) 波速菜单。

波速菜单用于选择电缆类型，确定测量时波速度。按“波速”键后，屏幕上显示以下对应选项：

波速＋：按一下，波速加一，持续按下该键，波速连续增加。

波速 －：按一下，波速减一，持续按下该键，波速连续减少。

全塑：将波速设为全塑(聚乙烯)电缆对应的波速 201 m/μs。

填充：将波速设为填充聚乙烯电缆对应的波速 192 m/μs。

充油：将波速设为充油电缆对应的波速 160 m/μs。

纸浆：将波速设为纸浆电缆对应的波速 216 m/μs。

(4) 搜索菜单。

自动测试完成后，搜索菜单用来从波形上自动查找可疑的故障点(以下称可疑点)位置；或者利用搜索菜单，还可在设定范围内进行波形测试，分析波形，找出可疑点位置。按“搜索”键后，屏幕上显示其功能项有：

疑点↑：察看前一个可疑点。

疑点↓：察看下一个可疑点。

定位：在当前状态下，光标重新自动定位。

当前：在当前测试范围内，重新进行测试，自动进行平衡和增益调节，并且将虚光标自动定位到故障点位置上。

以近：搜索设定测量范围“以近”的电缆故障。先根据电缆长度，设定最大测试范围，然后按“以近”键，仪器从最小范围(200 m)开始到设定的测试范围内依次搜索并定位故障点。这样可以缩小搜索范围，减少测试时间，排除虚假可疑故障点(如二次反射等)。

零点：按下该键，虚光标变为实光标，并将其作为测试时的零点。如果在故障点前后不远处有接头反射，为了确定故障点和接头的相对位置，可以将接头位置定为零点，将虚光标移到故障点处，这时显示的距离为接头到故障点的距离。

(5) 主控菜单。

主控菜单完成各种主要控制功能，主要用于手动测试。按“主控”键后，屏幕上显示选择项分别为：

记忆：记忆当前显示波形，以备比较。

比较：同时显示当前测试波形和记忆波形。将故障线对和完好线对的波形比较显示，其明显分岔之处，一般就是故障点。

增益＋：增益提高一级，并显示新的测试波形。

增益 －：增益减小一级，并显示新的测试波形。

平衡：在增益、范围等测试条件保持不变的情况下，自动进行平衡调节，以尽量减弱发射脉冲的影响，使波形更容易识别。平衡功能只在平衡测试时有效。

档案：用于进入波形档案管理界面。

2) 接线方法

在接线进行测量以前应充分了解电缆基本情况，如电缆类型、电缆长度、故障性质等，这对快速、准确地测试故障点非常重要。

(1) 接测试导引线：将测试导引线插到仪器面板上的“信号”插口，注意测试导引线插头与“信号”插口上的缺口对齐。

(2) 选择测试方法：首先使用平衡法，当得到的波形不好判断时，再用差分法。

(3) 平衡法测试接线：将测试导引线控制盒上的开关打到右边的“平衡”位置，将“平衡”位置对应的两条测试线接故障电缆。线间故障时，两测试线的夹子分别接故障线对的两条芯线，如图 J-2 所示；接地时，分别连接发生接地的芯线和地，如 J-3 所示。

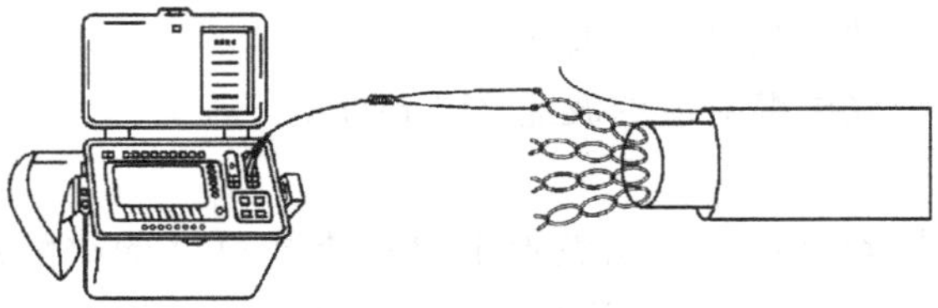

图 J-2　平衡法测试接线图

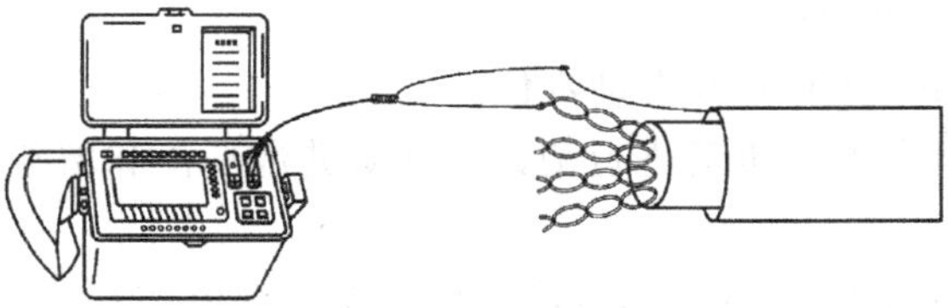

图 J-3　平衡法测试接地接线图

(4) 差分法测试接线：将控制盒开关打到中间的“差分”位置，将“差分”对应的一组蓝黑夹子连接良好线对，“平衡”位置对应的一组红黑夹子接故障线对，如图 J-4 所示。

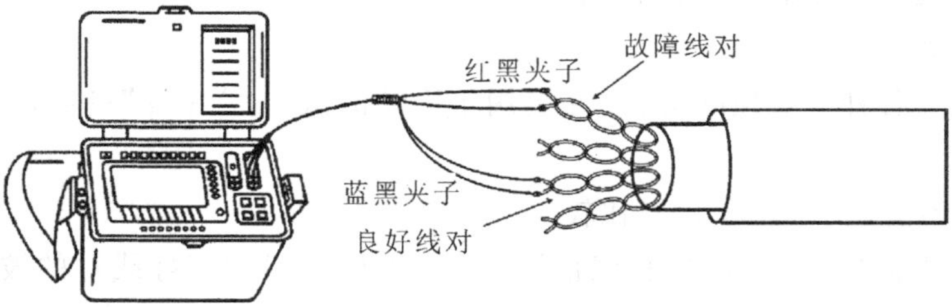

图 J-4　差分法测试接线图

3) 测试方法

用市话电缆故障综合测试仪进行测试时，一般情况下可先进行自动测试，当情况比较复杂时，再改用手动测试。自动测试结束后，仪器给出几个可疑的故障点，然后再根据电缆的具体情况(如电缆长度，故障性质等)找到真正的故障点。

(1) 全自动测试。

在任何情况下，连续按下仪器面板上的“测试”键 1 s 以上，即可进入全自动测试状态。仪器将从小到大，搜索每一个测量范围，最后将距离最近的一个可疑点的波形、故障性质及故障距离显示出来，如图 J－5 所示。

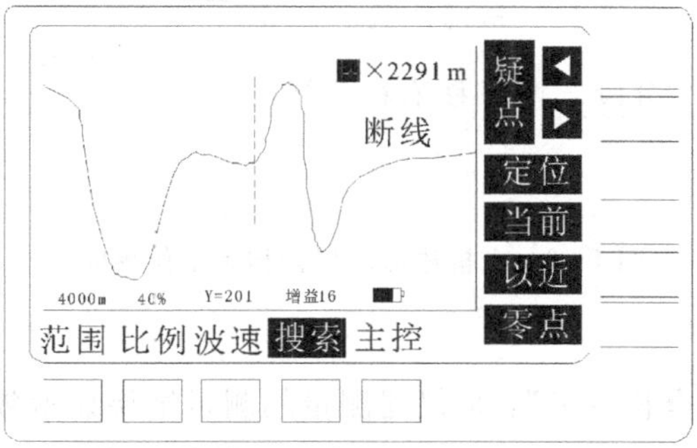

图 J－5　自动测试完成后屏幕显示画面(一个典型的双极性脉冲反射)

(2) 查看可疑点。

全自动测试完毕后，仪器停在“搜索”菜单上，并在屏幕右上角显示一串“x”标记，表示有多个可疑点，其中有一个反显，表示这一个可疑点正在显示。如果要观察前一可疑点，按“疑点↑”键，即显示出前一个可疑点的波形、故障性质及距离等信息。同样，按“疑点↓”键可以观察下一可疑点的波形、故障性质及距离等信息。

(3) 排除虚假可疑点。

仪器给出的可疑点，有些不是真正的故障点，需要人工排除。比如，已知电缆全长是 1000 m，那么故障距离肯定小于或等于 1000 m，因此 1000 m 左右的可疑点可能是电缆的末端反射波形，2000 m 左右的可疑点可能是其二次反射波形，这些都不是故障点。对仪器给出的可疑点是不是故障点，需在实际测试中根据电缆的现场情况进行判断。

(4) 调整波速。

如果当前电缆波速度值与实际情况不符，则要进入“波速”菜单，选择电缆类型，或直接调整波速到合适的数值。

(5) 微调光标，精确定位。

在复杂情况下有时自动定位不够精确，可以通过面板上的左或右光标移动键向左或向右调整光标位置，可得到更精确的测量结果。

(6) 已知电缆长度的自动测试。

若已知电缆的大概长度，可以先设定仪器的测试范围，然后转换到搜索菜单，按“以近”键，仪器将只在设定的范围内搜索。缩小可疑点范围，更易于判断故障点。

2. 电桥测试法

1) 操作界面

测试仪器导引线连接仪器面板上的“信号”插口，然后将导引线控制盒上的方式开关打到“电桥”位置，并按“开关”键，打开仪器电源，屏幕显示欢迎信息，约 2 s 后，进入正常工作界面，如图 J－6 所示。

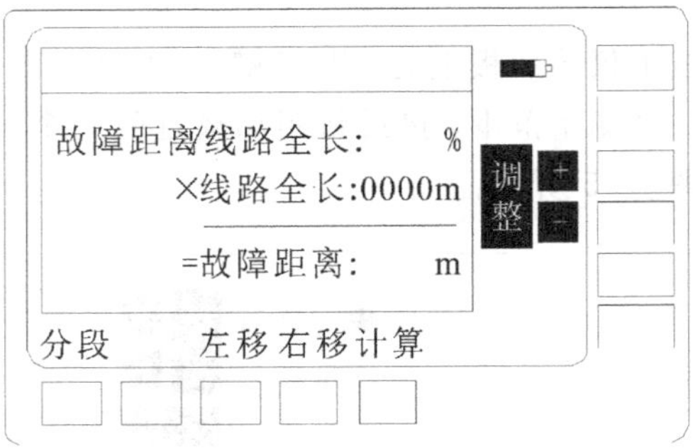

图 J-6　电桥法启动仪器初始工作界面

屏幕上显示如下：

(1) “故障距离/线路全长＝%”：是仪器测量的测量结果显示数值。

(2) “线路全长＝0000m”：用于用户输入被测电缆的长度值。

(3) “故障距离＝m”：是仪器在一次测试完毕以及用户输入电缆长度以后，按“计算”键后得到的最后结果。

(4) 屏幕最上部的空白区域：在测试时显示绝缘电阻值和环路电阻值。

(5) “分段”“右移”“左移”键：用于输入整个电缆长度值及分段长度值。

(6) “计算”键：当一次测试完成，电缆全长已经输入后，按“计算”键得到的故障距离值。

(7) 屏幕右部的两个“调整”键：用于输入线缆长度值。

2) 接线方法

这里接线方法介绍以最常见的接地障碍为例进行说明，具体方法如下：

(1) 确定电缆故障区间。如确定故障在局和某交接箱之间或两个交接箱之间，则区间的两端分别叫做近端和远端，在近端连接仪器进行测试，在远端只做接线配合。

(2) 在所有故障线中找出一条对地绝缘电阻较小且故障电阻稳定的线作为待测故障线，在线路两端将故障线与其他线路(如局内设备、用户线)断开。

(3) 找出一条对地绝缘良好的芯线作为辅助线，在两端将与其连接的其他线断开。要求对地绝缘良好的芯线对地绝缘电阻值要高于故障线对地绝缘电阻值的 100～1000 倍以上。

(4) 在远端将绝缘良好的线与故障线短接，确保接触良好。

(5) 将测试导引线控制盒开关打到“电桥”位置，在对应的三条测试线中，将红色和蓝色测试线分别连接故障线和绝缘良好的线，黑色线接地。如图 J-7 所示。

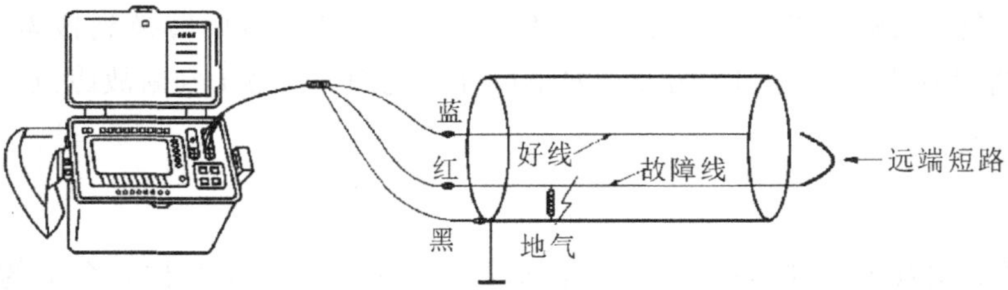

图 J-7　接地故障接线图

自混故障和他混障碍的测试接线除了黑色夹子接线不同外，其他和接地故障接线一致，分别如图 J－8、附图 J－9 所示。

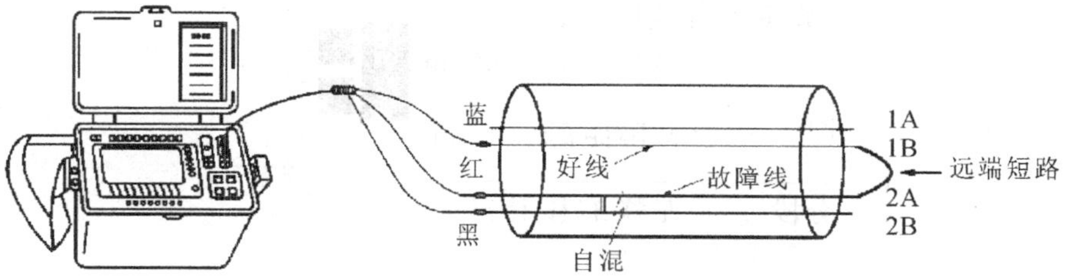

图 J－8　自混故障接线图

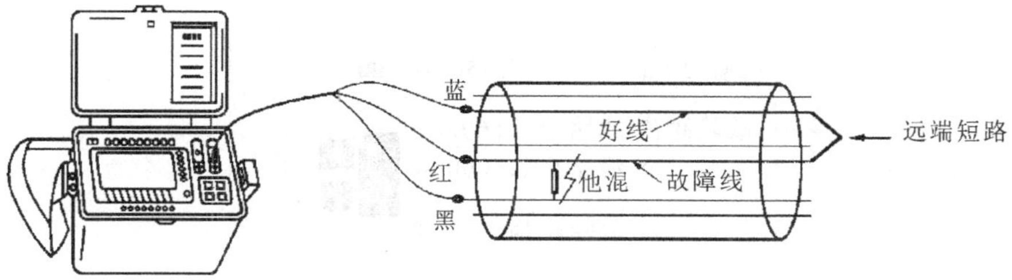

图 J－9　他混故障接线图

电桥测试法的接线对测试成败至关重要，也比较繁琐。因此要注意红色和蓝色测试线一定对应远端环路的电缆芯线。另外，红色和蓝色测试线在测试时可以不必区分谁接绝缘良好的线，谁接故障线，仪器能够自动识别。

3）测试方法

在测试前，应仔细检查接线是否正确，尤其要确认对端是否已环路。简单的判别办法是用脉冲测试法测试待测两条芯线，如果对端已环路，则会在电缆末端看到一向下的反射脉冲，如果没有环路，则会看到一向上的反射脉冲。也可以用万用表测量一下环路电阻，如果电阻值小于数千欧，则对端已形成环路；如果电阻值无穷大，说明未环路。

连接好线，按“测试”键，这时屏幕左下部显示“请稍候…”字符，然后仪器首先自动测量线路绝缘电阻和环路电阻，并显示于屏幕最上部。如果电缆对端没有短接，则分别显示红线对黑线的绝缘电阻值、蓝线对黑线的绝缘电阻值，以及“未环路”字样。如图 J－10 所示。这时需要检查接线是否正确，然后再重新测试。

从显示的红黑、蓝黑绝缘阻值可以区分是绝缘良好线还是故障线，绝缘良好的线绝缘阻值很大，而故障线阻值低得多。

如果接线正确，则仪器会继续进行内部调整，调节增益、测量并计算，最后得到故障距离和全长的比例(“故障距离/线路全长”)。例如故障距离为 600 m，全长为 1000 m，则得到的比值为 60％。显示如附图 J－11 所示。整个测试过程大约需要一分钟。

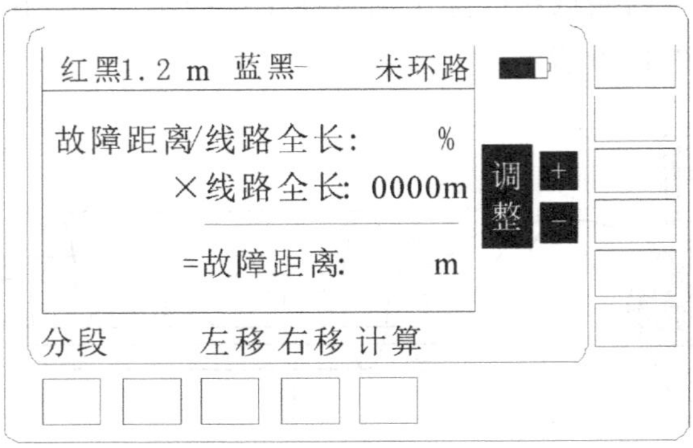

图 J-10　远端未环路屏幕显示界面

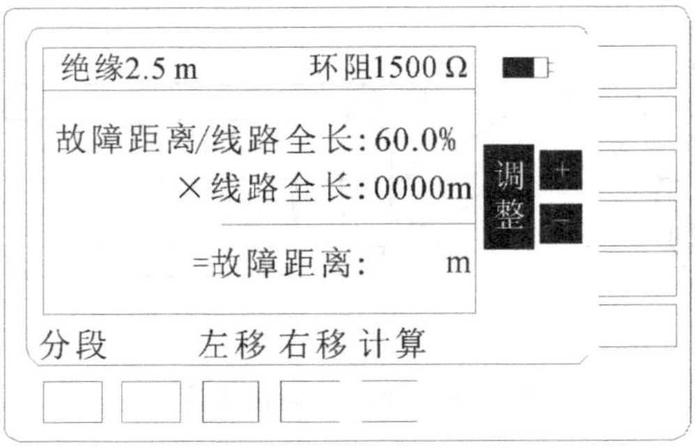

图 J-11　电桥法测试结果显示界面

附录 K　TRS-9702 光缆应急抢修系统

一、系统介绍

TRS-9702 光缆应急抢修系统主要用于架空、管道和直埋等光缆线路的临时性应急抢修。一旦光缆线路发生障碍，通过人工或其他搬运方式将本系统携带至障碍现场，采用可重复使用的光纤接续子将光缆应急抢修系统中的应急光缆接入障碍线路中，即可临时恢复通信。待用永久性接续方式恢复好线路后，可将应急光缆撤离光缆线路，并收回至收容盘，以便下次障碍抢修时使用。

1. TRS-9702 光缆应急抢修系统的特点

TRS-9702 光缆应急抢修系统的特点为：采用可反复使用的光纤接续子连接光纤；系统插入损耗小，工作稳定；接续牢固，耐震动，防水密封性能好；尺寸小，重量轻，便于个人携带；施工技术简便，抢修速度快。

2. 主要技术指标

TRS-9702 应急抢修系统的主要技术指标如表 K-1 所示。

表 K－1　TRS－9702 光缆应急抢修系统主要技术指标

序号	项　目		指　标
1	应急光缆	光纤芯数和衰减系数	6 芯，0.4 dB/km
2		光纤种类	单模，紧套，1.31 μm
3		光缆长度和外径	100 m，4.2 mm
4		允许最大张力	1100 N(短期)，440 N(长期)
5		允许最大压坏力	10000 N/100 mm
6		允许弯曲半径	63 mm(负载)，50 mm(无负载)
7	系统插入损耗平均值		0.5 dB
8	使用温度		－40℃～＋60℃
9	体积(携带收起状态)		440 mm×350 mm×800 mm
10	重量		16.8 kg

3. TRS－9702 光缆应急抢修系统的构成

TRS－9702 应急抢修系统由应急光缆和应急光缆收容盘、光纤接续子与接续专用工具、光缆应急抢修接续盒、光纤预接保护盒、工具和器材及多功能支架等组成，如表 K－2 所示。

表 K－2　TRS－9702 应急抢修系统的组成

序号	名称	规格型号	数量	备注
1	光缆抢修配套工具	TRS－9702A	1 箱	详见表 K－3
2	应急光缆(含光纤预接保护盒)	SIECOR	100 m	含光缆收容盘
3	光缆应急抢修接续盒	TRS－9702B	2 个	内含接续盘四片
4	光纤接续子	CAM splice	12 个	在工具箱内
5	密封胶带	—	2 卷	大、小各 1 卷
6	指北针	—	1 个	军品
7	手电筒	—	1 把	—
8	多功能支架	TRS－9702C	1 个	含各种背带护带

(1) 应急光缆和应急光缆收容盘。

应急光缆为 100 m 长度的进口特种轻型光缆，由 6 根紧套单模光纤组成。应急光缆主要技术指标如表 K－1 所示。光缆收容盘由铝合金材料制成。为满足抢修的实际需要，将收容盘设计成连体的主、副两盘，应急光缆 10 m 长的一端绕放在副盘中，其余部分(90 m 或更长)绕放在主盘中。

(2) 光纤接续子与光缆抢修配套工具。

采用光纤接续子可用机械式方法将光纤连接在一起。这种连接方法具有连接损耗小、稳定、易操作以及能重复使用等优点。

在用接续子连接光纤时，有两种操作方式：一种为手动操作方式，不需要接续专用工具；另一种为利用接续专用工具的操作方式。采用后一种方式，能使连接光纤的端面在接续子内接触良好，从而获得较小的连接损耗。所以，TRS－9702 光缆应急抢修系统采用专用工具连接光纤的操作方式。这种专用工具具有操作简单，易于掌握及可靠等优点，可大大提高光纤的接通率。

(3) 光缆应急抢修接续盒。

光缆应急抢修接续盒是专门为应急抢修设计的，具有体积小、重量轻、密封防水和易操作等特点。接续盒采用上、下两半结构，由六个活动搭扣将两半壳体固定在一起，接合部分用胶条密封；接续盒内采用迭层方式固定光纤收容盘，最多可放 4 层，每盘可容纳光纤 6 根，因此共可收容 24 根光纤；接续盒壳体采用高强度、耐腐蚀塑料制成，障碍光缆和应急光缆从接续盒的同侧引入。接续盒的另一侧有挂钩孔，以便悬挂安装。

为便于应急光缆的引入和固定及缩短抢修时间，专门设计了应急光缆引入装置。该装置平时和应急光缆一并与光纤预接保护盒连接，这样在抢修现场抢修时只需去掉光纤预接保护盒，把引入装置(连同应急光缆端头)置入接续盒的应急光缆引入孔内，即可完成对应急光缆的处理。

(4) 光纤预接保护盒。

为缩短抢修时间，专门设计了应急光纤预接保护盒。于是就可以在抢修前把应急光缆端头事先作好端面处理，并与光纤接续子相连接，置于光纤预接保护盒之内保护。

(5) 工具和器材。

TRS－9702 应急抢修系统的工具和器材配套齐全，能满足工程中常用的各种结构光缆和光纤接续的要求。工具箱内工具和器材一览表如表 K－3 所示。工具和部分器材存放于工具箱内。

表 K－3　工具箱内工具和器材一览表

序号	工具、器材名称	规格型号	数量	主要用途
1	钢锯	1706	1 把	锯断光缆
2	外护套剥除器	45164	1 把	剥除应急光缆外护套
3	横向剖刀	HP－1	1 把	横向切割光缆铠装及外护套
4	纵向剖刀	ZP－1	1 把	纵向开剥光缆外护套
5	钢丝钳	C－C08	1 把	剪断加强芯
6	开夫拉剪刀	OLFA	1 把	剪断芳纶纤维
7	光纤松套剥离器	PK3002	1 把	剥除松套光纤套塑
8	光纤紧套剥离器	HT5023	1 把	剥除紧套光纤套塑
9	一次涂覆层剥除器	103－S	1 把	剥除光纤一次涂覆层
10	光纤端面切割刀	A8	1 把	切割光纤端面
11	酒精泵	XTG－100	1 个	清洗光纤
12	尖嘴钳	T316	1 把	接续用辅助工具

续表

序号	工具、器材名称	规格型号	数量	主要用途
13	斜口钳	N206	1把	接续用辅助工具
14	美工刀	—	1把	开剥光缆辅助工具
15	两用起子	TD-22	1把	接续盒内紧固螺丝
16	卷尺	2M	1把	测量开剥尺寸
17	镊子	—	1把	盘纤时使用
18	透明胶带	—	1盘	光纤编号用
19	棉纸或长纤维棉花	—	若干	清洁光纤
20	光纤接续子	CAM splice	12个	机械式连接光纤
21	接续专用工具	AT-1	1个	接续子连接光纤时使用
22	接续子存放盒	CS-1	1个	存放接续子
23	匹配液	PO-1	1瓶	接续子用
24	匹配液加注器	—	1个	注射匹配液至接续子
25	工具箱	38-28-11	1个	装放上述工具、材料

(6) 多功能支架。

多功能支架的主体采用框架结构，由稀土铝管材加工而成，具有重量轻、强度大、耐用等优点。该支架具有多种功能，可以满足抢修及工程的需要。

多功能支架可装载全套抢修工具，适宜单人背负、双人抬行和拖行等多种搬运方式。抢修光缆时也可作为应急光缆的放缆和收缆支架。光缆收容盘采用活动方式安装在多功能支架上，方便安装和取下。光缆收容盘中心装有轴承，其一侧还装有摇把，使收放光缆时光缆中的张力大为减小。光缆收容盘还可作为接续操作的小平台，便于接续人员操作。

此外，支架的附件齐全。系统各部件在支架上由各种固定带固定，稳定可靠，且固定或取下都十分方便；支架上除了配有背带、腰带外，还配有腰部、背部护带，因此在爬山、跑步等情况下，背负前进无不适感；腰带两侧装配有小手电和指北针，以满足野外需要。

二、操作使用

利用TRS-9702光缆应急抢修系统进行线路障碍抢修，主要的操作过程可分为应急光缆端头预处理、装载和搬运、应急抢修、应急光缆回收四个步骤。

(1) 应急光缆端头预处理。

应急光缆端头预处理就是将应急光缆主收容盘中的光缆引出端从收容盘上放出适当长度(约2 m)，在外护层上绕一层密封胶带，并用应急光缆固定环把应急光缆固定在引入装置上；首先将应急光缆中每根光纤依次剥除套塑、一次涂覆层，并做端面处理；再在接续专用工具上用光纤接续子将应急光纤进行预接，并将连接好接续子的光纤收放在光纤预接保护盒内，接续子置于接续子嵌入槽内；然后对应急光缆的另一端作同样的预处理；最后将应急光缆回收到光缆收容盘上，并将两端的光纤预接保护盒也固定在光缆收容盘上。

(2) 装载和搬运。

根据不同的道路条件，可采用背负、抬行或拖行等多种方式携带光缆应急抢代通系统。

(3) 应急抢代通。

应急抢代通时，首先在线路障碍地段布放主收容盘上的应急光缆，并取下副收容盘一端的光纤预接保护盒，放出副收容盘上的光缆；再开剥障碍光缆，并固定到接续盒内；然后将应急光缆一端的光纤预接保护盒除去，并将应急光缆固定在接续盒内进行光纤接续，即把每根应急光纤和障碍光纤用接续子连接；最后将连接好的光纤接续子嵌入收容盘固定槽内，并在收容盘内盘放好余纤；另外要安装好接头盒进行固定保护。

(4) 应急光缆的回收。

用永久性接续方式修复好光缆线路后，可将应急光缆撤离障碍光缆线路，并回收进光缆的收容盘内。

附录 L　光缆线路自动监测系统

一、系统介绍

桂林聚联科技有限公司开发的光缆线路自动监测系统是一套针对光缆网络管理和维护的智慧系统，由多个不同的监测单元、中央监测服务器和相关的光纤软件等组成(如图 L-1 所示)，可用于进行完整性的光缆损耗无人监测、远程监测与管理、光纤特性分析与预测等工作。此系统可利用 TCP/IP 网络进行光纤实时关联告警测试与周期性测试，同时为周期性测试提供自定义时间自由设定(如每日定期测试 1 次)，并及时将分析的光纤状态汇报给中央系统，再由中央系统立即发送告警信息等，还具有自动化光纤维护管理功能以及对远端光纤测试站(RTU)参数设置与修改功能。

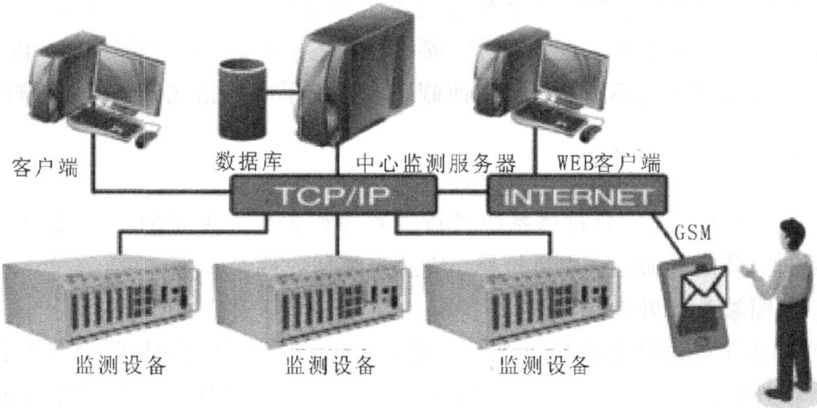

图 L-1　光缆线路自动监测系统结构图

该光缆线路自动监测系统采用模块化、插槽式、双电源热备份结构，所有模块均支持热插拔，为系统维护与扩充性提供极大的便利性。RTU 监测站系统采用嵌入式实时系统，具有效率高、稳定性佳、安全性高等优点。

该光缆线路自动监测系统有在线监控、离线监控及混合型监控三种方式，组成要件包括光缆监测中心(TSC)、远端光纤测试站(RTU)、终端机(客户端业务主机)。

光纤监测软件包含数据库软件、服务器软件、客户端软件、节点配置软件和电子地图(提供 Google Map)。

二、功能特点

(1) 采用 32 位嵌入式处理器系统，不易受病毒入侵，安全性高。

(2) 集中式网络架构：采用单一服务中心以节省建置与维护成本。

(3) 超大的监测容量：系统最多支持 500 套 RTU 同时工作，每套 RTU 满配可监测 36 个监测通道，总共支持 18 000 个监测通道。

(4) 高度整合式结构：采用目前最盛行、实用的 ARM9 及 ARM7 嵌入式架构。

(5) 按需设计的理念：可依据客户需求增减硬件。

(6) 插槽式结构设计：具有高扩充性和维修方式的便利性。

(7) TCP/IP - based 管理系统提供远端更新、查看各 RTU 模块状态及 RTU 参数修改功能。

(8) 监测中心可通过 TCP/IP 网络同时管理多台远程 RTU。

三、工作方式

该光缆线路自动监测系统根据现场实际情况可分为在线监测方式与备纤监测方式。

在线监测方式是将与工作波长不同的测试波长通过 WDM 设备合波在同一根光缆中传送，在远端则利用滤波器将测试波长滤除而让工作波长通过。如图 L - 2 所示为在线监测方式示意图。

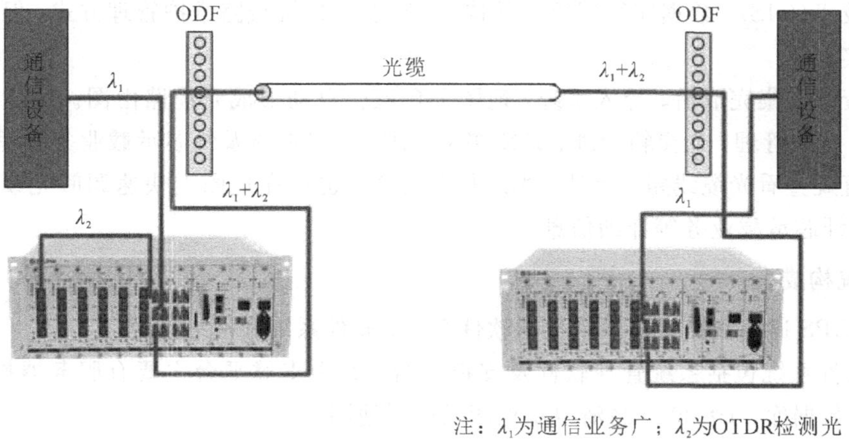

图 L - 2　在线监测方式示意图

备纤监测方式是监测光纤与业务光纤分别使用两根独立的光纤，相互之间不受影响。

使用备纤监测方式易于建立光缆监测系统且安全性高，成本较低；测试波长可以与工作波长相同，系统架构简单明了，易于维护。如图 L-3 所示为离线监测方式示意图。

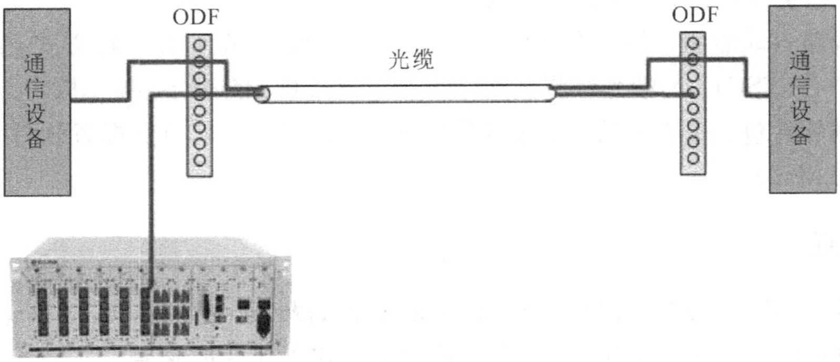

图 L-3　离线监测方式示意图

附录 M　北斗/GPS 通信线路管理系统

一、系统介绍

由于光缆网建设及维护的时间、区域跨度大，涉及单位多，因此在目前的通信线路管理工作中存在着光缆资料易流失，光缆路由图信息量少且更新不及时以及落实巡线制度难度大等问题。针对上述问题，南京及时码网络科技有限公司开发推出了北斗/GPS 通信线路管理系统，可有效改变光缆巡检和监管难的局面。

1. 概述

北斗/GPS 通信线路管理系统集成了光缆资源采集、全球定位系统(北斗/GPS)、地理信息系统技术(GIS)、数据库管理等多种技术，改变了传统线路维护管理方式，促进了维护制度的落实。

光缆资源采集完成后，导入系统，地图平台就会自动形成光缆路由图。系统具有光缆资源管理、台站管理、光交箱管理、光缆接头管理、光缆成端及纤芯承载业务管理功能，可在地图上直观查看光缆线路、台站、光缆接头分布，也可在地图上快速调阅光缆线路、接头、成端、纤芯承载业务等详细信息。

2. 系统构成

北斗/GPS 通信线路管理系统包括软件系统、硬件系统和网络平台。

(1) 软件系统包括系统管理软件及支撑平台，其中支撑平台主要有服务器操作系统、GIS 平台、数据库、1∶3000 高清卫星地图及电子地图。

(2) 网络平台：基于互联网，以便用户登录系统。

(3) 硬件系统包括以下几部分：

① 服务器：地图服务器、数据服务器、程序服务器。

② 专用巡检器：内嵌光缆资源采集软件、巡检软件，具有定位功能，可用于巡检、资源采集和隐患一键记录；采用工业级三防设计，适合野外作业，操作简便。

二、系统主要功能

1. 光缆资源采集及管理

(1) 具有光缆资源普查、采集功能。

北斗/GPS手持机搭载嵌入采集软件可在进行光缆线路路由数据采集的同时，建立完整的光缆路由、线路设施、接头信息及精准分布图，完成一次光缆资源普查工作。

(2) 支持台站、光交箱、光缆接头快速图上录入和详细信息图上快速调阅。

(3) 具有数据校验、整理模块和地图服务等软件群。地图服务等软件群可实现数据入库、地图校验、管线路由图上显示一系列过程。可根据采集的光缆路由设施点的经纬度信息自动生成光缆图层。

(4) 支持三种数据录入方式：北斗/GPS手持现场采集数据导入、已有光缆路由数据表格导入，以及图上手动直观添加光缆、台站、接头、光交等。

2. 施工图纸、文件、图片等资料集中管理

通过本系统可将一些重要信息点、事故多发地附近的地理环境或参照物照片、施工图纸、迁改或竣工资料、测量数据等资料进行集中化、关联化、网络化的管理，可在地图上快速查阅或更新，确保资料一致，有效防止因人员变更造成资料流失。管理者只需简单操作即可第一时间获取有效信息，为决策提供依据。

3. 光缆资源全景及各细节完美结合

用户可在进行干线光缆路由数据采集后建立完整的光缆路由，完成一次资源普查工作。在生成光缆路由全景图的同时，以GIS平台作为支撑，结合离线卫星图及电子地图，可在地图上可以直观精确地显示出每个台站、光交、接头、标石、人井、电杆的信息，并可按资源类型进行筛选显示和统计。

4. 巡检管理

(1) 计划功能灵活，可实现巡检计划闭环管理。

根据实际维护任务方便地生成日常巡检计划，并实现巡线维护的闭环管理。

(2) 丰富多样的考核、统计方式。

系统自动根据接收的巡检数据和巡检计划统计分析，形成各类报表(如巡检日报、月报等)，并可按人员或单位部门进行分项统计。

5. 巡线情况可追溯

可进行巡检轨迹查看及回放，并在轨迹上显示采集时间、两个相邻采集点的间隔距离、速度等信息，同时可追溯历史巡线轨迹。

6. 隐患分布查询、统计功能

专用巡检器可预设32个隐患类型，当巡检过程中发现隐患时，巡检员只需选择相应的隐患类型，即可自动将当前经纬度、隐患一并保存在巡检器中，操作十分简便。

附录N　智能光纤周界安全防范监测系统

一、系统介绍

桂林聚联科技有限公司开发的智能光纤周界安全防范系统是利用激光、光纤传感和光通信等高科技技术构建的安全报警系统，是一种对威胁公众安全的突发事件进行监控和报警的现代防御体系，是基于光纤传感技术应用于周界监控防护的新系统。通过对直接触及光纤(缆)或通过承载物，如覆土、铁丝网、围栏、管道等，传递给光纤(缆)的各种扰动进行持续和实时的监控。采集的扰动数据经过后端分析处理和智能识别，可判断出不同的外部干扰类型，如攀爬铁丝网、按压围墙、禁行区域的奔跑或行走，以及可能威胁周界建筑物的机械施工等，实现系统预警或实时告警，从而达到对侵入设防区域周界的威胁行为进行预警监测的目的。

1. 智能光纤周界安全防范系统优点

(1) 系统前端无需供电。系统采用无源传感器，系统前端无需供电，适用于易燃易爆及不便铺设供电线路的场所及强电磁干扰环境的变电厂周界。

(2) 减少施工及维护成本。因防区前端不用铺设电源信号线路，减少施工成本，同时也避免了线路老化造成的系统故障，减少维护成本。

(3) 探测率100%。使用光缆作为传感单元，并利用计算机对数据进行采集和识别，可并实现长距离、大范围防区的探测，探测率为100%。

(4) 避免雷击。前端传感器使用的是振动传感光缆，不受电磁干扰，也无电磁辐射，有效地避免了雷击对系统的损坏及对其他系统的影响。

(5) 误报率实现有效控制。该系统的误报率通过强大的后台软件进行控制，该系统区别于其他系统前端开关量信号只是能做报警或不报警的简单判别。其处理采集到的入侵信号均在控制室完成，并对入侵信号与系统自带的信号数据库进行比对来分析判断是否是真实入侵信号，因此在解决产品误报问题上有质的突破，可有效屏蔽掉鸟落、树枝摇动等干扰信号。

(6) 减低入侵破坏。因主要系统全部集中在控制室内，可避免入侵者对主要系统的损坏，从而大大降低系统损坏维修费用，同时也增加了系统的使用寿命。

(7) 支持多个防区同时报警。此系统每一个防区独立分析信号，独立运行，当有人同时从不同防区入侵时，被入侵防区可同时报警互不影响(每个防区可根据单个防区所属环境的不同，单独设置防区参数)。

(8) 前端系统材质选择优异。前端系统外壳采用工程塑料制造，具有防水、防腐、耐压、耐冲击的特点；结合铺设环境特点，改变设备颜色等外观，可进行个性化设计。

(9) 适用于大风、雨雪、低温等恶劣环境。因系统使用光缆作为传感介质，同时配以强大的后台软件对周围环境进行参数设置，使系统具有对外界环境变化的自适用能力。

(10) 单防区灵敏度调节。该系统中的每个防区的灵敏度等报警参数可以单独进行调节，互不影响，以适应不同周界环境，如天气的变化、植物的生长、动物的活动、附近公路的车辆等。

（11）具有较好的报警数据存储功能。将报警软件安装在计算机上并在计算机上安装好数据采集卡，可实现对大量报警数据的有效存储。(数据能够有效存储，并对报警信息进行保密级别的设置)报警设备联动方便快捷，此系统在控制室实现联动报警功能，可即时对报警信息进行处理并启动联动设备。

2. 智能光纤周界安全防范系统结构

智能光纤周界安全防范系统综合应用了 OTDR 分布式传感技术、分布式振动检测技术(DVS)及分布式声波检测技术(DAS)原理，其结构示意图如图 N 所示。另外，该系统结合视频监视系统就可实现光纤立体式综合周界监控系统。

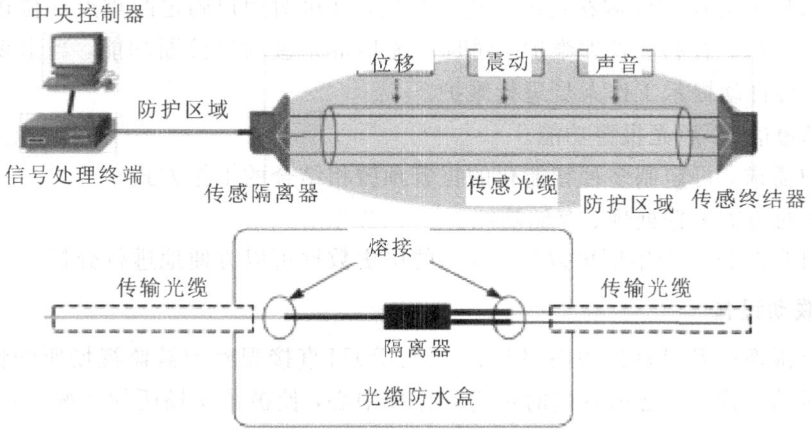

图 N　智能光纤周界安全防范系统结构示意图

二、系统组成

智力光纤周界安全防范系统由光纤传感主机、传感光缆、传感光缆接续盒、配套软件以及视频联动设备等组成。

1. 光纤传感主机

光纤传感主机是光信号的发生和接收装置，用于产生光信号和将传回的光信号进行光电转换，具备滤波、放大以及通过一些算法可完整地将传输回来的振动信号解调出来的功能，并对产生信号的位置进行定位。

2. 传感光缆

（1）用途：可用于振动、声波传感光缆警戒系统的入侵探测器。

（2）工作原理：外界的振动、压力都会导致传感光缆变形，瞬时光路的改变导致传感光缆中传输的光信号发生改变；采集器对光信号的变化进行探测，然后对探测到的信号进行数据处理，并将提取出的入侵特征值转换成开关量报警信号。

（3）使用特性：无源分布、抗电磁干扰强。

（4）长期允许工作温度为：－40～70℃。

（5）光缆敷设温度得不得低于－15℃。

(6) 光缆的最小弯曲半径不得小于光缆外径的6倍。

3. 传感光缆接续盒

光缆接续盒用于保护振动光缆末端接口和器件，以保证设备在各种恶劣自然环境下能正常工作。

4. 配套软件

该系统所配软件集数据采集、计算、分析、报警预警、历史数据查看、网络协议等诸多功能于一身。软件可根据采集的数据和设置的报警规则对报警源准确判断和定位，并可进行各种声、光报警，方便实用，功能强大。配套软件具有以下功能：

(1) 分区监测与分区报警功能。

系统从软件上对探测区域在长度上进行分区，并可对用户确定的重点部位进行局部重点监测和重点控制，有利于管理维护。同时系统具备完善的自诊断功能，当出现如光纤断裂等情况时，会自动提示工作人员进行维护。

(2) 手机短信息/声光报警功能。

根据用户需求，可定制多种智能化的报警预警相结合的工作方式。

(3) 完善的历史数据处理、存储功能。

该系统可存储长达十年历史数据，存储的历史数据可以方便地进行分析。

5. 视频联动设备

通过遥控摄像机及其辅助设备(镜头、云台等)可直接观察到被监视场所的情况，并可把被监控场所的图像、声音内容同时传送到监控中心，使被监视场所的情况一目了然。

参 考 文 献

[1] 国际电信联盟电信标准化部门建议 G. 651. 国际电信联盟电信标准化部门，2018.
[2] 国际电信联盟电信标准化部门建议 G. 652. 国际电信联盟电信标准化部门，2016.
[3] 国际电信联盟电信标准化部门建议 G. 653. 国际电信联盟电信标准化部门，2010.
[4] 国际电信联盟电信标准化部门建议 G. 654. 国际电信联盟电信标准化部门，2016.
[5] 国际电信联盟电信标准化部门建议 G. 655. 国际电信联盟电信标准化部门，2009.
[6] 国际电信联盟电信标准化部门建议 G. 656. 国际电信联盟电信标准化部门，2010.
[7] 国际电信联盟电信标准化部门建议 G. 657. 国际电信联盟电信标准化部门，2016.
[8] 中华人民共和国工业部和信息化部. GB51171－2016. 通信线路工程验收规范. 北京：中国计划出版社，2016.
[9] GB/T6995. 2－2008. 电线电缆识别标志方法(第 2 部分：标准颜色). 北京：中国计划出版社，2018.
[10] 中华人民共和国工业和信息化部. GB 51158－2015 通信线路工程设计规范. 北京：中国计划出版社，2015.
[11] 中华人民共和国工业和信息化部. GB 50373－2006 通信管道与通道工程设计规范. 北京：中国计划出版社，2007.
[12] 中华人民共和国工业和信息化部. GB 50374－2006 通信管道工程施工及验收规范. 北京：中国计划出版社，2007.
[13] 光缆型号命名方法. 中华人民共和国工业和信息化部，YD/T 908－2011 中华人民共和国通信行业标准. 北京：中国计划出版社，2011.
[14] 中华人民共和国工业和信息化部. YD/T 5015－2015 通信工程制图与图形符号规定[S]. 北京：中国计划出版社 2015.
[15] 中华人民共和国工业部和信息化部. YD 5121－2010 通信线路工程验收规范. 北京：北京邮电大学出版社，2010.
[16] 中华人民共和国工业部和信息化部. YDT 5066－2005 光缆线路自动监测系统工程设计规范. 北京：北京邮电大学出版社，2005.
[17] 中华人民共和国工业部和信息化部. YDT 5093－2005 光缆线路自动监测系统工程验收规范. 北京：北京邮电大学出版社，2005.
[18] 中华人民共和国工业部和信息化部. YDN 010－1998 光缆线路自动监测系统技术条件. 北京：北京邮电大学出版社，1998.
[19] 中华人民共和国工业部和信息化部. YD/T 1529－2006. 光纤线路自动切换保护装置技术条件. 北京：北京邮电大学出版社，2006.
[20] 中华人民共和国工业部和信息化部. YD5102－2010. 通信线路工程设计规范. 北京：北京邮电大学出版社.

[21] 中华人民共和国工业部和信息化部. YD5025—2005 长途通信光缆塑料管道工程设计规范. 北京：北京邮电大学出版社.
[22] 中华人民共和国工业部和信息化部. YD/T5138—2005 本地通信线路工程验收规范. 北京：北京邮电大学出版社.
[23] 中华人民共和国工业部和信息化部. YD5098—2005 通信局(站)防雷与接地工程设计规范. 北京：北京邮电大学出版社.
[24] 中华人民共和国工业部和信息化部. YD/T1954—2009 接入网用弯曲损耗不敏感单模光纤特性. 北京：北京邮电大学出版社. 2009.
[25] 国际电工委员会. IEC60793 - 2 - 50 - 2015 光学纤维(光纤第二部分：产品规范),2015.
[26] 中华人民共和国工业部和信息化部. YD/T814. 1—2004 光缆接头盒(第一部分：室外光缆接头盒). 2004.
[27] 中华人民共和国工业部和信息化部. YD/T893—1997 光纤耦合器条件. 1997.
[28] 中华人民共和国工业部和信息化部. YD/T778—2006 光纤分配架. 2006.
[29] 中华人民共和国工业部和信息化部. YD/T988—2007 通信光缆交接箱. 2007.
[30] 中华人民共和国工业和信息化部. YD 5148—2007 架空光(电)缆通信杆路工程设计规范. 北京：北京邮电大学出版社，2007.
[31] 中华人民共和国工业和信息化部. YD 5123—2010 通信线路工程施工监理规范. 北京：北京邮电大学出版社，2010.
[32] 中华人民共和国工业和信息化部. YD/T 1820—2008 通信电缆：局用对称电缆. 北京：北京邮电大学出版社，2008.
[33] 罗建标，陈岳武. 通信线路工程设计、施工与维护[M]. 北京：人民邮电出版社，2012.
[34] 张引发. 光缆线路工程设计、施工与维护[M]. 北京：电子工业出版社，2007.
[35] 陈海涛. 光传输线路与设备维护：学习工作页[M]. 北京：机械工业出版社，2011.
[36] 李立高. 通信工程概预算[M]. 北京：机械工业出版社，2012.
[37] 杜思深. 通信工程设计与案例[M]. 北京：电子工业出版社，2009.
[38] 张金生. 通信工程建设与概预算[M]. 北京：北京师范大学出版社，2012.
[39] 丁龙刚. 通信工程施工与监理[M]. 北京：电子工业出版社，2006.
[40] 陇小渝. 通信工程质量管理[M]. 北京：人民邮电出版社，2008.
[41] 于润伟. 通信工程管理[M]. 北京：机械工业出版社，2012.
[42] 张航东. 通信管线工程施工与监理[M]. 北京：人民邮电出版社，2009.
[43] 张开栋. 现代通信工程监理手册[M]. 北京：人民邮电出版社，2009.
[44] 程毅. 光缆通信工程设计、施工与维护[M]. 北京：机械工业出版社，2010.
[45] 杨光. 通信工程制图与概预算[M]. 西安：西安电子科技大学出版社，2008.
[46] 张鹏. FTTx PON 技术与应用[M]. 北京：人民邮电出版社，2010.
[47] Andre Girard. FTTx PON 技术与测试[M]. 北京：人民邮电出版社，2007.
[48] 谢桂月. 通信线路工程设计[M]. 北京：人民邮电出版社，2008.
[49] 胡庆. 通信光缆与电缆线路工程[M]. 北京：人民邮电出版社，2011.
[50] 俞兴明. 通信传输线缆的设计制造及测试[M]. 国防工业出版社，2011.

[51] 田亚光. 光缆布线与检测[M]. 2 版. 北京：人民邮电出版社，2004.
[52] 胡先志. 光纤光缆工程测试[M]. 北京：人民邮电出版社，2001.
[53] 潘丽、张兵、鲁齐，等. 光缆线路维护实用教程[M]. 北京：人民邮电出版社，2019.
[54] 支春龙，史正思. 光线路自动切换保护在光缆线路上的应用. 邮电设计技术/2010/06.
[55] 卢刚、赵锋、陈旭钧，等. 光缆自动保护倒换系统技术研究及应用. 中国新通信，2013.